構造力学の基礎
― 弾性論からトラスと梁の実用的な解析法まで ―

滝 敏美
Taki Toshimi

プレアデス出版

序文

定年退職後に技術系の専門学校で教えていた先輩がこう言った.「材料力学は『飯の種』になるから,よく勉強しろと学生にいつも言っている.しかし,材料力学に興味を持ってくれなくて,教えるのは難しい.」 著者が大学生のときに初めて材料力学を学んだときも,材料力学はおもしろくなかったことを覚えている.同時期に学んだ流体力学に比べて理論的に洗練されておらず,どこか胡散臭い感じがした.

材料力学は,機械系の技術者にとって必須科目とされる四力学(材料力学,流体力学,熱力学,機械力学)のひとつである.材料力学は,機械や構造物の強さを扱い,材料強度からトラス,梁といった構造まで非常に広い範囲を実用的な観点でカバーしている.このため,材料強度論(塑性,クリープ,疲労,破壊力学),弾性力学(基礎方程式,エネルギ原理,弾性安定),構造力学(トラス,梁,圧力容器)の寄せ集め的な内容になってしまっている.これが材料力学はわかりにくいという原因ではないだろうか.材料力学の目標は,機械や構造物が破壊しないように設計できる技術者を育成することにあるが,それを材料力学というひとつの科目で取り扱うのは無理があると考える.

本書は,機械や構造物の強さを評価するための指標となる構造の変形や内部の力の状態を知るための学問である弾性力学と構造力学の基礎を取り扱う.構造物の性能向上と安全性が重要視されている現在においては,複雑な構造を高度な解析技術で解析することがあたりまえになっており,弾性力学・構造力学を深く理解することが構造技術者(機械,建築,土木,船舶,自動車,航空機等)にますます求められていると思う.

本書では高校レベルの数学を用いて,「変形」と「歪」と「応力」をできるだけ厳密に説明することによって弾性力学の基本的な内容を説明しようと思う.本書は数式が多いのだが,「百聞は一見にしかず」と言うように,理解するということは「目で見てわかる」ということなので,わかりやすい説明図を描くことに気を配った.なぜこうするのか,なぜこうなるのかについても著者の理解している範囲でお伝えしたいと思う.テンソルを使えば数学的には簡潔に表現できるのだが,テンソルを使わずに高校レベルの数学で説明しようと試みた.そうは言っても,数学の道具として,微分,積分,三角関数,ベクトル,行列が必須であることは覚悟していただきたいが,本書で使う数学に関しては別項をもうけて説明したので安心してほしい.読者が本書の中身を一見したら,数式が多いと感じられると思うが,それは読者が数式を追

っていけるようにと配慮して，数式の導出の過程をなるべく省略しないで記載したためである．

弾性力学・構造力学を学ぶ目的は，実際の構造物の解析ができるようになるためである．弾性力学の基礎理論だけでは技術者の実務とのつながりが見えず，具体的な構造物にどう適用したらよいのかわからないので，基本的な構造物であるトラスと梁の理論を説明する．材料力学の梁の理論の説明はわかりにくいので，それを補えたらよいと思う．表計算ソフトを使って簡単にトラスと梁の問題を解く方法（著者が開発したエネルギ法の直接解法）について説明し，実際の問題に対応できるようにした．エネルギ原理の有用さを知っていただきたい．エネルギ原理と有限要素法との関連についても説明した．

本書では破壊を取り扱わない．そこが材料力学の教科書とちがうところである．本書ではあくまでも弾性挙動の範囲を取り扱う．材料力学がわかりにくい理由のひとつに，破壊もその中に取り込んでいることがある．破壊については別の本を読んでほしい．そのかわりに本書では，大変形による非線形問題と座屈を取り扱っている．エネルギ法による直接解法を採用したことにより，非線形問題も線形問題とほとんど同じ方法で解析できるようになったので，非線形解析の難しさが解消されている．構造物の軽量化が求められている現在，実際に構造物の非線形挙動に遭遇することが増えてくると思うので役に立つだろう．

本書の作成にあたり，多くの本を参考にした．これらの本の著者に感謝したい．優れた本に巡り会わなければ本書はできなかった．古くてすでに絶版になっている本もあるが，その価値は現時点でも少しも減じてはいないと思う．特に，鷲津久一郎先生の "Variational Methods in Elasticity and Plasticity"（1968）と小林繁夫・近藤恭平先生の「弾性力学」（1987）は最も参考にさせてもらった．

弾性力学の大家であり，著者の大学時代の恩師である近藤恭平先生には学生時代はもちろんのこと，卒業後も長く指導していただいた．特にエネルギ原理と梁理論に関しては先生との共同研究を通して深く学ぶことができ，本書を書く際に非常に役に立った．近藤先生に深く感謝する．

滝　敏美

2019 年 8 月 6 日

- 本書の目的

　本書の目的は，最も基本的な構造物であるトラス構造と，フレームやアーチを含む2次元梁構造の理論を説明し，実際のこれらの構造の変形と内部の力の状態を解析する具体的な方法を示すことである．

- 本書の構成

　第1部として，弾性力学の基礎を，微小変形理論ではなく，大変形を考慮した厳密な非線形理論（有限変形理論）を使って説明する．厳密な理論を使うと，変形と歪と応力の説明が理論的にすっきりするという大きな利点がある．ただし，テンソルを使わなくてよいように，2次元理論に限定した．2次元なら図示もしやすいので，イメージしやすい．2次元で理解しておけば，将来3次元理論を学ぶときに心理的ハードルが下がると考える．また，工学的問題の多くは2次元で対応できるので，実用性はそれほど損なわれない．エネルギ原理は，本書で紹介するエネルギ法による直接解法の基礎であるので詳しく説明する．

　第2部は，主にトラスと梁という実用的な構造問題を取り扱う．普通の材料力学の教科書のようにいきなりトラスや梁の理論を持ち出すのではなく，2次元弾性論を仲立ちにしてトラスと梁に結び付ける．トラスや梁の便利な解析法として，エネルギ法による直接解法を紹介する．従来の方法とはちがって，不静定問題も大変形問題も簡単に解くことができる．表計算ソフト（MS-Excel）を使う方法なので，すぐに実務に使える．また，この方法は有限要素法とのつながりもあるので，有限要素法の理論の理解にも役に立つと考える．

　第3部は，本書で使う数学の復習である．ベクトル，三角関数，行列，微分，積分等を説明し，公式をまとめる．工学の道具としての必要最小限の数学を説明する．

- 解析ツール

　本書で説明した MS-Excel を用いたトラスと梁の解析ツールを読者に提供する．プレアデス出版のウェブサイト（http://www.pleiades-publishing.co.jp/）で公開している．

目　次

序文 i

第1部　弾性力学 —— 1

第1章　構造物の変形と歪 3
- 1.1. 基本的な変形と工学歪 3
  - 1.1.1. 引張試験片の変形と工学歪 5
  - 1.1.2. 純せん断変形と工学歪 9
- 1.2. グリーンの歪 12
  - 1.2.1. グリーンの歪の定義 12
  - 1.2.2. グリーンの歪の座標変換 16
  - 1.2.3. 変形とグリーンの歪の関係 20
- 1.3. 微小変形の仮定と線形理論の適用の限界 25
  - 1.3.1. 微小変形理論 25
  - 1.3.2. 微小変形理論の適用の限界 25
- 1.4. 主歪，最大せん断歪 27

第2章　応力 33
- 2.1. 力の釣り合い 33
- 2.2. 応力の定義 36
  - 2.2.1. 引張応力 36
  - 2.2.2. 応力の記号の規則 37
  - 2.2.3. コーシーの公式 38
  - 2.2.4. 真応力の定義と座標変換 40
  - 2.2.5. 真応力の主応力と最大せん断応力，フォン・ミーゼス応力 43
- 2.3. キルヒホッフの応力 45
  - 2.3.1. グリーンの歪に対応する応力 45

- 2.3.2. キルヒホッフの応力の定義 ... 46
- 2.3.3. キルヒホッフの応力で表したコーシーの公式 ... 48
- 2.3.4. キルヒホッフの応力の釣り合い式 ... 50
- 2.3.5. キルヒホッフの応力の座標変換 ... 55
- 2.4. 応力と歪の関係 ... 58

第3章 2次元有限変形弾性理論の基礎方程式とエネルギ原理 61
- 3.1. 2次元有限変形弾性理論の方程式 ... 61
- 3.2. エネルギ原理 ... 64
  - 3.2.1. 仮想仕事の原理 ... 64
  - 3.2.2. ポテンシャルエネルギ停留の原理 ... 69
- 3.3. 例題── 一様引張荷重を負荷される長方形板 ... 71

第4章 2次元微小変形弾性理論 77
- 4.1. 工学歪 ... 78
  - 4.1.1. 工学歪の定義──変位 - 歪関係式 ... 78
  - 4.1.2. 工学歪の座標変換式と主歪 ... 79
- 4.2. 公称応力 ... 81
  - 4.2.1. 公称応力の定義 ... 81
  - 4.2.2. コーシーの公式 ... 82
  - 4.2.3. 公称応力の座標変換式と主応力 ... 82
- 4.3. 2次元微小変形弾性理論の基礎方程式のまとめ ... 83
- 4.4. エネルギ原理 ... 85
  - 4.4.1. 仮想仕事の原理 ... 85
  - 4.4.2. ポテンシャルエネルギ最小の原理 ... 87
  - 4.4.3. 補仮想仕事の原理 ... 89
  - 4.4.4. コンプリメンタリエネルギ最小の原理 ... 91
  - 4.4.5. カスティリアーノの定理 ... 93
    - 4.4.5.1. カスティリアーノの第1定理 ... 93
    - 4.4.5.2. カスティリアーノの第2定理 ... 95
- 4.5. エアリーの応力関数 ... 97
  - 4.5.1. エアリーの応力関数の使い方の説明 ... 98
    - 4.5.1.1. 2次と3次の同次多項式 ... 98
    - 4.5.1.2. エアリーの応力関数を使った解析方法 ... 99
  - 4.5.2. 長方形板の一様引張 ... 99
  - 4.5.3. 長方形板の一様せん断 ... 101
  - 4.5.4. 長方形板の単純曲げ ... 103

- 4.5.5. 両端で単純支持された長方形板に一様荷重が負荷される場合 105
- 4.5.6. 自由端に集中荷重が負荷される片持ち長方形板 111

第5章　2次元弾性問題のエネルギ法による直接解法 113

- 5.1. 解法の流れと計算式 113
  - 5.1.1. 微小変形理論の場合 116
    - 5.1.1.1. 歪エネルギの計算法 116
    - 5.1.1.2. 要素内の変位分布 116
    - 5.1.1.3. 要素内の工学歪 118
    - 5.1.1.4. 要素の歪エネルギの計算 118
  - 5.1.2. 有限変形理論の場合 120
    - 5.1.2.1. 変形後の要素座標系における変位の計算式 121
    - 5.1.2.2. 歪エネルギと全ポテンシャルエネルギの計算式 123
- 5.2. 計算例 123
  - 5.2.1. 一様荷重が負荷される両端で単純支持された長方形板 123
  - 5.2.2. 軸圧縮荷重を受ける片端固定の長方形板 127
- 5.3. エネルギ法による直接解法と有限要素法との関係 133

第2部　構造物の解析法── *139*

第6章　トラス構造 141

- 6.1. トラス構造とは 141
  - 6.1.1. トラスの前提 144
  - 6.1.2. 静定トラスと不静定トラス 146
- 6.2. トラスの基礎方程式 146
  - 6.2.1. 軸力部材の構成方程式について 146
  - 6.2.2. トラスの有限変形理論 148
    - 6.2.2.1. 基礎方程式 149
    - 6.2.2.2. トラスの仮想仕事の原理 150
    - 6.2.2.3. トラスのポテンシャルエネルギ停留の原理 151
  - 6.2.3. トラスの微小変形理論 152
    - 6.2.3.1. 基礎方程式 152
    - 6.2.3.2. トラスの仮想仕事の原理──微小変形理論 153
    - 6.2.3.3. トラスのポテンシャルエネルギ最小の原理 153
    - 6.2.3.4. トラスの補仮想仕事の原理 154

- 6.2.3.5. トラスのコンプリメンタリエネルギ最小の原理 154
- 6.3. 2次元不静定トラスの解き方の種類 155
  - 6.3.1. 弾性論の基礎方程式による解法 156
    - 6.3.1.1. 有限変形理論 156
    - 6.3.1.2. 微小変形理論 159
  - 6.3.2. 仮想仕事の原理による解法 162
    - 6.3.2.1. 有限変形理論 162
    - 6.3.2.2. 微小変形理論 166
  - 6.3.3. ポテンシャルエネルギ停留（または最小）の原理による解法 168
    - 6.3.3.1. 有限変形理論 168
    - 6.3.3.2. 微小変形理論 170
  - 6.3.4. 補仮想仕事の原理（微小変形理論）による解法 172
  - 6.3.5. コンプリメンタリエネルギ最小の原理（微小変形理論）による解法 ... 175
  - 6.3.6. 各種解法の比較 177
- 6.4. エネルギ法による直接解法を使ったトラスの実用的な解き方 179
  - 6.4.1. ポテンシャルエネルギ停留（または最小）の原理による直接解法 ... 179
  - 6.4.2. エネルギ法による直接解法によるトラス解析ツール 181
    - 6.4.2.1. モデル化 181
    - 6.4.2.2. 解析ツールの使用法の説明 182
- 6.5. トラスの例題 187
  - 6.5.1. 例題1──2次元不静定トラス（橋）... 187
  - 6.5.2. 例題2──2次元ボルチモアトラス 191
  - 6.5.3. 例題3──片持ち2次元静定トラス 196
  - 6.5.4. 例題4──圧縮荷重を受ける2次元トラスの柱 202
  - 6.5.5. 例題5──3次元静定トラス 207
- 6.6. ポテンシャルエネルギ最小の原理による
  直接解法と有限要素法との関係 210
  - 6.6.1. 微小変形理論によるトラスの有限要素法 210
  - 6.6.2. 有限要素法によるトラス解析の例 213
  - 6.6.3. 共回転座標系を用いた有限要素法 218

第7章　梁 221

- 7.1. 梁とは 221
- 7.2. 2次元初等梁理論 224
  - 7.2.1. ベルヌーイ・オイラーの仮説 225
  - 7.2.2. 梁の変形と歪 227
  - 7.2.3. 梁の断面に働く力の定義 229

- 7.2.4. 断面力を使った釣り合い方程式 230
- 7.2.5. せん断力線図，曲げモーメント線図による釣り合い方程式の表示 ... 232
- 7.2.6. 境界条件 234
- 7.2.7. 曲げモーメントと変形，曲げ応力との関係式 235
  - 7.2.7.1. 曲げモーメントと変形の関係式 235
  - 7.2.7.2. 曲げモーメントと曲げ応力の関係式 236
  - 7.2.7.3. 断面特性の計算方法 236
- 7.2.8. 仮想仕事の原理を使った釣り合い方程式の導出 238
- 7.2.9. 2次元初等梁理論の基礎方程式のまとめ 244
- 7.2.10. 2次元梁のエネルギ原理 244
  - 7.2.10.1. 仮想仕事の原理 244
  - 7.2.10.2. ポテンシャルエネルギ最小の原理 244
  - 7.2.10.3. 補仮想仕事の原理 245
  - 7.2.10.4. コンプリメンタリエネルギ最小の原理 246
- 7.2.11. 初等梁理論と2次元弾性論との比較 247
  - 7.2.11.1. 2次元弾性論 247
  - 7.2.11.2. 初等梁理論 248
- 7.3. 2次元梁の有限変形理論 251
  - 7.3.1. 大変形の梁の変形と歪——変位-歪関係式 251
  - 7.3.2. 仮想仕事の原理 255
  - 7.3.3. ポテンシャルエネルギ停留の原理 257
- 7.4. 直線梁の座屈理論 258
  - 7.4.1. 簡単なモデルの座屈 258
    - 7.4.1.1. 座屈後の釣り合い 258
    - 7.4.1.2. 座屈前後の変形 259
    - 7.4.1.3. 釣り合い式からの座屈方程式の導出 262
    - 7.4.1.4. エネルギから見た座屈現象 263
    - 7.4.1.5. レイリー商 267
  - 7.4.2. 直線梁の座屈方程式 268
  - 7.4.3. レイリー商 272
  - 7.4.4. オイラー座屈荷重 275
- 7.5. 2次元梁のエネルギ法による直接解法 277
  - 7.5.1. ポテンシャルエネルギ最小の原理を適用した
    2次元梁の解法——微小変形理論 277
    - 7.5.1.1. 要素座標系における節点変位 278
    - 7.5.1.2. 梁要素の要素内変位と歪 279
    - 7.5.1.3. 要素の歪エネルギ 280

- 7.5.1.4. 全ポテンシャルエネルギ ... 281
- 7.5.1.5. 全ポテンシャルエネルギの最小化 ... 281
- 7.5.1.6. 節点力の計算式 ... 281
- 7.5.1.7. 要素内の断面力の分布と要素分割の考えかた ... 282
- 7.5.2. ポテンシャルエネルギ最小の停留の原理を使った 2次元梁の解法──有限変形理論 ... 283
  - 7.5.2.1. 要素座標系における節点変位 ... 284
  - 7.5.2.2. 梁要素の要素内変位と歪 ... 285
  - 7.5.2.3. 要素の歪エネルギ ... 286
  - 7.5.2.4. 全ポテンシャルエネルギ ... 287
  - 7.5.2.5. 全ポテンシャルエネルギの停留化 ... 287
  - 7.5.2.6. 節点力の計算式 ... 288
- 7.5.3. レイリー商を使った直線梁の座屈荷重計算法 ... 289
- 7.6. エネルギ法による直接解法による2次元梁解析ツール ... 291
  - 7.6.1. 2次元梁解析ツール（微小変形理論） ... 291
  - 7.6.2. 2次元梁解析ツール（有限変形理論） ... 296
  - 7.6.3. 直線梁座屈解析ツール ... 302
- 7.7. 梁の例題 ... 308
  - 7.7.1. 例題1──連続梁 ... 308
  - 7.7.2. 例題2──ビームカラム ... 312
  - 7.7.3. 例題3──フレーム構造 ... 318
  - 7.7.4. 例題4──円弧アーチ ... 324
  - 7.7.5. 例題5──単純支持梁の座屈 ... 334
  - 7.7.6. 例題6──ばねで支持された変断面梁の座屈 ... 337
- 7.8. 有限要素法とポテンシャルエネルギ最小の原理による直接解法との関係 ... 340
  - 7.8.1. 梁要素のエネルギの行列表示 ... 340
  - 7.8.2. 有限要素法による梁の解析の例 ... 345
  - 7.8.3. 共回転座標系を用いた梁の有限要素法 ... 348

第8章 ねじり荷重を受ける薄肉チューブ ... 349

- 8.1. ねじり荷重を受ける薄肉チューブの変形 ... 349
- 8.2. せん断流とねじりモーメント ... 349
- 8.3. 薄肉チューブのねじり剛性 ... 352
- 8.4. 内部に壁がある薄肉チューブ ... 354

第3部　構造力学のための数学 —— *357*

第9章　三角関数 ... 359
- 9.1. 三角関数の定義 ... 359
- 9.2. 三角関数の公式 ... 360
  - 9.2.1. ピタゴラスの基本三角関数公式 ... 360
  - 9.2.2. 加法定理 ... 360
  - 9.2.3. 倍角公式，半角公式 ... 360

第10章　静力学のためのベクトル ... 363
- 10.1. 力とモーメントはベクトル ... 363
- 10.2. ベクトルの表記 ... 364
- 10.3. ベクトルの足し算，引き算 ... 365
- 10.4. ベクトルの拡大，縮小 ... 365
- 10.5. ベクトルを成分に分解すること ... 366
- 10.6. ベクトルの大きさ（長さ） ... 367
- 10.7. 2つのベクトル間の角度とベクトルの内積 ... 367
- 10.8. 単位ベクトルの作り方 ... 369
- 10.9. 直交する単位ベクトルの作り方——2次元の場合 ... 370
- 10.10. ベクトルの外積 ... 371

第11章　座標変換 ... 375
- 11.1. 行列の演算 ... 375
  - 11.1.1. 行列の和と差 ... 375
  - 11.1.2. 行列の積 ... 376
  - 11.1.3. 転置行列 ... 376
  - 11.1.4. 逆行列 ... 377
- 11.2. 2次元の直交座標系 ... 377
  - 11.2.1. 基準座標系と別の座標系の単位基底ベクトルの関係 ... 378
  - 11.2.2. 点の位置（座標）と位置ベクトル表示 ... 379
  - 11.2.3. 2点間を結ぶ線のベクトル表示 ... 379
  - 11.2.4. 2つの座標系間での点の位置の座標変換 ... 380
- 11.3. 3次元の直交座標系 ... 381
  - 11.3.1. 基準座標系と別の座標系の単位基底ベクトルの関係 ... 382
  - 11.3.2. 2つの座標系での点の位置の座標変換 ... 383

第12章　関数 385

- 12.1. 1変数の関数 385
  - 12.1.1. 関数の微分 386
  - 12.1.2. 微分の公式 387
  - 12.1.3. 不定積分の公式 388
  - 12.1.4. 定積分 390
  - 12.1.5. 数値積分の方法──台形則 391
  - 12.1.6. テイラー展開による関数の近似 391
- 12.2. 2変数の関数 393
  - 12.2.1. 偏微分 394
  - 12.2.2. ガウスの発散定理 395
- 12.3. 関数の変化 402
  - 12.3.1. 微小変形理論の仮想仕事の原理 402
  - 12.3.2. 有限変形理論の仮想仕事の原理と微小変形理論のポテンシャルエネルギ最小の原理 403
  - 12.3.3 停留と最小の意味 404

第13章　非線形方程式の解き方 409

- 13.1. 2次方程式の根の公式 409
- 13.2. ニュートン法 409
- 13.3. MS-Excel のソルバーを使った解き方 411

参考文献 413

写真と図の出典 415

付録ギリシャ文字とその読み方 416

索引 419

第 1 部　　弾性力学

　第1部では2次元の弾性力学の基礎を説明する．大変形を取り扱う厳密な歪と応力の定義を詳しく説明したあとに，2次元弾性論の基礎方程式とエネルギ原理を導く．大変形の理論（有限変形理論）の基礎方程式は非線形であるが，大変形の理論のほうが，歪と応力の定義が線形の微小変形理論よりもむしろわかりやすいので，まずこちらを説明する．次に，微小変形の仮定を用いて微小変形理論（線形弾性理論）を説明する．微小変形理論の応用として，エアリーの応力関数を使って長方形板の解析例を示す．さらに，エネルギ原理を使った直接解法を紹介し，長方形板の大変形解析にも適用できることを示す．これらの解析例はトラスと梁の理論を理解するのに役立つ．

第1章 構造物の変形と歪

　外力に耐えることが構造物の機能である．構造物は外力を受けると変形する．この構造物の変形は構造物の内部に作用している力（応力）の分布と関係しているので，構造物の変形を理解することが重要である．構造物の内部に発生している力は変形そのものではなく，変形の変化率（例えば伸び率）に比例している．この変形の変化率を歪（ひずみ）という．内部の力は目に見えないが，変形は見えるので実感しやすい．歪は変形から想像することができる．したがって，まず変形と歪の説明から入っていくことにしよう．

1.1. 基本的な変形と工学歪

　構造物は複雑な形をしているように見えるが，機能に応じた各種の構成要素（構造要素という）からできている．構造要素の例を表 1-1 に示す．
　これらの構造要素の基本的な変形は，一方向の伸び（縮み）変形，せん断変形，曲げ変形，ねじれ変形とこれらの組み合わせである．したがって，基本的な変形を理解すれば，構造物の挙動を理解できるようになる．これらの基本的な変形のうち，まず伸び変形とせん断変形について説明する．曲げ変形とねじれ変形については後の章（4.5 項，5.2 項，第 7 章，第 8 章）で説明する．

第1章 構造物の変形と歪

表 1-1 構造要素と機能

要素	外力	図	変形
棒	軸力		伸び, 縮み
棒(トルクチューブ)	ねじりモーメント		ねじれ
梁	曲げモーメント, せん断力		曲げ, せん断, (ねじれ)
柱	軸力, 曲げモーメント, せん断力		伸び縮み, せん断, 曲げ, (ねじれ)
膜, 板(面内荷重)	軸力, せん断力		伸び, 縮み, せん断
せん断板	せん断力		せん断
曲げ板	面外力		曲げ, 伸び, せん断, ねじれ

1.1 基本的な変形と工学歪

1.1.1. 引張試験片の変形と工学歪

<u>歪そのものは目に見えないが，物体の表面に方眼を刻むことによって変形状態を見て物体表面の歪の状態を知ることができる</u>．簡単な例として，引張試験片の場合を見てみる．金属材料でできた引張試験片に引張荷重を負荷する試験を行うことを考えてみる．試験片は金属板を図 1-1 の左上の図の形状に加工した試験片とする．この試験片の中央表面に方眼を刻み込む．

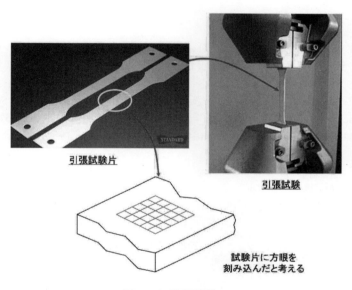

図 1-1　引張試験

試験片を試験機にかけて引っ張りながら，伸び計を使って平行部の一部(長さ L_0)の伸び量 δ を測定する．この測定値をプロットすると図 1-2 のようなグラフが得られる．伸び率（ δ/L_0 ）と変形前の単位断面積あたりの荷重（ $P/w_0 t_0$ ）のグラフにすると図 1-3 のような曲線になる．これは金属材料のハンドブックである MMPDS [23] に載っているクロムモリブデン鋼（4130 低合金鋼）の応力-歪曲線である(ポンド・インチ系の単位で描かれている*)．伸び率を工学軸歪と呼び，変形前の単位断面積あたりの荷重を公称応力という．後述するように，歪と応力の定義は他にもあるのでこのような名称がついている．公称応力は<u>変形前の単位断面積あたり</u>に働いている力である．工学軸歪は<u>変形前の長さを基準</u>とした伸びの比率である．

第 1 章　構造物の変形と歪

$$\sigma = \frac{P}{w_0 t_0} : 公称応力 \tag{1-1}$$

　　P：負荷荷重，w_0：変形前の試験片の幅，t_0：変形前の試験片の板厚

$$\varepsilon = \frac{\delta}{L_0} : 工学軸歪 \tag{1-2}$$

　　L_0：伸び計の変形前の計測区間長さ，δ：伸び計で測った計測区間の伸び

注＊：歪の単位は長さ（伸び）を長さ（計測区間長さ）で割っているので無次元であるが，この図ではわざわざ「inch/inch」と表示している．応力は力の単位であるポンド（lb）を断面積の単位である平方インチ（square inch = inch²）で割った ポンド／平方インチ（Pound per Square Inch = psi）の 1000 倍（kilo psi = ksi）を使っている．1 ポンド = 0.4536 kgf = 4.448 N，1 インチ= 25.4 mm であり，1 ksi = 6.895 MPa である．

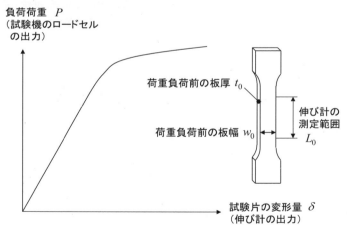

図 1-2　引張試験の出力

　この例から変形率である歪を物体の変形状態を表す指標として使っていることがわかる．そして，歪が小さい領域では歪と応力は比例しているという重要な性質がある．そこで，引張試験片の歪の性質を調べてみる．基準の座

1.1 基本的な変形と工学歪

標系として試験片の荷重軸方向 (x) とそれに直角方向 (y) の座標系を使い, 方眼とマーカー (円, 正方形, 矢印) を刻印しておく (図1-4の上の図). 荷重が負荷されて, x方向の伸び率10%, y方向の縮み率3%の変形が生じているとする (図1-4の下の図). 基準座標系では, 元の正方形が長方形に変形することがわかる. 変形前の x 方向の矢印は10%伸び, y 方向の矢印は 3%縮むが矢印の方向は変化しない.

基準座標系を45度回転させた座標系でも考える. 座標系を変えると, 矢印の長さが変わるとともに, 矢印の方向が変化し, 正方形の頂角 (矢印の交差角でもある) が 90 度でなくなる. このため, 元の正方形が菱形に変形する. 矢印の長さの変化を伸び変形 (または軸変形), 頂角の変化をせん断変形という. この例では, 矢印の長さが1から0.0728伸び, 頂角が0.0627×2 ラジアン (radian) 増えている (図1-5). 座標系を変えると変形の状態が変わったように見えるが, 実は同じ変形である. <u>同じ変形をしている場合に, 異なる座標系で見た場合の歪がなるべく簡単な変換式で表されることが理論を構築するうえで重要である.</u>

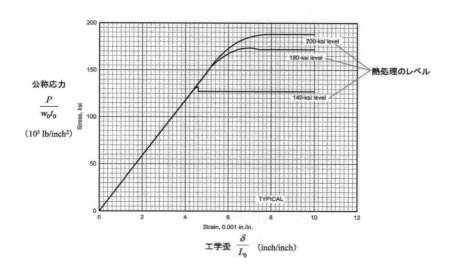

図 1-3 公称応力と工学歪で表した応力-歪曲線の例 – クロムモリブデン鋼

第1章 構造物の変形と歪

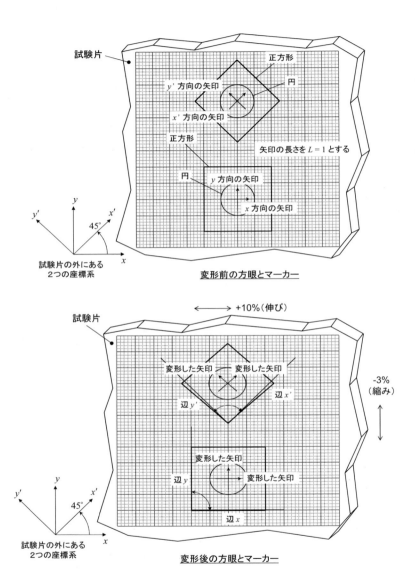

図1-4 引張試験片に刻んだ方眼とマーカー

1.1 基本的な変形と工学歪

　工学歪では，変形後の矢印の長さを求めるときに平方根の計算をしていること，図 1-5 で変形後の頂角を計算するのに逆三角関数を計算していることに注意されたい．後に説明するが（1.2 項），工学歪の座標変換を厳密に行うには平方根と逆三角関数の計算が必要なことが厳密な理論を構築する際の妨げになるので，厳密な弾性理論では工学歪を使えない．

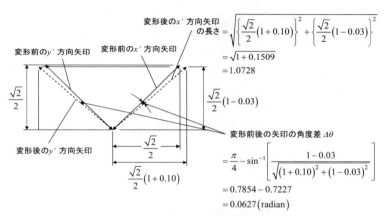

図 1-5　引張試験片の変形 −45 度傾いた座標系で見た場合

1.1.2. 純せん断変形と工学歪

　正方形がその辺の長さを変えないで菱形になるような変形を純せん断変形という．正方形を菱形に変形するには，図 1-6 に示すように，正方形の隣り合う 2 辺をつまんで動かす．そうすると，<u>辺の長さは変化せず</u>，片方の対角の角度が減少し，もうひとつの対角の角度が増加する．図 1-7 を見るとわかるように，片方の対角線方向に伸び，もう一方の対角線方向に縮む．

　工学せん断歪 γ を正方形の頂角の減少量と定義し，単位はラジアン（無次元）である（図 1-7）．

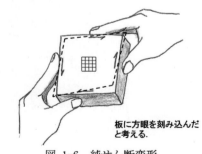

図 1-6　純せん断変形

第 1 章　構造物の変形と歪

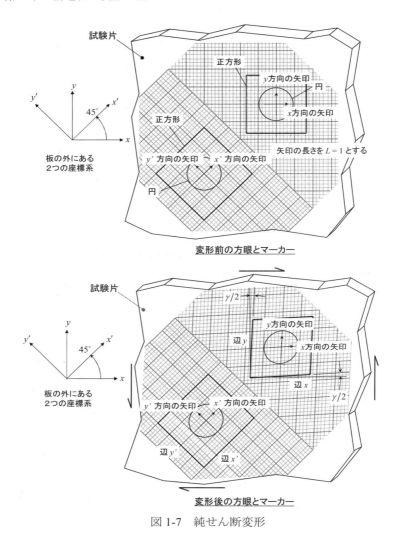

図 1-7　純せん断変形

　この工学せん断歪は，45 度方向の座標系 x'-y' で見ると 2 つの方向の工学軸歪になり（図 1-8），その値は，

1.1 基本的な変形と工学歪

$$\varepsilon_{x'} = \frac{\cos\left(\frac{\pi}{4} - \frac{\gamma}{2}\right) - \frac{\sqrt{2}}{2}}{\frac{\sqrt{2}}{2}} = \frac{\cos\frac{\pi}{4}\cos\frac{\gamma}{2} + \sin\frac{\pi}{4}\sin\frac{\gamma}{2} - \frac{\sqrt{2}}{2}}{\frac{\sqrt{2}}{2}}$$

$$= \frac{\frac{\sqrt{2}}{2}\cos\frac{\gamma}{2} + \frac{\sqrt{2}}{2}\sin\frac{\gamma}{2} - \frac{\sqrt{2}}{2}}{\frac{\sqrt{2}}{2}} = \cos\frac{\gamma}{2} + \sin\frac{\gamma}{2} - 1$$

$$\varepsilon_{y'} = \frac{\sin\left(\frac{\pi}{4} - \frac{\gamma}{2}\right) - \frac{\sqrt{2}}{2}}{\frac{\sqrt{2}}{2}} = \frac{\sin\frac{\pi}{4}\cos\frac{\gamma}{2} - \cos\frac{\pi}{4}\sin\frac{\gamma}{2} - \frac{\sqrt{2}}{2}}{\frac{\sqrt{2}}{2}}$$

$$= \cos\frac{\gamma}{2} - \sin\frac{\gamma}{2} - 1$$

となる．x'方向の工学軸歪の絶対値と y'方向の工学軸歪の絶対値は等しくない．ただし，<u>せん断変形が小さい（$|\gamma|$ 1）場合</u>には，上の式は近似的に次のようになるので，x'方向の工学歪の絶対値と y'方向の工学軸歪の絶対値は等しくなり，工学せん断歪の 1/2 である．

$$\varepsilon_{x'} \cong 1 + \frac{\gamma}{2} - 1 = \frac{\gamma}{2}$$

$$\varepsilon_{y'} \cong 1 - \frac{\gamma}{2} - 1 = -\frac{\gamma}{2}$$

(1-3)

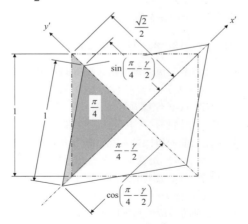

図 1-8　純せん断変形

第 1 章　構造物の変形と歪

1.2.　グリーンの歪

　物体内部のある点における変形状態を表す量として「グリーン（Green）の歪」を定義する．見てわかりやすい 2 次元（板）で説明する．本項では以下を説明する．
- 工学歪は座標変換には不便である．
- そこで，座標変換に便利なグリーンの歪を使う．グリーンの歪と工学歪との関係を示す．グリーンの歪は大きい変形の場合にも厳密な座標変換ができる．
- 変形が小さい場合には，近似としてグリーンの歪のかわりに工学歪を使うことができる．
- 変位と歪の関係式を説明する．変位とグリーンの歪の関係式は非線形である．

1.2.1.　グリーンの歪の定義

　グリーンの歪の定義から出発して，工学軸歪を仲立ちとして三角関数の公式だけを使ってグリーンの歪の座標変換式が出てくることを見てみよう．なぜグリーンの歪を採用するのかがわかるはずである．図 1-9 の上の図に示すような方眼とマーカーを刻んだ板を持ってきて，適切な力を負荷して，せん断変形無しで，x 軸方向の伸び率（工学軸歪）ε_x と y 軸方向の伸び率（工学軸歪）ε_y を発生させたとする．板の材料は均質であればどんな材料でもよい．
　変形前の板に刻まれた座標軸方向の単位長さの矢印（格子ベクトルという）の変形状態を使ってグリーンの歪を定義する．グリーンの歪の定義は，

$$e_x = \frac{1}{2}\left(\mathbf{g}_x \cdot \mathbf{g}_x - 1\right),\ e_y = \frac{1}{2}\left(\mathbf{g}_y \cdot \mathbf{g}_y - 1\right),\ e_{xy} = \frac{1}{2}\mathbf{g}_x \cdot \mathbf{g}_y \qquad (1\text{-}4)$$

　ここで，$\mathbf{g}_x$：変形前の板に刻んだ x 軸方向の単位長さの矢印（格子ベクトル）が変形したもの（試験片の外にある基準座標系（x-y 座標系）で測ったベクトル）．本書では「変形した格子ベクトル」と呼ぶ．

　　　　　$\mathbf{g}_y$：変形前の板に刻んだ y 軸方向の単位長さの矢印（格子ベクトル）が変形したもの（試験片の外にある基準座標系（x-y 座標系）で測ったベクトル）．本書では「変形した格子ベクトル」と呼ぶ．

　　　　　e_x：変形前の板の基準座標系で見た x 方向のグリーンの軸歪

1.2 グリーンの歪

e_y：変形前の板の基準座標系で見た y 方向のグリーンの軸歪

e_{xy}：変形前の板の基準座標系で見た xy 方向のグリーンのせん断歪．グリーンのせん断歪は x と y に関して対称である．

$\mathbf{g}_x \cdot \mathbf{g}_y$：ベクトル $\mathbf{g}_x$ とベクトル $\mathbf{g}_y$ の内積

グリーンの軸歪は変形した格子ベクトルの長さの2乗（内積）から1を引いたものの 1/2 である．グリーンのせん断歪は変形した2つの格子ベクトルの内積の 1/2 である．

基準座標系 x-y の方眼は，変形後も格子ベクトルの方向は変化しないが，長さが変化している．図 1-9 の下の図の変形のグリーンの歪（基準座標系）を工学軸歪で表すと次のようになる．

$$e_x = \frac{1}{2}\left[(1+\varepsilon_x)^2 - 1\right] = \varepsilon_x + \frac{1}{2}\varepsilon_x^2$$

$$e_y = \frac{1}{2}\left[(1+\varepsilon_y)^2 - 1\right] = \varepsilon_y + \frac{1}{2}\varepsilon_y^2$$

$$e_{xy} = \frac{1}{2}\left[(1+\varepsilon_x) \times 0 + 0 \times (1+\varepsilon_y)\right] = 0$$

工学軸歪が小さい場合（$\varepsilon_x \ll 1, \varepsilon_y \ll 1$）には，$e_x$ と e_y の第2項（2乗の項 $\frac{1}{2}\varepsilon_x^2, \frac{1}{2}\varepsilon_y^2$）が第1項に比べて小さくなるので，グリーンの歪と工学軸歪はほとんど一致することがわかる．例えば，工学軸歪を $\varepsilon_x = 0.01$（ふつうの金属材料ではすでに降伏している（図 1-3 参照））とすると，グリーンの歪は

$$e_x = 0.01 + \frac{1}{2} \times 0.01 \times 0.01 = 0.01005$$

で工学軸歪との差は 0.5% である．

第1章　構造物の変形と歪

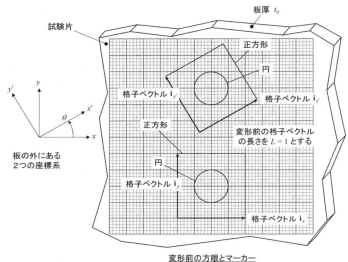
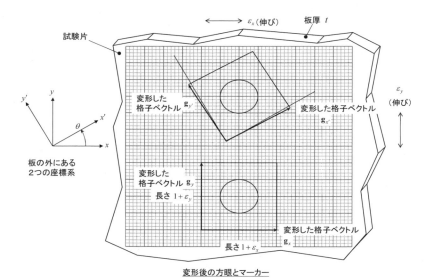

図 1-9　グリーンの歪の定義の説明

1.2 グリーンの歪

次に，変形前の板の内部で角度 θ だけ回転した方向の座標系 (x'-y' 座標系) でのグリーンの歪がどうなるかを計算してみよう．そのためには，まず，変形した格子ベクトルの x-y 座標系の成分を工学軸歪で表すと (図 1-10 参照)，

$$\mathbf{g}_{x'} = \begin{pmatrix} (1+\varepsilon_x)\cos\theta \\ (1+\varepsilon_y)\sin\theta \end{pmatrix}, \quad \mathbf{g}_{y'} = \begin{pmatrix} -(1+\varepsilon_x)\sin\theta \\ (1+\varepsilon_y)\cos\theta \end{pmatrix}$$

式(1-4)に代入すると，

$$\begin{aligned}
e_{x'} &= \frac{1}{2}\left[\left\{(1+\varepsilon_x)^2\cos^2\theta + (1+\varepsilon_y)^2\sin^2\theta\right\} - 1\right] \\
&= \frac{1}{2}\left[(1+2\varepsilon_x+\varepsilon_x^2)\cos^2\theta + (1+2\varepsilon_y+\varepsilon_y^2)\sin^2\theta - 1\right] \\
&= \left(\varepsilon_x + \frac{1}{2}\varepsilon_x^2\right)\cos^2\theta + \left(\varepsilon_y + \frac{1}{2}\varepsilon_y^2\right)\sin^2\theta \\
&= e_x\cos^2\theta + e_y\sin^2\theta \\
e_{y'} &= \frac{1}{2}\left[\left\{(1+\varepsilon_y)^2\cos^2\theta + (1+\varepsilon_x)^2\sin^2\theta\right\} - 1\right] \\
&= \frac{1}{2}\left[(1+2\varepsilon_y+\varepsilon_y^2)\cos^2\theta + (1+2\varepsilon_x+\varepsilon_x^2)\sin^2\theta - 1\right] \\
&= \left(\varepsilon_y + \frac{1}{2}\varepsilon_y^2\right)\cos^2\theta + \left(\varepsilon_x + \frac{1}{2}\varepsilon_x^2\right)\sin^2\theta \\
&= e_y\cos^2\theta + e_x\sin^2\theta \\
e_{x'y'} &= \frac{1}{2}\left[-(1+\varepsilon_x)(1+\varepsilon_x)\sin\theta\cos\theta + (1+\varepsilon_y)(1+\varepsilon_y)\sin\theta\cos\theta\right] \\
&= \frac{1}{2}\left[-2\varepsilon_x - \varepsilon_x^2 + 2\varepsilon_y + \varepsilon_y^2\right]\sin\theta\cos\theta \\
&= -\left(\varepsilon_x + \frac{1}{2}\varepsilon_x^2\right)\sin\theta\cos\theta + \left(\varepsilon_y + \frac{1}{2}\varepsilon_y^2\right)\sin\theta\cos\theta \\
&= (-e_x + e_y)\sin\theta\cos\theta
\end{aligned}$$

(1-5)

グリーンの歪を式(1-4)のように定義したのは深い訳がある．工学軸歪（伸び率）のように元の長さを基準にして伸び量（変形後の長さから元の長さを引いた値）を長さで割ると，長さを計算する際に平方根をとらないといけない．式を変形して平方根の中の式を平方根の外に出すのは不可能である．せん断変形を表す角度変化についても同様で，逆三角関数の外に式を出すことができない．ところが，式(1-4)のように定義すれば，歪が長さの2乗，または内積で表されており，平方根や逆三角関数を使わず，式の掛け算と足し算

第 1 章　構造物の変形と歪

で計算できる．そのため，次項で見るように歪の座標変換式が近似を使うことなく簡単になる．さらに，変形が小さい場合には，グリーンの歪と工学歪はほぼ等しい．

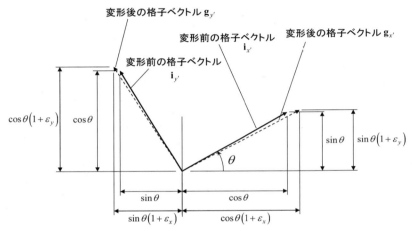

図 1-10　変形後の格子ベクトルの長さと角度変化

1.2.2.　グリーンの歪の座標変換

図 1-9，式(1-5)で，別の角度 φ の座標系 x''-y'' を考えると（図 1-11），基準座標系 x-y の歪との関係は，

$$e_{x''} = e_x \cos^2\varphi + e_y \sin^2\varphi$$
$$e_{y''} = e_y \cos^2\varphi + e_x \sin^2\varphi$$
$$e_{x''y''} = -e_x \sin\varphi\cos\varphi + e_y \sin\varphi\cos\varphi$$

2つの斜めの座標系間の角度差を $\Delta\theta$ と置くと，$\varphi = \theta + \Delta\theta$ だから，

$$e_{x''} = e_x \cos^2(\theta+\Delta\theta) + e_y \sin^2(\theta+\Delta\theta)$$
$$e_{y''} = e_y \cos^2(\theta+\Delta\theta) + e_x \sin^2(\theta+\Delta\theta)$$
$$e_{x''y''} = -e_x \sin(\theta+\Delta\theta)\cos(\theta+\Delta\theta) + e_y \sin(\theta+\Delta\theta)\cos(\theta+\Delta\theta)$$

これらの式を展開して整理すると，

1.2 グリーンの歪

$$e_{x''} = e_x \cos^2(\theta + \Delta\theta) + e_y \sin^2(\theta + \Delta\theta)$$
$$= e_x(\cos\theta\cos\Delta\theta - \sin\theta\sin\Delta\theta)^2 + e_y(\sin\theta\cos\Delta\theta + \cos\theta\sin\Delta\theta)^2$$
$$= (e_x\cos^2\theta + e_y\sin^2\theta)\cos^2\Delta\theta + (e_x\sin^2\theta + e_y\cos^2\theta)\sin^2\Delta\theta$$
$$+ 2(-e_x\sin\theta\cos\theta + e_y\sin\theta\cos\theta)\sin\Delta\theta\cos\Delta\theta$$
$$= e_{x'}\cos^2\Delta\theta + e_{y'}\sin^2\Delta\theta + 2e_{x'y'}\sin\Delta\theta\cos\Delta\theta$$

$$e_{y''} = e_y \cos^2(\theta + \Delta\theta) + e_x \sin^2(\theta + \Delta\theta)$$
$$= e_y(\cos\theta\cos\Delta\theta - \sin\theta\sin\Delta\theta)^2 + e_x(\sin\theta\cos\Delta\theta + \cos\theta\sin\Delta\theta)^2$$
$$= (e_y\cos^2\theta + e_x\sin^2\theta)\cos^2\Delta\theta + (e_y\sin^2\theta + e_x\cos^2\theta)\sin^2\Delta\theta$$
$$+ 2(-e_y\sin\theta\cos\theta + e_x\sin\theta\cos\theta)\sin\Delta\theta\cos\Delta\theta$$
$$= e_{y'}\cos^2\Delta\theta + e_{x'}\sin^2\Delta\theta - 2e_{x'y'}\sin\Delta\theta\cos\Delta\theta$$

$$e_{x''y''} = (-e_x + e_y)\sin(\theta + \Delta\theta)\cos(\theta + \Delta\theta)$$
$$= (-e_x + e_y)(\sin\theta\cos\Delta\theta + \cos\theta\sin\Delta\theta)(\cos\theta\cos\Delta\theta - \sin\theta\sin\Delta\theta)$$
$$= (-e_x + e_y)\sin\theta\cos\theta\cos^2\Delta\theta - (-e_x + e_y)\sin^2\theta\cos\Delta\theta\sin\Delta\theta$$
$$+ (-e_x + e_y)\cos^2\theta\sin\Delta\theta\cos\Delta\theta - (-e_x + e_y)\sin\theta\cos\theta\sin^2\Delta\theta$$
$$= e_{x'y'}\cos^2\Delta\theta + e_x\sin^2\theta\cos\Delta\theta\sin\Delta\theta - e_x\cos^2\theta\sin\Delta\theta\cos\Delta\theta$$
$$- e_y\sin^2\theta\cos\Delta\theta\sin\Delta\theta + e_y\cos^2\theta\sin\Delta\theta\cos\Delta\theta - e_{x'y'}\sin^2\Delta\theta$$
$$= e_{x'y'}\cos^2\Delta\theta - e_{x'y'}\sin^2\Delta\theta + (e_{y'} - e_{x'})\sin\Delta\theta\cos\Delta\theta$$

まとめると,

$$e_{x''} = e_{x'}\cos^2\Delta\theta + e_{y'}\sin^2\Delta\theta + 2e_{x'y'}\sin\Delta\theta\cos\Delta\theta$$
$$e_{y''} = e_{x'}\sin^2\Delta\theta + e_{y'}\cos^2\Delta\theta - 2e_{x'y'}\sin\Delta\theta\cos\Delta\theta \qquad (1\text{-}6)$$
$$e_{x''y''} = (e_{y'} - e_{x'})\sin\Delta\theta\cos\Delta\theta + e_{x'y'}\cos^2\Delta\theta - e_{x'y'}\sin^2\Delta\theta$$

この式を行列で表すと,

$$\begin{pmatrix} e_{x''} \\ e_{y''} \\ e_{x''y''} \end{pmatrix} = \begin{bmatrix} \cos^2\Delta\theta & \sin^2\Delta\theta & 2\sin\Delta\theta\cos\Delta\theta \\ \sin^2\Delta\theta & \cos^2\Delta\theta & -2\sin\Delta\theta\cos\Delta\theta \\ -\sin\Delta\theta\cos\Delta\theta & \sin\Delta\theta\cos\Delta\theta & \cos^2\Delta\theta - \sin^2\Delta\theta \end{bmatrix} \begin{pmatrix} e_{x'} \\ e_{y'} \\ e_{x'y'} \end{pmatrix}$$

$$(1\text{-}7)$$

第1章　構造物の変形と歪

このようにして，図1-11に示す2つの座標系間のグリーンの歪の座標変換式(1-7)を求めることができた．この式の導出ではどこにも近似を使っていないので，歪が大きくてもこの式が成り立つことに注目してほしい．ここまでの説明では，変形からグリーンの歪（または工学歪）をどうやって求めるかについては出てきていない．変形とグリーンの歪の関係（変位-歪関係式）については次項で説明する．

変形前の x'-y' 座標系に対する変形前の x'' 軸の方向余弦（図1-11の上の図参照）を用いて式(1-7)を書くと簡単になる．

$$\text{方向余弦}: l = \cos\Delta\theta,\ m = \sin\Delta\theta \tag{1-8}$$

$$\begin{pmatrix} e_{x''} \\ e_{y''} \\ e_{x''y''} \end{pmatrix} = \begin{bmatrix} l^2 & m^2 & 2lm \\ m^2 & l^2 & -2lm \\ -lm & lm & l^2 - m^2 \end{bmatrix} \begin{pmatrix} e_{x'} \\ e_{y'} \\ e_{x'y'} \end{pmatrix} \tag{1-9}$$

この式(1-9)と式(1-6)を比べてみればでわかるように，座標変換の式は方向余弦を使って行列で表記すると非常に見やすくなる．行列を使うことに慣れてほしい．

1.2 グリーンの歪

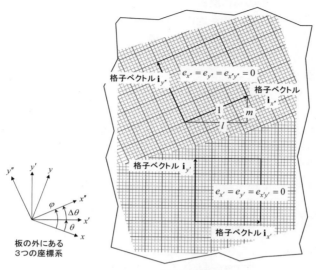

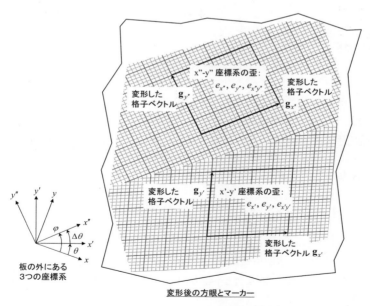

図 1-11　グリーンの歪の座標変換

第 1 章　構造物の変形と歪

1.2.3.　変形とグリーンの歪の関係

これまでは，板の変形が板の全面にわたって一様であるとしてきたが，ここからは板の変形が場所によって変化し，構造物の内部で歪も場所によって変化する場合を考えよう．図 1-12 に示す構造の場合には，変形と歪の関係がどうなっているのだろうか．本項で変形と歪の間の関係を導き出す．本項を読めばグリーンの歪の定義の合理性を改めて納得できるだろう．

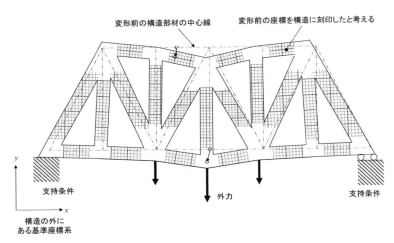

図 1-12　構造物の変形

図 1-13 に示すように，変形を考えるには位置ベクトルを用いるとわかりやすい．空間に固定した基準座標系（$O\text{-}x\text{-}y$）を板の外にとり，変形前の板を置く．変形前の板には基準座標系の方眼を刻み込んでおき，点 A と点 B も刻み込む．このときの点 A の座標を (x_A, y_A)，点 B の座標を (x_B, y_B) とする．変形前の点 A と点 B の位置ベクトルを次のように表す．

$$\overrightarrow{OA} = \mathbf{r}_A = \begin{pmatrix} x_A \\ y_A \end{pmatrix} = x_A \mathbf{i}_x + y_A \mathbf{i}_y$$
$$\overrightarrow{OB} = \mathbf{r}_B = \begin{pmatrix} x_B \\ y_B \end{pmatrix} = x_B \mathbf{i}_x + y_B \mathbf{i}_y$$
(1-10)

ここで，$\mathbf{i}_x, \mathbf{i}_y$ は x 軸方向と y 軸方向の単位ベクトル（格子ベクトル）である．

1.2 グリーンの歪

点 A から点 B へのベクトル $\overrightarrow{AB}$ は次のように表すことができる．

$$\overrightarrow{AB} = \overrightarrow{OB} - \overrightarrow{OA} = \mathbf{r}_B - \mathbf{r}_A = \begin{pmatrix} x_B - x_A \\ y_B - y_A \end{pmatrix} = (x_B - x_A)\mathbf{i}_x + (y_B - y_A)\mathbf{i}_y$$

ベクトル $\overrightarrow{AB}$ の長さは，

$$\left|\overrightarrow{AB}\right| = \left|\mathbf{r}_B - \mathbf{r}_A\right| = \sqrt{(x_B - x_A)^2 + (y_B - y_A)^2} = \sqrt{\begin{pmatrix} x_B - x_A \\ y_B - y_A \end{pmatrix}^T \begin{pmatrix} x_B - x_A \\ y_B - y_A \end{pmatrix}}$$

次に変形後を考える．変形後に点 A が点 A'に，点 B が点 B'に移動したとしよう．図 1-13 に示すように，基準座標系で各点の移動量（変位という）がそれぞれ，x 方向に u_A, u_B で，y 方向に v_A, v_B である．これをベクトルで表すと，

$$\begin{aligned}\overrightarrow{AA'} &= \mathbf{u}_A = \begin{pmatrix} u_A \\ v_A \end{pmatrix} = u_A \mathbf{i}_x + v_A \mathbf{i}_y \\ \overrightarrow{BB'} &= \mathbf{u}_B = \begin{pmatrix} u_B \\ v_B \end{pmatrix} = u_B \mathbf{i}_x + v_B \mathbf{i}_y\end{aligned} \quad (1\text{-}11)$$

ここで，$\mathbf{u}$：変位ベクトル，u, v：変位ベクトルの x, y 方向成分
点 A' と点 B' の位置ベクトルは，

$$\overrightarrow{OA'} = \overrightarrow{OA} + \overrightarrow{AA'} = \mathbf{R}_A = \mathbf{r}_A + \mathbf{u}_A = \begin{pmatrix} x_A + u_A \\ y_A + v_A \end{pmatrix} = (x_A + u_A)\mathbf{i}_x + (y_A + v_A)\mathbf{i}_y$$

$$\overrightarrow{OB'} = \overrightarrow{OB} + \overrightarrow{BB'} = \mathbf{R}_B = \mathbf{r}_B + \mathbf{u}_B = \begin{pmatrix} x_B + u_B \\ y_B + v_B \end{pmatrix} = (x_B + u_B)\mathbf{i}_x + (y_B + v_B)\mathbf{i}_y$$

すなわち，一般に次のように表すことができる．

$$\mathbf{R} = \mathbf{r} + \mathbf{u} = \begin{pmatrix} x + u \\ y + v \end{pmatrix} = (x + u)\mathbf{i}_x + (y + v)\mathbf{i}_y \quad (1\text{-}12)$$

点 A'から点 B'へのベクトル $\overrightarrow{A'B'}$ は次のように表すことができる．

$$\overrightarrow{A'B'} = \overrightarrow{OB'} - \overrightarrow{OA'} = \mathbf{R}_B - \mathbf{R}_A = \begin{pmatrix} x_B - x_A + u_B - u_A \\ y_B - y_A + v_B - v_A \end{pmatrix}$$

$$= (x_B - x_A + u_B - u_A)\mathbf{i}_x + (y_B - y_A + v_B - v_A)\mathbf{i}_y$$

第1章　構造物の変形と歪

ベクトル $\overrightarrow{A'B'}$ の長さは，

$$\left|\overrightarrow{A'B'}\right| = \left|\mathbf{R}_B - \mathbf{R}_A\right| = \sqrt{\left(x_B - x_A + u_B - u_A\right)^2 + \left(y_B - y_A + v_B - v_A\right)^2}$$

$$= \sqrt{\begin{pmatrix} x_B - x_A + u_B - u_A \\ y_B - y_A + v_B - v_A \end{pmatrix}^T \begin{pmatrix} x_B - x_A + u_B - u_A \\ y_B - y_A + v_B - v_A \end{pmatrix}}$$

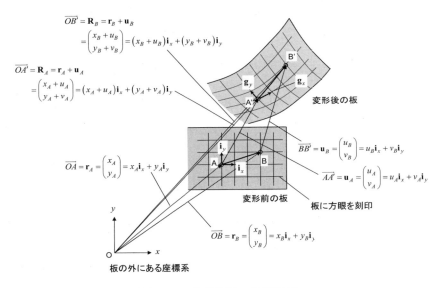

図 1-13　変形前後の位置関係

点 A における元の格子ベクトル $\mathbf{i}_x, \mathbf{i}_y$ が変形後に図 1-13 に示す格子ベクトル $\mathbf{g}_x, \mathbf{g}_y$ になっており，これらのベクトルは点 A'における変形による方眼のゆがみ（方眼の一区画の長さの変化と向きの変化）を表している．変形後の格子ベクトル $\mathbf{g}_x$ は，点 B の y 座標を点 A の y 座標と同じにしておいて（$y_B = y_A$，AB が水平線），ベクトル $\overrightarrow{A'B'}/\left|\overrightarrow{A'B'}\right|$ を求めて点 B を限りなく点 A に近づける（$x_B - x_A$ をゼロにする）ことで得られる．これは偏微分の定義そのものである．

1.2 グリーンの歪

$$\begin{aligned}\mathbf{g}_x &= \lim_{x_B-x_A=0}\frac{\overline{A'B'}}{|\overline{A'B'}|} = \lim_{x_B-x_A=0}\frac{\mathbf{R}_B-\mathbf{R}_A}{|\mathbf{R}_B-\mathbf{R}_A|}\\ &= \lim_{x_B-x_A=0}\frac{1}{x_B-x_A}\begin{pmatrix}x_B-x_A+u_B-u_A\\ v_B-v_A\end{pmatrix}\\ &= \lim_{\Delta x=0}\frac{1}{\Delta x}\begin{pmatrix}\Delta x+\Delta u\\ \Delta v\end{pmatrix} = \lim_{\Delta x=0}\begin{pmatrix}1+\dfrac{\Delta u}{\Delta x}\\ \dfrac{\Delta v}{\Delta x}\end{pmatrix}\\ &= \begin{pmatrix}1+\dfrac{\partial u}{\partial x}\\ \dfrac{\partial v}{\partial x}\end{pmatrix} = \left(1+\dfrac{\partial u}{\partial x}\right)\mathbf{i}_x + \dfrac{\partial v}{\partial x}\mathbf{i}_y = \dfrac{\partial \mathbf{R}}{\partial x}\end{aligned}\qquad(1\text{-}13)$$

ここで，$\Delta x = x_B - x_A, \Delta u = u_B - u_A, \Delta v = v_B - v_A$ とした．

同様に，変形後の格子ベクトル $\mathbf{g}_y$ は，点 B の x 座標を点 A の x 座標と同じにしておいて ($x_B = x_A$, AB が垂直線)，ベクトル $\overline{A'B'}/|\overline{A'B'}|$ を求めて $y_B - y_A$ をゼロにすることで得られる．

$$\begin{aligned}\mathbf{g}_y &= y\lim_{y_B-y_A=0}\frac{\overline{A'B'}}{|\overline{A'B'}|} = \lim_{y_B-y_A=0}\frac{\mathbf{R}_{B'}-\mathbf{R}_{A'}}{|\mathbf{R}_{B'}-\mathbf{R}_{A'}|}\\ &= \lim_{y_B-y_A=0}\frac{1}{y_B-y_A}\begin{pmatrix}u_B-u_A\\ y_B-y_A+v_B-v_A\end{pmatrix}\\ &= \lim_{\Delta y=0}\frac{1}{\Delta y}\begin{pmatrix}\Delta u\\ \Delta y+\Delta v\end{pmatrix} = \lim_{\Delta y=0}\begin{pmatrix}\dfrac{\Delta u}{\Delta y}\\ 1+\dfrac{\Delta v}{\Delta y}\end{pmatrix}\\ &= \begin{pmatrix}\dfrac{\partial u}{\partial y}\\ 1+\dfrac{\partial v}{\partial y}\end{pmatrix} = \dfrac{\partial u}{\partial y}\mathbf{i}_x + \left(1+\dfrac{\partial v}{\partial y}\right)\mathbf{i}_y = \dfrac{\partial \mathbf{R}}{\partial y}\end{aligned}\qquad(1\text{-}14)$$

変形後の格子ベクトル $\mathbf{g}_x, \mathbf{g}_y$ の内積を計算すると，

第 1 章　構造物の変形と歪

$$\mathbf{g}_x \cdot \mathbf{g}_x = \begin{pmatrix} 1+\dfrac{\partial u}{\partial x} \\ \dfrac{\partial v}{\partial x} \end{pmatrix}^T \begin{pmatrix} 1+\dfrac{\partial u}{\partial x} \\ \dfrac{\partial v}{\partial x} \end{pmatrix} = \left(1+\dfrac{\partial u}{\partial x}\right)^2 + \left(\dfrac{\partial v}{\partial x}\right)^2$$

$$= 1 + 2\dfrac{\partial u}{\partial x} + \left(\dfrac{\partial u}{\partial x}\right)^2 + \left(\dfrac{\partial v}{\partial x}\right)^2$$

$$\mathbf{g}_y \cdot \mathbf{g}_y = \begin{pmatrix} \dfrac{\partial u}{\partial y} \\ 1+\dfrac{\partial v}{\partial y} \end{pmatrix}^T \begin{pmatrix} \dfrac{\partial u}{\partial y} \\ 1+\dfrac{\partial v}{\partial y} \end{pmatrix} = \left(\dfrac{\partial u}{\partial y}\right)^2 + \left(1+\dfrac{\partial v}{\partial y}\right)^2$$

$$= 1 + 2\dfrac{\partial v}{\partial y} + \left(\dfrac{\partial u}{\partial y}\right)^2 + \left(\dfrac{\partial v}{\partial y}\right)^2$$

$$\mathbf{g}_x \cdot \mathbf{g}_y = \begin{pmatrix} 1+\dfrac{\partial u}{\partial x} \\ \dfrac{\partial v}{\partial x} \end{pmatrix}^T \begin{pmatrix} \dfrac{\partial u}{\partial y} \\ 1+\dfrac{\partial v}{\partial y} \end{pmatrix} = \left(1+\dfrac{\partial u}{\partial x}\right)\dfrac{\partial u}{\partial y} + \left(1+\dfrac{\partial v}{\partial y}\right)\dfrac{\partial v}{\partial x}$$

$$= \dfrac{\partial u}{\partial y} + \dfrac{\partial v}{\partial x} + \dfrac{\partial u}{\partial x}\dfrac{\partial u}{\partial y} + \dfrac{\partial v}{\partial x}\dfrac{\partial v}{\partial y}$$

$\mathbf{g}_x \cdot \mathbf{g}_x$ は方眼の一区画の水平方向の変形後の長さの 2 乗を，$\mathbf{g}_y \cdot \mathbf{g}_y$ は方眼の一区画の垂直方向の変形後の長さの 2 乗を表している．$\mathbf{g}_x \cdot \mathbf{g}_y$ は方眼の水平方向と垂直方向の線の角度変化の指標となる．

　これらの式を式(1-4)に代入すると，次の式のようにグリーンの歪を変位で表すことができる．この式(1-15)を変位-歪関係式という．

$$\begin{aligned} e_x &= \dfrac{1}{2}\left(\mathbf{g}_x \cdot \mathbf{g}_x - 1\right) = \dfrac{\partial u}{\partial x} + \dfrac{1}{2}\left[\left(\dfrac{\partial u}{\partial x}\right)^2 + \left(\dfrac{\partial v}{\partial x}\right)^2\right] \\ e_y &= \dfrac{1}{2}\left(\mathbf{g}_y \cdot \mathbf{g}_y - 1\right) = \dfrac{\partial v}{\partial y} + \dfrac{1}{2}\left[\left(\dfrac{\partial u}{\partial y}\right)^2 + \left(\dfrac{\partial v}{\partial y}\right)^2\right] \\ e_{xy} &= \dfrac{1}{2}\mathbf{g}_x \cdot \mathbf{g}_y = \dfrac{1}{2}\left[\dfrac{\partial u}{\partial y} + \dfrac{\partial v}{\partial x} + \dfrac{\partial u}{\partial x}\dfrac{\partial u}{\partial y} + \dfrac{\partial v}{\partial x}\dfrac{\partial v}{\partial y}\right] \end{aligned} \quad (1\text{-}15)$$

　要するに，変形によってゆがんだ方眼の格子ベクトルを変位の偏微分で表すことができ，この方眼の格子ベクトルの内積をつかってグリーンの歪が定義されるのである．こう見ると，グリーンの歪の定義は明快でわかりやすいと

思う．しかも後で説明するように，エネルギの観点からキルヒホッフの応力との関係も厳密であり，グリーンの歪を基礎として弾性力学の理論体系が成り立っている．材料力学で教えられた歪の説明がなんとなく合点がいかなかったが，グリーンの歪を知ってすっきりしたという読者がいるのではないか．次項で説明するように，グリーンの歪に微小変形の仮定を入れることによって，材料力学で使う工学歪を説明するほうがわかりやすいと思う．

1.3. 微小変形の仮定と線形理論の適用の限界

1.3.1. 微小変形理論

前項で求めた変位とグリーンの歪の関係式（式(1-15)）は非線形の式であって，2つの変形状態の線形の足し合わせができない．しかし，次の式で表すように変位が小さく，その微係数も小さければ

$$\frac{\partial u}{\partial x}, \frac{\partial v}{\partial x}, \frac{\partial u}{\partial y}, \frac{\partial v}{\partial y} \ll 1$$

微分の2次の項を無視することができるので，

$$e_x \cong \frac{\partial u}{\partial x}, \quad e_x \cong \frac{\partial v}{\partial y}, \quad e_{xy} \cong \frac{1}{2}\left(\frac{\partial u}{\partial y} + \frac{\partial v}{\partial x}\right)$$

となる．これらを工学歪 ε_x, ε_y, γ_{xy} で表すと，

$$\varepsilon_x = \frac{\partial u}{\partial x} \cong e_x, \quad \varepsilon_y = \frac{\partial v}{\partial y} \cong e_y, \quad \gamma_{xy} = \frac{\partial u}{\partial y} + \frac{\partial v}{\partial x} \cong 2e_{xy} \qquad (1\text{-}16)$$

と変位-歪関係式が線形となり，この歪に基づく線形弾性理論を微小変形理論という．この線形の工学歪についても，式(1-7)，(1-9)をせん断歪に関して少し変形した座標変換式が成立する．応力の釣り合い式の項で説明するが，微小変形理論では変形前の状態で力の釣り合いを考えることができる．微小変形理論に対して，変位とグリーンのひずみの関係式(1-15)に基づく理論を有限変形理論という．有限変形理論では変形後の状態で力の釣り合いを考える必要がある．

1.3.2. 微小変形理論の適用の限界

次に，歪が小さくても変形が大きいという場合を考えてみよう．例えば，図1-14に示すような非常に細長いトラスである（解析を6.5.3項に示す）．このトラスのすべての部材の軸力は小さく，部材の歪は小さい．しかし，個々

第 1 章 構造物の変形と歪

の部材の歪が小さくてもその変形が積み重なることで，トラス全体の変形は大きくなり，トラスの端の変位は大きい．このため，荷重負荷点の位置が左方に移動して支持点から荷重負荷点までの水平距離が短くなる．その結果，支持点近くの曲げモーメントが減少し，支持点近くの部材の軸力が微小変形理論より小さくなる．また，支持点から離れた位置の部材は変形によって回転して傾く．変形後の回転した状態で力の釣り合いを考えると，変形前の状態で力の釣り合いを考える微小変形理論との差が出てくる．このように，荷重負荷点の移動や部材の回転が大きい場合には，たとえ歪が小さくても微小変形理論の誤差が大きくなることに注意する必要がある．このように変形が大きくなって線形理論（微小変形理論）では考慮できない現象を幾何学的非線形挙動という．このような場合には有限変形理論を適用する必要がある．

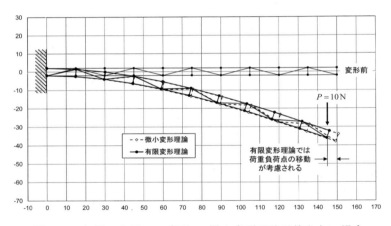

図 1-14 細長いトラスの変形 – 微小変形理論が使えない場合

1.4. 主歪，最大せん断歪

有限要素法を使って解析をした結果を評価するときに，歪を出力してその分布を見ることがある．1.2項で詳しく見たように，ある点における歪成分の値は座標系のとり方によって変わる．したがって，歪を評価する場合にはどの座標系で見ているかを意識していないといけない．有限要素法の解析結果出力では，歪出力オプションで基準座標系，要素座標系，その他ユーザーが指定する座標系を選ぶことができる．本項では，有限要素法の出力でよく使用する主歪と最大せん断歪について説明する．

式(1-7)を出発点とする．ただし，もとの座標系を x-y とし，角度 θ だけ回転した新しい座標系を x'-y' とする．書きかえた座標変換式は，

$$\begin{pmatrix} e_{x'} \\ e_{y'} \\ e_{x'y'} \end{pmatrix} = \begin{bmatrix} \cos^2\theta & \sin^2\theta & 2\sin\theta\cos\theta \\ \sin^2\theta & \cos^2\theta & -2\sin\theta\cos\theta \\ -\sin\theta\cos\theta & \sin\theta\cos\theta & \cos^2\theta - \sin^2\theta \end{bmatrix} \begin{pmatrix} e_x \\ e_y \\ e_{xy} \end{pmatrix} \quad (1\text{-}17)$$

新しい座標系で x' 方向軸歪が最大，または最小になる角度 θ を求めるには，

$$e_{x'} = e_x \cos^2\theta + e_y \sin^2\theta + 2e_{xy} \sin\theta\cos\theta$$

を θ で微分してゼロとおく．

$$\begin{aligned} \frac{de_{x'}}{d\theta} &= -2e_x \cos\theta\sin\theta + 2e_y \sin\theta\cos\theta + 2e_{xy}\left(\cos^2\theta - \sin^2\theta\right) \\ &= -e_x \sin 2\theta + e_y \sin 2\theta + 2e_{xy} \cos 2\theta \\ &= -\left(e_x - e_y\right)\sin 2\theta + 2e_{xy} \cos 2\theta \\ &= 0 \end{aligned}$$

$$\Rightarrow \quad \tan 2\theta = \frac{2e_{xy}}{e_x - e_y} \quad (1\text{-}18)$$

<u>arctan 関数は多価関数で，数値計算する場合に使いにくいので，代わりに atan2 関数を使うことにする．atan2 関数の範囲は $-\pi \sim \pi$ である．</u>

$$2\theta = \operatorname{atan2}(y, x) = \operatorname{atan2}\left(2e_{xy}, e_x - e_y\right) \quad (1\text{-}18a)$$

この式から次の2つの式が得られる．

第 1 章　構造物の変形と歪

$$\cos 2\theta = 2\cos^2\theta - 1 = 1 - 2\sin^2\theta = \frac{e_x - e_y}{\sqrt{(e_x - e_y)^2 + 4e_{xy}^2}}$$

$$\sin 2\theta = 2\sin\theta\cos\theta = \frac{2e_{xy}}{\sqrt{(e_x - e_y)^2 + 4e_{xy}^2}}$$

これらの式を式(1-17)に代入して，この角度の座標系の歪を求めると，

$$\begin{aligned}
e_{x'} = e_{\max} &= e_x\cos^2\theta + e_y\sin^2\theta + 2e_{xy}\sin\theta\cos\theta \\
&= \frac{1}{2}e_x\left(1 + \frac{e_x - e_y}{\sqrt{(e_x - e_y)^2 + 4e_{xy}^2}}\right) + \frac{1}{2}e_y\left(1 - \frac{e_x - e_y}{\sqrt{(e_x - e_y)^2 + 4e_{xy}^2}}\right) \\
&\quad + e_{xy}\frac{2e_{xy}}{\sqrt{(e_x - e_y)^2 + 4e_{xy}^2}} \\
&= \frac{1}{2}e_x + \frac{1}{2}e_y + \frac{(e_x - e_y)^2 + 4e_{xy}^2}{2\sqrt{(e_x - e_y)^2 + 4e_{xy}^2}} \\
&= \frac{1}{2}(e_x + e_y) + \frac{1}{2}\sqrt{(e_x - e_y)^2 + 4e_{xy}^2}
\end{aligned}$$

$$\begin{aligned}
e_{y'} = e_{\min} &= e_x\sin^2\theta + e_y\cos^2\theta - 2e_{xy}\sin\theta\cos\theta \\
&= \frac{1}{2}e_x\left(1 - \frac{e_x - e_y}{\sqrt{(e_x - e_y)^2 + 4e_{xy}^2}}\right) + \frac{1}{2}e_y\left(1 + \frac{e_x - e_y}{\sqrt{(e_x - e_y)^2 + 4e_{xy}^2}}\right) \\
&\quad - e_{xy}\frac{2e_{xy}}{\sqrt{(e_x - e_y)^2 + 4e_{xy}^2}} \\
&= \frac{1}{2}(e_x + e_y) - \frac{(e_x - e_y)^2 + 4e_{xy}^2}{2\sqrt{(e_x - e_y)^2 + 4e_{xy}^2}} \\
&= \frac{1}{2}(e_x + e_y) - \frac{1}{2}\sqrt{(e_x - e_y)^2 + 4e_{xy}^2}
\end{aligned}$$

1.4 主歪，最大せん断歪

$$e_{x'y'} = -e_x \sin\theta\cos\theta + e_y \sin\theta\cos\theta + e_{xy}\left(\cos^2\theta - \sin^2\theta\right)$$

$$= -\frac{1}{2}e_x \sin 2\theta + \frac{1}{2}e_y \sin 2\theta + e_{xy}\cos 2\theta$$

$$= -\frac{1}{2}(e_x - e_y)\sin 2\theta + e_{xy}\cos 2\theta = 0$$

この座標系の方向が主歪の方向で，せん断歪がゼロとなり，軸歪が最大，最小となる．軸歪の大きい方を最大主歪，小さい方を最小主歪という．せん断歪がゼロであるので，変形後の格子ベクトル $\mathbf{g}_{x'}$ と $\mathbf{g}_{y'}$ は直交している．式をまとめて書くと，

$$2\theta = \mathrm{atan2}(y, x) = \mathrm{atan2}\left(2e_{xy}, e_x - e_y\right) \tag{1-18a}$$

$$\begin{aligned}e_{\max} &= \frac{1}{2}(e_x + e_y) + \frac{1}{2}\sqrt{(e_x - e_y)^2 + 4e_{xy}^2} \\ e_{\min} &= \frac{1}{2}(e_x + e_y) - \frac{1}{2}\sqrt{(e_x - e_y)^2 + 4e_{xy}^2}\end{aligned} \tag{1-19}$$

次にせん断歪が最大になる方向を求めると，

$$\frac{de_{x''y''}}{d\varphi} = \frac{d}{d\varphi}\left(-e_x \sin\varphi\cos\varphi + e_y \sin\varphi\cos\varphi + e_{xy}\cos^2\varphi - e_{xy}\sin^2\varphi\right)$$

$$= e_x\left(-\cos^2\varphi + \sin^2\varphi\right) + e_y\left(\cos^2\varphi - \sin^2\varphi\right)$$
$$\quad - 2e_{xy}\cos\varphi\sin\varphi - 2e_{xy}\sin\varphi\cos\varphi$$

$$= -(e_x - e_y)\left(\cos^2\varphi - \sin^2\varphi\right) - 4e_{xy}\cos\varphi\sin\varphi$$

$$= -(e_x - e_y)\cos 2\varphi - 2e_{xy}\sin 2\varphi$$

$$= 0$$

$$\Rightarrow \quad \tan 2\varphi = \frac{e_y - e_x}{2e_{xy}} \tag{1-20}$$

ここでも atan2 関数を使うことにし，

$$2\varphi = \mathrm{atan2}(y, x) = \mathrm{atan2}\left(e_y - e_x, 2e_{xy}\right) \tag{1-20a}$$

式(1-18a)と式(1-20a)から，角度 2θ と 2φ は 90 度の間隔であることがわかる．式(1-20a)から次の 2 つの式が得られる．

第 1 章　構造物の変形と歪

$$\cos 2\varphi = 2\cos^2\varphi - 1 = 1 - 2\sin^2\varphi = \frac{2e_{xy}}{\sqrt{(e_y - e_x)^2 + 4e_{xy}^2}}$$

$$\sin 2\varphi = 2\sin\varphi\cos\varphi = \frac{e_y - e_x}{\sqrt{(e_y - e_x)^2 + 4e_{xy}^2}}$$

これらの式を式(1-17)に代入して，この角度の座標系の歪を求めると，

$$e_{x'} = e_x \cos^2\varphi + e_y \sin^2\varphi + 2e_{xy}\sin\varphi\cos\varphi$$

$$= \frac{1}{2}e_x\left(1 + \frac{2e_{xy}}{\sqrt{(e_y - e_x)^2 + 4e_{xy}^2}}\right) + \frac{1}{2}e_y\left(1 - \frac{2e_{xy}}{\sqrt{(e_y - e_x)^2 + 4e_{xy}^2}}\right)$$

$$+ e_{xy}\frac{e_y - e_x}{\sqrt{(e_x - e_y)^2 + 4e_{xy}^2}}$$

$$= \frac{1}{2}e_x + \frac{1}{2}e_y + \frac{2(e_x - e_y)e_{xy}}{2\sqrt{(e_y - e_x)^2 + 4e_{xy}^2}} + \frac{e_{xy}(e_y - e_x)}{\sqrt{(e_y - e_x)^2 + 4e_{xy}^2}}$$

$$= \frac{1}{2}(e_x + e_y)$$

$$e_{y'} = e_x \sin^2\varphi + e_y \cos^2\varphi - 2e_{xy}\sin\varphi\cos\varphi$$

$$= \frac{1}{2}e_x\left(1 - \frac{2e_{xy}}{\sqrt{(e_y - e_x)^2 + 4e_{xy}^2}}\right) + \frac{1}{2}e_y\left(1 + \frac{2e_{zy}}{\sqrt{(e_y - e_x)^2 + 4e_{xy}^2}}\right)$$

$$- e_{xy}\frac{e_y - e_x}{\sqrt{(e_y - e_x)^2 + 4e_{xy}^2}}$$

$$= \frac{1}{2}(e_x + e_y) + \frac{2(e_y - e_x)e_{xy}}{2\sqrt{(e_x - e_y)^2 + 4e_{xy}^2}} - \frac{(e_y - e_x)e_{xy}}{\sqrt{(e_x - e_y)^2 + 4e_{xy}^2}}$$

$$= \frac{1}{2}(e_x + e_y)$$

1.4 主歪, 最大せん断歪

$$e_{x^*y^*} = -e_x \sin\varphi\cos\varphi + e_y \sin\varphi\cos\varphi + e_{xy}\left(\cos^2\varphi - \sin^2\varphi\right)$$

$$= -\frac{1}{2}e_x \sin 2\varphi + \frac{1}{2}e_y \sin 2\varphi + e_{xy}\cos 2\varphi = -\frac{1}{2}(e_x - e_y)\sin 2\varphi + e_{xy}\cos 2\varphi$$

$$= -\frac{1}{2}(e_x - e_y)\frac{e_y - e_x}{\sqrt{(e_y - e_x)^2 + 4e_{xy}^2}} + e_{xy}\frac{2e_{xy}}{\sqrt{(e_y - e_x)^2 + 4e_{xy}^2}}$$

$$= \frac{1}{2}\frac{(e_y - e_x)^2}{\sqrt{(e_y - e_x)^2 + 4e_{xy}^2}} + \frac{2e_{xy}^2}{\sqrt{(e_y - e_x)^2 + 4e_{xy}^2}}$$

$$= \frac{1}{2}\frac{(e_y - e_x)^2 + 4e_{xy}^2}{\sqrt{(e_y - e_x)^2 + 4e_{xy}^2}}$$

$$= \frac{1}{2}\sqrt{(e_y - e_x)^2 + 4e_{xy}^2}$$

したがって, この角度の座標系でせん断歪が最大となり, 最大せん断歪と呼ぶ. 式をまとめて書くと,

$$2\varphi = \operatorname{atan2}(y, x) = \operatorname{atan2}(e_y - e_x, 2e_{xy}) \tag{1-20a}$$

$$(e_{xy})_{\max} = \frac{1}{2}\sqrt{(e_y - e_x)^2 + 4e_{xy}^2} \tag{1-21}$$

主歪と最大せん断歪の方向を図 1-15 に示す.

第 1 章　構造物の変形と歪

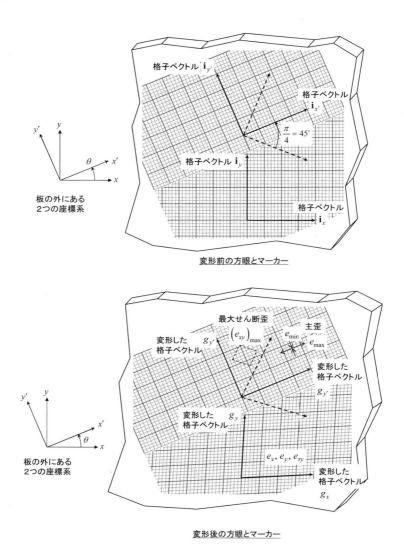

図 1-15　主歪と最大せん断歪の方向

第2章 応力

　物体に外力が作用している場合に，物体の内部の力の状態を表現する指標が，応力である．応力は単位断面積あたりに作用する力で定義され，基準とする断面の方向と力の向きを定義する必要がある．物体に外力が負荷されたときに物体が変形するので，応力を定義する際に変形前の状態を基準とするか，変形後の状態を基準とするかで，異なる応力の定義のしかたがある．定義としては，変形後の状態で定義する「真応力」がイメージしやすいのだが，グリーンの歪が変形前の物体の座標を基準として定義されているのに対し，真応力が変形後の面積を基準としているためグリーンの歪の定義との整合性がとれない．そこで，変形前の状態を基準とするキルヒホッフ（Kirchhoff）の応力を採用する．（グリーンの歪とキルヒホッフの応力の整合性（共役という）については第 3 章（3.2 項）で詳しく説明する．）

　最初に，板全体にわたって変形が一様で歪が一定であり，したがって応力も一定である場合を考えて，応力の定義と応力の座標変換式を詳しく見ていく．座標変換式が重要なのは，同じ場所の応力でも座標系のとり方によって応力の成分の値が変化するため，応力の大きさと向きをイメージするのに必要だからである．有限要素法の出力として主応力やフォン・ミーゼス（von Mises）応力がよく使われるので，これらも説明する．

　2.3.4 項では板の内部で変形と応力が変化する場合を考えて，応力の釣り合い方程式を導出する．

2.1. 力の釣り合い

　応力の説明に入る前に，まず力の釣り合いを復習しよう．力は大きさと方向を持ったベクトルである．読者は天秤棒を知っているだろうか？ 棒の両側に荷物を吊るし，棒の中ほどで担ぐ（図 2-1）．この鈴木春信の水売りの絵は力の釣り合いを考えるには格好の例となる．

　荷物，ひも，天秤棒，水売り本人の力の釣り合いを別々に考えてみよう（図 2-2）．このように物体を部分に分解して，その個々の部分の力の釣り合いを

第 2 章　応力

図示したものをフリーボディダイヤグラムという．フリーボディダイヤグラムでは，外力と，外力を支持する反力を，その作用点を始点（または終点）としたベクトルの矢印で表す．反力の矢印の軸には反力であることを示す斜め線を入れる．釣り合い状態にあるという条件は，

① 物体に作用しているすべての力のベクトル和がゼロで，
② 物体に作用しているすべての力が任意の基準点まわりに作るモーメントのベクトル和がゼロである．

まず，荷物の釣り合いを見てみると，荷物に働く重力（重量 W_1 または W_2）をひもが支えているので，下向きの外力 W_1 または W_2 が荷物の重心に作用し，その反力は荷物の上側で反対向きにひもから作用する力である．外力と反力は荷物の重心に作用するので，重心まわりのモーメントの合計はゼロであり，モーメントも釣り合っている．

ひも自身の釣り合いは簡単で，ひもの両端に大きさが等しく反対向きの力（荷物の重量 W_1 または W_2）が作用している．

図 2-1　天秤棒 – 鈴木春信『水売り』

天秤棒の釣り合いを順番に見てみよう．荷物の重量（W_1 と W_2）がひもを通して，天秤棒の両端に外力として作用する．天秤棒の中ほどを水売りが肩で支えている．天秤棒に働く力を描くと，図 2-2 の上の図のようになる．天秤棒を支えている位置はモーメントの釣り合いから決まる．

最後に，水売り本人の釣り合いを見てみよう．水売りの肩には天秤棒から荷物の重量の合計（W_1+W_2）が下向きにかかり，さらに本人の体重 W_3 が重心に働いている．これらの外力を水売りが両足で支えているので，地面から両足に上向きに働く力が反力である．

天秤棒の内部の力の釣り合いを調べる．内部の力を調べるには物体を切断したとして考えるとよい．天秤棒を 2 つに切断してみる．断面 A で切断したとする（図 2-3）．このとき分割した断面の両側をまたつなげば力は天秤棒の外部には出ていかないので，断面の両側の力は大きさが同じで方向が反対で

2.1 力の釣り合い

ある．切断した断面に作用している力が垂直方向の力（せん断応力という）だけでは回転してしまうので，この回転を抑えるモーメント（曲げモーメント M_A）が断面に生じていないといけない．この力は巨視的に見ると曲げモーメントであるが，微視的にみれば断面に垂直に作用している力（曲げ応力という）の合力である．断面全体の合計としては水平方向の力は発生していない．結局，天秤棒の切断した断面の力の釣り合いは図 2-3 の左の図のようになっている．

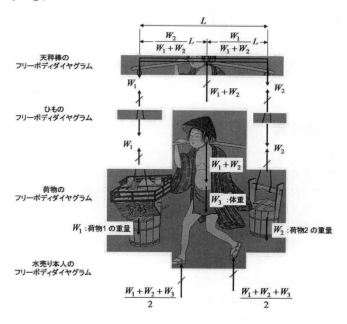

図 2-2 『水売り』のフリーボディダイヤグラム

第2章　応力

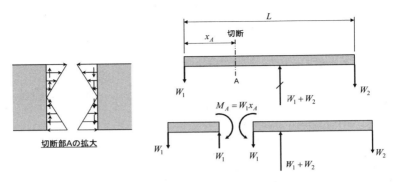

図 2-3　天秤棒内部の力の釣り合い

2.2. 応力の定義

応力の定義で一番わかりやすいのが，変形後の物体の形状と寸法を基準とする真応力である．真応力のことをコーシー（Cauchy）の応力ともいう．他に，変形前の寸法と変形後の形状を基準とするキルヒホッフ（Kirchhoff）の応力がある．まず，真応力の定義と座標変換を説明し，その後でキルヒホッフの応力を説明する．

2.2.1. 引張応力

引張試験片（図 2-4）の応力状態を考える．板の材料は均一な材料であるとする．引張試験片に引張荷重 P をかけたとき，内部の荷重状態を変形後の断面積を基準とした応力 σ_x で定義する．この応力を真応力（コーシーの応力）という．応力の定義は単位断面積あたりの力であり，その単位は「力／長さ^2」である．

$$\sigma_x = \frac{P}{wt} \tag{2-1}$$

ここで，w：変形後の試験片の幅，t：変形後の試験片の板厚
図 2-4 の切断面の左側の部分で，外力と切断面の応力が釣り合っていることがわかる．

2.2 応力の定義

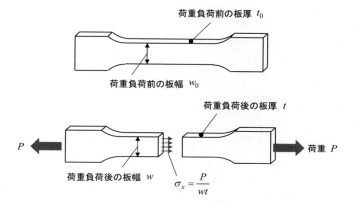

図 2-4　引張試験片の力の釣り合いと引張応力

2.2.2. 応力の記号の規則

応力（単位面積あたりの力）の記号と正負の符号の規則は次のように決める（図 2-5）．y 軸に垂直な断面に働く力についても同様である．

x 軸（板の外にある座標系）方向に垂直な変形後の断面で切断したとき，表面が両側にふたつできる．断面の外向きの法線が x 軸の方向を向いているときには，単位面積あたり引張力は x 軸の方向を正，単位面積あたりせん断力は y 軸の方向を正とする．断面の外向きの法線が x 軸の負の方向を向いているときには，単位面積あたり引張力は x 軸の方向を負，単位面積あたりせん断力は y 軸の方向を負とする．単位面積あたり引張力（軸応力）を σ_x（添字の x は x 軸に垂直な断面に働く引張力を表す），単位面積あたりせん断力（せん断応力）を σ_{xy}（第 1 の添字の x は x 軸に垂直な断面を表し，第 2 の添字の y は y 軸方向の力であることを表す）と表記する．

第2章 応力

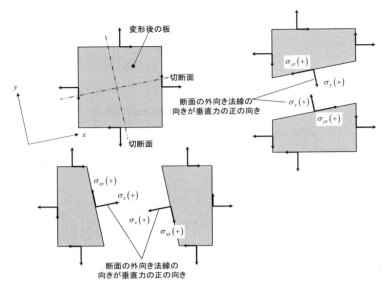

図 2-5 応力（単位面積あたりの力）の表記の規則

2.2.3. コーシーの公式

図 2-6 に示す状態における内部の力の釣り合いを考えよう．変形後の物体の表面に作用している単位面積あたりの外力の x 方向と y 方向の成分を X_ν と Y_ν とする．この記号で，添字の ν（ギリシャ文字のニュー）は表面の法線を表している．変形後の板厚を t として，水平方向と垂直方向の力の釣り合いを，真応力を使って表すと，

$$X_\nu t \Delta s - \sigma_x t \Delta y - \sigma_{yx} t \Delta x = 0$$
$$Y_\nu t \Delta s - \sigma_{xy} t \Delta y - \sigma_y t \Delta x = 0$$

$\Delta y / \Delta s = l, \Delta x / \Delta s = m$ を使ってこの式を変形すると，

$$X_\nu = \sigma_x \frac{\Delta y}{\Delta s} + \sigma_{yx} \frac{\Delta x}{\Delta s} = \sigma_x l + \sigma_{yx} m$$
$$Y_\nu = \sigma_{xy} \frac{\Delta y}{\Delta s} + \sigma_y \frac{\Delta x}{\Delta s} = \sigma_{xy} l + \sigma_y m$$

l, m は変形後の板の外周の外向き単位法線ベクトル ν の方向余弦である．改めて書き直すと，

2.2 応力の定義

$$X_\nu = \sigma_x l + \sigma_{yx} m$$
$$Y_\nu = \sigma_{xy} l + \sigma_y m \qquad (2\text{-}2)$$

ここで，X_ν，Y_ν は変形後の物体の表面に作用している単位面積あたりの外力ベクトル $\mathbf{p}_\nu$ の成分である．
式(2-2)をコーシー（Cauchy）の公式という．
板の内部の任意の面でも，表面に作用する外力のかわりに断面に作用する内力とすれば，コーシーの公式が成り立つ（図 2-7）．

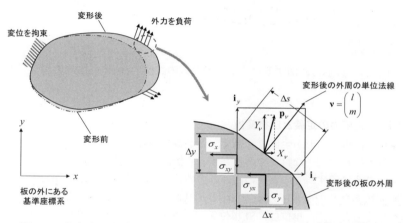

図 2-6　真応力に関するコーシーの公式の説明 – 物体の外周の場合

第 2 章 応力

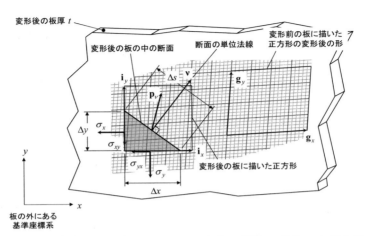

図 2-7 真応力に関するコーシーの公式の説明 – 物体の内部の場合

2.2.4. 真応力の定義と座標変換

本項では板の変形が全面で一様で，歪が板の内部で一定である状態を考える．板の材料は均一な材料であるとする．板に一様な荷重をかけたときの変形を図 2-8 に示す．このときの内部の力の状態を<u>変形後の断面に作用する単位断面積あたりの引張応力</u> σ_x，σ_y と，<u>せん断応力</u> σ_{xy}，σ_{yx} で表す．<u>これらを真応力とよぶ</u>．単位は，SI 単位系では N/m² (Pa, (パスカル)) を使う．

図 2-8 に示す2つの座標系の真応力の間の関係は，コーシーの公式 (式(2-2)) を使うと次のように表される．まず，上の図を参照して，
法線 $\mathbf{v}_{x'}$ の方向余弦は，

$$l_{x'} = \cos\theta, \ m_{x'} = \sin\theta \tag{2-3}$$

断面力はコーシーの公式より，

$$\begin{aligned} X_{vx'} &= \sigma_x l_{x'} + \sigma_{yx} m_{x'} \\ Y_{vx'} &= \sigma_{xy} l_{x'} + \sigma_y m_{x'} \end{aligned} \tag{2-4}$$

真応力は，

2.2 応力の定義

$$\begin{aligned}
\sigma_{x'} &= X_{vx'}l_{x'} + Y_{vx'}m_{x'} = \left(\sigma_x l_{x'} + \sigma_{yx}m_{x'}\right)l_{x'} + \left(\sigma_{xy}l_{x'} + \sigma_y m_{x'}\right)m_{x'} \\
&= l_{x'}^2 \sigma_x + m_{x'}^2 \sigma_y + l_{x'}m_{x'}\sigma_{yx} + l_{x'}m_{x'}\sigma_{xy} \\
&= \sigma_x \cos^2\theta + \sigma_y \sin^2\theta + \sigma_{yx}\sin\theta\cos\theta + \sigma_{xy}\sin\theta\cos\theta \\
\sigma_{x'y'} &= -X_{vx'}m_{x'} + Y_{vx'}l_{x'} = -\left(\sigma_x l_{x'} + \sigma_{yx}m_{x'}\right)m_{x'} + \left(\sigma_{xy}l_{x'} + \sigma_y m_{x'}\right)l_{x'} \\
&= -l_{x'}m_{x'}\sigma_x + l_{x'}m_{x'}\sigma_y - \sigma_{yx}m_{x'}^2 + \sigma_{xy}l_{x'}^2 \\
&= -\sigma_x \sin\theta\cos\theta + \sigma_y \sin\theta\cos\theta - \sigma_{yx}\sin^2\theta + \sigma_{xy}\cos^2\theta
\end{aligned}$$

(2-5)

下の図を参照して，法線$\mathbf{v}_{y'}$の方向余弦は，

$$l_{y'} = -\sin\theta,\ m_{y'} = \cos\theta \tag{2-6}$$

断面力はコーシーの公式より，

$$\begin{aligned}
X_{vy'} &= \sigma_x l_{y'} + \sigma_{xy}m_{y'} \\
Y_{vy'} &= \sigma_{yx}l_{y'} + \sigma_y m_{y'}
\end{aligned} \tag{2-7}$$

真応力は，

$$\begin{aligned}
\sigma_{y'} &= X_{vy'}l_{y'} + Y_{vy'}m_{y'} = \left(\sigma_x l_{y'} + \sigma_{xy}m_{y'}\right)l_{y'} + \left(\sigma_{yx}l_{y'} + \sigma_y m_{y'}\right)m_{y'} \\
&= l_{y'}^2 \sigma_x + m_{y'}^2 \sigma_y + l_{y'}m_{y'}\sigma_{xy} + l_{y'}m_{y'}\sigma_{yx} \\
&= \sigma_x \sin^2\theta + \sigma_y \cos^2\theta - \sigma_{xy}\sin\theta\cos\theta - \sigma_{yx}\sin\theta\cos\theta \\
\sigma_{y'x'} &= X_{vy'}m_{y'} - Y_{vy'}l_{y'} = \left(\sigma_x l_{y'} + \sigma_{xy}m_{y'}\right)m_{y'} - \left(\sigma_{yx}l_{y'} + \sigma_y m_{y'}\right)l_{y'} \\
&= l_{y'}m_{y'}\sigma_x - l_{y'}m_{y'}\sigma_y + m_{y'}^2\sigma_{xy} - l_{y'}^2\sigma_{yx} \\
&= -\sigma_x \sin\theta\cos\theta + \sigma_y \sin\theta\cos\theta + \sigma_{xy}\cos^2\theta - \sigma_{yx}\sin^2\theta
\end{aligned}$$

(2-8)

式(2-5)と式(2-8)からせん断応力は対称であることがわかる．

$$\sigma_{x'y'} = \sigma_{y'x'} \tag{2-9}$$

式(2-5)と式(2-8)を書き直すと，

$$\begin{aligned}
\sigma_{x'} &= \sigma_x \cos^2\theta + \sigma_y \sin^2\theta + 2\sigma_{xy}\sin\theta\cos\theta \\
\sigma_{y'} &= \sigma_x \sin^2\theta + \sigma_y \cos^2\theta - 2\sigma_{xy}\sin\theta\cos\theta \\
\sigma_{x'y'} &= -\sigma_x \sin\theta\cos\theta + \sigma_y \sin\theta\cos\theta + \left(\cos^2\theta - \sin^2\theta\right)\sigma_{xy}
\end{aligned} \tag{2-10}$$

この式を行列で表すと，

第2章　応力

$$\begin{pmatrix} \sigma_{x'} \\ \sigma_{y'} \\ \sigma_{x'y'} \end{pmatrix} = \begin{bmatrix} \cos^2\theta & \sin^2\theta & 2\sin\theta\cos\theta \\ \sin^2\theta & \cos^2\theta & -2\sin\theta\cos\theta \\ -\sin\theta\cos\theta & \sin\theta\cos\theta & \cos^2\theta - \sin^2\theta \end{bmatrix} \begin{pmatrix} \sigma_x \\ \sigma_y \\ \sigma_{xy} \end{pmatrix} \quad (2\text{-}10a)$$

x' 軸の方向余弦を用いて表すと,

$$\text{方向余弦}：l = \cos\theta,\ m = \sin\theta \quad (2\text{-}11)$$

$$\begin{pmatrix} \sigma_{x'} \\ \sigma_{y'} \\ \sigma_{x'y'} \end{pmatrix} = \begin{bmatrix} l^2 & \sin^2\theta & 2lm \\ m^2 & \cos^2\theta & -2lm \\ -lm & lm & l^2 - m^2 \end{bmatrix} \begin{pmatrix} \sigma_x \\ \sigma_y \\ \sigma_{xy} \end{pmatrix} \quad (2\text{-}10b)$$

この座標変換式はグリーンの歪の座標変換式（式(1-9)）とまったく同じ形の式である．

2.2 応力の定義

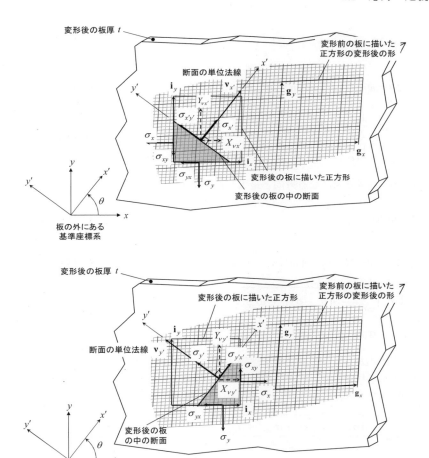

図 2-8 真応力の座標変換

2.2.5. 真応力の主応力と最大せん断応力，フォン・ミーゼス応力

真応力の座標変換式はグリーンの歪の座標変換式と全く同じなので，真応力についても主方向と主応力，最大せん断応力を表すことができる．

<u>せん断応力がゼロとなり，軸応力が最大，最小となる方向が主応力の方向で，軸応力の大きい方を最大主応力，小さい方を最小主応力という．</u>

第 2 章　応力

$$\tan 2\theta = \frac{2\sigma_{xy}}{\sigma_x - \sigma_y} \tag{2-12}$$

$$2\theta = \mathrm{atan2}(y,x) = \mathrm{atan2}(2\sigma_{xy}, \sigma_x - \sigma_y) \tag{2-12a}$$

$$\sigma_{\max} = \frac{1}{2}(\sigma_x + \sigma_y) + \frac{1}{2}\sqrt{(\sigma_x - \sigma_y)^2 + 4\sigma_{xy}^2}$$
$$\sigma_{\min} = \frac{1}{2}(\sigma_x + \sigma_y) - \frac{1}{2}\sqrt{(\sigma_x - \sigma_y)^2 + 4\sigma_{xy}^2} \tag{2-13}$$

せん断応力が最大になる方向と最大せん断応力は，

$$\tan 2\varphi = \frac{\sigma_y - \sigma_x}{2\sigma_{xy}} \tag{2-14}$$

$$2\varphi = \mathrm{atan2}(y,x) = \mathrm{atan2}(\sigma_y - \sigma_x, 2\sigma_{xy}) \tag{2-14a}$$

$$(\sigma_{xy})_{\max} = \frac{1}{2}\sqrt{(\sigma_y - \sigma_x)^2 + 4\sigma_{xy}^2}$$
$$\sigma_{x'} = \sigma_{y'} = \frac{1}{2}(\sigma_x + \sigma_y) \tag{2-15}$$

　有限要素法による解析結果を評価するときによく使われる応力にフォン・ミーゼス応力がある．2次元の応力状態（平面応力）のフォン・ミーゼス応力は次の式で定義される．

$$\sigma_{vm} = \sqrt{\frac{(\sigma_{\max} - \sigma_{\min})^2 + \sigma_{\max}^2 + \sigma_{\min}^2}{2}} \tag{2-16}$$

　　ここで，$\sigma_{\max}, \sigma_{\min}$ は最大主応力と最小主応力である．

任意の座標系の平面応力に関しては次のように表され，フォン・ミーゼス応力は座標系によらない．

$$\sigma_{vm} = \sqrt{\frac{(\sigma_x - \sigma_y)^2 + \sigma_x^2 + \sigma_y^2 + 6\sigma_{xy}^2}{2}} \tag{2-17}$$

この式は式(2-16)に式(2-13)を代入して導くことができる．

2.3. キルヒホッフの応力

2.3.1. グリーンの歪に対応する応力

変形した構造物に蓄えられるエネルギの観点から，歪と応力の定義は結びついていなければならない．図 2-8 を見ると，真応力は変形前の板に刻印した方眼とは関係が無いので，真応力とグリーンの歪を関係づけるのは困難である．それでは，グリーンの歪 e_x に対応する応力はどういうものかを検討してみよう．

引張試験片に荷重を負荷したときに試験片に蓄えられるエネルギを考える．負荷荷重 P と伸び δ の関係から，グリーンの歪を伸び δ または工学軸歪 ε_x で表現すると，

$$e_x = \frac{1}{2}\left[(1+\varepsilon_x)^2 - 1\right] = \varepsilon_x + \frac{1}{2}\varepsilon_x^2 = \frac{\delta}{L_0} + \frac{1}{2}\left(\frac{\delta}{L_0}\right)^2$$

伸びの微小変化 $\Delta\delta$ によるグリーンの歪の微小変化 Δe_x は

$$\Delta e_x = \frac{\Delta\delta}{L_0} + \frac{\delta}{L_0^2}\Delta\delta = \frac{1}{L_0}\left(1+\frac{\delta}{L_0}\right)\Delta\delta$$

記号 Δ を，微分を表す d に置き換えると，

$$de_x = \frac{1}{L_0}\left(1+\frac{\delta}{L_0}\right)d\delta \Rightarrow d\delta = \frac{L_0}{1+\frac{\delta}{L_0}}de_x \tag{2-18}$$

負荷荷重 P を変形前の断面積 $w_0 t_0$ で割って，公称応力 $\bar{\sigma}_x$ を次のように定義すると，

$$\bar{\sigma}_x(\delta) = \frac{P(\delta)}{w_0 t_0} \tag{2-19}$$

変位ゼロから変位 δ まで（歪ゼロから歪 e_x まで）に外力がなす仕事は式(2-18), (2-19)を使うと，次のようになる．この仕事は物体内に蓄えられる歪エネルギに等しい．

第 2 章　応力

$$\int_0^\delta P(\delta)d\delta = \int_0^{e_x} \bar{\sigma}_x(\delta) w_0 t_0 \frac{L_0}{1+\dfrac{\delta}{L_0}} de_x = \int_0^{e_x} \frac{\bar{\sigma}_x(\delta)}{1+\dfrac{\delta}{L_0}} w_0 t_0 L_0 de_x$$
$$= \left[\int_0^{e_x} \frac{\bar{\sigma}_x}{1+\varepsilon_x} de_x\right] w_0 t_0 L_0 \tag{2-20}$$

この最後の式の積分は歪エネルギを表しており，グリーンの歪 e_x に対応する応力を s_x とすると，次のように表されることがわかる．

$$s_x = \frac{\bar{\sigma}_x}{1+\varepsilon_x} = \frac{P}{w_0 t_0 (1+\varepsilon_x)} \tag{2-21}$$

式(2-20)は公称応力や真応力はグリーンの歪と共に使えないことを示しており，グリーンの歪と仕事（エネルギ）の観点で整合のとれた応力の定義は式(2-21)で定義される応力である．この応力をキルヒホッフ（Kirchhoff）の応力という．「グリーンの歪とキルヒホッフの応力は仕事に関して共役である」という．この共役性に関して 2 次元問題の場合については仮想仕事の原理の項（3.2.1 項）で示す．3 次元問題の場合の説明にはテンソルを使う必要があるので本書では説明しないが，詳細を知りたい読者は，京谷の本[7] を参照されたい．

2.3.2. キルヒホッフの応力の定義

キルヒホッフの応力の意味について前項で概略を説明したが，ここでキルヒホッフの応力を定義しよう．図 2-9 に示すように，板に一様な荷重を負荷して，変形前の微小長方形（辺長が Δx と Δy）が変形後に平行四辺形になったとする．この変形後の平行四辺形の各辺に作用している力のベクトルを，変形した方眼で表される座標軸方向（変形後の格子ベクトル $\mathbf{g}_x$ と $\mathbf{g}_y$）に分解し，変形前の面積を基準としたキルヒホッフの応力 s_x, s_y, s_{xy}, s_{yx} を次の式で定義する．変形後の格子ベクトル $\mathbf{g}_x$ と $\mathbf{g}_y$ の長さは 1 ではないことに注意されたい．

x 軸に垂直な面に作用する力：$s_x t_0 \Delta y \mathbf{g}_x + s_{xy} t_0 \Delta y \mathbf{g}_y$

y 軸に垂直な面に作用する力：$s_y t_0 \Delta x \mathbf{g}_y + s_{yx} t_0 \Delta x \mathbf{g}_x$ \hfill (2-22)

ここで，t_0：変形前の板厚，$\Delta x, \Delta y$：変形前の長方形の辺の長さ

2.3 キルヒホッフの応力

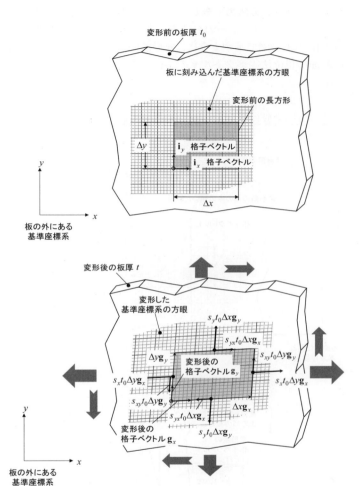

図 2-9 キルヒホッフの応力の定義

第2章 応力

2.3.3. キルヒホッフの応力で表したコーシーの公式

2.2.3 項で説明したコーシーの公式をキルヒホッフの応力を使って表示しよう．図 2-10 の上の図で示すように，変形前の板の内部に傾いた断面を想定し，この断面の単位法線ベクトル **v** の x-y 座標系に関する方向余弦を，

$$l = \frac{\Delta y}{\Delta s}, \ m = \frac{\Delta x}{\Delta s} \tag{2-23}$$

とする．この方向余弦は変形前の形状で考えていることに注意すること．

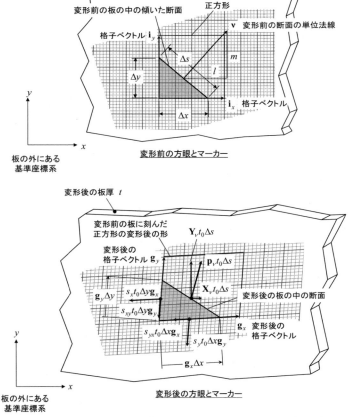

図 2-10 キルヒホッフの応力に関するコーシーの公式の説明

2.3 キルヒホッフの応力

次に図 2-10 の下の図のように，板に一様な荷重を負荷してキルヒホッフの応力 s_x, s_y, s_{xy}, s_{yx} が発生して変形が生じた状態での力の釣り合いを考える．図中の三角形の各辺に作用する力の釣り合いより次の式が得られる．

$$\mathbf{p}_\nu t_0 \Delta s = s_x t_0 \Delta y \mathbf{g}_x + s_{yx} t_0 \Delta x \mathbf{g}_x + s_{xy} t_0 \Delta y \mathbf{g}_y + s_y t_0 \Delta x \mathbf{g}_y$$

$t_0 \Delta s$ で両辺を割ると，

$$\mathbf{p}_\nu = s_x \frac{\Delta y}{\Delta s} \mathbf{g}_x + s_{yx} \frac{\Delta x}{\Delta s} \mathbf{g}_x + s_{xy} \frac{\Delta y}{\Delta s} \mathbf{g}_y + s_y \frac{\Delta x}{\Delta s} \mathbf{g}_y$$

方向余弦 $l = \dfrac{\Delta y}{\Delta s}, \ m = \dfrac{\Delta x}{\Delta s}$ を使うと，

$$\begin{aligned}\mathbf{p}_\nu &= s_x l \mathbf{g}_x + s_{yx} m \mathbf{g}_x + s_{xy} l \mathbf{g}_y + s_y m \mathbf{g}_y \\ &= (s_x l + s_{yx} m) \mathbf{g}_x + (s_{xy} l + s_y m) \mathbf{g}_y \\ &= \begin{pmatrix} s_x \\ s_{yx} \end{pmatrix}^T \begin{pmatrix} l \\ m \end{pmatrix} \mathbf{g}_x + \begin{pmatrix} s_{xy} \\ s_y \end{pmatrix}^T \begin{pmatrix} l \\ m \end{pmatrix} \mathbf{g}_y = X_\nu \mathbf{i}_x + Y_\nu \mathbf{i}_y \end{aligned} \tag{2-24}$$

式(1-13)と式(1-14)を使ってベクトルの分解を基準座標系に書き直すと，キルヒホッフの応力で表したコーシーの公式(2-25)となる．

$$\begin{pmatrix} X_\nu \\ Y_\nu \end{pmatrix}^T \begin{pmatrix} \mathbf{i}_x \\ \mathbf{i}_y \end{pmatrix} = \left[\begin{pmatrix} s_x \\ s_{yx} \end{pmatrix}^T \begin{pmatrix} l \\ m \end{pmatrix} \right] \begin{pmatrix} 1+\dfrac{\partial u}{\partial x} \\ \dfrac{\partial v}{\partial x} \end{pmatrix}^T \begin{pmatrix} \mathbf{i}_x \\ \mathbf{i}_y \end{pmatrix} + \left[\begin{pmatrix} s_{xy} \\ s_y \end{pmatrix}^T \begin{pmatrix} l \\ m \end{pmatrix} \right] \begin{pmatrix} \dfrac{\partial u}{\partial y} \\ 1+\dfrac{\partial v}{\partial y} \end{pmatrix}^T \begin{pmatrix} \mathbf{i}_x \\ \mathbf{i}_y \end{pmatrix}$$

$$X_\nu = \begin{pmatrix} s_x \\ s_{yx} \end{pmatrix}^T \begin{pmatrix} l \\ m \end{pmatrix} \left(1+\frac{\partial u}{\partial x}\right) + \begin{pmatrix} s_{xy} \\ s_y \end{pmatrix}^T \begin{pmatrix} l \\ m \end{pmatrix} \left(\frac{\partial u}{\partial y}\right) = \begin{pmatrix} s_x\left(1+\dfrac{\partial u}{\partial x}\right) + s_{xy}\dfrac{\partial u}{\partial y} \\ s_{yx}\left(1+\dfrac{\partial u}{\partial x}\right) + s_y\dfrac{\partial u}{\partial y} \end{pmatrix}^T \begin{pmatrix} l \\ m \end{pmatrix}$$

$$Y_\nu = \begin{pmatrix} s_x \\ s_{yx} \end{pmatrix}^T \begin{pmatrix} l \\ m \end{pmatrix} \left(\frac{\partial v}{\partial x}\right) + \begin{pmatrix} s_{xy} \\ s_y \end{pmatrix}^T \begin{pmatrix} l \\ m \end{pmatrix} \left(1+\frac{\partial v}{\partial y}\right) = \begin{pmatrix} s_x\dfrac{\partial v}{\partial x} + s_{xy}\left(1+\dfrac{\partial v}{\partial y}\right) \\ s_{yx}\dfrac{\partial v}{\partial x} + s_y\left(1+\dfrac{\partial v}{\partial y}\right) \end{pmatrix}^T \begin{pmatrix} l \\ m \end{pmatrix}$$

$$\tag{2-25}$$

ここで，$\mathbf{v} = \begin{pmatrix} l \\ m \end{pmatrix} = \begin{pmatrix} l \\ m \end{pmatrix}^T \begin{pmatrix} \mathbf{i}_x \\ \mathbf{i}_y \end{pmatrix}$ は変形前の傾いた断面の外向き単位法線ベクトル，

第 2 章　応力

$$\mathbf{p}_\nu = \begin{pmatrix} X_\nu \\ Y_\nu \end{pmatrix} = \begin{pmatrix} X_\nu \\ Y_\nu \end{pmatrix}^T \begin{pmatrix} \mathbf{i}_x \\ \mathbf{i}_y \end{pmatrix}$$ は変形後の傾いた断面に働く力のベクトル（変形前の単位断面積あたり）

s_x, s_{xy}, s_{yx}, s_y はキルヒホッフの応力

2.3.4.　キルヒホッフの応力の釣り合い式

　これまでは板の中で応力が一定で，変化しないと想定してきたが，本項では応力が場所によって変化している場合を考える．そういう場合は，変形も板の内部で一様ではない．このときに，ある点で応力が釣り合っているという条件式を導き出す．

　図 2-11 に示すように，変形前の板に，板の外にある基準座標系の方眼を刻み込む．釣り合いを考える点 A と，点 A を始点とする x 軸方向および y 軸方向の単位ベクトルも刻み込む．刻み込んだ A 点の座標を (x_A, y_A) とするが，この座標は点 A の住所のようなもので，板が変形して板の外から見て点 A が動いたとしてもこの座標は変わらないものとする．

　次に，図 2-12 に示すように，板に外力が作用して変形した状態を考える．刻み込んだ方眼と格子ベクトルが変形して，2 つの格子ベクトルは長さと方向が変化し，変形後の格子ベクトル $\mathbf{g}_x$ と $\mathbf{g}_y$ になる．前に説明したキルヒホッフの応力はこの変形した格子ベクトルの方向に定義していたことを思い出してほしい．

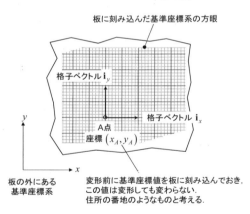

図 2-11　変形前の板と基準座標系

　図 2-12 の左下図に示すように，変形前の板の中に点 A を含む小さな直方体を想像しよう．直方体の辺は座標軸の方向にとり，x 方向の辺の長さを Δx，y 方向の辺の長さを Δy とし，深さ方向の辺の長さは板厚 t_0 とする．Δx と Δy

2.3 キルヒホッフの応力

は小さい値である．この直方体が変形したのが右下の図である．長さ，板厚，角度とも変化している．この変形は変形後の格子ベクトル $\mathbf{g}_x$ と $\mathbf{g}_y$ で表現され，たとえば x 方向の辺の長さは $|\mathbf{g}_x|\Delta x$ に変化する．ここで，$|\mathbf{g}_x|$ は格子ベクトル $\mathbf{g}_x$ の長さである．図 2-12 の右下の図には変形した直方体の各表面に作用する力の変形後の軸方向のベクトルを示している．変形前の面積を基準としたキルヒホッフの応力成分に変形前の面積をかけて力を求めている．応力は板の内部で変化していると考えているので，直方体の各表面では異なった値になる．すなわち，各応力成分は場所（図 2-11 で説明した「住所」）の関数である．したがって，直方体の各表面の中心位置における応力成分を使って力を表した．

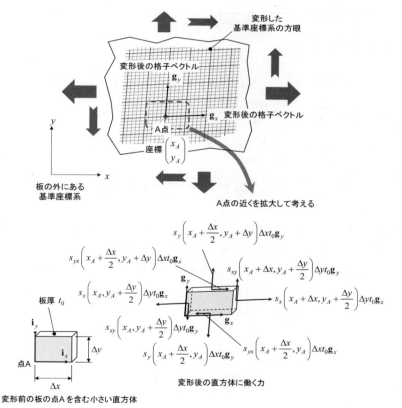

図 2-12 変形後の板の中の力の釣り合い

第 2 章　応力

$\mathbf{g}_x = \left(1 + \dfrac{\partial u}{\partial x}\right)\mathbf{i}_x + \dfrac{\partial v}{\partial x}\mathbf{i}_y,\ \mathbf{g}_y = \dfrac{\partial u}{\partial y}\mathbf{i}_x + \left(1 + \dfrac{\partial v}{\partial y}\right)\mathbf{i}_y$ を使って，$\mathbf{i}_x$ 方向の力の釣り合い式を書くと，

$$\begin{aligned}
&-s_x\left(x_A, y_A + \frac{\Delta y}{2}\right)\Delta y t_0\left(1 + \frac{\partial u}{\partial x}\right) - s_{yx}\left(x_A + \frac{\Delta x}{2}, y_A\right)\Delta x t_0\left(1 + \frac{\partial u}{\partial x}\right) \\
&+ s_{yx}\left(x_A + \frac{\Delta x}{2}, y_A + \Delta y\right)\Delta x t_0\left(1 + \frac{\partial u}{\partial x}\right) + s_x\left(x_A + \Delta x, y_A + \frac{\Delta y}{2}\right)\Delta y t_0\left(1 + \frac{\partial u}{\partial x}\right) \\
&- s_y\left(x_A + \frac{\Delta x}{2}, y_A\right)\Delta x t_0 \frac{\partial u}{\partial y} - s_{xy}\left(x_A, y_A + \frac{\Delta y}{2}\right)\Delta y t_0 \frac{\partial u}{\partial y} \\
&+ s_{xy}\left(x_A + \Delta x, y_A + \frac{\Delta y}{2}\right)\Delta y t_0 \frac{\partial u}{\partial y} + s_y\left(x_A + \frac{\Delta x}{2}, y_A + \Delta y\right)\Delta x t_0 \frac{\partial u}{\partial y} = 0
\end{aligned}$$

式の順序を入れ替えると，

$$\begin{aligned}
&s_x\left(x_A + \Delta x, y_A + \frac{\Delta y}{2}\right)\left(1 + \frac{\partial u}{\partial x}\right)\Delta y t_0 - s_x\left(x_A, y_A + \frac{\Delta y}{2}\right)\left(1 + \frac{\partial u}{\partial x}\right)\Delta y t_0 \\
&+ s_y\left(x_A + \frac{\Delta x}{2}, y_A + \Delta y\right)\frac{\partial u}{\partial y}\Delta x t_0 - s_y\left(x_A + \frac{\Delta x}{2}, y_A\right)\frac{\partial u}{\partial y}\Delta x t_0 \\
&+ s_{xy}\left(x_A + \Delta x, y_A + \frac{\Delta y}{2}\right)\frac{\partial u}{\partial y}\Delta y t_0 - s_{xy}\left(x_A, y_A + \frac{\Delta y}{2}\right)\frac{\partial u}{\partial y}\Delta y t_0 \\
&+ s_{yx}\left(x_A + \frac{\Delta x}{2}, y_A + \Delta y\right) v \Delta x t_0 - s_{yx}\left(x_A + \frac{\Delta x}{2}, y_A\right)\left(1 + \frac{\partial u}{\partial x}\right)\Delta x t_0 \\
&= 0
\end{aligned}$$

$\Delta x, \Delta y$ が小さいので，上の式の各行の最初の項を第 1 次の項までテイラー展開（テイラー展開の説明は 12.1.6 項参照）して近似すると次の式になる．$\Delta x, \Delta y$ は変形前の寸法であり，応力は変形前の座標 (x, y) の関数である．

2.3 キルヒホッフの応力

$$s_x\left(x_A, y_A + \frac{\Delta y}{2}\right)\left(1 + \frac{\partial u}{\partial x}\right)\Delta y t_0 + \frac{\partial}{\partial x}\left[s_x\left(x_A, y_A + \frac{\Delta y}{2}\right)\left(1 + \frac{\partial u}{\partial x}\right)\right]\Delta x \Delta y t_0$$

$$-s_x\left(x_A, y_A + \frac{\Delta y}{2}\right)\Delta y t_0\left(1 + \frac{\partial u}{\partial x}\right)$$

$$+s_y\left(x_A + \frac{\Delta x}{2}, y_A\right)\frac{\partial u}{\partial y}\Delta x t_0 + \frac{\partial}{\partial y}\left[s_y\left(x_A + \frac{\Delta x}{2}, y_A\right)\frac{\partial u}{\partial y}\right]\Delta y \Delta x t_0$$

$$-s_y\left(x_A + \frac{\Delta x}{2}, y_A\right)\Delta x t_0 \frac{\partial u}{\partial y}$$

$$+s_{xy}\left(x_A, y_A + \frac{\Delta y}{2}\right)\frac{\partial u}{\partial y}\Delta y t_0 + \frac{\partial}{\partial x}\left[s_{xy}\left(x_A, y_A + \frac{\Delta y}{2}\right)\frac{\partial u}{\partial y}\right]\Delta x \Delta y t_0$$

$$-s_{xy}\left(x_A, y_A + \frac{\Delta y}{2}\right)\Delta y t_0 \frac{\partial u}{\partial y} + s_{yx}\left(x_A + \frac{\Delta x}{2}, y_A\right)\left(1 + \frac{\partial u}{\partial x}\right)\Delta x t_0$$

$$+\frac{\partial}{\partial y}\left[s_{yx}\left(x_A + \frac{\Delta x}{2}, y_A\right)\left(1 + \frac{\partial u}{\partial x}\right)\right]\Delta y \Delta x t_0$$

$$-s_{yx}\left(x_A + \frac{\Delta x}{2}, y_A\right)\Delta x t_0\left(1 + \frac{\partial u}{\partial x}\right)$$

$$= 0$$

整理すると,

$$\frac{\partial}{\partial x}\left[s_x\left(x_A, y_A + \frac{\Delta y}{2}\right)\left(1 + \frac{\partial u}{\partial x}\right)\right]\Delta x \Delta y t_0 + \frac{\partial}{\partial y}\left[s_y\left(x_A + \frac{\Delta x}{2}, y_A\right)\frac{\partial u}{\partial y}\right]\Delta y \Delta x t_0$$

$$+\frac{\partial}{\partial x}\left[s_{xy}\left(x_A, y_A + \frac{\Delta y}{2}\right)\frac{\partial u}{\partial y}\right]\Delta x \Delta y t_0 + \frac{\partial}{\partial y}\left[s_{yx}\left(x_A + \frac{\Delta x}{2}, y_A\right)\left(1 + \frac{\partial u}{\partial x}\right)\right]\Delta y \Delta x t_0$$

$$= 0$$

この式を $\Delta x \Delta y t_0$ で割ると次の式になる.

$$\frac{\partial}{\partial x}\left[s_x\left(x_A, y_A + \frac{\Delta y}{2}\right)\left(1 + \frac{\partial u}{\partial x}\right)\right] + \frac{\partial}{\partial y}\left[s_y\left(x_A + \frac{\Delta x}{2}, y_A\right)\frac{\partial u}{\partial y}\right]$$

$$+\frac{\partial}{\partial x}\left[s_{xy}\left(x_A, y_A + \frac{\Delta y}{2}\right)\frac{\partial u}{\partial y}\right] + \frac{\partial}{\partial y}\left[s_{yx}\left(x_A + \frac{\Delta x}{2}, y_A\right)\left(1 + \frac{\partial u}{\partial x}\right)\right] = 0$$

直方体を限りなく小さくしていくと（$\Delta x \to 0, \Delta y \to 0$），次の式が得られる．

第 2 章　応力

$$\frac{\partial}{\partial x}\left[s_x(x_A,y_A)\left(1+\frac{\partial u}{\partial x}\right)\right]+\frac{\partial}{\partial y}\left[s_y(x_A,y_A)\frac{\partial u}{\partial y}\right]$$
$$+\frac{\partial}{\partial x}\left[s_{xy}(x_A,y_A)\frac{\partial u}{\partial y}\right]+\frac{\partial}{\partial y}\left[s_{yx}(x_A,y_A)\left(1+\frac{\partial u}{\partial x}\right)\right]=0$$

点 A は任意に選ぶことができるので，(x_A,y_A) を (x,y) としてもよい．(x,y) としても，この座標は依然として変形前の板の中の位置（「住所」）を表していることに注意してほしい．

$$\frac{\partial}{\partial x}\left[s_x(x,y)\left(1+\frac{\partial u}{\partial x}\right)\right]+\frac{\partial}{\partial x}\left[s_{xy}(x,y)\frac{\partial u}{\partial y}\right]+\frac{\partial}{\partial y}\left[s_{yx}(x,y)\left(1+\frac{\partial u}{\partial x}\right)\right]$$
$$+\frac{\partial}{\partial y}\left[s_y(x,y)\frac{\partial u}{\partial y}\right]=0$$

同じように，$\mathbf{i}_y$ 方向の力の釣り合い式を求めると，次のようになる．

$$\frac{\partial}{\partial x}\left[s_x(x,y)\frac{\partial v}{\partial x}\right]+\frac{\partial}{\partial x}\left[s_{xy}(x,y)\left(1+\frac{\partial v}{\partial y}\right)\right]+\frac{\partial}{\partial y}\left[s_{yx}(x,y)\frac{\partial v}{\partial x}\right]$$
$$+\frac{\partial}{\partial y}\left[s_y(x,y)\left(1+\frac{\partial v}{\partial y}\right)\right]=0$$

次に，点 A まわりのモーメントの釣り合いを考える．2 つの方向の直応力は点 A まわりにモーメントを生じず，せん断応力だけがモーメントを生じる．ベクトルの外積（ベクトル積）を使って，点 A まわりのモーメントの釣り合いを書くと（10.10 項参照），

$$s_{xy}\left(x_A+\Delta x, y_A+\frac{\Delta y}{2}\right)\Delta y t_0 \mathbf{g}_y \times \Delta x \mathbf{g}_x$$
$$+s_{yx}\left(x_A+\frac{\Delta x}{2}, y_A+\Delta y\right)\Delta x t_0 \mathbf{g}_x \times \Delta y \mathbf{g}_y = 0$$

$\mathbf{g}_y \times \mathbf{g}_x = -\mathbf{g}_x \times \mathbf{g}_y$ であり，直方体の大きさを限りなく小さくしていくと，

$$s_{xy}(x_A,y_A)-s_{yx}(x_A,y_A)=0 \quad \Rightarrow \quad s_{xy}=s_{yx}$$

<u>キルヒホッフの応力のせん断応力成分は対称である</u>ことがわかる．応力の釣り合い方程式をまとめて書くと次のようになる．この式を平衡方程式ともいう．

2.3 キルヒホッフの応力

$$\frac{\partial}{\partial x}\left[s_x(x,y)\left(1+\frac{\partial u}{\partial x}\right)\right] + \frac{\partial}{\partial x}\left[s_{xy}(x,y)\frac{\partial u}{\partial y}\right] + \frac{\partial}{\partial y}\left[s_{yx}(x,y)\left(1+\frac{\partial u}{\partial x}\right)\right]$$

$$+ \frac{\partial}{\partial y}\left[s_y(x,y)\frac{\partial u}{\partial y}\right] = 0$$

$$\frac{\partial}{\partial x}\left[s_x(x,y)\frac{\partial v}{\partial x}\right] + \frac{\partial}{\partial x}\left[s_{xy}(x,y)\left(1+\frac{\partial v}{\partial y}\right)\right] + \frac{\partial}{\partial y}\left[s_{yx}(x,y)\frac{\partial v}{\partial x}\right]$$

$$+ \frac{\partial}{\partial y}\left[s_y(x,y)\left(1+\frac{\partial v}{\partial y}\right)\right] = 0$$

(2-26)

このように簡単な形に釣り合い式を書くことができたのは，変形前の面積を基準にしたキルヒホッフの応力と変形前の座標（位置）を基準にしたからである．

2.3.5. キルヒホッフの応力の座標変換

キルヒホッフの応力の座標変換式を求めよう．まず，変形後の格子ベクトル $\mathbf{g}_{x'}$, $\mathbf{g}_{y'}$ と $\mathbf{g}_x$, $\mathbf{g}_y$ の関係を導く．x-y 座標系と x'-y' 座標系の関係式は（11.2.4 項参照），

$$\begin{aligned}
x' &= x\cos\theta + y\sin\theta = lx + my \\
y' &= -x\sin\theta + y\cos\theta = -mx + ly \\
x &= x'\cos\theta - y'\sin\theta = lx' - my' \\
y &= x'\sin\theta + y'\cos\theta = mx' + ly'
\end{aligned}$$

(2-27)

ここで，$l = \cos\theta$, $m = \sin\theta$ は x' 軸の方向余弦である．これらの式を微分すると，

$$\begin{aligned}
\frac{\partial x'}{\partial x} &= l, \quad \frac{\partial x'}{\partial y} = m, \quad \frac{\partial y'}{\partial x} = -m, \quad \frac{\partial y'}{\partial y} = l \\
\frac{\partial x}{\partial x'} &= l, \quad \frac{\partial x}{\partial y'} = -m, \quad \frac{\partial y}{\partial x'} = m, \quad \frac{\partial y}{\partial y'} = l
\end{aligned}$$

(2-28)

式(1-13)と式(1-14)から，格子ベクトル $\mathbf{g}_x$, $\mathbf{g}_y$ と格子ベクトル $\mathbf{g}_{x'}$, $\mathbf{g}_{y'}$ は

$$\mathbf{g}_x = \frac{\partial \mathbf{R}}{\partial x}, \quad \mathbf{g}_y = \frac{\partial \mathbf{R}}{\partial y}, \quad \mathbf{g}_{x'} = \frac{\partial \mathbf{R}}{\partial x'}, \quad \mathbf{g}_{y'} = \frac{\partial \mathbf{R}}{\partial y'}$$

これを書き換えると

第 2 章　応力

$$\begin{aligned}\mathbf{g}_x &= \frac{\partial \mathbf{R}}{\partial x'}\frac{\partial x'}{\partial x} + \frac{\partial \mathbf{R}}{\partial y'}\frac{\partial y'}{\partial x} = \frac{\partial \mathbf{R}}{\partial x'}l - \frac{\partial \mathbf{R}}{\partial y'}m = l\mathbf{g}_{x'} - m\mathbf{g}_{y'} \\ \mathbf{g}_y &= \frac{\partial \mathbf{R}}{\partial x'}\frac{\partial x'}{\partial y} + \frac{\partial \mathbf{R}}{\partial y'}\frac{\partial y'}{\partial y} = \frac{\partial \mathbf{R}}{\partial x'}m + \frac{\partial \mathbf{R}}{\partial y'}l = m\mathbf{g}_{x'} + l\mathbf{g}_{y'}\end{aligned} \qquad (2\text{-}29)$$

図 2-13 に示す x-y 座標系のキルヒホッフ応力に式(2-24)を適用し，ベクトルを変換すると，

$$\begin{aligned}\mathbf{p}_{vx} &= s_x l\mathbf{g}_x + s_{yx}m\mathbf{g}_x + s_{xy}l\mathbf{g}_y + s_y m\mathbf{g}_y \\ &= s_x l\left(l\mathbf{g}_{x'} - m\mathbf{g}_{y'}\right) + s_{yx}m\left(l\mathbf{g}_{x'} - m\mathbf{g}_{y'}\right) + s_{xy}l\left(m\mathbf{g}_{x'} + l\mathbf{g}_{y'}\right) + s_y m\left(m\mathbf{g}_{x'} + l\mathbf{g}_{y'}\right) \\ &= \left(l^2 s_x + lms_{yx} + lms_{xy} + m^2 s_y\right)\mathbf{g}_{x'} + \left(-lms_x - m^2 s_{yx} + l^2 s_{xy} + lms_y\right)\mathbf{g}_{y'} \\ \mathbf{p}_{vy} &= s_x m\mathbf{g}_x - s_{yx}l\mathbf{g}_x + s_{xy}m\mathbf{g}_y - s_y l\mathbf{g}_y \\ &= s_x m\left(l\mathbf{g}_{x'} - m\mathbf{g}_{y'}\right) - s_{yx}l\left(l\mathbf{g}_{x'} - m\mathbf{g}_{y'}\right) + s_{xy}m\left(m\mathbf{g}_{x'} + l\mathbf{g}_{y'}\right) - s_y l\left(m\mathbf{g}_{x'} + l\mathbf{g}_{y'}\right) \\ &= \left(lms_x - l^2 s_{yx} + m^2 s_{xy} - lms_y\right)\mathbf{g}_{x'} + \left(-m^2 s_x + lms_{yx} + lms_{xy} - l^2 s_y\right)\mathbf{g}_{y'}\end{aligned}$$

同じく図 2-13 に示す x'-y' 座標系のキルヒホッフの応力にコーシーの公式を適用すると，

$$\mathbf{p}_{x'} = s_{x'}\mathbf{g}_{x'} + s_{x'y'}\mathbf{g}_{y'}, \quad \mathbf{p}_{y'} = -s_{y'x'}\mathbf{g}_{x'} - s_{y'}\mathbf{g}_{y'}$$

ベクトルの成分を比較することにより，キルヒホッフの応力間の関係式が次のように求まる．

$$\begin{aligned}s_{x'} &= l^2 s_x + m^2 s_y + lms_{yx} + lms_{xy}, \quad s_{y'} = m^2 s_x + l^2 s_y - lms_{yx} - lms_{xy} \\ s_{x'y'} &= -lms_x + lms_y - m^2 s_{yx} + l^2 s_{xy}, \quad s_{y'x'} = -lms_x + lms_y + l^2 s_{yx} - m^2 s_{xy}\end{aligned}$$

キルヒホッフのせん断応力は対称である（$s_{xy} = s_{yx}$）から，

$$\begin{aligned}s_{x'} &= l^2 s_x + m^2 s_y + 2lms_{xy} \\ s_{y'} &= m^2 s_x + l^2 s_y - 2lms_{xy} \\ s_{x'y'} &= s_{y'x'} = -lms_x + lms_y + \left(l^2 - m^2\right)s_{xy}\end{aligned} \qquad (2\text{-}30)$$

$$\begin{pmatrix}s_{x'} \\ s_{y'} \\ s_{x'y'}\end{pmatrix} = \begin{bmatrix} l^2 & m^2 & 2lm \\ m^2 & l^2 & -2lm \\ -lm & lm & l^2 - m^2 \end{bmatrix}\begin{pmatrix}s_x \\ s_y \\ s_{xy}\end{pmatrix} \qquad (2\text{-}30\mathrm{a})$$

この変換式は，真応力の変換式やグリーンの歪の変換式と全く同じ形をしている．したがって，主応力，最大せん断応力，フォン・ミーゼス応力の計算式は真応力の式(2-13)，(2-15)，(2-17)と同じ形である．

2.3 キルヒホッフの応力

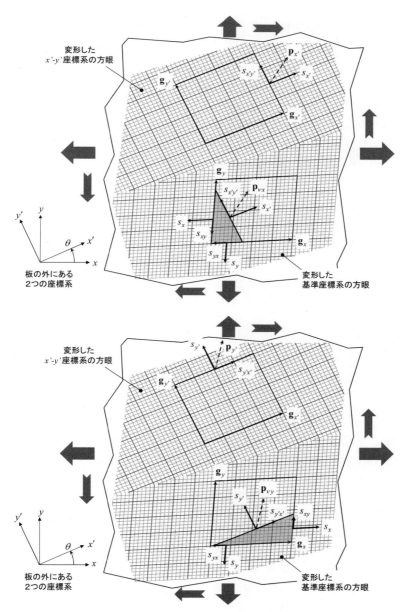

図 2-13 キルヒホッフの応力の座標変換

第 2 章　応力

2.4.　応力と歪の関係

　金属材料では歪が小さい間は応力と歪が比例することが知られている．鋼の場合の例を図 1-3 に示した．最初は応力と歪が線形に変化し，ある応力に達すると急激に歪が増加するような挙動を示す．線形の領域を弾性領域と呼び，それより上の領域を塑性領域と呼ぶ．本書では弾性領域だけを扱う．歪で言うとふつうの材料では弾性領域は歪が 1%よりかなり小さい領域になる．特に材料特性が方向に依存しない場合には等方性材料と呼び，弾性領域では応力と歪の間に以下に示すフック（Hooke）の法則が成り立つ．応力と歪の関係式を構成方程式ともいう．

$$e_x = \frac{1}{E}s_x - \frac{\nu}{E}s_y$$
$$e_y = \frac{1}{E}s_y - \frac{\nu}{E}s_x \quad (2\text{-}31)$$
$$e_{xy} = \frac{1}{2G}s_{xy}$$

　ここで，E：ヤング率，ν：ポアソン比，G：せん断弾性係数である．行列で表示すると，

$$\begin{pmatrix} e_x \\ e_y \\ e_{xy} \end{pmatrix} = \begin{bmatrix} \frac{1}{E} & -\frac{\nu}{E} & 0 \\ -\frac{\nu}{E} & \frac{1}{E} & 0 \\ 0 & 0 & \frac{1}{2G} \end{bmatrix} \begin{pmatrix} s_x \\ s_y \\ s_{xy} \end{pmatrix} \quad (2\text{-}31a)$$

ポアソン比 ν（ギリシャ文字のニュー）は，一方向に引張応力 s_x を付加したとき，負荷応力の方向に歪 e_x だけ伸びると，負荷応力と直角の方向に歪 νe_x 縮むことを表している．

　ヤング率，ポアソン比，せん断弾性係数の間には関係があり，独立な材料特性は 2 つである．その関係式を求めよう．等方性材料を考えているので，別の座標系で見た歪と応力に関しても同じ形の式になるはずである．そこで，式(2-31a)のグリーンの歪とキルヒホッフの応力の両方に式(1-9)と式(2-30a)を使って 45 度回転した座標系に変換すると，

2.4 応力と歪の関係

$$\begin{bmatrix} \dfrac{1}{2} & \dfrac{1}{2} & 1 \\ \dfrac{1}{2} & \dfrac{1}{2} & -1 \\ -\dfrac{1}{2} & \dfrac{1}{2} & 0 \end{bmatrix} \begin{pmatrix} e_x \\ e_y \\ e_{xy} \end{pmatrix} = \begin{bmatrix} \dfrac{1}{E} & -\dfrac{\nu}{E} & 0 \\ -\dfrac{\nu}{E} & \dfrac{1}{E} & 0 \\ 0 & 0 & \dfrac{1}{2G} \end{bmatrix} \begin{bmatrix} \dfrac{1}{2} & \dfrac{1}{2} & 1 \\ \dfrac{1}{2} & \dfrac{1}{2} & -1 \\ -\dfrac{1}{2} & \dfrac{1}{2} & 0 \end{bmatrix} \begin{pmatrix} s_x \\ s_y \\ s_{xy} \end{pmatrix}$$

両辺に左から $\begin{bmatrix} 1/2 & 1/2 & -1 \\ 1/2 & 1/2 & 1 \\ 1/2 & -1/2 & 0 \end{bmatrix}$ をかけると,

$$\begin{pmatrix} e_x \\ e_y \\ e_{xy} \end{pmatrix} = \begin{bmatrix} \dfrac{1}{2} & \dfrac{1}{2} & -1 \\ \dfrac{1}{2} & \dfrac{1}{2} & 1 \\ \dfrac{1}{2} & -\dfrac{1}{2} & 0 \end{bmatrix} \begin{bmatrix} \dfrac{1}{E} & -\dfrac{\nu}{E} & 0 \\ -\dfrac{\nu}{E} & \dfrac{1}{E} & 0 \\ 0 & 0 & \dfrac{1}{2G} \end{bmatrix} \begin{bmatrix} \dfrac{1}{2} & \dfrac{1}{2} & 1 \\ \dfrac{1}{2} & \dfrac{1}{2} & -1 \\ -\dfrac{1}{2} & \dfrac{1}{2} & 0 \end{bmatrix} \begin{pmatrix} s_x \\ s_y \\ s_{xy} \end{pmatrix}$$

$$= \begin{bmatrix} \dfrac{1}{2E} - \dfrac{\nu}{2E} + \dfrac{1}{4G} & \dfrac{1}{2E} - \dfrac{\nu}{2E} - \dfrac{1}{4G} & 0 \\ \dfrac{1}{2E} - \dfrac{\nu}{2E} - \dfrac{1}{4G} & \dfrac{1}{2E} - \dfrac{\nu}{2E} + \dfrac{1}{4G} & 0 \\ 0 & 0 & \dfrac{1}{E} + \dfrac{\nu}{E} \end{bmatrix} \begin{pmatrix} s_x \\ s_y \\ s_{xy} \end{pmatrix}$$

この式と式(2-31a)を比較すると,

$$\dfrac{1}{2G} = \dfrac{1}{E} + \dfrac{\nu}{E}$$

より, せん断弾性係数はヤング率とポアソン比で表すことができる.

$$G = \dfrac{E}{2(1+\nu)} \tag{2-32}$$

3.1　2次元有限変形弾性理論の方程式

第3章　2次元有限変形弾性理論の基礎方程式とエネルギ原理

　第1章と第2章で求めた関係式と境界条件は大変形を取り扱う厳密な2次元弾性論（2次元有限変形弾性理論）の基礎方程式である．この方程式に基づいてエネルギ原理を導く．基礎方程式とエネルギ原理の関係を図 3-1 に示す．

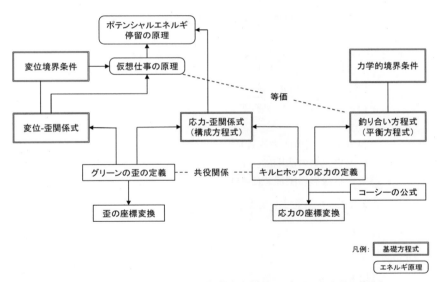

図 3-1　有限変形弾性理論の基礎方程式とエネルギ原理の関係

3.1.　2次元有限変形弾性理論の方程式

　2次元有限変形弾性問題（図 3-2）の釣り合い方程式（平衡方程式），変位-歪関係式，応力-歪関係式（構成方程式）と変位境界条件（支持条件），力学的境界条件（外力）をまとめて以下に示す．

第3章　2次元有限変形弾性理論の基礎方程式とエネルギ原理

（1）釣り合い方程式（平衡方程式）
　キルヒホッフの応力の釣り合い方程式は式(2-26)である．

$$\frac{\partial}{\partial x}\left[s_x(x,y)\left(1+\frac{\partial u}{\partial x}\right)\right] + \frac{\partial}{\partial x}\left[s_{xy}(x,y)\frac{\partial u}{\partial y}\right] + \frac{\partial}{\partial y}\left[s_{yx}(x,y)\left(1+\frac{\partial u}{\partial x}\right)\right]$$
$$+ \frac{\partial}{\partial y}\left[s_y(x,y)\frac{\partial u}{\partial y}\right] = 0$$
$$\frac{\partial}{\partial x}\left[s_x(x,y)\frac{\partial v}{\partial x}\right] + \frac{\partial}{\partial x}\left[s_{xy}(x,y)\left(1+\frac{\partial v}{\partial y}\right)\right] + \frac{\partial}{\partial y}\left[s_{yx}(x,y)\frac{\partial v}{\partial x}\right]$$
$$+ \frac{\partial}{\partial y}\left[s_y(x,y)\left(1+\frac{\partial v}{\partial y}\right)\right] = 0 \tag{3-1}$$

（2）変位-歪関係式
　グリーンの歪と変位の関係式は式(1-15)である．

$$e_x = \frac{\partial u}{\partial x} + \frac{1}{2}\left[\left(\frac{\partial u}{\partial x}\right)^2 + \left(\frac{\partial v}{\partial x}\right)^2\right],\ e_y = \frac{\partial v}{\partial y} + \frac{1}{2}\left[\left(\frac{\partial u}{\partial y}\right)^2 + \left(\frac{\partial v}{\partial y}\right)^2\right]$$
$$e_{xy} = \frac{1}{2}\left[\frac{\partial u}{\partial y} + \frac{\partial v}{\partial x} + \frac{\partial u}{\partial x}\frac{\partial u}{\partial y} + \frac{\partial v}{\partial x}\frac{\partial v}{\partial y}\right] \tag{3-2}$$

（3）応力-歪関係式（構成方程式）
　等方性材料のフックの法則は，ヤング率 E とポアソン比 ν の2つの定数で表すことができる線形の関係式(2-31)である．

$$e_x = \frac{1}{E}s_x - \frac{\nu}{E}s_y,\ e_y = \frac{1}{E}s_y - \frac{\nu}{E}s_x,\ e_{xy} = \frac{1}{2G}s_{xy} \tag{3-3}$$

せん断弾性係数 G とヤング率 E，ポアソン比 ν の間には

$$G = \frac{E}{2(1+\nu)} \tag{3-4}$$

の関係が成り立つ．

（4）変位境界条件
　物体の動きを拘束するために，物体の変位を一定に保つ条件である．

$$u = \overline{u},\ v = \overline{v}\ :\ C_u\ 上（変位を拘束する境界上） \tag{3-5}$$

3.1 2次元有限変形弾性理論の方程式

ここで，$\bar{u}, \bar{v}$ は与える変位（x 方向成分と y 方向成分）の値である．

(5) 力学的境界条件（外力）

物体に外力を与える条件である．C_f は外力を与える境界であるが，C_u 以外の境界すべてであり，外力がゼロである境界を含んでいる．

$$X_\nu = \bar{X}_\nu, Y_\nu = \bar{Y}_\nu : 変形後の C_f 上 \tag{3-6}$$

ここで，$\bar{X}_\nu, \bar{Y}_\nu$ は与える外力（変形前の境界の単位長さあたりの力の x 方向成分と y 方向成分）の値である（図3-2 参照）．

$$C = C_u + C_f \tag{3-7}$$

ここで，C は物体の全境界線

方程式の数は，釣り合い方程式2，変位-歪関係式3，応力-歪関係式3の6個で，変数の数は，変位2，歪3，応力3の6個となっており，この問題は解ける．ただし，釣り合い方程式と変位-歪関係式が非線形の式であるので，解析的に解くのは困難である．実際の問題に適用する場合には方程式を線形化したり，近似したりして解く必要が出てくる．線形化する方法については第4章で説明する．近似解法の基礎となるエネルギ原理について 3.2 項と 4.4 項で説明する．

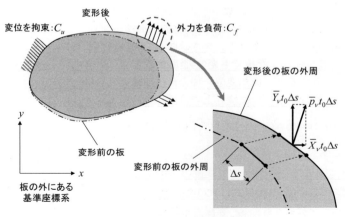

図 3-2　2次元有限変形弾性問題

第 3 章　2 次元有限変形弾性理論の基礎方程式とエネルギ原理

3.2.　エネルギ原理

　偏微分方程式と境界条件で表された基礎方程式を，構造全体のエネルギ原理で表す式に書きかえる．エネルギ原理は近似解法や基礎方程式の導出に便利に使えるので，しっかり理解しておきたい．

3.2.1.　仮想仕事の原理

　弾性力学のエネルギ原理では，仮想仕事の原理が出発点になる．本項ではその導出方法を詳しく説明する．

　まず，物体に力学的境界上で外力（(3-6)式）が負荷されていて，物体全体に変位 $\mathbf{u}(x,y) = \begin{pmatrix} u(x,y) \\ v(x,y) \end{pmatrix}$ が発生しているとする．この変位は 3.1 項のすべての方程式と境界条件を満足しているので正解である．次に，実際に発生している変位（正解）$\mathbf{u}(x,y) = \begin{pmatrix} u(x,y) \\ v(x,y) \end{pmatrix}$ に<u>任意の変位（この変位を仮想変位と呼ぶ）</u> $\delta\mathbf{u}(x,y) = \begin{pmatrix} \delta u(x,y) \\ \delta v(x,y) \end{pmatrix}$ を加えて，$\mathbf{u}(x,y) + \delta\mathbf{u}(x,y) = \begin{pmatrix} u(x,y) + \delta u(x,y) \\ v(x,y) + \delta v(x,y) \end{pmatrix}$ の状態を考える．想像上の変位であるので仮想変位という．「仮想」という意味でデルタ「δ」という記号を付加している．仮想変位に関する詳細説明は 12.3 項を参照されたい．（実は，数学の変分法という分野で「変分」を表す演算子として「δ」を用いているのだが，本書では単なる記号としている．）　<u>有限変形理論の場合，仮想変位の大きさは微小でなければならない（12.3.2 項参照）．仮想変位を加えた後でも変位-歪関係式と変位境界条件を満足するものを選ぶ</u>．そうすると，<u>仮想変位を加えた後では釣り合い方程式と力学的境界条件を満たさないが，変位境界上では境界条件を満足する</u>ので，

$$\delta u = 0, \delta v = 0 \ : \ C_u \text{ 上 （変位を拘束する境界上）} \quad (3\text{-}8)$$

が成り立つ．
また，<u>仮想変位を加えた後でも変位-歪関係式が成立しているので，微小仮想変位に関する変位-歪関係式は式(3-2)に微分操作を行うことによって次のように表すことができる．δe_x 等は，正解に仮想変位を付加したことによる歪</u>

3.2 エネルギ原理

成分の正解からの変化量を表している．δ があたかも微分演算子のように使える（12.3.2 項参照）．

$$\delta e_x = \delta\left[\frac{\partial u}{\partial x} + \frac{1}{2}\left(\frac{\partial u}{\partial x}\right)^2 + \frac{1}{2}\left(\frac{\partial v}{\partial x}\right)^2\right] = \frac{\partial \delta u}{\partial x} + \frac{\partial u}{\partial x}\frac{\partial \delta u}{\partial x} + \frac{\partial v}{\partial x}\frac{\partial \delta v}{\partial x}$$

$$\delta e_y = \frac{\partial \delta v}{\partial y} + \frac{\partial u}{\partial y}\frac{\partial \delta u}{\partial y} + \frac{\partial v}{\partial y}\frac{\partial \delta v}{\partial y}$$

$$\delta e_{xy} = \delta\left[\frac{1}{2}\left\{\frac{\partial u}{\partial y} + \frac{\partial v}{\partial x} + \frac{\partial u}{\partial x}\frac{\partial u}{\partial y} + \frac{\partial v}{\partial x}\frac{\partial v}{\partial y}\right\}\right]$$

$$= \frac{1}{2}\left[\frac{\partial \delta u}{\partial y} + \frac{\partial \delta v}{\partial x} + \frac{\partial \delta u}{\partial x}\frac{\partial u}{\partial y} + \frac{\partial u}{\partial x}\frac{\partial \delta u}{\partial y} + \frac{\partial \delta v}{\partial x}\frac{\partial v}{\partial y} + \frac{\partial v}{\partial x}\frac{\partial \delta v}{\partial y}\right]$$

(3-9)

さて，2 つの釣り合い方程式(3-1)の第 1 式と第 2 式にそれぞれ x 方向の仮想変位 δu と y 方向の仮想変位 δv をかけて物体全体の面積（変形前）にわたって積分するとゼロである．この積分がゼロとなるのは，正解の変位の釣り合い方程式がゼロであるからである．力学的境界条件(3-6)を書き換えた

$$X_\nu - \overline{X}_\nu = 0, \, Y_\nu - \overline{Y}_\nu = 0$$

についても仮想変位をかけて力学的境界について積分するとゼロである．この 2 つの積分の差をとると次の式が成り立つ．

$$\iint_{A_0}\left[\begin{aligned}&\left\{\frac{\partial}{\partial x}\left[s_x\left(1+\frac{\partial u}{\partial x}\right) + s_{xy}\frac{\partial u}{\partial y}\right] + \frac{\partial}{\partial y}\left[s_{yx}\left(1+\frac{\partial u}{\partial x}\right) + s_y\frac{\partial u}{\partial y}\right]\right\}\delta u \\ &+ \left\{\frac{\partial}{\partial x}\left[s_x\frac{\partial v}{\partial x} + s_{xy}\left(1+\frac{\partial v}{\partial y}\right)\right] + \frac{\partial}{\partial y}\left[s_{yx}\frac{\partial v}{\partial x} + s_y\left(1+\frac{\partial v}{\partial y}\right)\right]\right\}\delta v\end{aligned}\right]t_0 dA_0$$

$$-\int_{C_f}\left[\left(X_\nu - \overline{X}_\nu\right)\delta u + \left(Y_\nu - \overline{Y}_\nu\right)\delta v\right]t_0 ds = 0$$

(3-10)

まず，この式の第 2 の積分項を計算する．力学的境界は境界全体から変位境界を引いたもの（式(3-7)）であり，変位境界では式(3-8)から

$$\int_{C_u}\left(X_\nu \delta u + Y_\nu \delta v\right)t_0 ds = 0$$

である．この式を式(3-10)の第 2 の積分項に代入すると，

第 3 章　2 次元有限変形弾性理論の基礎方程式とエネルギ原理

$$\int_{C_f} \left[\left(X_\nu - \overline{X}_\nu \right) \delta u + \left(Y_\nu - \overline{Y}_\nu \right) \delta v \right] t_0 ds$$
$$= \int_{C_f} \left(X_\nu \delta u + Y_\nu \delta v \right) t_0 ds - \int_{C_f} \left(\overline{X}_\nu \delta u + \overline{Y}_\nu \delta v \right) t_0 ds$$
$$= \int_C \left(X_\nu \delta u + Y_\nu \delta v \right) t_0 ds - \int_{C_u} \left(X_\nu \delta u + Y_\nu \delta v \right) t_0 ds - \int_{C_f} \left(\overline{X}_\nu \delta u + \overline{Y}_\nu \delta v \right) t_0 ds$$
$$= \int_C \left(X_\nu \delta u + Y_\nu \delta v \right) t_0 ds - \int_{C_f} \left(\overline{X}_\nu \delta u + \overline{Y}_\nu \delta v \right) t_0 ds$$

境界全体にコーシーの公式(2-25)を代入し，ガウスの発散定理（12.2.2 項参照）

$$\iint_A \left(\frac{\partial f}{\partial x} + \frac{\partial g}{\partial y} \right) dA = \int_C \binom{f}{g} \cdot \binom{l}{m} ds$$

を適用すると，

$$\int_{C_f} \left[\left(X_\nu - \overline{X}_\nu \right) \delta u + \left(Y_\nu - \overline{Y}_\nu \right) \delta v \right] t_0 ds$$
$$= \int_C \left(X_\nu \delta u + Y_\nu \delta v \right) t_0 ds - \int_{C_f} \left(\overline{X}_\nu \delta u + \overline{Y}_\nu \delta v \right) t_0 ds$$
$$= \int_C \left[\begin{array}{l} \left\{ s_x \left(1 + \frac{\partial u}{\partial x} \right) l + s_{xy} \frac{\partial u}{\partial y} l + s_{yx} \left(1 + \frac{\partial u}{\partial x} \right) m + s_y \frac{\partial u}{\partial y} m \right\} \delta u \\ + \left\{ s_x \frac{\partial v}{\partial x} l + s_{xy} \left(1 + \frac{\partial v}{\partial y} \right) l + s_{yx} \frac{\partial v}{\partial x} m + s_y \left(1 + \frac{\partial v}{\partial y} \right) m \right\} \delta v \end{array} \right] t_0 ds$$
$$- \int_{C_f} \left(\overline{X}_\nu \delta u + \overline{Y}_\nu \delta v \right) t_0 ds$$
$$= \int_C \left[\begin{array}{l} s_x \left(1 + \frac{\partial u}{\partial x} \right) \delta u l + s_{xy} \frac{\partial u}{\partial y} \delta u l + s_{yx} \left(1 + \frac{\partial u}{\partial x} \right) \delta u m + s_y \frac{\partial u}{\partial y} \delta u m \\ + s_x \frac{\partial v}{\partial x} \delta v l + s_{xy} \left(1 + \frac{\partial v}{\partial y} \right) \delta v l + s_{yx} \frac{\partial v}{\partial x} \delta v m + s_y \left(1 + \frac{\partial v}{\partial y} \right) \delta v m \end{array} \right] t_0 ds$$
$$- \int_{C_f} \left(\overline{X}_\nu \delta u + \overline{Y}_\nu \delta v \right) t_0 ds$$
$$= \int_C \left(\begin{array}{l} s_x \left(1 + \frac{\partial u}{\partial x} \right) \delta u + s_{xy} \frac{\partial u}{\partial y} \delta u + s_x \frac{\partial v}{\partial x} \delta v + s_{xy} \left(1 + \frac{\partial v}{\partial y} \right) \delta v \\ s_{yx} \left(1 + \frac{\partial u}{\partial x} \right) \delta u + s_y \frac{\partial u}{\partial y} \delta u + s_{yx} \frac{\partial v}{\partial x} \delta v + s_y \left(1 + \frac{\partial v}{\partial y} \right) \delta v \end{array} \right) \cdot \binom{l}{m} t_0 ds$$
$$- \int_{C_f} \left(\overline{X}_\nu \delta u + \overline{Y}_\nu \delta v \right) t_0 ds$$

3.2 エネルギ原理

$$= \iint_{A_0} \left[\begin{array}{l} \dfrac{\partial}{\partial x}\left\{ s_x\left(1+\dfrac{\partial u}{\partial x}\right)\delta u + s_{xy}\dfrac{\partial u}{\partial y}\delta u + s_x\dfrac{\partial v}{\partial x}\delta v + s_{xy}\left(1+\dfrac{\partial v}{\partial y}\right)\delta v \right\} \\ +\dfrac{\partial}{\partial y}\left\{ s_{yx}\left(1+\dfrac{\partial u}{\partial x}\right)\delta u + s_y\dfrac{\partial u}{\partial y}\delta u + s_{yx}\dfrac{\partial v}{\partial x}\delta v + s_y\left(1+\dfrac{\partial v}{\partial y}\right)\delta v \right\} \end{array} \right] t_0 dA$$

$$-\int_{C_f}\left(\overline{X}_\nu \delta u + \overline{Y}_\nu \delta v\right)t_0 ds$$

$$= \iint_{A_0} \left[\begin{array}{l} \dfrac{\partial}{\partial x}\left\{ s_x\left(1+\dfrac{\partial u}{\partial x}\right) + s_{xy}\dfrac{\partial u}{\partial y}\right\}\delta u + \dfrac{\partial}{\partial x}\left\{ s_x\dfrac{\partial v}{\partial x} + s_{xy}\left(1+\dfrac{\partial v}{\partial y}\right)\right\}\delta v \\ +\dfrac{\partial}{\partial y}\left\{ s_{yx}\left(1+\dfrac{\partial u}{\partial x}\right) + s_y\dfrac{\partial u}{\partial y}\right\}\delta u + \dfrac{\partial}{\partial y}\left\{ s_{yx}\dfrac{\partial v}{\partial x} + s_y\left(1+\dfrac{\partial v}{\partial y}\right)\right\}\delta v \\ \dfrac{\partial \delta u}{\partial x}\left\{ s_x\left(1+\dfrac{\partial u}{\partial x}\right) + s_{xy}\dfrac{\partial u}{\partial y}\right\} + \dfrac{\partial \delta v}{\partial x}\left\{ s_x\dfrac{\partial v}{\partial x} + s_{xy}\left(1+\dfrac{\partial v}{\partial y}\right)\right\} \\ \dfrac{\partial \delta u}{\partial y}\left\{ s_{yx}\left(1+\dfrac{\partial u}{\partial x}\right) + s_y\dfrac{\partial u}{\partial y}\right\} + \dfrac{\partial \delta v}{\partial y}\left\{ s_{yx}\dfrac{\partial v}{\partial x} + s_y\left(1+\dfrac{\partial v}{\partial y}\right)\right\} \end{array} \right] t_0 dA$$

$$-\int_{C_f}\left(\overline{X}_\nu \delta u + \overline{Y}_\nu \delta v\right)t_0 ds$$

この式を式(3-10)に代入すると,

$$\iint_{A_0}\left[\begin{array}{l} \left\{\dfrac{\partial}{\partial x}\left[s_x\left(1+\dfrac{\partial u}{\partial x}\right) + s_{xy}\dfrac{\partial u}{\partial y}\right] + \dfrac{\partial}{\partial y}\left[s_{yx}\left(1+\dfrac{\partial u}{\partial x}\right) + s_y\dfrac{\partial u}{\partial y}\right]\right\}\delta u \\ +\left\{\dfrac{\partial}{\partial x}\left[s_x\dfrac{\partial v}{\partial x} + s_{xy}\left(1+\dfrac{\partial v}{\partial y}\right)\right] + \dfrac{\partial}{\partial y}\left[s_{yx}\dfrac{\partial v}{\partial x} + s_y\left(1+\dfrac{\partial v}{\partial y}\right)\right]\right\}\delta v \end{array} \right] t_0 dA$$

$$-\iint_{A_0}\left[\begin{array}{l} \dfrac{\partial}{\partial x}\left\{ s_x\left(1+\dfrac{\partial u}{\partial x}\right) + s_{xy}\dfrac{\partial u}{\partial y}\right\}\delta u + \dfrac{\partial}{\partial x}\left\{ s_x\dfrac{\partial v}{\partial x} + s_{xy}\left(1+\dfrac{\partial v}{\partial y}\right)\right\}\delta v \\ +\dfrac{\partial}{\partial y}\left\{ s_{yx}\left(1+\dfrac{\partial u}{\partial x}\right) + s_y\dfrac{\partial u}{\partial y}\right\}\delta u + \dfrac{\partial}{\partial y}\left\{ s_{yx}\dfrac{\partial v}{\partial x} + s_y\left(1+\dfrac{\partial v}{\partial y}\right)\right\}\delta v \\ \dfrac{\partial \delta u}{\partial x}\left\{ s_x\left(1+\dfrac{\partial u}{\partial x}\right) + s_{xy}\dfrac{\partial u}{\partial y}\right\} + \dfrac{\partial \delta v}{\partial x}\left\{ s_x\dfrac{\partial v}{\partial x} + s_{xy}\left(1+\dfrac{\partial v}{\partial y}\right)\right\} \\ \dfrac{\partial \delta u}{\partial y}\left\{ s_{yx}\left(1+\dfrac{\partial u}{\partial x}\right) + s_y\dfrac{\partial u}{\partial y}\right\} + \dfrac{\partial \delta v}{\partial y}\left\{ s_{yx}\dfrac{\partial v}{\partial x} + s_y\left(1+\dfrac{\partial v}{\partial y}\right)\right\} \end{array} \right] t_0 dA$$

$$+\int_{C_f}\left(\overline{X}_\nu \delta u + \overline{Y}_\nu \delta v\right)t_0 ds = 0$$

第3章　2次元有限変形弾性理論の基礎方程式とエネルギ原理

第1の積分と第2の積分の前半部が打ち消し合うので書き直すと,

$$\iint_{A_0}\begin{bmatrix}\dfrac{\partial \delta u}{\partial x}\left\{s_x\left(1+\dfrac{\partial u}{\partial x}\right)+s_{xy}\dfrac{\partial u}{\partial y}\right\}+\dfrac{\partial \delta v}{\partial x}\left\{s_x\dfrac{\partial v}{\partial x}+s_{xy}\left(1+\dfrac{\partial v}{\partial y}\right)\right\} \\ \dfrac{\partial \delta u}{\partial y}\left\{s_{yx}\left(1+\dfrac{\partial u}{\partial x}\right)+s_y\dfrac{\partial u}{\partial y}\right\}+\dfrac{\partial \delta v}{\partial y}\left\{s_{yx}\dfrac{\partial v}{\partial x}+s_y\left(1+\dfrac{\partial v}{\partial y}\right)\right\}\end{bmatrix}t_0 dA \quad (3\text{-}11)$$

$$=\int_{C_f}\left(\overline{X}_\nu \delta u+\overline{Y}_\nu \delta v\right)t_0 ds$$

となる. 左辺をもう少し変形して, キルヒホッフの応力の対称性 ($s_{xy}=s_{yx}$) を使い, さらに仮想変位の変位-歪関係式(3-9)を使うと,

$$\iint_{A_0}\begin{bmatrix}s_x\left(\dfrac{\partial \delta u}{\partial x}+\dfrac{\partial u}{\partial x}\dfrac{\partial \delta u}{\partial x}+\dfrac{\partial v}{\partial x}\dfrac{\partial \delta v}{\partial x}\right) \\ +s_{xy}\left(\dfrac{\partial \delta u}{\partial y}+\dfrac{\partial \delta v}{\partial x}+\dfrac{\partial u}{\partial y}\dfrac{\partial \delta u}{\partial x}+\dfrac{\partial v}{\partial y}\dfrac{\partial \delta v}{\partial x}+\dfrac{\partial u}{\partial x}\dfrac{\partial \delta u}{\partial y}+\dfrac{\partial v}{\partial x}\dfrac{\partial \delta v}{\partial y}\right) \\ +s_y\left(\dfrac{\partial \delta v}{\partial y}+\dfrac{\partial u}{\partial y}\dfrac{\partial \delta u}{\partial y}+\dfrac{\partial v}{\partial y}\dfrac{\partial \delta v}{\partial y}\right)\end{bmatrix}t_0 dA$$

$$=\int_{C_f}\left(\overline{X}_\nu \delta u+\overline{Y}_\nu \delta v\right)t_0 ds$$

$$\iint_{A_0}\left[s_x \delta e_x+2s_{xy}\delta e_{xy}+s_y \delta e_y\right]t_0 dA=\int_{C_f}\left(\overline{X}_\nu \delta u+\overline{Y}_\nu \delta v\right)t_0 ds \quad (3\text{-}12)$$

となる.

　式(3-12)の左辺は, 釣り合い状態にある物体に仮想変位を追加したときの物体内の応力による仕事を表している. 右辺は, 同じく外力による仕事を表している. したがって, この式は, 釣り合い状態にある物体に, 変位境界条件と変位-歪関係式を満足する微小な仮想変位を与えたとき, 仮想変位によって生じる応力による仕事と外力による仕事が等しいということを表している. これを仮想仕事の原理という. 前にも述べたように, 仮想変位は微小であるが, 任意であることに注意されたい. もうひとつ重要なことは, 仮想仕事の原理の式(3-12)の導出にあたって応力-歪関係式を使っていないことである. 仮想仕事の原理は応力-歪関係式のいかんにかかわらず成立するのである. また, 仮想仕事の原理の式からキルヒホッフの応力とグリーンの歪が共役であることがわかる. 仮想仕事の原理の使い方については, 6.3.2.1項のトラスの解析で例題を使って説明する.

3.2 エネルギ原理

3.2.2. ポテンシャルエネルギ停留の原理

仮想仕事の原理では使わなかった応力-歪関係式を加えると仮想仕事の原理よりも強力なエネルギ原理を導くことができる．

等方性材料の応力-歪関係式（フックの法則(3-3)）を書きかえると，

$$s_x = \frac{E}{1-\nu^2}(e_x + \nu e_y), \quad s_y = \frac{E}{1-\nu^2}(\nu e_x + e_y), \quad s_{xy} = 2Ge_{xy} \qquad (3\text{-}13)$$

この式を仮想仕事の原理（式(3-12)）の左辺に代入すると，

$$\iint_{A_0}\left[\frac{E}{1-\nu^2}(e_x+\nu e_y)\delta e_x + 4Ge_{xy}\delta e_{xy} + \frac{E}{1-\nu^2}(\nu e_x+e_y)\delta e_y\right]t_0 dA$$

$$=\iint_{A_0}\left[\begin{array}{l}\dfrac{E}{1-\nu^2}e_x\delta e_x + \dfrac{E}{1-\nu^2}e_y\delta e_y + \dfrac{E}{1-\nu^2}\nu e_y\delta e_x + \dfrac{E}{1-\nu^2}\nu e_x\delta e_y \\ +4Ge_{xy}\delta e_{xy}\end{array}\right]t_0 dA$$

<u>この式までは仮想変位とそれによる仮想歪（δe_x等）は正解の歪（e_x等）とは無関係である</u>．

微小な変位の追加による歪成分の変化に関しては次の式が成り立つ(12.3.2項参照)．

$$e_x\delta e_x = \frac{1}{2}\delta(e_x^2), \quad e_x\delta e_y + e_y\delta e_x = \delta(e_x e_y), \quad e_y\delta e_y = \frac{1}{2}\delta(e_y^2),$$

$$e_{xy}\delta e_{xy} = \frac{1}{2}\delta(e_{xy}^2)$$

したがって，

$$\iint_{A_0}\left[\frac{E}{1-\nu^2}(e_x+\nu e_y)\delta e_x + 4Ge_{xy}\delta e_{xy} + \frac{E}{1-\nu^2}(\nu e_x+e_y)\delta e_y\right]t_0 dA$$

$$=\iint_{A_0}\left[\frac{E}{1-\nu^2}(e_x\delta e_x + \nu e_y\delta e_x) + 4Ge_{xy}\delta e_{xy} + \frac{E}{1-\nu^2}(\nu e_x\delta e_y + e_y\delta e_y)\right]t_0 dA$$

$$=\iint_{A_0}\left[\frac{E}{1-\nu^2}\left(\frac{1}{2}\delta(e_x^2) + \nu\delta(e_x e_y) + \frac{1}{2}\delta(e_y^2)\right) + 2G\delta(e_{xy}^2)\right]t_0 dA$$

$$=\iint_{A_0}\frac{E}{2(1-\nu^2)}\left[\delta(e_x^2) + \delta(e_y^2) + 2\nu\delta(e_x e_y) + \frac{4(1-\nu^2)G}{E}\delta(e_{xy}^2)\right]t_0 dA$$

$$=\delta\iint_{A_0}\frac{E}{2(1-\nu^2)}\left[e_x^2 + e_y^2 + 2\nu e_x e_y + \frac{4(1-\nu^2)G}{E}e_{xy}^2\right]t_0 dA$$

第 3 章　2 次元有限変形弾性理論の基礎方程式とエネルギ原理

となる．積分の中の式を歪エネルギ関数と呼び，単位体積あたりの歪エネルギ（歪エネルギ密度）である．歪エネルギ関数を φ と書く．この式では歪エネルギ関数の変数は歪であるが，歪は変位の関数であるので，歪エネルギ関数の変数は変位である．

$$\varphi = \frac{E}{2(1-v^2)}\left[e_x^2 + e_y^2 + 2ve_x e_y + \frac{4(1-v^2)G}{E}e_{xy}^2\right] \tag{3-14}$$

歪エネルギ関数を使って仮想仕事の原理を書き直すと，

$$\delta\iint_A \varphi t_0 dA - \int_{C_f}\left(\overline{X}_v \delta u + \overline{Y}_v \delta v\right) t_0 ds = 0$$

ここで第 1 項は，釣り合い状態にある物体に微小な仮想変位を追加したときの歪エネルギの変化を表し，第 2 項は仮想変位を追加したときの外力による仕事を表している．
さらに，<u>外力が変位の方向と大きさに無関係に一定であれば</u>上の式の第 2 項の変化を表す記号 δ を積分の外に出して次のように書くことができる．

$$\delta\iint_{A_0} \varphi t_0 dA - \delta\int_{C_f}\left(\overline{X}_v u + \overline{Y}_v v\right) t_0 ds = 0 \tag{3-15}$$

この式ではもはや仮想変位は現れておらず，正解の変位と歪だけで表されている．応力も現れない．そうすると，<u>この式は変位が正解から微小に変化した場合の挙動を表していると言える</u>．釣り合っている状態の変位が微小に変化しても左辺の値は増減しないことを表している．
全ポテンシャルエネルギ Π（ギリシャ文字のパイの大文字）を次の式で定義する．<u>全ポテンシャルエネルギの変数は変位である</u>．

$$\Pi = \iint_{A_0} \varphi t_0 dA - \int_{C_f}\left(\overline{X}_v u + \overline{Y}_v v\right) t_0 ds \tag{3-16}$$

式(3-15)は，

$$\delta\Pi = \delta\left[\iint_{A_0} \varphi t_0 dA - \int_{C_f}\left(\overline{X}_v u + \overline{Y}_v v\right) t_0 ds\right] = 0 \tag{3-17}$$

と表されることになる．<u>この式は変位-歪関係式と変位境界条件を満足する変位について成り立つ．これをポテンシャルエネルギ停留の原理という</u>．この式の意味するところは以下のとおりである．

<u>変位-歪関係式と変位境界条件を満たす変位場のうち，正解は全ポテンシャルエネルギを停留値とする</u>．

「停留」の意味については 12.3.3 項を参照のこと．

特別な場合として，軸方向応力 s_y がゼロの場合には，

$$s_y = \frac{E}{1-\nu^2}(\nu e_x + e_y) = 0 \Rightarrow e_y = -\nu e_x$$

だから，歪エネルギ関数は次のようになる．

$$\varphi = \frac{E}{2(1-\nu^2)}\left[e_x^2 + \nu^2 e_x^2 - 2\nu^2 e_x^2 + \frac{4(1-\nu^2)G}{E}e_{xy}^2\right]$$

$$= \frac{E}{2(1-\nu^2)}\left[e_x^2 - \nu^2 e_x^2 + \frac{4(1-\nu^2)G}{E}e_{xy}^2\right]$$

$$= \frac{E}{2}e_x^2 + 2G e_{xy}^2$$

すなわち，

$$s_y = 0 \text{ のときには，} \quad \varphi = \frac{E}{2}e_x^2 + 2G e_{xy}^2 \tag{3-18}$$

3.3. 例題 — 一様引張荷重を負荷される長方形板

厳密な有限変形理論を適用するとどういう結果が得られるのかを簡単な例題で見てみよう．図 3-3 に示す一様引張荷重が負荷される等方性材料の長方形板の変形を求める．変形前の板の自由端に変

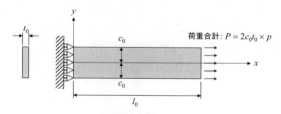

図 3-3 一様引張荷重を負荷される長方形板

形前の断面の単位面積あたり p （荷重合計 $P = 2c_0 t_0 p$）の引張荷重が負荷されている．境界条件は次のように表される．

- 変位境界条件：$x = 0$ の端面で $u = 0$，$x = 0, y = 0$ で $v = 0$
- 力学的境界条件：$x = l_0$ の端面で $X_\nu = p, Y_\nu = 0$

この長方形板の変形前と変形後の形状を図 3-4 に示す．x 方向に $\Delta u_{\max}$ だけ伸

第3章 2次元有限変形弾性理論の基礎方程式とエネルギ原理

び，y方向に$\Delta v_{\max}$だけ縮むと仮定する．

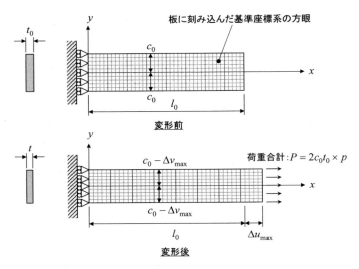

図 3-4 一様引張荷重を負荷された長方形板の変形

この問題では釣り合い条件から板内でx方向の引張応力s_xが一定であること，その他の応力成分はゼロであることがわかる．変形は図 3-4 に示すようになっており，歪も板内で一定であり，

$$\frac{\partial u}{\partial x} = \frac{\Delta u_{\max}}{l_0}, \quad \frac{\partial v}{\partial y} = -\frac{\Delta v_{\max}}{c_0}$$

であるから，グリーンの歪（式(1-15)）は次のように計算される．

$$e_x = \frac{\partial u}{\partial x} + \frac{1}{2}\left(\frac{\partial u}{\partial x}\right)^2 = \frac{\Delta u_{\max}}{l_0} + \frac{1}{2}\left(\frac{\Delta u_{\max}}{l_0}\right)^2$$

$$e_y = \frac{\partial v}{\partial y} + \frac{1}{2}\left(\frac{\partial v}{\partial y}\right)^2 = -\frac{\Delta v_{\max}}{c_0} + \frac{1}{2}\left(-\frac{\Delta v_{\max}}{c_0}\right)^2$$

その他の歪成分はゼロである．

力学的境界条件とコーシーの公式（式(2-25)）から次の式が得られる．

3.3 例題 – 一様引張荷重を負荷される長方形板

$$X_\nu = s_x\left(1 + \frac{\partial u}{\partial x}\right) = p = \frac{P}{2c_0 t_0}$$

したがってキルヒホッフの応力 s_x は,

$$s_x = \frac{p}{1 + \frac{\Delta u_{\max}}{l_0}} = \frac{\frac{P}{2c_0 t_0}}{1 + \frac{\Delta u_{\max}}{l_0}}$$

等方性材料のフックの法則から,

$$e_x = \frac{1}{E}s_x, \ e_y = -\frac{\nu}{E}s_x$$

であるので,この式に歪と応力を代入すると,

$$\frac{\Delta u_{\max}}{l_0} + \frac{1}{2}\left(\frac{\Delta u_{\max}}{l_0}\right)^2 = \frac{1}{E}\frac{\frac{P}{2c_0 t_0}}{1 + \frac{\Delta u_{\max}}{l_0}}$$

$$-\frac{\Delta v_{\max}}{c_0} + \frac{1}{2}\left(-\frac{\Delta v_{\max}}{c_0}\right)^2 = -\frac{\nu}{E}\frac{\frac{P}{2c_0 t_0}}{1 + \frac{\Delta u_{\max}}{l_0}}$$

(3-19)

という2つの式が得られる.上の式から $\Delta u_{\max}$ を,下の式から $\Delta v_{\max}$ を計算することができる.歪エネルギは式(3-18)を使って計算でき,次のようになる.

$$U = \varphi \times 2c_0 t l_0 = \frac{E}{2}e_x^2 \times 2c_0 t l_0 = E c_0 t l_0 e_x^2$$

$$= E c_0 t l_0 \left[\frac{\Delta u_{\max}}{l_0} + \frac{1}{2}\left(\frac{\Delta u_{\max}}{l_0}\right)^2\right]^2 = E c_0 t l_0 \left[\frac{1}{E}\frac{\frac{P}{2c_0 t_0}}{1 + \frac{\Delta u_{\max}}{l_0}}\right]^2$$

(3-20)

$$= \frac{P^2 l_0}{2EA_0\left(1 + \frac{\Delta u_{\max}}{l_0}\right)^2}$$

第3章 2次元有限変形弾性理論の基礎方程式とエネルギ原理

数値例を計算してみよう．板はアルミ合金でできているとする．
　板の寸法：$l_0 = 200\,\text{mm}$, $2c_0 = 20\,\text{mm}$, $t_0 = 2\,\text{mm}$
　材料特性：$E = 70000\,\text{MPa}$, $\nu = 0.3$

公称応力とキルヒホッフ応力の関係を図 3-5 に，荷重と変位の関係を計算した結果を図 3-6 に，荷重と歪エネルギとの関係を図 3-7 に示す．公称応力が 700 MPa 程度（すでに降伏している）までは線形理論〔微小変形理論〕と非線形理論（有限変形理論）の差は非常に小さいことがわかる．

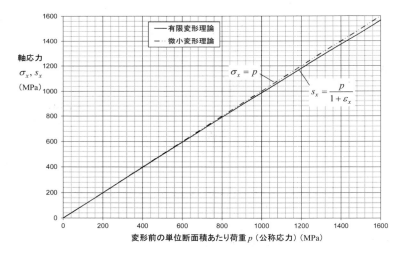

図 3-5 一様引張荷重を負荷される長方形板の公称応力とキルヒホッフの応力

3.3 例題 – 一様引張荷重を負荷される長方形板

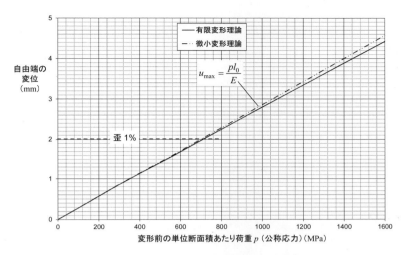

図 3-6　一様引張荷重を負荷される長方形板の変位

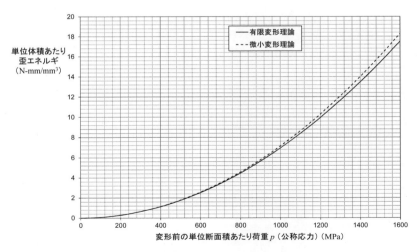

図 3-7　一様引張荷重を負荷される長方形板の歪エネルギ

第4章 2次元微小変形弾性理論

　微小変形の仮定を採用することによって，グリーンの歪の非線形項がゼロに近づき，工学歪と等しいと考えることができるようになる．変形が微小であれば，キルヒホッフの応力の方向が変形前の座標軸方向と変わらず，大きさも公称応力と等しいと考えることができる．このように，微小変形を仮定すると歪と応力とも線形化でき，釣り合い方程式と変位-歪関係式が線形となる．これが微小変形弾性理論である．線形化されたことにより，エネルギ原理として，仮想仕事の原理，ポテンシャルエネルギ最小の原理に加え，補仮想仕事の原理，コンプリメンタリエネルギ最小の原理，カスティリアーノの第1，第2定理が導かれる．基礎方程式とエネルギ原理の関係を図 4-1 に示す．

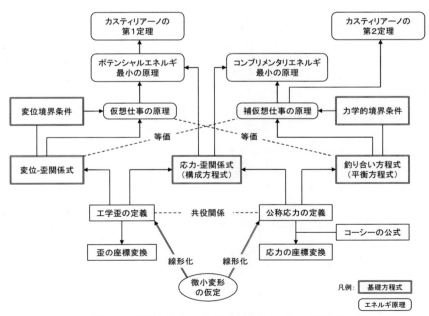

図 4-1　微小変形弾性理論の基礎方程式とエネルギ原理の関係

第4章 2次元微小変形弾性理論

4.1. 工学歪

4.1.1. 工学歪の定義 – 変位-歪関係式

微小変位の仮定を用いると，グリーンの歪の式(1-15)で微分の2乗の項を無視することができ，

$$e_x = \frac{\partial u}{\partial x} + \frac{1}{2}\left[\left(\frac{\partial u}{\partial x}\right)^2 + \left(\frac{\partial v}{\partial x}\right)^2\right] \cong \frac{\partial u}{\partial x}$$

$$e_y = \frac{\partial v}{\partial y} + \frac{1}{2}\left[\left(\frac{\partial u}{\partial y}\right)^2 + \left(\frac{\partial v}{\partial y}\right)^2\right] \cong \frac{\partial v}{\partial y}$$

$$e_{xy} = \frac{1}{2}\left[\frac{\partial u}{\partial y} + \frac{\partial v}{\partial x} + \frac{\partial u}{\partial x}\frac{\partial u}{\partial y} + \frac{\partial v}{\partial x}\frac{\partial v}{\partial y}\right] \cong \frac{1}{2}\left(\frac{\partial u}{\partial y} + \frac{\partial v}{\partial x}\right)$$

となるので，工学歪を次のように定義する．工学せん断歪はグリーンのせん断歪の2倍とすることに注意されたい．

$$\varepsilon_x = \frac{\partial u}{\partial x},\ \varepsilon_y = \frac{\partial v}{\partial y},\ \gamma_{xy} = \frac{\partial u}{\partial y} + \frac{\partial v}{\partial x} \tag{4-1}$$

この式が変位-歪関係式である．工学軸歪 ε_x, ε_y はx軸方向，y軸方向の伸び率を表していることは明らかである．工学せん断歪はどうだろうか．グリーンのせん断歪の2倍を計算してみると，微小変形の場合には次の式のようになる．

$$2e_{xy} = \mathbf{g}_x \cdot \mathbf{g}_y = |\mathbf{g}_x||\mathbf{g}_y|\cos\alpha \cong \cos\alpha = \sin\left(\frac{\pi}{2} - \alpha\right)$$

角度αは変形した座標軸間の角度であり，90度（$\pi/2$）に近いので，$\pi/2 - \alpha$はゼロに近い．したがって，

$$\gamma_{xy} = \frac{\partial u}{\partial y} + \frac{\partial v}{\partial x} = \frac{\pi}{2} - \alpha$$

工学せん断歪 γ_{xy} は板の表面に刻印した座標軸（方眼）の角度変化を表す（図4-2）．

4.1 工学歪

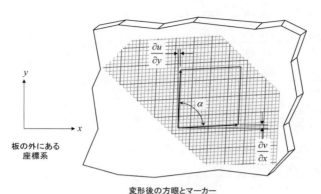

図 4-2　工学せん断歪の説明

4.1.2.　工学歪の座標変換式と主歪

工学歪の座標変換式を導く．
x-y 座標系と x'-y' 座標系の関係式は式(2-27)である．

$$\begin{aligned}
x' &= x\cos\theta + y\sin\theta = lx + my \\
y' &= -x\sin\theta + y\cos\theta = -mx + ly \\
x &= x'\cos\theta - y'\sin\theta = lx' - my' \\
y &= x'\sin\theta + y'\cos\theta = mx' + ly'
\end{aligned} \quad (2\text{-}27)$$

ここで，$l = \cos\theta$, $m = \sin\theta$ は x'軸の方向余弦である．

これらの式を微分したものは，

$$\begin{aligned}
\frac{\partial x'}{\partial x} &= l,\ \frac{\partial x'}{\partial y} = m,\ \frac{\partial y'}{\partial x} = -m,\ \frac{\partial y'}{\partial y} = l \\
\frac{\partial x}{\partial x'} &= l,\ \frac{\partial x}{\partial y'} = -m,\ \frac{\partial y}{\partial x'} = m,\ \frac{\partial y}{\partial y'} = l
\end{aligned} \quad (2\text{-}28)$$

x-y 座標系の変位 u, v と x'-y' 座標系の変位 u', v' の関係は式(2-27)より，

$$\begin{aligned}
u' &= u\cos\theta + v\sin\theta = lu + mv \\
v' &= -u\sin\theta + v\cos\theta = -mu + lv
\end{aligned} \quad (4\text{-}2)$$

これを微分して式(2-28)を代入すると，

第4章　2次元微小変形弾性理論

$$\frac{\partial u'}{\partial x'} = \frac{\partial u'}{\partial x}\frac{\partial x}{\partial x'} + \frac{\partial u'}{\partial y}\frac{\partial y}{\partial x'} = \left(\frac{\partial u}{\partial x}l + \frac{\partial v}{\partial x}m\right)l + \left(\frac{\partial u}{\partial y}l + \frac{\partial v}{\partial y}m\right)m$$

$$\frac{\partial u'}{\partial y'} = \frac{\partial u'}{\partial x}\frac{\partial x}{\partial y'} + \frac{\partial u'}{\partial y}\frac{\partial y}{\partial y'} = -\left(\frac{\partial u}{\partial x}l + \frac{\partial v}{\partial x}m\right)m + \left(\frac{\partial u}{\partial y}l + \frac{\partial v}{\partial y}m\right)l \quad (4\text{-}3)$$

$$\frac{\partial v'}{\partial x'} = \frac{\partial v'}{\partial x}\frac{\partial x}{\partial x'} + \frac{\partial v'}{\partial y}\frac{\partial y}{\partial x'} = \left(-\frac{\partial u}{\partial x}m + \frac{\partial v}{\partial x}l\right)l + \left(-\frac{\partial u}{\partial y}m + \frac{\partial v}{\partial y}l\right)m$$

$$\frac{\partial v'}{\partial y'} = \frac{\partial v'}{\partial x}\frac{\partial x}{\partial y'} + \frac{\partial v'}{\partial y}\frac{\partial y}{\partial y'} = -\left(-\frac{\partial u}{\partial x}m + \frac{\partial v}{\partial x}l\right)m + \left(-\frac{\partial u}{\partial y}m + \frac{\partial v}{\partial y}l\right)l$$

この式を使って工学歪を計算すると，次の座標変換式が得られる．

$$\varepsilon'_x = \frac{\partial u'}{\partial x'} = \frac{\partial u}{\partial x}l^2 + \frac{\partial v}{\partial x}lm + \frac{\partial u}{\partial y}lm + \frac{\partial v}{\partial y}m^2 = \frac{\partial u}{\partial x}l^2 + \left(\frac{\partial u}{\partial y} + \frac{\partial v}{\partial x}\right)lm + \frac{\partial v}{\partial y}m^2$$

$$= l^2\varepsilon_x + m^2\varepsilon_y + lm\gamma_{xy}$$

$$\varepsilon'_y = \frac{\partial v'}{\partial y'} = \frac{\partial u}{\partial x}m^2 - \frac{\partial v}{\partial x}lm - \frac{\partial u}{\partial y}lm + \frac{\partial v}{\partial y}l^2 = \frac{\partial u}{\partial x}m^2 - \left(\frac{\partial u}{\partial y} + \frac{\partial v}{\partial x}\right)lm + \frac{\partial v}{\partial y}l^2$$

$$= m^2\varepsilon_x + l^2\varepsilon_y - lm\gamma_{xy}$$

$$\gamma'_{xy} = \frac{\partial u'}{\partial y'} + \frac{\partial v'}{\partial x'}$$

$$= -\frac{\partial u}{\partial x}lm - \frac{\partial v}{\partial x}m^2 + \frac{\partial u}{\partial y}l^2 + \frac{\partial v}{\partial y}lm - \frac{\partial u}{\partial x}lm + \frac{\partial v}{\partial x}l^2 - \frac{\partial u}{\partial y}m^2 + \frac{\partial v}{\partial y}lm$$

$$= -2\frac{\partial u}{\partial x}lm + 2\frac{\partial v}{\partial y}lm + (l^2 - m^2)\left(\frac{\partial u}{\partial y} + \frac{\partial v}{\partial x}\right)$$

$$= -2lm\varepsilon_x + 2lm\varepsilon_y + (l^2 - m^2)\gamma_{xy}$$

まとめて書くと，

$$\begin{aligned}\varepsilon'_x &= l^2\varepsilon_x + m^2\varepsilon_y + lm\gamma_{xy} \\ \varepsilon'_y &= m^2\varepsilon_x + l^2\varepsilon_y - lm\gamma_{xy} \\ \gamma'_{xy} &= -2lm\varepsilon_x + 2lm\varepsilon_y + (l^2 - m^2)\gamma_{xy}\end{aligned} \quad (4\text{-}4)$$

または，行列で表示すると，

$$\begin{pmatrix}\varepsilon'_x \\ \varepsilon'_y \\ \gamma'_{xy}\end{pmatrix} = \begin{bmatrix} l^2 & m^2 & lm \\ m^2 & l^2 & -lm \\ -2lm & 2lm & l^2 - m^2 \end{bmatrix}\begin{pmatrix}\varepsilon_x \\ \varepsilon_y \\ \gamma_{xy}\end{pmatrix} \quad (4\text{-}4\text{a})$$

<u>せん断歪の項が2倍になっているところだけがグリーンの歪の変換式(1-9)</u>と

の違いである．したがって，主歪の方向と主歪の値は式(1-18)と(1-19)より，次のようになる．

$$\tan 2\theta = \frac{\gamma_{xy}}{\varepsilon_x - \varepsilon_y}$$
$$2\theta = \mathrm{atan2}(y,x) = \mathrm{atan2}(\gamma_{xy}, \varepsilon_x - \varepsilon_y)$$
(4-5)

$$\varepsilon_{\max} = \frac{1}{2}(\varepsilon_x + \varepsilon_y) + \frac{1}{2}\sqrt{(\varepsilon_x - \varepsilon_y)^2 + \gamma_{xy}^{\,2}}$$
$$\varepsilon_{\min} = \frac{1}{2}(\varepsilon_x + \varepsilon_y) - \frac{1}{2}\sqrt{(\varepsilon_x - \varepsilon_y)^2 + \gamma_{xy}^{\,2}}$$
(4-6)

4.2. 公称応力

4.2.1. 公称応力の定義

図 4-3 に示すように，変形前の物体に作用していると想定した応力として公称応力を定義する．したがって，<u>公称応力の釣り合いは変形前の物体の形状で考える</u>．公称応力は，軸応力を σ_x, σ_y，せん断応力を τ_{xy} と表示する．せん断応力は対称である（ $\tau_{xy} = \tau_{yx}$ ）．

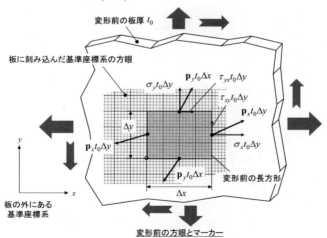

図 4-3　公称応力の説明

第 4 章　2次元微小変形弾性理論

4.2.2.　コーシーの公式

コーシーの公式は真応力のときと同じ式(2-2)となる（図 4-4）．

$$\mathbf{p}_\nu = \begin{pmatrix} X_\nu \\ Y_\nu \end{pmatrix} = \begin{pmatrix} \sigma_x \\ \tau_{yx} \end{pmatrix} \cdot \begin{pmatrix} l \\ m \end{pmatrix} \mathbf{i}_x + \begin{pmatrix} \tau_{xy} \\ \sigma_y \end{pmatrix} \cdot \begin{pmatrix} l \\ m \end{pmatrix} \mathbf{i}_y$$

$$X_\nu = \sigma_x l + \tau_{yx} m \tag{4-7}$$

$$Y_\nu = \tau_{xy} l + \sigma_y m$$

ここで，$\mathbf{v}$：変形前の板の境界または板内の断面の単位法線ベクトル，$\mathbf{p}_\nu$：法線ベクトル $\mathbf{v}$ で定義される面に作用する単位面積あたりの力のベクトル，X_ν, Y_ν：$\mathbf{p}_\nu$ ベクトルの x 方向および y 方向成分

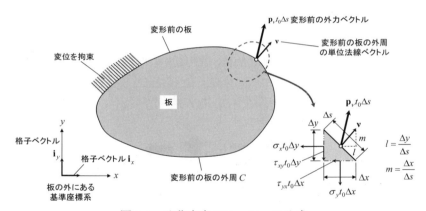

図 4-4　公称応力のコーシーの公式

4.2.3.　公称応力の座標変換式と主応力

公称応力の座標変換式は真応力の座標変換式(2-10)と同じである．

$$\begin{pmatrix} \sigma_{x'} \\ \sigma_{y'} \\ \tau_{x'y'} \end{pmatrix} = \begin{bmatrix} \cos^2\theta & \sin^2\theta & 2\sin\theta\cos\theta \\ \sin^2\theta & \cos^2\theta & -2\sin\theta\cos\theta \\ -\sin\theta\cos\theta & \sin\theta\cos\theta & \cos^2\theta - \sin^2\theta \end{bmatrix} \begin{pmatrix} \sigma_x \\ \sigma_y \\ \tau_{xy} \end{pmatrix} \tag{4-8}$$

x' 軸の方向余弦を用いて表すと，

方向余弦： $l = \cos\theta,\ m = \sin\theta$ (4-9)

$$\begin{pmatrix} \sigma_{x'} \\ \sigma_{y'} \\ \tau_{x'y'} \end{pmatrix} = \begin{bmatrix} l^2 & \sin^2\theta & 2lm \\ m^2 & \cos^2\theta & -2lm \\ -lm & lm & l^2 - m^2 \end{bmatrix} \begin{pmatrix} \sigma_x \\ \sigma_y \\ \tau_{xy} \end{pmatrix}$$ (4-10)

したがって，主方向と主応力の式(2-12)，(2-13)も同じである．

$$\tan 2\theta = \frac{2\tau_{xy}}{\sigma_x - \sigma_y}$$ (4-11)

$$2\theta = \mathrm{atan2}(y, x) = \mathrm{atan2}(2\tau_{xy}, \sigma_x - \sigma_y)$$ (4-11a)

$$\begin{aligned}\sigma_{\max} &= \frac{1}{2}(\sigma_x + \sigma_y) + \frac{1}{2}\sqrt{(\sigma_x - \sigma_y)^2 + 4\tau_{xy}^2} \\ \sigma_{\min} &= \frac{1}{2}(\sigma_x + \sigma_y) - \frac{1}{2}\sqrt{(\sigma_x - \sigma_y)^2 + 4\tau_{xy}^2}\end{aligned}$$ (4-12)

4.3. ２次元微小変形弾性理論の基礎方程式のまとめ

２次元線形弾性論（微小変形弾性理論）の基礎方程式は厳密な有限変形弾性理論（3.1 項）の高次の項を省略することにより得られる．釣り合い方程式と変位-歪関係式が厳密な理論に比べて簡単になり線形の式である．

（１）釣り合い方程式（平衡方程式）

$$\frac{\partial \sigma_x}{\partial x} + \frac{\partial \tau_{xy}}{\partial y} = 0,\ \frac{\partial \tau_{xy}}{\partial x} + \frac{\partial \sigma_y}{\partial y} = 0$$ (4-13)

（２）変位-歪関係式

$$\varepsilon_x = \frac{\partial u}{\partial x},\ \varepsilon_y = \frac{\partial v}{\partial y},\ \gamma_{xy} = \frac{\partial u}{\partial y} + \frac{\partial v}{\partial x}$$ (4-14)

（３）応力-歪関係式（構成方程式）
材料によって応力と歪の関係が異なる．例えば，下に示す等方性材料のフ

第4章　2次元微小変形弾性理論

ック (Hooke) の法則は，ヤング率 E とポアソン比 ν の2つの定数で表すことができる線形の関係式である．

$$\varepsilon_x = \frac{1}{E}\sigma_x - \frac{\nu}{E}\sigma_y, \ \varepsilon_y = \frac{1}{E}\sigma_y - \frac{\nu}{E}\sigma_x, \ \gamma_{xy} = \frac{1}{G}\tau_{xy} \tag{4-15}$$

せん断弾性係数 G とヤング率，ポアソン比の間には

$$G = \frac{E}{2(1+\nu)} \tag{4-16}$$

の関係が成り立つ．

(4) 変位境界条件（支持条件）

物体の動きを拘束するために，物体を支持する条件である．

$$u = \bar{u}, \ v = \bar{v} \ : C_u \ 上（変位を拘束する境界上） \tag{4-17}$$

　　ここで，$\bar{u}, \bar{v}$ は与える変位（x 方向成分と y 方向成分）の値である．

(5) 力学的境界条件（外力）

物体に外力を与える条件である．C_f は外力を与える境界であるが，C_u 以外の境界すべてであり，外力がゼロである境界を含んでいる．

$$X_\nu = \bar{X}_\nu, \ Y_\nu = \bar{Y}_\nu \ : C_f \ 上 \tag{4-18}$$

　　ここで，$\bar{X}_\nu, \bar{Y}_\nu$ は与える外力（境界の単位長さあたりの力の x 方向成分と y 方向成分）の値である．

$$C = C_u + C_f \tag{4-19}$$

　　ここで，C は物体の全境界線

方程式の数は，釣り合い方程式2，変位-歪関係式3，応力-歪関係式3の6個で，変数の数は，変位2，歪3，応力3の6個となっており，この問題は解ける．

4.4. エネルギ原理

有限変形弾性理論の場合と同様に，微小変形弾性理論のエネルギ原理を導く．

4.4.1. 仮想仕事の原理

物体の力学的境界上に外力が負荷されていて，物体全体に変位

$$\mathbf{u}(x,y) = \begin{pmatrix} u(x,y) \\ v(x,y) \end{pmatrix}$$

が発生しているとする．この変位は正解である．次に，仮想変位と呼ぶ任意の変位

$$\delta\mathbf{u}(x,y) = \begin{pmatrix} \delta u(x,y) \\ \delta v(x,y) \end{pmatrix}$$

を正解の変位に加えて，

$$\mathbf{u}(x,y) = \begin{pmatrix} u(x,y) \\ v(x,y) \end{pmatrix} + \delta\mathbf{u}(x,y) = \begin{pmatrix} u(x,y) + \delta u(x,y) \\ v(x,y) + \delta v(x,y) \end{pmatrix}$$

の状態になったと考える．<u>微小変形理論では，仮想変位の大きさは小さい必要はなく，どんな大きさでもよい（12.3.1 項参照）．ただし，仮想変位を加えた後でも変位-歪関係式と変位境界条件を満足するものを選ぶ</u>．したがって，仮想変位を加えた後では釣り合い方程式と力学的境界条件を満たしていないが，変位境界上では境界条件を満足するので，

$$\delta u = 0, \ \delta v = 0 \ : \ C_u \text{ 上（変位を拘束する境界上）} \quad (4\text{-}20)$$

が成り立つ．
また，仮想変位を加えた後でも変位-歪関係式が成立しているので，仮想変位に関する変位-歪関係式は式(4-14)より次のように表すことができる．

$$\delta\varepsilon_x = \delta\left(\frac{\partial u}{\partial x}\right) = \frac{\partial \delta u}{\partial x}, \ \delta\varepsilon_y = \delta\left(\frac{\partial v}{\partial y}\right) = \frac{\partial \delta v}{\partial y},$$

$$\delta\gamma_{xy} = \delta\left(\frac{\partial u}{\partial y} + \frac{\partial v}{\partial x}\right) = \frac{\partial \delta u}{\partial y} + \frac{\partial \delta v}{\partial x} \quad (4\text{-}21)$$

第4章　2次元微小変形弾性理論

　　力学的境界条件（式(4-18)）を書き換えた式 $X_\nu - \overline{X}_\nu = 0,\ Y_\nu - \overline{Y}_\nu = 0$ に仮想変位をかけて力学的境界について積分するとゼロである．

$$\int_{C_f} \left[\left(X_\nu - \overline{X}_\nu\right)\delta u + \left(Y_\nu - \overline{Y}_\nu\right)\delta v \right] t_0 ds = 0 \tag{4-22}$$

力学的境界は境界全体から変位境界を引いたもの（式(4-19)）であり，変位境界では式(4-17)から

$$\int_{C_u} \left(X_\nu \delta u + Y_\nu \delta v\right) t_0 ds = 0$$

である．したがって，式(4-22)にこの式を足してもゼロのままであるので，

$$\begin{aligned}
0 &= \int_{C_f} \left[\left(X_\nu - \overline{X}_\nu\right)\delta u + \left(Y_\nu - \overline{Y}_\nu\right)\delta v \right] t_0 ds \\
&= \int_{C_f} \left(X_\nu \delta u + Y_\nu \delta v\right) t_0 ds - \int_{C_f} \left(\overline{X}_\nu \delta u + \overline{Y}_\nu \delta v\right) t_0 ds \\
&= \int_{C_f} \left(X_\nu \delta u + Y_\nu \delta v\right) t_0 ds + \int_{C_u} \left(X_\nu \delta u + Y_\nu \delta v\right) t_0 ds - \int_{C_f} \left(\overline{X}_\nu \delta u + \overline{Y}_\nu \delta v\right) t_0 ds \\
&= \int_{C} \left(X_\nu \delta u + Y_\nu \delta v\right) t_0 ds - \int_{C_f} \left(\overline{X}_\nu \delta u + \overline{Y}_\nu \delta v\right) t_0 ds
\end{aligned}$$

となる．境界全体のコーシーの公式(4-7)を代入し，さらにガウスの発散定理（12.2.2 項）を適用すると，

$$\begin{aligned}
0 &= \int_{C} \left(X_\nu \delta u + Y_\nu \delta v\right) t_0 ds - \int_{C_f} \left(\overline{X}_\nu \delta u + \overline{Y}_\nu \delta v\right) t_0 ds \\
&= \int_{C} \left[\left(\sigma_x \delta u l + \tau_{yx} \delta u m\right) + \left(\tau_{xy} \delta v l + \sigma_y \delta v m\right) \right] t_0 ds - \int_{C_f} \left(\overline{X}_\nu \delta u + \overline{Y}_\nu \delta v\right) t_0 ds \\
&= \iint_{A_0} \left[\frac{\partial}{\partial x}(\sigma_x \delta u) + \frac{\partial}{\partial y}(\tau_{yx} \delta u) \right] t_0 dA + \iint_{A_0} \left[\frac{\partial}{\partial x}(\tau_{xy} \delta v) + \frac{\partial}{\partial y}(\sigma_y \delta v) \right] t_0 dA \\
&\quad - \int_{C_f} \left(\overline{X}_\nu \delta u + \overline{Y}_\nu \delta v\right) t_0 ds \\
&= \iint_{A_0} \left[\begin{array}{l} \left(\dfrac{\partial \sigma_x}{\partial x} + \dfrac{\partial \tau_{yx}}{\partial y}\right) \delta u + \left(\dfrac{\partial \tau_{xy}}{\partial x} + \dfrac{\partial \sigma_y}{\partial y}\right) \delta v \\ + \dfrac{\partial \delta u}{\partial x} \sigma_x + \dfrac{\partial \delta u}{\partial y} \tau_{yx} + \dfrac{\partial \delta v}{\partial x} \tau_{xy} + \dfrac{\partial \delta v}{\partial y} \sigma_y \end{array} \right] t_0 dA - \int_{C_f} \left(\overline{X}_\nu \delta u + \overline{Y}_\nu \delta v\right) t_0 ds
\end{aligned}$$

この式の面積分の中の第1項と第2項のかっこ内は釣り合い方程式からゼロであり，式(4-21)を使うと，

4.4 エネルギ原理

$$0 = \iint_{A_0} \left[\sigma_x \delta\varepsilon_x + \tau_{xy} \delta\gamma_{xy} + \sigma_y \delta\varepsilon_y \right] t_0 dA - \int_{C_f} \left(\overline{X}_\nu \delta u + \overline{Y}_\nu \delta v \right) t_0 ds$$

となり，

$$\iint_{A_0} \left[\sigma_x \delta\varepsilon_x + \tau_{xy} \delta\gamma_{xy} + \sigma_y \delta\varepsilon_y \right] t_0 dA = \int_{C_f} \left(\overline{X}_\nu \delta u + \overline{Y}_\nu \delta v \right) t_0 ds \quad (4\text{-}23)$$

が得られる．この式が仮想仕事の原理であり，左辺が仮想変位を与えたときの内力がなす仕事を表しており，右辺が仮想仕事を与えたときの外力がなす仕事を表している．したがって，仮想仕事の原理は次のように言うことができる．

<u>釣り合い状態にある物体に，変位境界条件と変位-歪関係式を満足する仮想変位を与えたとき、仮想変位によって生じる応力による仕事と外力による仕事が等しい．</u>

4.4.2. ポテンシャルエネルギ最小の原理

仮想仕事の原理に応力-歪関係式を追加しよう．等方性材料のフックの法則（式(4-15)）より，

$$\sigma_x = \frac{E}{1-\nu^2}\left(\varepsilon_x + \nu\varepsilon_y\right), \quad \sigma_y = \frac{E}{1-\nu^2}\left(\nu\varepsilon_x + \varepsilon_y\right), \quad \tau_{xy} = G\gamma_{xy}$$

これらの式を仮想仕事の原理の式(4-23)に代入すると，

$$\iint_{A_0} \left[\frac{E}{1-\nu^2}\left(\varepsilon_x + \nu\varepsilon_y\right)\delta\varepsilon_x + G\gamma_{xy}\delta\gamma_{xy} + \frac{E}{1-\nu^2}\left(\nu\varepsilon_x + \varepsilon_y\right)\delta\varepsilon_y \right] t_0 dA$$
$$= \int_{C_f} \left(\overline{X}_\nu \delta u + \overline{Y}_\nu \delta v \right) t_0 ds$$

書きかえると，

$$\iint_{A_0} \left[\frac{E}{1-\nu^2}\varepsilon_x\delta\varepsilon_x + \frac{E}{1-\nu^2}\nu\varepsilon_y\delta\varepsilon_x + G\gamma_{xy}\delta\gamma_{xy} + \frac{E}{1-\nu^2}\varepsilon_y\delta\varepsilon_y + \frac{E}{1-\nu^2}\nu\varepsilon_x\delta\varepsilon_y \right] t_0 dA$$
$$= \int_{C_f} \left(\overline{X}_\nu \delta u + \overline{Y}_\nu \delta v \right) t_0 ds$$

<u>仮想変位が微小であるとする</u>と，

$$\frac{1}{2}\delta\left(\varepsilon_x^2\right) = \varepsilon_x\delta\varepsilon_x, \quad \frac{1}{2}\delta\left(\varepsilon_y^2\right) = \varepsilon_y\delta\varepsilon_y, \quad \frac{1}{2}\delta\left(\gamma_{xy}^2\right) = \gamma_{xy}\delta\gamma_{xy},$$
$$\delta\left(\varepsilon_x\varepsilon_y\right) = \varepsilon_y\delta\varepsilon_x + \varepsilon_x\delta\varepsilon_y$$

が成り立つ（12.3.2 項参照）ので，次の式になる．

第4章　2次元微小変形弾性理論

$$\iint_{A_0} \frac{E}{2(1-\nu^2)}\left[\delta\left(\varepsilon_x^{\,2}\right)+2\nu\delta\left(\varepsilon_x\varepsilon_y\right)+\delta\left(\varepsilon_y^{\,2}\right)+\frac{(1-\nu^2)G}{E}\delta\left(\gamma_{xy}^{\,2}\right)\right]t_0 dA$$
$$-\int_{C_f}\left(\overline{X}_\nu \delta u+\overline{Y}_\nu \delta v\right)t_0 ds=0$$

さらに第1の積分の中の δ を積分の外に出すことができるので，

$$\delta\iint_{A_0} \frac{E}{2(1-\nu^2)}\left[\varepsilon_x^{\,2}+2\nu\varepsilon_x\varepsilon_y+\varepsilon_y^{\,2}+\frac{(1-\nu^2)G}{E}\gamma_{xy}^{\,2}\right]t_0 dA$$
$$-\int_{C_f}\left(\overline{X}_\nu \delta u+\overline{Y}_\nu \delta v\right)t_0 ds=0$$

単位体積あたりの歪エネルギを表す関数 φ を次のように定義して，

$$\varphi=\frac{E}{2(1-\nu^2)}\left[\varepsilon_x^{\,2}+2\nu\varepsilon_x\varepsilon_y+\varepsilon_y^{\,2}+\frac{(1-\nu^2)G}{E}\gamma_{xy}^{\,2}\right] \tag{4-24}$$

上の式を書き直すと，

$$\delta\iint_{A_0}\varphi t_0 dA-\int_{C_f}\left(\overline{X}_\nu \delta u+\overline{Y}_\nu \delta v\right)t_0 ds=0$$

さらに，外力が変位の方向と大きさに無関係に一定であれば，上の第2式は変化を表す記号 δ を積分の外に出して次のようになる．

$$\delta\iint_{A_0}\varphi t_0 dA-\delta\int_{C_f}\left(\overline{X}_\nu u+\overline{Y}_\nu v\right)t_0 ds=0 \tag{4-25}$$

全ポテンシャルエネルギ Π（ギリシャ文字のパイの大文字）を次の式で定義する．

$$\Pi=\iint_{A_0}\varphi t_0 dA-\int_{C_f}\left(\overline{X}_\nu u+\overline{Y}_\nu v\right)t_0 ds \tag{4-26}$$

式(4-25)は，

$$\delta\Pi=\delta\left[\iint_{A_0}\varphi t_0 dA-\int_{C_f}\left(\overline{X}_\nu u+\overline{Y}_\nu v\right)t_0 ds\right]=0 \tag{4-27}$$

と表されることになる．この式は，<u>変位-歪関係式と変位境界条件を満足する変位について成り立つ．これをポテンシャルエネルギ最小の原理という</u>．この式の意味するところは以下のとおりである．

　　<u>変位-歪関係式と変位境界条件を満たす変位場のうち，正解は全ポテンシャルエネルギを最小とする</u>．

4.4 エネルギ原理

有限変形理論の場合は「停留」であったが，微小変形理論ではもっと強い条件の「最小」となっている．微小変形理論で「最小」となることの証明は省略する．

特別な場合として，応力 σ_y がゼロの場合には

$$\sigma_y = \frac{E}{1-\nu^2}(\nu\varepsilon_x + \varepsilon_y) = 0 \Rightarrow \varepsilon_y = -\nu\varepsilon_x$$

だから，歪エネルギ関数は次のようになる．

$$\varphi = \frac{E}{2(1-\nu^2)}\left[\varepsilon_x^2 + \nu^2\varepsilon_x^2 - 2\nu^2\varepsilon_x^2 + \frac{(1-\nu^2)G}{E}\gamma_{xy}^2\right]$$

$$= \frac{E}{2(1-\nu^2)}\left[\varepsilon_x^2 - \nu^2\varepsilon_x^2 + \frac{(1-\nu^2)G}{E}\gamma_{xy}^2\right]$$

$$= \frac{E}{2}\varepsilon_x^2 + \frac{G}{2}\gamma_{xy}^2$$

$$\sigma_y = 0 \text{ のときには, } \quad \varphi = \frac{E}{2}\varepsilon_x^2 + \frac{G}{2}\gamma_{xy}^2 \tag{4-28}$$

4.4.3. 補仮想仕事の原理

今度は，<u>釣り合い方程式</u>と<u>力学的境界条件を満足する仮想応力</u>を正解に付加することを考える．この仮想応力を付加した状態では変位-歪関係式と変位境界条件を満足しない．<u>仮想応力は小さくなくてもよい</u>．

正解は変位-歪関係式(4-14)と変位境界条件を満足するので，変位-歪関係式に仮想応力をかけて物体全体で積分してもゼロである．

$$0 = \iint_{A_0}\left[\left(\varepsilon_x - \frac{\partial u}{\partial x}\right)\delta\sigma_x + \left(\varepsilon_y - \frac{\partial v}{\partial y}\right)\delta\sigma_y + \left(\gamma_{xy} - \frac{\partial u}{\partial y} - \frac{\partial v}{\partial x}\right)\delta\tau_{xy}\right]t_0 dA$$

この式を変形し，仮想応力の釣り合い方程式を使い，さらにガウスの発散定理（12.2.2 項）を適用し，最後にコーシーの公式を使うと，

第4章　2次元微小変形弾性理論

$$\begin{aligned}
0 &= \iint_{A_0} \left[\varepsilon_x \delta\sigma_x + \varepsilon_y \delta\sigma_y + \gamma_{xy} \delta\tau_{xy} \right] t_0 dA \\
&\quad - \iint_{A_0} \left[\frac{\partial u}{\partial x} \delta\sigma_x + \frac{\partial v}{\partial x} \delta\tau_{xy} + \frac{\partial v}{\partial y} \delta\sigma_y + \frac{\partial u}{\partial y} \delta\tau_{xy} \right] t_0 dA \\
&= \iint_{A_0} \left[\varepsilon_x \delta\sigma_x + \varepsilon_y \delta\sigma_y + \gamma_{xy} \delta\tau_{xy} \right] t_0 dA \\
&\quad - \iint_{A_0} \left[\begin{array}{l} \dfrac{\partial}{\partial x}(u\delta\sigma_x) - u\dfrac{\partial \delta\sigma_x}{\partial x} + \dfrac{\partial}{\partial x}(v\delta\tau_{xy}) - v\dfrac{\partial \delta\tau_{xy}}{\partial x} \\ + \dfrac{\partial}{\partial y}(v\delta\sigma_y) - v\dfrac{\partial \delta\sigma_y}{\partial y} + \dfrac{\partial}{\partial y}(u\delta\tau_{xy}) - u\dfrac{\partial \delta\tau_{xy}}{\partial y} \end{array} \right] t_0 dA \\
&= \iint_{A_0} \left[\varepsilon_x \delta\sigma_x + \varepsilon_y \delta\sigma_y + \gamma_{xy} \delta\tau_{xy} \right] t_0 dA \\
&\quad - \iint_{A_0} \left[\begin{array}{l} \dfrac{\partial}{\partial x}(u\delta\sigma_x) - u\left(\dfrac{\partial \delta\sigma_x}{\partial x} + \dfrac{\partial \delta\tau_{xy}}{\partial y}\right) + \dfrac{\partial}{\partial x}(v\delta\tau_{xy}) \\ + \dfrac{\partial}{\partial y}(v\delta\sigma_y) - v\left(\dfrac{\partial \delta\tau_{xy}}{\partial x} + \dfrac{\partial \delta\sigma_y}{\partial y}\right) + \dfrac{\partial}{\partial y}(u\delta\tau_{xy}) \end{array} \right] t_0 dA \\
&= \iint_{A_0} \left[\varepsilon_x \delta\sigma_x + \varepsilon_y \delta\sigma_y + \gamma_{xy} \delta\tau_{xy} \right] t_0 dA \\
&\quad - \iint_{A_0} \left[\frac{\partial}{\partial x}(u\delta\sigma_x) + \frac{\partial}{\partial x}(v\delta\tau_{xy}) + \frac{\partial}{\partial y}(v\delta\sigma_y) + \frac{\partial}{\partial y}(u\delta\tau_{xy}) \right] t_0 dA \\
&= \iint_{A_0} \left[\varepsilon_x \delta\sigma_x + \varepsilon_y \delta\sigma_y + \gamma_{xy} \delta\tau_{xy} \right] t_0 dA \qquad (4\text{-}29) \\
&\quad - \int_C \left(u\delta\sigma_x l + u\delta\tau_{xy} m + v\delta\tau_{xy} l + v\delta\sigma_y m \right) t_0 ds \\
&= \iint_{A_0} \left[\varepsilon_x \delta\sigma_x + \varepsilon_y \delta\sigma_y + \gamma_{xy} \delta\tau_{xy} \right] t_0 dA \\
&\quad - \int_C \left[\left(\delta\sigma_x l + \delta\tau_{xy} m \right) u + \left(\delta\tau_{xy} l + \delta\sigma_y m \right) v \right] t_0 ds \\
&= \iint_{A_0} \left[\varepsilon_x \delta\sigma_x + \varepsilon_y \delta\sigma_y + \gamma_{xy} \delta\tau_{xy} \right] t_0 dA - \int_C \left(\delta X_\nu u + \delta Y_\nu v \right) t_0 ds
\end{aligned}$$

仮想応力は力学的境界条件（式(4-18)）を満たすので，

$$\delta X_\nu = 0,\ \delta Y_\nu = 0\ :\ C_f\ 上$$

これを式(4-29)の第2の積分に入れると，

4.4 エネルギ原理

$$0 = \iint_{A_0} \left[\varepsilon_x \delta\sigma_x + \varepsilon_y \delta\sigma_y + \gamma_{xy} \delta\tau_{xy} \right] t_0 dA - \int_C \left(\delta X_\nu u + \delta Y_\nu v \right) t_0 ds$$

$$= \iint_{A_0} \left[\varepsilon_x \delta\sigma_x + \varepsilon_y \delta\sigma_y + \gamma_{xy} \delta\tau_{xy} \right] t_0 dA - \int_{C_f} \left(\delta X_\nu u + \delta Y_\nu v \right) t_0 ds$$

$$\quad - \int_{C_u} \left(\delta X_\nu \bar{u} + \delta Y_\nu \bar{v} \right) t_0 ds$$

$$= \iint_{A_0} \left[\varepsilon_x \delta\sigma_x + \varepsilon_y \delta\sigma_y + \gamma_{xy} \delta\tau_{xy} \right] t_0 dA - \int_{C_u} \left(\delta X_\nu \bar{u} + \delta Y_\nu \bar{v} \right) t_0 ds$$

書き直して，次の補仮想仕事の原理の式が得られる．

$$\iint_{A_0} \left[\varepsilon_x \delta\sigma_x + \varepsilon_y \delta\sigma_y + \gamma_{xy} \delta\tau_{xy} \right] t_0 dA = \int_{C_u} \left(\delta X_\nu \bar{u} + \delta Y_\nu \bar{v} \right) t_0 ds \quad (4\text{-}30)$$

ここでも仮想仕事の原理と同じく，応力-歪関係式を使っていないことに注意すること．この式の左辺は仮想応力によって生じる内部仕事を表しており，右辺は仮想応力によって生じる外部仕事を表している．したがって，補仮想仕事の原理（式(4-30)）は次のような意味を持っている．

<u>釣り合い方程式と力学的境界条件を満たす任意の仮想応力を正解に付加したときに発生する内部仕事は，仮想応力によって発生する外部仕事に等しい．</u>

補仮想仕事の原理が微小変形理論にあって，有限変形理論に無いのは，大変形を考える有限変形理論では変形後の釣り合い状態が変位に依存するためである．

4.4.4. コンプリメンタリエネルギ最小の原理

補仮想仕事の原理に応力-歪関係式を追加することによってコンプリメンタリエネルギ最小の原理を導くことができることを示す．

応力-歪関係式(4-15)を補仮想仕事の原理に入れると，

$$\iint_{A_0} \left[\left(\frac{1}{E}\sigma_x - \frac{\nu}{E}\sigma_y \right) \delta\sigma_x + \left(\frac{1}{E}\sigma_y - \frac{\nu}{E}\sigma_x \right) \delta\sigma_y + \frac{1}{G}\tau_{xy}\delta\tau_{xy} \right] t_0 dA$$

$$= \int_{C_u} \left(\delta X_\nu \bar{u} + \delta Y_\nu \bar{v} \right) t_0 ds$$

$$\iint_{A_0} \left[\frac{1}{E}\sigma_x \delta\sigma_x - \frac{\nu}{E}\sigma_y \delta\sigma_x + \frac{1}{E}\sigma_y \delta\sigma_y - \frac{\nu}{E}\sigma_x \delta\sigma_y + \frac{1}{G}\tau_{xy}\delta\tau_{xy} \right] t_0 dA$$

$$= \int_{C_u} \left(\delta X_\nu \bar{u} + \delta Y_\nu \bar{v} \right) t_0 ds$$

<u>仮想応力が微小であると</u>

第4章　2次元微小変形弾性理論

$$\frac{1}{2}\delta(\sigma_x^2) = \sigma_x\delta\sigma_x, \quad \frac{1}{2}\delta(\sigma_y^2) = \sigma_y\delta\sigma_y, \quad \frac{1}{2}\delta(\tau_{xy}^2) = \tau_{xy}\delta\tau_{xy},$$
$$\delta(\sigma_x\sigma_y) = \sigma_y\delta\sigma_x + \sigma_x\delta\sigma_y$$

が成り立つから，

$$\iint_{A_0}\left[\frac{1}{2E}\delta(\sigma_x^2) + \frac{1}{2E}\delta(\sigma_y^2) - \frac{\nu}{E}\delta(\sigma_x\delta\sigma_y) + \frac{1}{2G}\delta(\tau_{xy}^2)\right]t_0 dA$$
$$= \int_{C_u}(\delta X_\nu \overline{u} + \delta Y_\nu \overline{v})t_0 ds$$

積分の中の δ を積分の外に出して，

$$\delta\iint_{A_0}\left[\frac{1}{2E}(\sigma_x^2) + \frac{1}{2E}(\sigma_y^2) - \frac{\nu}{E}(\sigma_x\delta\sigma_y) + \frac{1}{2G}(\tau_{xy}^2)\right]t_0 dA$$
$$- \delta\int_{C_u}(\delta X_\nu \overline{u} + \delta Y_\nu \overline{v})t_0 ds = 0 \tag{4-31}$$

第1の積分の中の関数を<u>補歪エネルギ関数</u>と呼んで，ψ で表す．<u>補歪エネルギ関数は応力の関数である</u>．「補」と呼ぶのは，図4-5に示すように，歪エネルギと相補的な関係にあるからである．

$$\psi = \frac{1}{2E}(\sigma_x^2) + \frac{1}{2E}(\sigma_y^2) - \frac{\nu}{E}(\sigma_x\delta\sigma_y) + \frac{1}{2G}(\tau_{xy}^2) \tag{4-32}$$

全コンプリメンタリエネルギを次のように定義する．

$$\Pi_c = \iint_{A_0}\psi t_0 dA - \int_{C_u}(X_\nu \overline{u} + Y_\nu \overline{v})t_0 ds \tag{4-33}$$

式(4-31)を書き直すと，

$$\delta\Pi_c = \delta\iint_{A_0}\psi t_0 dA - \delta\int_{C_u}(X_\nu \overline{u} + Y_\nu \overline{v})t_0 ds = 0 \tag{4-34}$$

と表されることになる．<u>この式は，釣り合い方程式と力学的境界条件を満足する応力について成り立つ．これをコンプリメンタリエネルギ最小の原理という</u>．この式の意味するところは以下のとおりである．

　　<u>釣り合い方程式と力学的境界条件を満たす応力場のうち，正解は全コンプリメンタリエネルギを最小とする</u>．

4.4 エネルギ原理

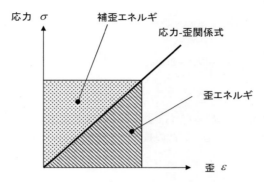

図 4-5 歪エネルギと補歪エネルギの関係

4.4.5. カスティリアーノの定理

エネルギを使って反力や変位を求める式をポテンシャルエネルギ最小の原理とコンプリメンタリエネルギ最小の原理から導く.

4.4.5.1. カスティリアーノの第1定理

外力として集中荷重が負荷されている点の変位が与えられたとき,その変位の方向の力を求める問題を考える. 図 4-6 に示すように,構造に分布荷重と集中荷重が負荷されている. 外力のなす仕事は外力ベクトルと荷重負荷点の変位ベクトルの内積であるので,このときの全ポテンシャルエネルギは式(4-26)を使って次のように表すことができる.

$$\Pi = \iint_{A_0} \varphi t_0 dA - \int_{C_f} \mathbf{p} \cdot \mathbf{u} t_0 ds - \sum_{i=1}^{n} \mathbf{P}_i \cdot \mathbf{u}_i \tag{4-35}$$

ポテンシャルエネルギ最小の原理を使うと,

$$\delta\Pi = \delta\iint_{A_0} \varphi t_0 dA - \delta\int_{C_f} \mathbf{p} \cdot \mathbf{u} t_0 ds - \delta\sum_{i=1}^{n} \mathbf{P}_i \cdot \mathbf{u}_i = 0$$

となり,歪エネルギを U としてこの式を書きかえると,

$$\delta U = \delta\int_{C_f} \mathbf{p} \cdot \mathbf{u} t_0 ds + \delta\sum_{i=1}^{n} \mathbf{P}_i \cdot \mathbf{u}_i \tag{4-36}$$

ここで,

第4章　2次元微小変形弾性理論

$$U = \iint_{A_0} \varphi t_0 dA$$
$$= \iint_{A_0} \frac{E}{2(1-\nu^2)} \left[\varepsilon_x^2 + 2\nu\varepsilon_x\varepsilon_y + \varepsilon_x^2 + \frac{(1-\nu^2)G}{E} \gamma_{xy}^2 \right] t_0 dA \quad (4\text{-}37)$$

となる．

今，荷重境界条件の境界のうち，i 番目の集中荷重 $\mathbf{P}_i$ の負荷点以外の点の変位は正解になっているとし，P_i の負荷点の変位 $\mathbf{u}_i$ だけが変化すると考えると，

$$\delta U = \mathbf{P}_i \cdot \delta \mathbf{u}_i$$

となるが，ベクトルの大きさを使えば次のように偏微分で表すことができる．

$$\frac{\partial U}{\partial u_i} = P_i \quad (4\text{-}38)$$

この式がカスティリアーノ（Castigliano）の第1定理である．

カスティリアーノの第1定理の利用方法の例を図4-7で示そう．まず，図4-6の歪エネルギを変位 u_i の関数として求める．歪エネルギを変位 u_i で微分して（式(4-38)）P_i を u_i で表す．$u_i = 0$ とすれば P_i が 図4-7の反力となる．

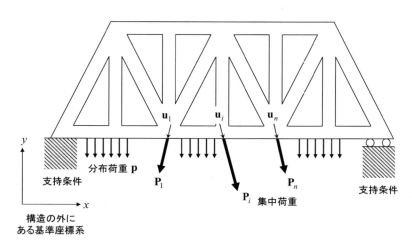

図4-6　カスティリアーノの定理の説明図

4.4 エネルギ原理

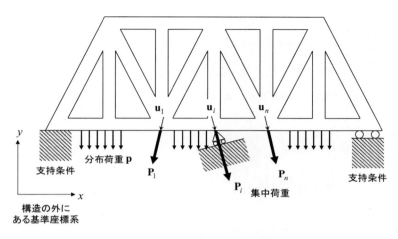

図 4-7 カスティリアーノの第1定理の使い方の例

4.4.5.2. カスティリアーノの第2定理

今度は，外力として集中荷重が負荷されている点の荷重方向の変位を求める問題を考える．図 4-6 に示すように，構造に分布荷重と集中荷重が負荷されているとする．

力学的境界条件を緩和して，補仮想仕事の原理の導出途中の式(4-29)を出発点とする．

$$0 = \iint_{A_0} \left[\varepsilon_x \delta\sigma_x + \varepsilon_y \delta\sigma_y + \gamma_{xy} \delta\tau_{xy} \right] t_0 dA - \int_C \left(\delta X_\nu u + \delta Y_\nu v \right) t_0 ds \quad (4\text{-}29)$$

仮想応力が微小であるとすると，この式の1番目の積分は補歪エネルギ関数を使って書くことができる．2番目の積分を変位境界と力学的境界に分けて書くと，

$$0 = \delta\iint_{A_0} \psi t_0 dA - \int_{C_u} \left(\delta X_\nu \bar{u} + \delta Y_\nu \bar{v} \right) t_0 ds + \int_{C_f} \left(\delta \bar{X}_\nu u + \delta \bar{Y}_\nu v \right) t_0 ds$$

力学的境界条件の項を分布荷重と集中荷重による仕事を内積の形で書き換えると，

$$0 = \delta\iint_{A_0} \psi t_0 dA - \int_{C_u} \left(\delta X_\nu \bar{u} + \delta Y_\nu \bar{v} \right) t_0 ds - \int_{C_f} \delta\mathbf{p} \cdot \mathbf{u} t_0 ds - \sum_{i=1}^n \delta\mathbf{P}_i \cdot \mathbf{u}_i$$

今，集中荷重 P_i だけが変化すると考え，他の力学的境界条件は変化しないと

第4章 2次元微小変形弾性理論

すると,

$$\delta\iint_{A_0}\psi t_0 dA - \int_{C_u}\left(\delta X_\nu \overline{u} + \delta Y_\nu \overline{v}\right)t_0 ds - \mathbf{u}_i \cdot \delta \mathbf{P}_i = 0$$

となる.補歪エネルギを U_c としてこの式を書きかえると,

$$\delta U_c - \int_{C_u}\left(\delta X_\nu \overline{u} + \delta Y_\nu \overline{v}\right)t_0 ds - \mathbf{u}_i \cdot \delta \mathbf{P}_i = 0 \tag{4-39}$$

ここで,

$$\begin{aligned}U_c &= \iint_{A_0}\psi t_0 dA \\ &= \iint_{A_0}\left[\frac{1}{2E}\left(\sigma_x^2\right) + \frac{1}{2E}\left(\sigma_y^2\right) - \frac{\nu}{E}\left(\sigma_x \delta\sigma_y\right) + \frac{1}{2G}\left(\tau_{xy}^2\right)\right]t_0 dA\end{aligned} \tag{4-40}$$

ゼロでない変位が与えられている変位境界の応力に集中荷重 P_i が影響を与えない場合には,左辺の第2項が消えて,

$$\delta U_c = \mathbf{u}_i \cdot \delta \mathbf{P}_i$$

となる.ベクトルの大きさを使えば次のように偏微分で表すことができる.

$$\frac{\partial U_c}{\partial P_i} = u_i \tag{4-41}$$

この式がカスティリアーノの第2定理である.

　カスティリアーノの第2定理は集中荷重の負荷点の変位を求めるときに使用する.実際に集中荷重が負荷されていない点の変位を求めたいときには,変位を求めたい点の求めたい変位成分の方向に仮想的な外力を追加して補歪エネルギを算出し,その仮想外力で微分すればよい.

4.5. エアリーの応力関数

2次元微小変形弾性理論では，問題を簡単に解くためのよい方法が考えられている．変位-歪関係式(4-14)の ε_x を y で2回偏微分し，ε_y を x で2回偏微分すると，

$$\frac{\partial^2 \varepsilon_x}{\partial y^2} = \frac{\partial^3 u}{\partial x \partial y^2}, \quad \frac{\partial^2 \varepsilon_y}{\partial x^2} = \frac{\partial^3 v}{\partial x^2 \partial y}$$

となる．γ_{xy} を x と y で1回ずつ偏微分すると，

$$\frac{\partial^2 \gamma_{xy}}{\partial x \partial y} = \frac{\partial^3 u}{\partial x \partial y^2} + \frac{\partial^3 v}{\partial x^2 \partial y}$$

が得られるので，これらの式をよく見ると次の式が成り立つことがわかる．これは変位-歪関係式を別の形で表したものである．これを適合条件式と呼び，歪を積分して一価連続の変位が得られる条件を表す．

$$\frac{\partial^2 \varepsilon_x}{\partial y^2} + \frac{\partial^2 \varepsilon_y}{\partial x^2} = \frac{\partial^2 \gamma_{xy}}{\partial x \partial y} \tag{4-42}$$

次に，x と y を変数とする関数 $\phi(x,y)$ を考え，この関数を2回偏微分すると次の式のように応力成分となると仮定する．

$$\sigma_x = \frac{\partial^2 \phi}{\partial y^2}, \quad \sigma_y = \frac{\partial^2 \phi}{\partial x^2}, \quad \tau_{xy} = -\frac{\partial^2 \phi}{\partial x \partial y} \tag{4-43}$$

この式を釣り合い方程式（式(4-13)）の左辺に代入すると，ゼロとなるので，このような関数は釣り合い方程式を満足していることがわかる．このような関数（2回偏微分すると応力成分になる関数）をエアリー（Airy）の応力関数という．

$$\frac{\partial \sigma_x}{\partial x} + \frac{\partial \tau_{xy}}{\partial y} = \frac{\partial}{\partial x}\left(\frac{\partial^2 \phi}{\partial y^2}\right) + \frac{\partial}{\partial y}\left(-\frac{\partial^2 \phi}{\partial x \partial y}\right) = \frac{\partial^3 \phi}{\partial x \partial y^2} - \frac{\partial^3 \phi}{\partial x \partial y^2} = 0$$

$$\frac{\partial \tau_{xy}}{\partial x} + \frac{\partial \sigma_y}{\partial y} = \frac{\partial}{\partial x}\left(-\frac{\partial^2 \phi}{\partial x \partial y}\right) + \frac{\partial}{\partial y}\left(\frac{\partial^2 \phi}{\partial x^2}\right) = -\frac{\partial^3 \phi}{\partial x^2 \partial y} + \frac{\partial^3 \phi}{\partial x^2 \partial y} = 0$$

等方性の応力-歪関係式（式(4-15)）に式(4-43)を代入すると，

第4章　2次元微小変形弾性理論

$$\varepsilon_x = \frac{1}{E}\sigma_x - \frac{\nu}{E}\sigma_y = \frac{1}{E}\frac{\partial^2 \phi}{\partial y^2} - \frac{\nu}{E}\frac{\partial^2 \phi}{\partial x^2}, \quad \varepsilon_y = \frac{1}{E}\sigma_y - \frac{\nu}{E}\sigma_x = \frac{1}{E}\frac{\partial^2 \phi}{\partial x^2} - \frac{\nu}{E}\frac{\partial^2 \phi}{\partial y^2},$$

$$\gamma_{xy} = \frac{1}{G}\tau_{xy} = -\frac{1}{G}\frac{\partial^2 \phi}{\partial x \partial y}$$

これらの式を変位-歪関係式(4-42)に代入して整理すると，

$$\frac{\partial^2}{\partial y^2}\left(\frac{1}{E}\frac{\partial^2 \phi}{\partial y^2} - \frac{\nu}{E}\frac{\partial^2 \phi}{\partial x^2}\right) + \frac{\partial^2}{\partial x^2}\left(\frac{1}{E}\frac{\partial^2 \phi}{\partial x^2} - \frac{\nu}{E}\frac{\partial^2 \phi}{\partial y^2}\right) = -\frac{\partial^2}{\partial x \partial y}\left(\frac{1}{G}\frac{\partial^2 \phi}{\partial x \partial y}\right)$$

$$\frac{\partial^2}{\partial y^2}\left(\frac{\partial^2 \phi}{\partial y^2} - \nu\frac{\partial^2 \phi}{\partial x^2}\right) + \frac{\partial^2}{\partial x^2}\left(\frac{\partial^2 \phi}{\partial x^2} - \nu\frac{\partial^2 \phi}{\partial y^2}\right) + \frac{\partial^2}{\partial x \partial y}\left(\frac{E}{G}\frac{\partial^2 \phi}{\partial x \partial y}\right) = 0$$

$$\frac{\partial^4 \phi}{\partial y^4} - \nu\frac{\partial^4 \phi}{\partial x^2 \partial y^2} + \frac{\partial^4 \phi}{\partial x^4} - \nu\frac{\partial^4 \phi}{\partial x^2 \partial y^2} + \frac{E}{G}\frac{\partial^4 \phi}{\partial x^2 \partial y^2} = 0$$

$$\frac{\partial^4 \phi}{\partial y^4} + \frac{\partial^4 \phi}{\partial x^4} + \left(\frac{E}{G} - 2\nu\right)\frac{\partial^4 \phi}{\partial x^2 \partial y^2} = 0$$

この式に式(4-16)を使うと，

$$\frac{\partial^4 \phi}{\partial x^4} + 2\frac{\partial^4 \phi}{\partial x^2 \partial y^2} + \frac{\partial^4 \phi}{\partial y^4} = 0 \tag{4-44}$$

が得られる．この式を満たす関数を重調和関数という．要するに，式(4-44)を満足する関数（重調和関数）は自動的に釣り合い方程式と変位-歪関係式を満たしており，この関数を2回偏微分すること（式(4-43)）によって応力成分が得られる．与えられた問題の境界条件を満たす重調和関数を見つけることによって2次元弾性問題を解くことができるのである．

重調和関数についてはよく研究されていて，3次までの同次多項式は式(4-44)を満たす重調和関数であることがわかっている．同次多項式とはゼロでない項がすべて同じ次数である多項式のことである．3次の同次多項式は次の形である．

$$f(x, y) = ax^3 + bx^2 y + cxy^2 + dy^3 \tag{4-45}$$

4.5.1.　エアリーの応力関数の使い方の説明
4.5.1.1.　2次と3次の同次多項式

まず，最も簡単な重調和関数である2次の同次多項式を調べてみよう．

4.5 エアリーの応力関数

$$\phi(x,y) = \frac{a}{2}x^2 - bxy + \frac{c}{2}y^2 \tag{4-46}$$

4回偏微分するとゼロになることがすぐわかるので，この式が重調和関数であることは明らかである．
式(4-43)を使って応力成分を計算すると，

$$\sigma_x = \frac{\partial^2 \phi}{\partial y^2} = c, \quad \sigma_y = \frac{\partial^2 \phi}{\partial x^2} = a, \quad \tau_{xy} = -\frac{\partial^2 \phi}{\partial x \partial y} = b \tag{4-47}$$

となるので，応力が一定である状態を表している．
次の3次の同次多項式は，

$$\phi(x,y) = \frac{d}{6}y^3 \tag{4-48}$$

応力成分が次のようになるので，後で説明する曲げ応力分布を表す．

$$\sigma_x = \frac{\partial^2 \phi}{\partial y^2} = dy, \quad \sigma_y = \frac{\partial^2 \phi}{\partial x^2} = 0, \quad \tau_{xy} = -\frac{\partial^2 \phi}{\partial x \partial y} = 0 \tag{4-49}$$

4.5.1.2. エアリーの応力関数を使った解析方法

エアリーの応力関数を使って問題を解く手順は以下のとおりである．

① 問題に合う適切な応力分布を持つエアリーの応力関数の形を採用する．
② 応力関数を偏微分して応力の式を求める．
③ 応力-歪関係式（フックの法則）を使って歪の式を求める．
④ 変位-歪関係式を積分して変位を求める．このとき，変位境界条件を満足するように積分定数を決める．

4.5.2. 長方形板の一様引張

第6章で詳しく説明するトラスを構成する各部材は棒状で，軸方向に力が働くだけの非常に簡単な問題なので，特に解析するまでもないが，3.3項で説明した有限変形理論との比較をするためと，エアリーの応力関数の使い方の基本となるのでここで説明する．

図4-8に示すように，片方の端を支持された長方形の板の他方の端に一様な引張荷重を負荷する問題を考える．

第 4 章　2 次元微小変形弾性理論

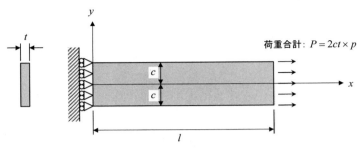

図 4-8　一様引張荷重を負荷される長方形板

4.5.1.1 項で示したように，次の 2 次関数を使うとこの問題の応力状態を表現できる．

$$\phi(x,y) = \frac{p}{2} y^2 \tag{4-50}$$

$$\sigma_x = \frac{\partial^2 \phi}{\partial y^2} = p, \ \ \sigma_y = \frac{\partial^2 \phi}{\partial x^2} = 0, \ \ \tau_{xy} = -\frac{\partial^2 \phi}{\partial x \partial y} = 0 \tag{4-51}$$

応力-歪関係式(4-15)に応力を代入すると，

$$\varepsilon_x = \frac{1}{E}\sigma_x - \frac{\nu}{E}\sigma_y = \frac{p}{E}, \ \varepsilon_y = \frac{1}{E}\sigma_y - \frac{\nu}{E}\sigma_x = -\frac{\nu p}{E}, \gamma_{xy} = \frac{1}{G}\tau_{xy} = 0$$

これらの式に変位-歪関係式を代入すると，

$$\varepsilon_x = \frac{\partial u}{\partial x} = \frac{p}{E}, \ \varepsilon_y = \frac{\partial v}{\partial y} = -\frac{\nu p}{E}, \gamma_{xy} = \frac{\partial u}{\partial y} + \frac{\partial v}{\partial x} = 0 \tag{4-52}$$

式(4-52)の第 3 式を考慮して，第 1 式を積分すると，a と b を積分定数として，

$$u = \frac{p}{E}x + a, \ v = -\frac{\nu p}{E}y + b$$

変位境界条件は，$x = 0$ で $u = 0$ と $y = 0$ で $v = 0$ だから，

$$u = \frac{p}{E}x, \ v = -\frac{\nu p}{E}y$$

が解である．変形は，

長手方向に $u_{\max} = \dfrac{pl}{E}$ 伸び，幅方向に $2v_{\max} = -\dfrac{2\nu pc}{E}$ 縮む．(4-53)

3.3 項で計算した有限変形理論の数値例と同じデータを使って計算してみよう．板はアルミ合金でできているとする．負荷荷重 p を 0 MPa（N/mm^2）

から増やしていく．線形理論なので当然，応力と歪は負荷荷重に比例している．

板の寸法： $l = 200\,\mathrm{mm}$, $2c = 20\,\mathrm{mm}$, $t = 2\,\mathrm{mm}$

材料特性： $E = 70000\,\mathrm{MPa}$, $\nu = 0.3$

3.3 項で計算した有限変形理論の結果と比較したのが図 3-6 である．歪が1%程度までは微小変形理論と有限変形理論の差はごく小さいことがわかる．一般的な構造用金属材料では歪 1%ですでに降伏しているので，弾性領域ではこのような単純な引張構造では微小変形弾性理論で取り扱えばよいことがわかる．

次に，一様引張荷重を負荷される長方形板の歪エネルギ（＝補歪エネルギ）を計算しておく．エネルギ法を使ったトラスの解析に使用する．歪は式(4-52)で表され，長方形板内で一定であるので，歪エネルギ関数（式(4-28)）より，

$$\varphi \times 2ctl = \frac{E}{2}\varepsilon_x^2 \times 2ctl = \frac{E}{2}\left(\frac{p}{E}\right)^2 \times 2ctl = \frac{p^2}{2E} \times 2ctl$$

$$= \frac{\left(\dfrac{P}{2ct}\right)^2}{2E} \times 2ctl = \frac{P^2}{8Ec^2t^2} \times 2ctl = \frac{P^2 l}{4Ect} = \frac{P^2 l}{2EA}$$

1 軸引張を受ける長方形板の補歪エネルギ $= \dfrac{P^2 l}{2EA}$ \hspace{1em} (4-54)

ここで，P：荷重，l：板の長さ，A：板の断面積，E：ヤング率

4.5.3. 長方形板の一様せん断

一様せん断荷重（単位断面積あたり p）を負荷される長方形板の応力と変形を求めよう（図 4-9）．p に板厚 t をかけたものは辺の単位長さあたりのせん断荷重であり，これをせん断流 q という．

4.5.1.1 項で示したように，次の 2 次の同次多項式を使うとこの問題の応力状態を表現できる．

$$\phi(x, y) = -pxy \tag{4-55}$$

$$\sigma_x = \frac{\partial^2 \phi}{\partial y^2} = 0, \quad \sigma_y = \frac{\partial^2 \phi}{\partial x^2} = 0, \quad \tau_{xy} = -\frac{\partial^2 \phi}{\partial x \partial y} = p \tag{4-56}$$

第4章 2次元微小変形弾性理論

応力-歪関係式（式(4-15)）に応力を代入すると，

$$\varepsilon_x = \frac{1}{E}\sigma_x - \frac{\nu}{E}\sigma_y = 0,\ \varepsilon_y = \frac{1}{E}\sigma_y - \frac{\nu}{E}\sigma_x = 0,\ \gamma_{xy} = \frac{1}{G}\tau_{xy} = \frac{p}{G}$$

これらの式に変位-歪関係式を代入すると，

$$\varepsilon_x = \frac{\partial u}{\partial x} = 0,\ \varepsilon_y = \frac{\partial v}{\partial y} = 0,\ \gamma_{xy} = \frac{\partial u}{\partial y} + \frac{\partial v}{\partial x} = \frac{p}{G} \tag{4-57}$$

第1，2式を考慮して，第3式を積分すると，c と d を積分定数として，

$$u = \frac{p}{G}y + c,\ v = d$$

変位境界条件は，$y=0$ で $u=0$，$v=0$ だから，

$$u = \frac{p}{G}y,\ v = 0$$

が解である．したがって，変形後の形状は図4-9に示すような平行四辺形になる．

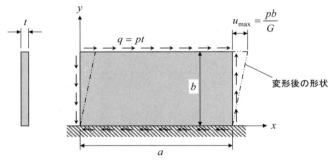

図4-9 一様せん断荷重を負荷される長方形板

一様せん断荷重を負荷される長方形板の歪エネルギ（＝補歪エネルギ）を求めておく．これはエネルギ法を使った薄肉チューブのねじりの問題（第8章）で使用する．式(4-28)と(4-57)を使って，

$$\varphi \times abt = \frac{G}{2}\gamma_{xy}^2 \times abt = \frac{G}{2}\left(\frac{p}{G}\right)^2 abt = \frac{abtp^2}{2G} = \frac{abq^2}{2Gt}$$

$$\text{純せん断を受ける長方形板の補歪エネルギ} = \frac{abq^2}{2Gt} \tag{4-58}$$

4.5 エアリーの応力関数

4.5.4. 長方形板の単純曲げ

図 4-10 に示す純曲げ荷重を負荷される長方形の変形を調べる．この問題は梁理論を考える際の参考として使う．長方形の幅の端で最大，中央でゼロになるように直線的に変化する荷重で，長方形の長手方向の中心線に対して荷重の向きが逆になっている．幅の端で最大 p（単位断面積あたり）となっている．この負荷荷重を幅方向に足し合わせると合計はゼロであり，全体として軸力は無い．中心線まわりのモーメント M は，

$$M = \int_{-c}^{c} \frac{pty}{c} y \, dy = \left[\frac{pt}{3c} y^3 \right]_{-c}^{c} = \frac{2ptc^2}{3} \text{である．}$$

変位境界条件は，$x = 0$ で $u = 0$，$x = \pm l$，$y = 0$ で $v = 0$ である．

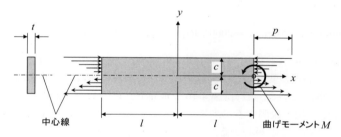

図 4-10　純曲げ荷重が負荷される長方形板

4.5.1.1 項で示したように，次の 3 次関数を使うとこの問題の応力状態を表現できる．

$$\phi(x, y) = -\frac{p}{6c} y^3 \tag{4-59}$$

$$\sigma_x = \frac{\partial^2 \phi}{\partial y^2} = -\frac{p}{c} y, \quad \sigma_y = \frac{\partial^2 \phi}{\partial x^2} = 0, \quad \tau_{xy} = -\frac{\partial^2 \phi}{\partial x \partial y} = 0 \tag{4-60}$$

応力-歪関係式(4-15)に応力を代入すると，

$$\varepsilon_x = \frac{1}{E}\sigma_x - \frac{\nu}{E}\sigma_y = -\frac{p}{cE} y, \quad \varepsilon_y = \frac{1}{E}\sigma_y - \frac{\nu}{E}\sigma_x = \frac{\nu p}{cE} y, \quad \gamma_{xy} = \frac{1}{G}\tau_{xy} = 0$$

これらの式に変位-歪関係式を代入すると，

第4章 2次元微小変形弾性理論

$$\varepsilon_x = \frac{\partial u}{\partial x} = -\frac{p}{cE}y, \quad \varepsilon_y = \frac{\partial v}{\partial y} = \frac{\nu p}{cE}y, \quad \gamma_{xy} = \frac{\partial u}{\partial y} + \frac{\partial v}{\partial x} = 0 \tag{4-61}$$

上の3つの式を積分すると，

$$u = -\frac{p}{Ec}xy + a, \quad v = \frac{p}{2Ec}x^2 + \frac{\nu p}{2Ec}y^2 + b$$

変位境界条件 $x = 0$ で $u = 0$ より，$a = 0$

変位境界条件 $x = \pm l, \ y = 0$ で $v = 0$ より，$b = -\frac{p}{2Ec}l^2$

したがって，変位は次のようになる．

$$u = -\frac{p}{Ec}xy, \quad v = \frac{p}{2Ec}x^2 + \frac{\nu p}{2Ec}y^2 - \frac{p}{2Ec}l^2 \tag{4-62}$$

数値例として，

$$l = 100\,\text{mm}, \ c = 5\,\text{mm}, \ E = 2000\,\text{MPa}, \ \nu = 0.3, \ p = 50\,\text{MPa}$$

を使って変形を図示すると，図 4-11 のようになっている．式(4-62)からわかるように，中心線の変形は2次関数であり，中心線に垂直な各断面は変形後も中心線と垂直である．これは図 4-10 で仮定した応力分布に対応した変形で，梁理論の 7.2.1 項で説明するベルヌーイ・オイラー（Bernoulli-Euler）の仮説が成り立っていることがわかる．

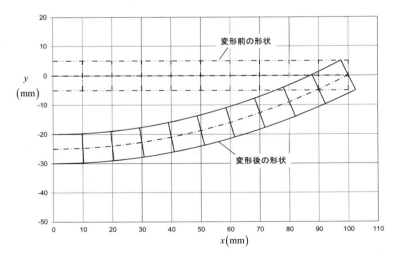

図 4-11　長方形板の純曲げの変形

4.5 エアリーの応力関数

4.5.5. 両端で単純支持された長方形板に一様荷重が負荷される場合

単純支持の梁に一様な荷重が負荷される場合を模擬した問題として，図 4-12 の問題を考える．この問題を解くには，この問題の力学的境界条件を満足する多項式のエアリーの応力関数を探し出す必要がある．このエアリーの応力関数を導き出す手順はティモシェンコの本[6]に詳細が載っているので，本書では解析の流れと結果だけを示す．

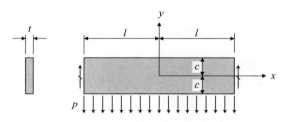

図 4-12 単純支持梁を模擬した長方形板の問題

変位境界条件は，

$$v(\pm l, 0) = 0$$

力学的境界条件は，

$$\left(\tau_{xy}\right)_{y=\pm c} = 0, \ \left(\sigma_y\right)_{y=+c} = 0, \ \left(\sigma_y\right)_{y=-c} = -p$$

$$x = \pm l \ (両端) で, \ \int_{-c}^{c} \tau_{xy} dy = \pm pl, \ \int_{-c}^{c} \sigma_x dy = 0, \ \int_{-c}^{c} \sigma_x y dy = 0$$

下の行の最初の式は上下方向の合力，2番目は水平方向の合力，3番目の式は曲げモーメントを表している．

この問題は5次の同次多項式の重調和関数を用いて解くことができる．5次の同次多項式の重調和関数による応力成分はティモシェンコの本[6]によると次のように表される．

第4章　2次元微小変形弾性理論

$$\sigma_x = \frac{\partial^2 \phi}{\partial y^2} = \frac{c_5}{3}x^3 + d_5 x^2 y - (2c_5 + 3a_5)xy^2 - \frac{1}{3}(b_5 + 2d_5)y^3$$

$$\sigma_y = \frac{\partial^2 \phi}{\partial x^2} = a_5 x^3 + b_5 x^2 y + c_5 xy^2 + \frac{d_5}{3}y^3 \tag{4-63}$$

$$\tau_{xy} = \frac{\partial^2 \phi}{\partial x \partial y} = -\frac{1}{3}b_5 x^3 - c_5 x^2 y - d_5 xy^2 + \frac{1}{3}(2c_5 + 3a_5)y^3$$

ここで，a_5, b_5, c_5, d_5 は任意の定数である．

定数 a_5, b_5, c_5, d_5 を適切に選ぶことによって図 4-12 の問題の力学的境界条件を満たすようにする．その結果，次のような関数が見つかる．

$$\sigma_x = \frac{3}{4}\frac{p}{c^3}\left(x^2 y - \frac{2}{3}y^3\right) - \frac{3}{4}\frac{p}{c}\left(\frac{l^2}{c^2} - \frac{2}{5}\right)y$$

$$\sigma_y = \frac{3p}{4c^3}\left(\frac{1}{3}y^3 - c^2 y + \frac{2}{3}c^3\right) \tag{4-64}$$

$$\tau_{xy} = \frac{3p}{4c^3}(c^2 - y^2)x$$

この応力成分を応力-歪関係式に代入して歪成分を求め，その歪成分を変位-歪関係式を積分することによって変位を計算すると次の式が得られる．

$$u = -\frac{3p}{4Ec^3}\left[\left(l^2 x - \frac{x^3}{3}\right)y + x\left(\frac{2}{3}y^3 - \frac{2}{5}c^2 y\right) + \nu x\left(\frac{1}{3}y^3 - c^2 y + \frac{2}{3}c^3\right)\right]$$

$$v = \frac{3p}{4Ec^3}\left[\begin{array}{l}\dfrac{y^4}{12} - \dfrac{c^2 y^2}{2} + \dfrac{2}{3}c^3 y + \nu\left\{(l^2 - x^2)\dfrac{y^2}{2} + \dfrac{y^4}{6} - \dfrac{1}{5}c^2 y^2\right\} \\ + \dfrac{l^2 x^2}{2} - \dfrac{x^4}{12} - \dfrac{1}{5}c^2 x^2 + \left(1 + \dfrac{1}{2}\nu\right)c^2 x^2\end{array}\right]$$

$$-\frac{15}{48}\frac{pl^4}{Ec^3}\left[1 + \frac{12}{5}\frac{c^2}{l^2}\left(\frac{4}{5} + \frac{\nu}{2}\right)\right] \tag{4-65}$$

断面の応力を積分してせん断力と曲げモーメントを計算すると，次のようになっている．

4.5 エアリーの応力関数

$$M = \int_{-c}^{c} \sigma_x y \, dy = \int_{-c}^{c} \left[\frac{3}{4} \frac{p}{c^3} \left(x^2 y - \frac{2}{3} y^3 \right) - \frac{3}{4} \frac{p}{c} \left(\frac{l^2}{c^2} - \frac{2}{5} \right) y \right] y \, dy$$

$$= \int_{-c}^{c} \left[\frac{3}{4} \frac{p}{c^3} \left(x^2 y^2 - \frac{2}{3} y^4 \right) - \frac{3}{4} \frac{p}{c} \left(\frac{l^2}{c^2} - \frac{2}{5} \right) y^2 \right] dy$$

$$= \left[\frac{3}{4} \frac{p}{c^3} \left(\frac{1}{3} x^2 y^3 - \frac{2}{3} \frac{1}{5} y^5 \right) - \frac{3}{4} \frac{p}{c} \left(\frac{l^2}{c^2} - \frac{2}{5} \right) \frac{1}{3} y^3 \right]_{-c}^{c}$$

$$= \frac{3}{2} \frac{p}{c^3} \left(\frac{1}{3} x^2 c^3 - \frac{2}{3} \frac{1}{5} c^5 \right) - \frac{3}{2} \frac{p}{c} \left(\frac{l^2}{c^2} - \frac{2}{5} \right) \frac{1}{3} c^3$$

$$= \frac{p}{2} \left(x^2 - l^2 \right)$$

$$S = \int_{-c}^{c} \tau_{xy} \, dy = \int_{-c}^{c} \frac{3p}{4c^3} \left(c^2 - y^2 \right) x \, dy$$

$$= \left[\frac{3p}{4c^3} \left(c^2 y - \frac{1}{3} y^3 \right) x \right]_{-c}^{c} = \frac{3p}{2c^3} \left(c^3 - \frac{1}{3} c^3 \right) x$$

$$= px$$

上の2式の結果をまとめて書くと，

$$M = \frac{p}{2} \left(x^2 - l^2 \right)$$
$$S = px \tag{4-66}$$

数値例として，以下の3種類の寸法の場合について変形を図示すると，図4-13のようになる．

（1） $l = 100\,\mathrm{mm}, c = 2\,\mathrm{mm}, E = 10000\,\mathrm{MPa}, \nu = 0.3, p = 0.065\,\mathrm{MPa}$
（2） $l = 100\,\mathrm{mm}, c = 5\,\mathrm{mm}, E = 10000\,\mathrm{MPa}, \nu = 0.3, p = 1\,\mathrm{MPa}$
（3） $l = 100\,\mathrm{mm}, c = 15\,\mathrm{mm}, E = 10000\,\mathrm{MPa}, \nu = 0.3, p = 25\,\mathrm{MPa}$

これらの数値例の応力の分布を計算すると，図4-14のようになっている．x方向の応力（曲げ応力）は梁の高さ方向に直線分布している．せん断応力は梁の高さ方向に2次曲線の分布となっている．支持端ではせん断応力だけが大きく，軸応力は非常に小さい．

第4章　2次元微小変形弾性理論

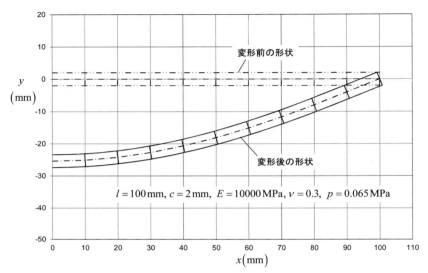

図 4-13（1/3）　両端を単純支持された長方形板の変形

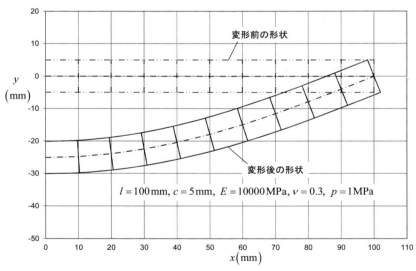

図 4-13（2/3）　両端を単純支持された長方形板の変形

4.5 エアリーの応力関数

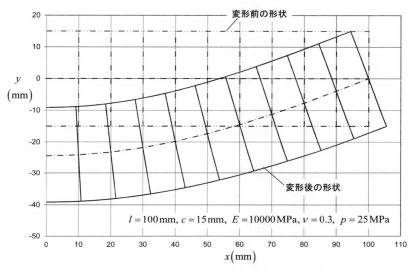

図 4-13 (3/3)　両端を単純支持された長方形板の変形

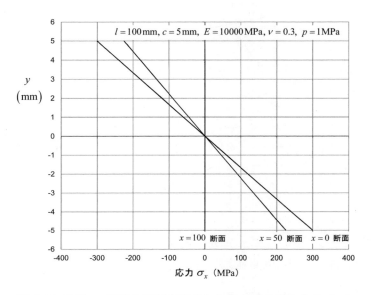

図 4-14 (1/3)　両端を単純支持された長方形の応力分布 (σ_x)

第4章　2次元微小変形弾性理論

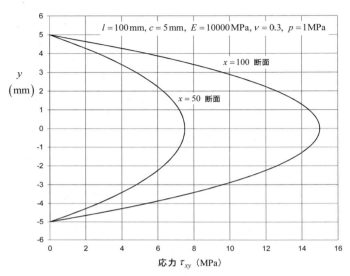

図 4-14（2/3）　両端を単純支持された長方形板の応力分布（τ_{xy}）

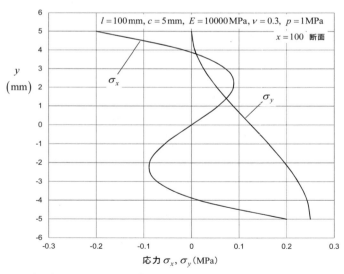

図 4-14（3/3）　両端を単純支持された長方形板の応力分布（支持端）

4.5 エアリーの応力関数

4.5.6. 自由端に集中荷重が負荷される片持ち長方形板

図 4-15 に示すように，片端で支持された長方形板の他端に荷重が負荷される問題を考える．この問題についてもエアリーの応力関数を導き出す手順はティモシェンコの本[6]に詳細が載っているのでそちらを参照してもらうことにして，本書では結果だけを示す．

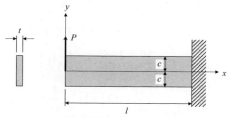

図 4-15 自由端に集中荷重が負荷される片持ち長方形板

変位境界条件は，

$$v(l,0)=0, \quad \left(\frac{\partial v}{\partial x}\right)_{\substack{x=l \\ y=0}}=0, \quad \left(\frac{\partial u}{\partial y}\right)_{\substack{x=l \\ y=0}}=0 \tag{4-67}$$

力学的境界条件は，

$$\left(\tau_{xy}\right)_{y=\pm c}=0, \quad \left(\sigma_y\right)_{y=\pm c}=0 \tag{4-68}$$

$$x=0 \text{ （自由端）で,} \quad \int_{-c}^{c}\tau_{xy}dy=P \tag{4-69}$$

力学的境界条件を満たすようにして求めた応力は次の関数となる．

$$\sigma_x=-\frac{3}{2}\frac{P}{c^3}xy, \quad \sigma_y=0, \quad \tau_{xy}=-\frac{3}{4}\frac{P}{c}\left(1-\frac{y^2}{c^2}\right) \tag{4-70}$$

x 方向の応力（曲げ応力）は梁の高さ方向に直線分布している．せん断応力は梁の高さ方向に2次曲線の分布となっている．これらの応力を応力-歪関係式に代入し，歪を積分して変位境界条件を満たす変位を求めると次の関数になる．

$$\begin{aligned}u &= \frac{3P}{4Ec^3}\left[-x^2y+\frac{1}{3}(2+\nu)y^3+\left(l^2-\frac{E}{G}c^2\right)y\right] \\ v &= \frac{3P}{4Ec^3}\left[\nu xy^2+\frac{x^3}{3}-l^2x+\frac{2l^3}{3}\right]\end{aligned} \tag{4-71}$$

中心線の変位は，

第 4 章　2 次元微小変形弾性理論

$$v(x,0) = \frac{3P}{4Ec^3}\left(\frac{x^3}{3} - l^2 x + \frac{2l^3}{3}\right) \tag{4-72}$$

固定端での変形は次のように表される.

$$u(l,y) = \frac{3P}{4Ec^3}\left(\frac{2+\nu}{3}y^3 - \frac{E}{G}c^2 y\right)$$

$$\left(\frac{\partial u}{\partial y}\right)_{x=l} = \frac{3P}{4Ec^3}\left[(2+\nu)y^2 - \frac{E}{G}c^2\right], \quad \left(\frac{\partial u}{\partial y}\right)_{\substack{x=l\\y=0}} = -\frac{3P}{4Gc} \tag{4-73}$$

数値例として,

$$l = 100\,\text{mm},\ c = 15\,\text{mm},\ E = 10000\,\text{MPa},\ \nu = 0.3,\ p = 1500\,\text{N/mm}$$

を使って変形を図示すると, 図 4-16 のようになっている.

　式(4-72)で表される中心線の変位にはせん断変形が含まれていない. その理由は図 4-16 の固定端の拡大図を見るとわかる. <u>固定端の変位境界条件で中心線の傾きをゼロとした</u>（式(4-67)）ために固定端の上端と下端が横方向に変位して固定端の断面全体としては傾いている. この断面の傾きがせん断変形であり, 式(4-73)の第 2, 3 式で表されている.

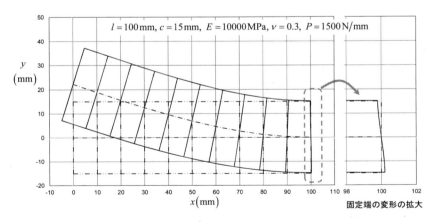

図 4-16　自由端に集中荷重が負荷される片持ち長方形板の変形

第5章 2次元弾性問題のエネルギ法による直接解法

4.5 項でエアリーの応力関数を使って解析した問題をエネルギ法(ポテンシャルエネルギ最小(または停留)の原理)で近似的に解く方法について説明する．本書で説明する方法は，表計算ソフトの MS-Excel の最適化機能である「ソルバー」を用いてポテンシャルエネルギを数値的に最小化する方法で，ポテンシャルエネルギ停留(または最小)の原理を使ったエネルギ法による直接解法と呼ぶ(滝[12], [13])．この方法は，微小変形理論と有限変形理論の両方に同じように適用でき，有限変形理論の解析が簡単に実行できるという利点がある．

エネルギ法による直接解法は有限要素法と密接な関係があることを説明する．

5.1. 解法の流れと計算式

4.5.5 項の単純支持梁を模擬した長方形板の問題(図 5-1 の上の図)を考えてみよう．この問題は対称性を考えると図 5-1 の下の図のように右側半分を考えればよい．

第5章 2次元弾性問題のエネルギ法による直接解法

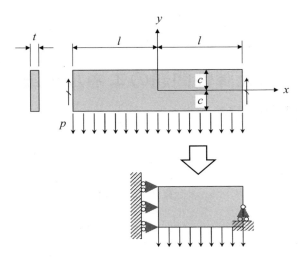

図 5-1 単純支持梁を模擬した長方形板の問題

この問題をポテンシャルエネルギ最小（停留）の原理を使って解くには，まず考えている物体（長方形）内部と境界で変位境界条件を満足する変位を仮定する必要がある．変位を仮定する点を図 5-2 に示すように格子状に配置する．これらの点を有限要素法にならって節点と呼ぶことにしよう．節点に番号を付け，これを節点番号という．すべての節点 $i = 1, n$ の変形前の座標を $\begin{pmatrix} x_i \\ y_i \end{pmatrix}$，変位を $\begin{pmatrix} u_i \\ v_i \end{pmatrix}$ とする．ポテンシャルエネルギ最小（停留）の原理によれば，変位境界条件を満足している変位 $\begin{pmatrix} u_i \\ v_i \end{pmatrix}, i = 1, n$ を仮定すると，その変位のうち全ポテンシャルエネルギを最小（停留）にするものが正解に最も近い近似解となる．全体の歪エネルギを計算するには節点の変位から変位-歪関係式(1-15)または(4-1)を使って歪分布を計算し，さらに歪から歪エネルギを式(3-16)または式(4-26)を使って計算する．

節点の数を多くすればするほど変位の近似の精度が向上するのでより正解に近い近似値を得ることができる．

歪エネルギの計算式(3-16)または式(4-26)は物体全体の積分であるので，こ

5.1 解法の流れと計算式

の積分をどうやって行うかということが重要である．この積分を実行するには，節点で囲まれた小さい領域ごとに積分し，それを合計すればよいが，小さい領域のとり方は図 5-3 に示すようにいろいろなやり方が考えられる．これは有限要素法でいうと要素の種類に対応している．本項では4個の節点で囲まれる長方形の領域ごとに積分を行うことにする．

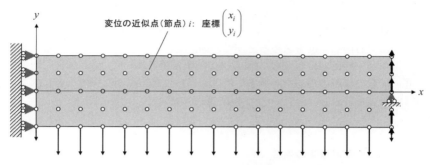

図 5-2 物体（長方形）内部の変位の近似点

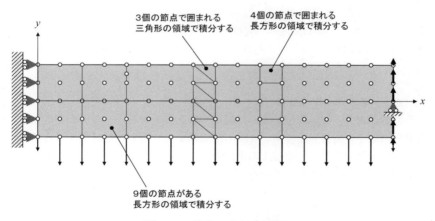

図 5-3 積分のやり方の例

3.2.2 項（または 4.4.2 項）で説明したポテンシャルエネルギ停留（または最小）の原理を適用して変形の近似値を求める手順は以下のとおりである．

① 変位境界条件を満足するような節点変位を仮定する．

第5章 2次元弾性問題のエネルギ法による直接解法

② 物体（長方形）全体の歪エネルギを式(3-16)または式(4-26)の右辺第1項で計算するため、4個の節点で囲まれた小さい長方形（有限要素法にならって長方形要素と呼ぶ）ごとに歪エネルギを計算（式(5-4)）し、それを足し合わせる．
③ 外力による仕事（式(3-16)または式(4-26)の右辺第2項）を仮定した節点変位を使って計算する．
④ ②から③を差し引いて全ポテンシャルエネルギを計算する．
⑤ MS-Excel のソルバーを使って全ポテンシャルエネルギを最小（停留）にする節点変位を求めると、この節点変位が正解の近似値である．ソルバーの使い方については、6.4.2 項を参照されたい．
⑥ 任意の場所の応力を計算するには、得られた節点変位を使って式(5-3)で歪を計算し、これを応力-歪関係式(4-15)に代入すればよい．

5.1.1. 微小変形理論の場合
5.1.1.1. 歪エネルギの計算法

長方形全体の歪エネルギは、4つの節点で囲まれる小さい長方形要素の歪エネルギの合計である．要素を囲む節点の変位から要素内部の変位分布を決め、変位-歪関係式(4-1)を使って変位分布から要素内の歪分布を計算すれば、要素内の式(4-24)の歪エネルギ関数が決まるので、それを要素内で積分して要素の歪エネルギを計算できる．

5.1.1.2. 要素内の変位分布

長方形要素で、辺の変位が線形に変化すると仮定する．そうすると長方形要素の内部の変位分布を要素の4隅の節点の変位で表すことができる．当然、隣りの要素と共有している辺上の変位分布は両側の要素で同じであるので、変位分布は要素間で連続していることになる．

5.1 解法の流れと計算式

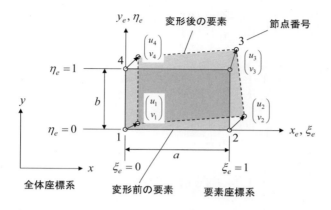

図 5-4　要素座標系 − 微小変形理論

図 5-4 に示すように，長方形要素の要素座標系 x_e-y_e をとり，無次元座標系 ξ_e-η_e を次のように設定する．

$$\xi_e = \frac{x_e}{a}, \ \eta_e = \frac{y_e}{b} \tag{5-1}$$

ここで，a, b は長方形の辺の長さ

要素の節点座標と節点変位が次のようになっているとする．

$\begin{pmatrix} x_1 \\ y_1 \end{pmatrix}, \begin{pmatrix} u_1 \\ v_1 \end{pmatrix}$ ：節点 1 の全体座標，変位

$\begin{pmatrix} x_2 \\ y_2 \end{pmatrix}, \begin{pmatrix} u_2 \\ v_2 \end{pmatrix}$ ：節点 2 の全体座標，変位

$\begin{pmatrix} x_3 \\ y_3 \end{pmatrix}, \begin{pmatrix} u_3 \\ v_3 \end{pmatrix}$ ：節点 3 の全体座標，変位

$\begin{pmatrix} x_4 \\ y_4 \end{pmatrix}, \begin{pmatrix} u_4 \\ v_4 \end{pmatrix}$ ：節点 4 の全体座標，変位

無次元化した要素座標系の節点座標と節点の相対変位を次のように考える．

第5章　2次元弾性問題のエネルギ法による直接解法

$$(\boldsymbol{\xi}_{e1}) = \begin{pmatrix} 0 \\ 0 \end{pmatrix}, \quad (\mathbf{u}_{e1}) = \begin{pmatrix} u_1 - u_1 \\ v_1 - v_1 \end{pmatrix} = \begin{pmatrix} 0 \\ 0 \end{pmatrix} : 節点1の無次元要素座標，相対変位$$

$$(\boldsymbol{\xi}_{e2}) = \begin{pmatrix} 1 \\ 0 \end{pmatrix}, \quad (\mathbf{u}_{e2}) = \begin{pmatrix} u_2 - u_1 \\ v_2 - v_1 \end{pmatrix} : 節点2の無次元要素座標，相対変位$$

$$(\boldsymbol{\xi}_{e3}) = \begin{pmatrix} 1 \\ 1 \end{pmatrix}, \quad (\mathbf{u}_{e3}) = \begin{pmatrix} u_3 - u_1 \\ v_3 - v_1 \end{pmatrix} : 節点3の無次元要素座標，相対変位$$

$$(\boldsymbol{\xi}_{e4}) = \begin{pmatrix} 0 \\ 1 \end{pmatrix}, \quad (\mathbf{u}_{e4}) = \begin{pmatrix} u_4 - u_1 \\ v_4 - v_1 \end{pmatrix} : 節点4の無次元要素座標，相対変位$$

辺上の変位が線形に変化しているという仮定を使うと，節点の相対変位を使って要素内の変位分布を次のように表すことができる．

$$\begin{aligned}
u_e &= \xi_e(1-\eta_e)u_{e2} + \xi_e\eta_e u_{e3} + (1-\xi_e)\eta_e u_{e4} \\
v_e &= \xi_e(1-\eta_e)v_{e2} + \xi_e\eta_e v_{e3} + (1-\xi_e)\eta_e v_{e4}
\end{aligned} \tag{5-2}$$

5.1.1.3. 要素内の工学歪

微小変形理論の場合，要素内の変位分布の式(5-2)を使って要素内の工学歪（式(4-1)）を計算すると，

$$\begin{aligned}
\varepsilon_x &= \frac{\partial u_e}{\partial x} = \frac{\partial u_e}{a \partial \xi_e} = \frac{(1-\eta_e)u_{e2} + \eta_e u_{e3} - \eta_e u_{e4}}{a} \\
\varepsilon_y &= \frac{\partial v_e}{\partial y} = \frac{\partial v_e}{b \partial \eta_e} = \frac{-\xi_e v_{e2} + \xi_e v_{e3} + (1-\xi_e)v_{e4}}{b} \\
\gamma_{xy} &= \frac{\partial u_e}{\partial y} + \frac{\partial v_e}{\partial x} = \frac{\partial u_e}{b \partial \eta_e} + \frac{\partial v_e}{a \partial \xi_e} \\
&= \frac{1}{ab}\begin{bmatrix} a\{-\xi_e u_{e2} + \xi_e u_{e3} + (1-\xi_e)u_{e4}\} \\ +b\{+(1-\eta_e)v_{e2} + \eta_e v_{e3} - \eta_e v_{e4}\} \end{bmatrix}
\end{aligned} \tag{5-3}$$

5.1.1.4. 要素の歪エネルギの計算

要素の歪エネルギ U_e を計算するには，工学歪（式(5-3)）を歪エネルギ関数の式(4-24)に代入し，長方形要素内で積分する．その計算を行うと，

5.1 解法の流れと計算式

$$U_e = \frac{E}{2(1-v^2)} \int_0^a \int_0^b \left[\varepsilon_x{}^2 + 2v\varepsilon_x\varepsilon_y + \varepsilon_y{}^2 + \frac{(1-v^2)G}{E}\gamma_{xy}{}^2 \right] t\,dy\,dx$$

$$= \frac{E}{2(1-v^2)} \int_0^1 \int_0^1 \left[\frac{(1-\eta_e)u_{e2} + \eta_e u_{e3} - \eta_e u_{e4}}{a} \right]^2 tab\,d\eta_e\,d\xi_e$$

$$+ \frac{vE}{(1-v^2)} \int_0^1 \int_0^1 \left[\begin{array}{c} \dfrac{(1-\eta_e)u_{e2} + \eta_e u_{e3} - \eta_e u_{e4}}{a} \\ \times \dfrac{-\xi_e v_{e2} + \xi_e v_{e3} + (1-\xi_e)v_{e4}}{b} \end{array} \right] tab\,d\eta_e\,d\xi_e$$

$$+ \frac{E}{2(1-v^2)} \int_0^1 \int_0^1 \left[\frac{-\xi_e v_{e2} + \xi_e v_{e3} + (1-\xi_e)v_{e4}}{b} \right]^2 tab\,d\eta_e\,d\xi_e$$

$$+ \frac{G}{2}\frac{1}{a^2 b^2} \int_0^1 \int_0^1 \left[\begin{array}{c} a\{-\xi_e u_{e2} + \xi_e u_{e3} + (1-\xi_e)u_{e4}\} \\ +b\{(1-\eta_e)v_{e2} + \eta_e v_{e3} - \eta_e v_{e4}\} \end{array} \right]^2 tab\,d\eta_e\,d\xi_e$$

$$= \frac{Eabt}{2a^2(1-v^2)} \left[\frac{1}{3}u_{e3}{}^2 + \frac{1}{3}u_{e4}{}^2 + \frac{1}{3}u_{e2}u_{e3} - \frac{1}{3}u_{e2}u_{e4} - \frac{2}{3}u_{e3}u_{e4} + \frac{1}{3}u_{e2}{}^2 \right]$$

$$+ \frac{vEt}{(1-v^2)} \left[\begin{array}{c} -\left(\dfrac{1}{4}\right)u_{e2}v_{e2} + \left(\dfrac{1}{4}\right)u_{e2}v_{e3} + \left(\dfrac{1}{4}\right)u_{e2}v_{e4} \\ -\dfrac{1}{4}u_{e3}v_{e2} + \dfrac{1}{4}u_{e3}v_{e3} + \dfrac{1}{4}u_{e3}v_{e4} + \dfrac{1}{4}u_{e4}v_{e2} - \dfrac{1}{4}u_{e4}v_{e3} - \dfrac{1}{4}u_{e4}v_{e4} \end{array} \right]$$

$$+ \frac{Eabt}{2b^2(1-v^2)} \left[\frac{1}{3}v_{e2}{}^2 + \frac{1}{3}v_{e3}{}^2 - \frac{2}{3}v_{e2}v_{e3} - \frac{1}{3}v_{e2}v_{e4} + \frac{1}{3}v_{e3}v_{e4} + \frac{1}{3}v_{e4}{}^2 \right]$$

$$+ \frac{G}{2}\frac{a^2 abt}{a^2 b^2} \left[\frac{1}{3}u_{e2}{}^2 + \frac{1}{3}u_{e3}{}^2 - \frac{2}{3}u_{e2}u_{e3} - \frac{1}{3}u_{e2}u_{e4} + \frac{1}{3}u_{e3}u_{e4} + \frac{1}{3}u_{e4}{}^2 \right]$$

$$+ \frac{G}{2}\frac{2ababt}{a^2 b^2} \left[\begin{array}{c} -\dfrac{1}{4}u_{e2}v_{e2} - \dfrac{1}{4}u_{e2}v_{e3} + \dfrac{1}{4}u_{e2}v_{e4} \\ +\dfrac{1}{4}u_{e3}v_{e2} + \dfrac{1}{4}u_{e3}v_{e3} - \dfrac{1}{4}u_{e3}v_{e4} \\ +\dfrac{1}{4}u_{e4}v_{e2} + \dfrac{1}{4}u_{e4}v_{e3} - \dfrac{1}{4}u_{e4}v_{e4} \end{array} \right]$$

$$+ \frac{G}{2}\frac{b^2 abt}{a^2 b^2} \left[\frac{1}{3}v_{e3}{}^2 + \frac{1}{3}v_{e4}{}^2 + \frac{1}{3}v_{e2}v_{e3} - \frac{1}{3}v_{e2}v_{e4} - \frac{2}{3}v_{e3}v_{e4} + \frac{1}{3}v_{e2}{}^2 \right]$$

第5章　2次元弾性問題のエネルギ法による直接解法

$\beta = b/a$ としてこの式を整理すると，歪エネルギは次の式のようになる．

$$\begin{aligned}
U_e &= \frac{2\beta Et}{12(1-v^2)}\left[u_{e3}^2 + u_{e4}^2 + u_{e2}u_{e3} - u_{e2}u_{e4} - 2u_{e3}u_{e4} + u_{e2}^2\right] \\
&+ \frac{3vEt}{12(1-v^2)}\begin{bmatrix}-u_{e2}v_{e2} + u_{e2}v_{e3} + u_{e2}v_{e4} - u_{e3}v_{e2} + u_{e3}v_{e3}\\ +u_{e3}v_{e4} + u_{e4}v_{e2} - u_{e4}v_{e3} - u_{e4}v_{e4}\end{bmatrix} \\
&+ \frac{2Et}{\beta 12(1-v^2)}\left[v_{e2}^2 + v_{e3}^2 - 2v_{e2}v_{e3} - v_{e2}v_{e4} + v_{e3}v_{e4} + v_{e4}^2\right] \\
&+ \frac{Et(1-v)}{\beta 12(1-v^2)}\left[u_{e2}^2 + u_{e3}^2 - 2u_{e2}u_{e3} - u_{e2}u_{e4} + u_{e3}u_{e4} + u_{e4}^2\right] \\
&+ \frac{Et(1-v)}{12(1-v^2)}\frac{3}{2}\begin{bmatrix}-u_{e2}v_{e2} - u_{e2}v_{e3} + u_{e2}v_{e4} + u_{e3}v_{e2} + u_{e3}v_{e3}\\ -u_{e3}v_{e4} + u_{e4}v_{e2} + u_{e4}v_{e3} - u_{e4}v_{e4}\end{bmatrix} \\
&+ \frac{\beta Et(1-v)}{12(1-v^2)}\left[v_{e3}^2 + v_{e4}^2 + v_{e2}v_{e3} - v_{e2}v_{e4} - 2v_{e3}v_{e4} + v_{e2}^2\right]
\end{aligned} \quad (5-4)$$

ここで，$\beta = b/a$

5.1.2.　有限変形理論の場合

　有限変形理論では，変位-歪関係式(1-15)が線形でないので，歪エネルギ関数の式(3-14)が複雑になってしまい，要素の歪エネルギの積分を式(5-4)のように簡単に表すことができない．要素の歪エネルギの計算を数値積分で行うことは可能であるが，積分点を多くとらないと精度が良くない．（注記：実際に数値積分で計算してみたが MS-Excel を使った解析では計算時間がかかりすぎて実用的ではないことがわかった．）

　そこで，別の方法を使うことを考えよう．歪を計算するために使う節点の相対変位が小さければ微小歪の仮定が成り立つことを利用する．変形後の長方形要素の形状と変形前の長方形要素の形状の違いが相対変位であるので，変形後の長方形要素に変形前の長方形要素を重ねてやれば（図 5-5 の右上），大変形の影響を除去できて相対変位が小さくなる．微小変形，微小歪の仮定が成り立つようになるので（大変形でも歪は微小である場合），微小変形理論の歪エネルギの式(5-4)を適用することができる．

5.1 解法の流れと計算式

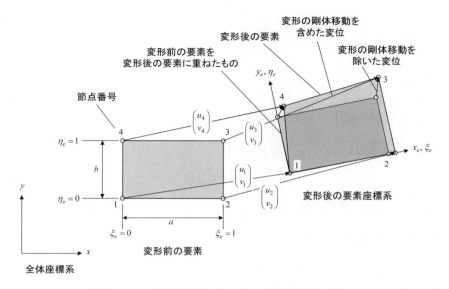

図 5-5　要素座標系のとり方 – 有限変形理論

　以上の考えにより，有限変形理論では要素座標系を変形後の要素の方向にとる．すなわち，図 5-5 に示すように，変形後の要素の節点1を要素座標系の原点とし，節点2の方向に x_e 座標軸をとり，この軸と垂直に y_e 座標軸をとる．図に示すように変形前の長方形要素を変形後の要素と重ねてやると，<u>要素が剛体移動した変位分を除去することができ，実質的な変位を求めることができる．この実質的な変位は微小であるとみなすことができる．</u>このやり方は共回転座標系による有限要素法（Co-rotational Method）と同じである．

5.1.2.1.　変形後の要素座標系における変位の計算式

　変形後の長方形要素の4隅の節点の全体座標系における座標を次のように表すことができる．

第5章　2次元弾性問題のエネルギ法による直接解法

$$\begin{pmatrix} x_1' \\ y_1' \end{pmatrix} = \begin{pmatrix} x_1 + u_1 \\ y_1 + v_1 \end{pmatrix}, \begin{pmatrix} x_2' \\ y_2' \end{pmatrix} = \begin{pmatrix} x_2 + u_2 \\ y_2 + v_2 \end{pmatrix}$$

$$\begin{pmatrix} x_3' \\ y_3' \end{pmatrix} = \begin{pmatrix} x_3 + u_3 \\ y_3 + v_3 \end{pmatrix}, \begin{pmatrix} x_4' \\ y_4' \end{pmatrix} = \begin{pmatrix} x_4 + u_4 \\ y_4 + v_4 \end{pmatrix}$$

(5-5)

辺1-2の長さ L_{12} は，

$$L_{12} = \sqrt{\left(x_2' - x_1'\right)^2 + \left(y_2' - y_1'\right)^2}$$
$$= \sqrt{\left(x_2 + u_2 - x_1 - u_1\right)^2 + \left(y_2 + v_2 - y_1 - v_1\right)^2}$$

(5-6)

変形後の要素座標軸 x_e の全体座標系での方向余弦は，

$$l_e = \frac{x_2' - x_1'}{L_{12}} = \frac{x_2 + u_2 - x_1 - u_1}{L_{12}}$$

$$m_e = \frac{y_2' - y_1'}{L_{12}} = \frac{y_2 + v_2 - y_1 - v_1}{L_{12}}$$

(5-7)

変形後の節点の変形後の要素座標系での位置は，座標変換の式（11.2.4 項参照）を使えば次のようになる．

$$\begin{pmatrix} x_{e1}' \\ y_{e1}' \end{pmatrix} = \begin{bmatrix} l_e & m_e \\ -m_e & l_e \end{bmatrix} \begin{pmatrix} x_1' - x_1' \\ y_1' - y_1' \end{pmatrix} = \begin{pmatrix} 0 \\ 0 \end{pmatrix}$$

$$\begin{pmatrix} x_{e2}' \\ y_{e2}' \end{pmatrix} = \begin{bmatrix} l_e & m_e \\ -m_e & l_e \end{bmatrix} \begin{pmatrix} x_2' - x_1' \\ y_2' - y_1' \end{pmatrix} = \begin{pmatrix} L_{12} \\ 0 \end{pmatrix}$$

$$\begin{pmatrix} x_{e3}' \\ y_{e3}' \end{pmatrix} = \begin{bmatrix} l_e & m_e \\ -m_e & l_e \end{bmatrix} \begin{pmatrix} x_3' - x_1' \\ y_3' - y_1' \end{pmatrix}$$

$$\begin{pmatrix} x_{e4}' \\ y_{e4}' \end{pmatrix} = \begin{bmatrix} l_e & m_e \\ -m_e & l_e \end{bmatrix} \begin{pmatrix} x_4' - x_1' \\ y_4' - y_1' \end{pmatrix}$$

(5-8)

変形後の要素座標系における変位は，

5.1 解法の流れと計算式

$$\begin{pmatrix} u_{e1} \\ v_{e1} \end{pmatrix} = \begin{pmatrix} 0 \\ 0 \end{pmatrix}, \quad \begin{pmatrix} u_{e2} \\ v_{e2} \end{pmatrix} = \begin{pmatrix} L_{12} - a \\ 0 \end{pmatrix}$$
$$\begin{pmatrix} u_{e3} \\ v_{e3} \end{pmatrix} = \begin{pmatrix} x_{e3}' - a \\ y_{e3}' - b \end{pmatrix}, \quad \begin{pmatrix} u_{e4} \\ v_{e4} \end{pmatrix} = \begin{pmatrix} x_{e4}' \\ y_{e4}' - b \end{pmatrix} \qquad (5\text{-}9)$$

5.1.2.2. 歪エネルギと全ポテンシャルエネルギの計算式

図 5-5 の右上の図に示す変形後の要素座標系で変位を考えると，微小変形理論の図 5-4 の変位と同程度の大きさの変位である．したがって微小変形理論の歪エネルギの式(5-4)を使って要素の歪エネルギを計算できる．

外力による仕事は全体座標系で考えて全ポテンシャルエネルギを計算する．

5.2. 計算例

5.2.1. 一様荷重が負荷される両端で単純支持された長方形板

4.5.5 項の問題の数値例（3）をポテンシャルエネルギ停留（または最小）の原理を使ったエネルギ法による直接解法で解き，エアリーの応力関数を使った解析結果と比較する．板厚 t は単位寸法とする（$t = 1$ mm）．

節点，要素の配置と節点番号，要素番号を図 5-6 に示す．x 方向の節点の配置は等間隔ではない．左側の支持点の近くのほうが応力の変化が激しいので変位の近似をよくするために節点を細かく配置した．負荷荷重は単位長さあたり 25 N であるので，節点 1～20 の負荷荷重は表 5-1 のようになる．単純支持端の反力は図 5-6 のように各端末の 4 節点に分配して負荷する．

エネルギ法による直接解法（微小変形理論，および有限変形理論）による変形をエアリーの応力関数による変形と比較したのが図 5-7 である．微小変形理論のエネルギ法による変形はエアリーの応力関数による変形とほぼ一致している．微小変形理論では右側の支持点（節点番号 60）が水平方向に移動しないが，有限変形理論では移動している．このため，有限変形理論では曲げモーメントが減少し，下向きの変位が減少している．

エネルギ法による直接解法の MS-Excel ワークシート（微小変形理論）を表 5-1 に示す．

第5章 2次元弾性問題のエネルギ法による直接解法

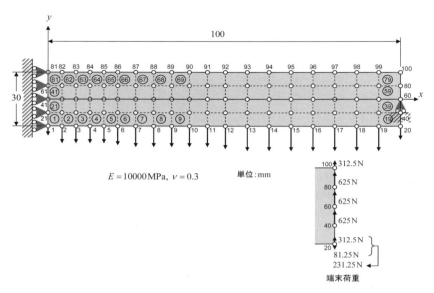

図 5-6 解析モデル – 一様荷重が負荷される両端で単純支持された長方形板

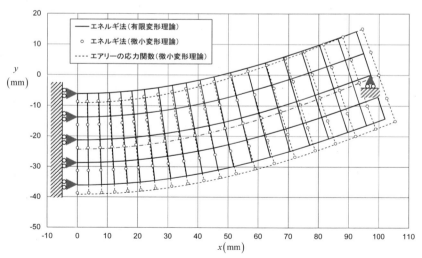

図 5-7 エネルギ法による解析結果とエアリーの応力関数による解析結果の比較

5.2 計算例

表 5-1（1/2） 一様荷重が負荷される両端で単純支持された長方形板のエネルギ法による解析結果 – 微小変形理論

要素番号	x (mm)	y (mm)	u (mm)	v (mm)	Px (N)	Py (N)	W (N-mm)		
1	0	-15	0	-23.725		-43.75	1037.97053		入力セル
2	3.5	-15	0.28713	-23.6902		-93.75	2220.95731		変数セル
3	7.5	-15	0.613366	-23.5653		-100	2356.53494		
4	11.5	-15	0.937743	-23.3503		-100	2335.02808		
5	15.5	-15	1.259218	-23.0456		-100	2304.56275		
6	19.5	-15	1.576808	-22.6523		-106.25	2406.80672		
7	24	-15	1.926927	-22.1054		-118.75	2625.02009		
8	29	-15	2.30535	-21.3711		-125	2671.39054		
9	34	-15	2.672149	-20.5072		-125	2563.39753		
10	39	-15	3.02513	-19.5178		-125	2439.72589		
11	44	-15	3.362265	-18.408		-125	2300.99587		
12	49	-15	3.681685	-17.1834		-137.5	2362.72147		
13	55	-15	4.035472	-15.5717		-150	2335.75292		
14	61	-15	4.357555	-13.8172		-156.25	2158.94106		
15	67.5	-15	4.664674	-11.771		-162.5	1912.78574		
16	74	-15	4.925631	-9.59255		-162.5	1558.78975		
17	80.5	-15	5.135876	-7.30295		-162.5	1186.72956		
18	87	-15	5.291767	-4.92532		-162.5	800.364295		
19	93.5	-15	5.391898	-2.482		-162.5	403.324241		
20	100	-15	5.430138	0.03547		231.25	8.20234054		
21	0	-7.5	0	-23.8467			0		
22	3.5	-7.5	0.140636	-23.8117			0		
23	7.5	-7.5	0.301087	-23.6861			0		
24	11.5	-7.5	0.460444	-23.47			0		
25	15.5	-7.5	0.618162	-23.1638			0		
26	19.5	-7.5	0.773646	-22.7684			0		

97	80.5	15	-5.19625	-7.26545			0		
98	87	15	-5.35702	-4.88782			0		
99	93.5	15	-5.46202	-2.4445			0		
100	100	15	-5.50514	0.07297		312.5	22.8029787		
					合計		38045.9823		
					歪エネルギ		19022.9917		
				全ポテンシャルエネルギ			-19022.991	←目的セル	

第5章　2次元弾性問題のエネルギ法による直接解法

表 5-1（2/2）　一様荷重が負荷される両端で単純支持された長方形板のエネルギ法による解析結果 – 微小変形理論

要素番号			1	2	3	4	5		77	78	79
節点番号		1	1	2	3	4	5		77	78	79
		2	2	3	4	5	6		78	79	80
		3	22	23	24	25	26		98	99	100
		4	21	22	23	24	25		97	98	99
ヤング率	E		10000	10000	10000	10000	10000		10000	10000	10000
ポアソン比	nu		0.3	0.3	0.3	0.3	0.3		0.3	0.3	0.3
節点座標	1	x1	0	3.5	7.5	11.5	15.5		80.5	87	93.5
		y1	-15	-15	-15	-15	-15		7.5	7.5	7.5
	2	x2	3.5	7.5	11.5	15.5	19.5		87	93.5	100
		y2	-15	-15	-15	-15	-15		7.5	7.5	7.5
	3	x3	3.5	7.5	11.5	15.5	19.5		87	93.5	100
		y3	-7.5	-7.5	-7.5	-7.5	-7.5		15	15	15
	4	x4	0	3.5	7.5	11.5	15.5		80.5	87	93.5
		y4	-7.5	-7.5	-7.5	-7.5	-7.5		15	15	15
要素寸法		a	3.5	4	4	4	4		6.5	6.5	6.5
		b	7.5	7.5	7.5	7.5	7.5		7.5	7.5	7.5
節点変位 u, v	1	u1	0	0.28713	0.613366	0.937743	1.259218		-2.57066	-2.64704	-2.68989
		v1	-23.725	-23.6902	-23.5653	-23.3503	-23.0456		-7.31496	-4.92174	-2.46244
	2	u2	0.28713	0.613366	0.937743	1.259218	1.576808		-2.64704	-2.68989	-2.70773
		v2	-23.6902	-23.5653	-23.3503	-23.0456	-22.6523		-4.92174	-2.46244	0.035917
	3	u3	0.140636	0.301087	0.460444	0.618162	0.773646		-5.35702	-5.46202	-5.50514
		v3	-23.8117	-23.6861	-23.47	-23.1638	-22.7684		-4.88782	-2.4445	0.07297
	4	u4	0	0.140636	0.301087	0.460444	0.618162		-5.19625	-5.35702	-5.46202
		v4	-23.8467	-23.8117	-23.6861	-23.47	-23.1638		-7.26545	-4.88782	-2.4445
節点変位 ue	1	ue1	0	0	0	0	0		0	0	0
		ve1	0	0	0	0	0		0	0	0
	2	ue2	0.28713	0.326236	0.324377	0.321475	0.31759		-0.07638	-0.04285	-0.01784
		ve2	0.034829	0.124862	0.215069	0.304653	0.393329		2.393216	2.459305	2.498356
	3	ue3	0.140636	0.013958	-0.15292	-0.31958	-0.48557		-2.78636	-2.81498	-2.81525
		ve3	-0.08662	0.00407	0.095371	0.186516	0.277271		2.42714	2.477248	2.535408
	4	ue4	0	-0.14649	-0.31228	-0.4773	-0.64106		-2.62559	-2.70998	-2.77213
		ve4	-0.12166	-0.12145	-0.12079	-0.1197	-0.11814		0.049508	0.033925	0.017943
要素の面積		Ae	26.25	30	30	30	30		48.75	48.75	48.75
beta		b/a	2.142857	1.875	1.875	1.875	1.875		1.153846	1.153846	1.153846
E/12/(1-nu^2)			915.7509	915.7509	915.7509	915.7509	915.7509		915.7509	915.7509	915.7509
nu			0.3	0.3	0.3	0.3	0.3		0.3	0.3	0.3
			0.142603	0.184519	0.182307	0.178923	0.174419		0.043959	0.017362	0.002946
			-0.10399	-0.11789	-0.11633	-0.11397	-0.11079		-0.01979	-0.00767	-0.00335
			0.044327	0.04401	0.043377	0.042425	0.041137		0.005281	0.002082	0.00236
			0.02146	0.164725	0.474383	0.944743	1.570894		21.35298	22.54111	23.265
			0.003662	0.047017	0.139471	0.279869	0.466581		17.0708	18.02689	18.86893
			-0.01024	-0.11487	-0.34049	-0.68317	-1.13911		-25.4552	-26.8767	-27.9358
要素の歪エネルギ	19022.9917		513.4504	581.8534	574.9658	564.4249	550.393		97.94394	46.98433	27.15674

5.2 計算例

5.2.2. 軸圧縮荷重を受ける片端固定の長方形板

図 5-8 に示すように，片端固定の長方形板の自由端に軸圧縮荷重が負荷される問題を考える．板厚 t は単位寸法とする（$t = 1$ mm）．これは梁理論で説明する柱の圧縮座屈（7.4 項，7.6.2 項参照）の問題で，荷重が小さいうちは真っ直ぐに縮むだけであるが，荷重が大きくなってある荷重（座屈荷重という）を超えると，急に曲がりだす．この現象を解析するには有限変形理論を用いなければならない．前項で説明した 2 次元問題の有限変形理論のエネルギ法による直接解法を使ってこの問題を解いてみよう．解析モデルは前項とほとんど同じで寸法と負荷荷重が異なるだけである（図 5-8）．解析結果を図 5-9～図 5-11 に示す．圧縮荷重が 1676 N 以下では曲がらず軸方向に縮むだけであるが，1677 N になると曲がりだすので，座屈荷重は 1677 N である．荷重と変形の関係を表した図 5-10 と図 5-11 からわかるように，座屈荷重を越すと曲げ変形は急激に増加していく．

滝と近藤 [21]によると，軸剛性とせん断剛性を考慮した柱の厳密な座屈荷重の式は，オイラー座屈荷重 P_E，軸剛性パラメータ EA とせん断剛性パラメータ kGA を使って次のように表される．

$$\left(\frac{P_E}{EA}\right)^2\left(\frac{P_{En}}{P_E}\right)^3 - 2\left(\frac{P_E}{EA}\right)\left(\frac{P_{En}}{P_E}\right)^2 + \left(1 + \frac{P_E}{EA} + \frac{P_E}{kGA}\right)\left(\frac{P_{En}}{EA}\right) - 1 = 0 \quad (5\text{-}10)$$

ここで，P_{En}：軸剛性とせん断剛性を考慮した座屈荷重（Engesser の理論）

$$P_E = \frac{\pi^2 EI}{4L^2} \ :オイラー座屈荷重$$

E：ヤング率，G：せん断弾性係数，A：断面積，
I：断面 2 次モーメント，
L：片端固定，片端自由の柱の長さ
k：せん断面積補正係数（鷲津 [2]によると，長方形断面の場合，$k = 5/6$）

この式を使うと，オイラー座屈荷重 $P_E = 1645$ N，厳密な座屈荷重 $P_{En} = 1604$ N である．本項のエネルギ法による座屈荷重 1677 N は厳密な値に比べて 4.6%高い値になっているが，この誤差の原因はエネルギ法の解析モデルの節点数が少なく変形の近似がじゅうぶんでないためである．節点数を増やすことができればさらに精度がよくなると考えられるが，MS-Excel のソルバーの制約によって変数の最大数が 200 個に抑えられているため，これ以上節点数を増やせない．エネルギ法による直接解法の MS-Excel ワークシート（有限

第 5 章　2 次元弾性問題のエネルギ法による直接解法

変形理論, $P=1680\,\mathrm{N}$）を表 5-2 に示す．

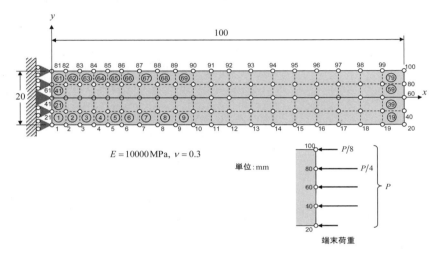

図 5-8　解析モデル − 軸圧縮荷重を受ける片端固定の長方形板

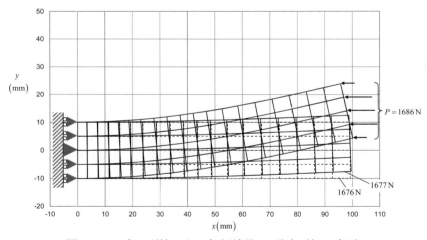

図 5-9　エネルギ法による解析結果 − 長方形板の変形

5.2 計算例

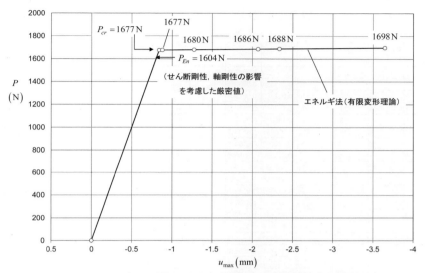

図 5-10 エネルギ法による解析結果 – 荷重-軸方向変位

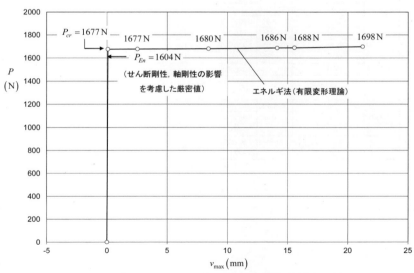

図 5-11 エネルギ法による解析結果 – 荷重-横方向変位

第5章 2次元弾性問題のエネルギ法による直接解法

表 5-2（1/3） 軸圧縮荷重を受ける片端固定の長方形板の解析結果 – 有限変形理論

要素番号	x (mm)	y (mm)	u (mm)	v (mm)	Px (N)	Py (N)	W (N-mm)
1	1	0	-10	0	0.007111			0
2	2	3.5	-10	0.043594	0.020253			0
3	3	7.5	-10	0.092382	0.067307			0
4	4	11.5	-10	0.140083	0.148253			0
5	5	15.5	-10	0.186071	0.262764			0
6	6	19.5	-10	0.229811	0.410357			0
7	7	24	-10	0.275062	0.615048			0
8	8	29	-10	0.319606	0.888928			0
9	9	34	-10	0.357926	1.20987			0
10	10	39	-10	0.389069	1.575789			0
11	11	44	-10	0.412301	1.984279			0
12	12	49	-10	0.427116	2.432666			0
13	13	55	-10	0.431618	3.018907			0
14	14	61	-10	0.422819	3.652396			0
15	15	67.5	-10	0.396957	4.38519			0
16	16	74	-10	0.354715	5.158688			0
17	17	80.5	-10	0.296133	5.964836			0
18	18	87	-10	0.221625	6.7952			0
19	19	93.5	-10	0.132241	7.641045			0
20	20	100	-10	0.028587	8.497573	-210		-6.0032799
21	21	0	-5	0	-0.004			0
22	22	3.5	-5	0.006851	0.009066			0
23	23	7.5	-5	0.014352	0.055798			0
24	24	11.5	-5	0.020951	0.136172			0
25	25	15.5	-5	0.02623	0.249883			0
26	26	19.5	-5	0.029718	0.396489			0
...								
96	96	74	10	-2.04232	5.064568			0
97	97	80.5	10	-2.19187	5.859684			0
98	98	87	10	-2.33196	6.68183			0
99	99	93.5	10	-2.46162	7.522527			0
100	100	100	10	-2.58033	8.377375	-210		541.869034

入力セル
変数セル

Ptotal = -1680　　合計 2142.73601
歪エネルギ 1436.42399
全ポテンシャルエネルギ -706.31202 ←目的セル

5.2 計算例

表 5-2 (2/3)　軸圧縮荷重を受ける片端固定の長方形板の解析結果 - 有限変形理論

要素番号		1	2	3	4	5	6	7	8	9	10
節点番号		1	2	3	4	5	6	7	8	9	10
		2	3	4	5	6	7	8	9	10	11
		22	23	24	25	26	27	28	29	30	31
		21	22	23	24	25	26	27	28	29	30
ヤング率 E		10000	10000	10000	10000	10000	10000	10000	10000	10000	10000
ポアソン比 nu		0.3	0.3	0.3	0.3	0.3	0.3	0.3	0.3	0.3	0.3
節点座標	1 x1	0	3.5	7.5	11.5	15.5	19.5	24	29	34	39
	y1	-10	-10	-10	-10	-10	-10	-10	-10	-10	-10
	2 x2	3.5	7.5	11.5	15.5	19.5	24	29	34	39	44
	y2	-10	-10	-10	-10	-10	-10	-10	-10	-10	-10
	3 x3	3.5	7.5	11.5	15.5	19.5	24	29	34	39	44
	y3	-5	-5	-5	-5	-5	-5	-5	-5	-5	-5
	4 x4	0	3.5	7.5	11.5	15.5	19.5	24	29	34	39
	y4	-5	-5	-5	-5	-5	-5	-5	-5	-5	-5
要素寸法	a	3.5	4	4	4	4	4.5	5	5	5	5
	b	5	5	5	5	5	5	5	5	5	5
節点変位 u	1 u1	0	0.043594	0.092382	0.140083	0.186071	0.229811	0.275062	0.319606	0.357926	0.389069
	v1	0.007111	0.020253	0.067307	0.148253	0.262764	0.410357	0.615048	0.888928	1.20987	1.575789
	2 u2	0.043594	0.092382	0.140083	0.186071	0.229811	0.275062	0.319606	0.357926	0.389069	0.412301
	v2	0.020253	0.067307	0.148253	0.262764	0.410357	0.615048	0.888928	1.20987	1.575789	1.984279
	3 u3	0.006851	0.014352	0.020951	0.02623	0.029718	0.031067	0.021807	0.009706	-0.00803	
	v3	0.009066	0.055798	0.136172	0.249883	0.396489	0.599871	0.872027	1.19102	1.554854	1.961189
	4 u4	0	0.006851	0.014352	0.020951	0.02623	0.029718	0.031067	0.028767	0.021807	0.009706
	v4	-0.004	0.009066	0.055798	0.136172	0.249883	0.396489	0.599871	0.872027	1.19102	1.554854
変形後の節点座標	1 x1'	0	3.543594	7.592382	11.64008	15.68607	19.72981	24.27506	29.31961	34.35793	39.38907
	y1'	-9.99289	-9.97971	-9.93269	-9.85175	-9.73724	-9.58964	-9.38495	-9.11107	-8.79013	-8.42421
	2 x2'	3.543594	7.592382	11.64008	15.68607	19.72981	24.27506	29.31961	34.35793	39.38907	44.4123
	y2'	-9.97975	-9.93269	-9.85175	-9.73724	-9.58964	-9.38495	-9.11107	-8.79013	-8.42421	-8.01572
	3 x3'	3.506851	7.514352	11.52095	15.52623	19.52972	24.03107	29.02877	34.02181	39.00971	43.99197
	y3'	-4.99093	-4.9442	-4.86383	-4.75012	-4.60351	-4.40013	-4.12797	-3.80898	-3.44515	-3.03881
	4 x4'	0	3.506851	7.514352	11.52095	15.52623	19.52972	24.03107	29.02877	34.02181	39.00971
	y4'	-5.004	-4.99093	-4.9442	-4.86383	-4.75012	-4.60351	-4.40013	-4.12797	-3.80898	-3.44515
変形後の節点座標	1 x1'-x1'	0	0	0	0	0	0	0	0	0	0
	y1'-y1'	0	0	0	0	0	0	0	0	0	0
	2 x2'-x1'	3.543594	4.048788	4.047701	4.045987	4.043741	4.04525	5.044545	5.038319	5.031144	5.023232
	y2'-y1'	0.013142	0.047054	0.080947	0.114511	0.147593	0.204691	0.273879	0.320942	0.36592	0.40849

要素番号		74	75	76	77	78	79
節点番号		74	75	76	77	78	79
		75	76	77	78	79	80
		95	96	97	98	99	100
		94	95	96	97	98	99
ヤング率 E		10000	10000	10000	10000	10000	10000
ポアソン比 nu		0.3	0.3	0.3	0.3	0.3	0.3
節点座標	1 x1	61	67.5	74	80.5	87	93.5
	y1	5	5	5	5	5	5
	2 x2	67.5	74	80.5	87	93.5	100
	y2	5	5	5	5	5	5
	3 x3	67.5	74	80.5	87	93.5	100
	y3	10	10	10	10	10	10
	4 x4	61	67.5	74	80.5	87	93.5
	y4	10	10	10	10	10	10
要素寸法	a	6.5	6.5	6.5	6.5	6.5	6.5
	b	5	5	5	5	5	5
節点変位 u	1 u1	-1.17901	-1.30886	-1.4377	-1.56462	-1.68851	-1.80778
	v1	3.590682	4.3141	5.079687	5.879759	6.706214	7.550924
	2 u2	-1.30886	-1.4377	-1.56462	-1.68851	-1.80778	-1.92225
	v2	4.3141	5.079687	5.879759	6.706214	7.550924	8.40537
	3 u3	-1.88466	-2.04232	-2.19187	-2.33196	-2.46162	-2.58033
	v3	4.304463	5.064568	5.859684	6.68183	7.522527	8.377375
	4 u4	-1.72022	-1.88466	-2.04232	-2.19187	-2.33196	-2.46162
	v4	3.586852	4.304463	5.064568	5.859684	6.68183	7.522527
変形後の節点座標	1 x1'	59.82099	66.19114	72.5623	78.93538	85.31149	91.69222
	y1'	8.590682	9.3141	10.07969	10.87976	11.70621	12.55092
	2 x2'	66.19114	72.5623	78.93538	85.31149	91.69222	98.07775
	y2'	9.3141	10.07969	10.87976	11.70621	12.55092	13.40537
	3 x3'	65.61534	71.95768	78.30813	84.66804	91.03838	97.41967
	y3'	14.30446	15.05457	15.85968	16.68183	17.52253	18.37738
	4 x4'	59.27978	65.61534	71.95768	78.30813	84.66804	91.03838
	y4'	13.58685	14.30446	15.05457	15.85968	16.68183	17.52253
変形後の節点座標	1 x1'-x1'	0	0	0	0	0	0
	y1'-y1'	0	0	0	0	0	0
	2 x2'-x1'	6.370145	6.371159	6.373084	6.376104	6.380733	6.385527
	y2'-y1'	0.723418	0.765587	0.800072	0.826454	0.84471	0.854446

131

第 5 章　2次元弾性問題のエネルギ法による直接解法

表 5-2 (3/3)　軸圧縮荷重を受ける片端固定の長方形板の解析結果 - 有限変形理論

要素番号		1	2	3	4	5	6	7	8	9	10		74	75	76	77	78	79
	y2-y1'	0.013142	0.047054	0.080947	0.114511	0.147593	0.204691	0.273879	0.320942	0.36592	0.40949		0.723418	0.765587	0.800072	0.826454	0.84471	0.854446
	3'x3'-x1'	3.506851	3.970758	3.928569	3.886146	3.843647	4.301255	4.753705	4.702201	4.65178	4.602906		5.79435	5.766537	5.745834	5.732661	5.726892	5.727451
	y3'-y1'	5.0001955	5.035545	5.068865	5.101629	5.133725	5.189514	5.256979	5.302093	5.344984	5.3854		5.713782	5.750468	5.779997	5.80207	5.816314	5.826451
辺1->2	4'x4'-x1'	0	-0.03674	-0.07803	-0.11913	-0.15984	-0.20009	-0.244	-0.29084	-0.33612	-0.37936		-0.54121	-0.5758	-0.60462	-0.62725	-0.64344	-0.65384
	y4'-y1'	4.988896	4.988812	4.988491	4.987919	4.987118	4.986132	4.984822	4.9831	4.981151	4.979065		4.96617	4.990363	4.984881	4.979924	4.975616	4.971604
	L12	3.543618	4.049062	4.047607	4.047607	4.046433	4.549857	5.051974	5.048531	5.044433	5.039814		6.411091	6.416992	6.423108	6.429443	6.436403	6.44244
方向余弦	le	0.999993	0.999932	0.9998	0.9996	0.999335	0.998948	0.998529	0.997977	0.997366	0.99671		0.993613	0.992858	0.992212	0.991704	0.991351	0.991166
	me	0.003709	0.011621	0.019994	0.028291	0.036475	0.044989	0.054212	0.063571	0.072539	0.081053		0.112839	0.119306	0.124562	0.128542	0.131239	0.132628
要素座標系における	1 xe1'	0	0	0	0	0	0	0	0	0	0		0	0	0	0	0	0
	ye1'	0	0	0	0	0	0	0	0	0	0		0	0	0	0	0	0
	2 xe2'	3.543618	4.049062	4.048511	4.047607	4.046433	4.549857	5.051974	5.048531	5.044433	5.039814		6.411091	6.416992	6.423108	6.429443	6.436403	6.44244
	ye2'	0	0	0	0	0	0	0	0	0	0		0	0	0	0	0	0
	3 xe3'	3.525377	4.029008	4.029131	4.028921	4.028341	4.530369	5.031708	5.029751	5.027247	5.024262		6.402078	6.411416	6.42105	6.430913	6.440688	6.449603
	ye3'	4.988914	4.989061	4.989303	4.989644	4.990112	4.990752	4.991539	4.992443	4.993467	4.994604		5.023463	5.021412	5.019271	5.017048	5.014412	5.015362
	4 xe4'	0.018502	0.021234	0.021726	0.022028	0.02217	0.024428	0.026602	0.026531	0.026097	0.025451		0.026006	0.023698	0.021011	0.018084	0.015119	0.011307
	ye4'	4.988852	4.988903	4.989054	4.989292	4.98963	4.990085	4.990719	4.99151	4.99214	4.993431		5.025331	5.023415	5.021371	5.019239	5.017025	5.014401
節点変位 ue	1 ue1	0	0	0	0	0	0	0	0	0	0		0	0	0	0	0	0
	ve1	0	0	0	0	0	0	0	0	0	0		0	0	0	0	0	0
	2 ue2	0.043618	0.049062	0.048511	0.047607	0.046433	0.049857	0.051974	0.048531	0.044433	0.039814		-0.08891	-0.08301	-0.07689	-0.07056	-0.0636	-0.05756
	ve2	0	0	0	0	0	0	0	0	0	0		0	0	0	0	0	0
	3 ue3	0.025377	0.029008	0.029131	0.028921	0.028341	0.030369	0.031708	0.029751	0.027247	0.024262		-0.09792	-0.08858	-0.07895	-0.06909	-0.05931	-0.0504
	ve3	-0.01109	-0.01094	-0.0107	-0.01036	-0.00989	-0.00925	-0.00846	-0.00756	-0.00653	-0.0054		0.023463	0.021412	0.019271	0.017048	0.014412	0.015362
	4 ue4	0.018502	0.021234	0.021726	0.022028	0.02217	0.024428	0.026602	0.026531	0.026097	0.025451		0.026006	0.023698	0.021011	0.018084	0.015119	0.011307
	ve4	-0.01115	-0.0111	-0.01096	-0.01071	-0.01037	-0.00991	-0.00928	-0.00849	-0.00759	-0.00657		0.025331	0.023415	0.021371	0.019239	0.017025	0.014401
要素の面積	Ae	17.5	20	20	20	20	22.5	25	25	25	25		32.5	32.5	32.5	32.5	32.5	32.5
beta	b/a	1.428571	1.25	1.25	1.25	1.25	1.111111	1	1	1	1		0.769231	0.769231	0.769231	0.769231	0.769231	0.769231
E/12/(1-nu²)		915.7509	915.7509	915.7509	915.7509	915.7509	915.7509	915.7509	915.7509	915.7509	915.7509		915.7509	915.7509	915.7509	915.7509	915.7509	915.7509
ポアソン比	nu	0.3	0.3	0.3	0.3	0.3	0.3	0.3	0.3	0.3	0.3		0.3	0.3	0.3	0.3	0.3	0.3
		0.00225	0.002849	0.002767	0.002642	0.002481	0.002817	0.002993	0.002522	0.002027	0.001539		0.034281	0.028818	0.023591	0.018728	0.014318	0.010672
		-0.00112	-0.00125	-0.00121	-0.00115	-0.00107	-0.00107	-0.00101	-0.00083	-0.00064	-0.00046		-0.01039	-0.00875	-0.00719	-0.00572	-0.00434	-0.00355
		0.000371	0.000364	0.000351	0.000333	0.000308	0.000276	0.000236	0.000193	0.00015	0.000108		0.001787	0.001508	0.00124	0.000989	0.000743	0.000665
		0.000336	0.000427	0.000427	0.000423	0.000418	0.0005	0.000528	0.000528	0.000528	0.000494		0.000523	0.000461	0.000402	0.000356	0.000312	0.00026
		3.91E-08	2.52E-08	6.2E-08	1.24E-07	2.32E-07	4.45E-07	6.72E-07	8.71E-07	1.12E-06	1.38E-06		3.49E-06	4.01E-06	4.41E-06	4.8E-06	6.83E-06	9.22E-07
		1.63E-08	1.87E-07	5.85E-07	1.18E-06	1.97E-06	3.3E-06	5.19E-06	7.23E-06	9.41E-06	1.16E-05		-3.2E-05	-3.6E-05	-4E-05	-4.3E-05	-5.1E-05	1.77E-05
要素の歪エネルギ	1436.424 Ue	5.587758	6.242866	6.072167	5.800313	5.468312	5.598108	5.455983	4.653898	3.804013	2.964081		44.39883	37.32637	30.56339	24.27901	18.57883	13.92689

5.3. エネルギ法による直接解法と有限要素法との関係

5.1.1 項で説明した微小変形理論のエネルギ法による直接解法は有限要素法と密接な関係があることを説明しよう．長方形要素の歪エネルギの計算式(5-4)に相対変位の式 $u_{e2}=u_2-u_1$, $v_{e2}=v_2-v_1$ 等を代入すると，

$$U_e = \frac{2\beta Et}{12(1-\nu^2)}\begin{bmatrix}(u_3-u_1)^2+(u_4-u_1)^2+(u_2-u_1)(u_3-u_1)\\-(u_2-u_1)(u_4-u_1)-2(u_3-u_1)(u_4-u_1)+(u_2-u_1)^2\end{bmatrix}$$

$$+\frac{3\nu Et}{12(1-\nu^2)}\begin{bmatrix}-(u_2-u_1)(v_2-v_1)+(u_2-u_1)(v_3-v_1)+(u_2-u_1)(v_4-v_1)\\-(u_3-u_1)(v_2-v_1)+(u_3-u_1)(v_3-v_1)+(u_3-u_1)(v_4-v_1)\\+(u_4-u_1)(v_2-v_1)-(u_4-u_1)(v_3-v_1)-(u_4-u_1)(v_4-v_1)\end{bmatrix}$$

$$+\frac{2Et}{\beta 12(1-\nu^2)}\begin{bmatrix}(v_2-v_1)^2+(v_3-v_1)^2-2(v_2-v_1)(v_3-v_1)\\-(v_2-v_1)(v_4-v_1)+(v_3-v_1)(v_4-v_1)+(v_4-v_1)^2\end{bmatrix}$$

$$+\frac{Et(1-\nu)}{\beta 12(1-\nu^2)}\begin{bmatrix}(u_2-u_1)^2+(u_3-u_1)^2-2(u_2-u_1)(u_3-u_1)\\-(u_2-u_1)(u_4-u_1)+(u_3-u_1)(u_4-u_1)+(u_4-u_1)^2\end{bmatrix}$$

$$+\frac{Et(1-\nu)}{12(1-\nu^2)}\frac{3}{2}\begin{bmatrix}-(u_2-u_1)(v_2-v_1)-(u_2-u_1)(v_3-v_1)+(u_2-u_1)(v_4-v_1)\\+(u_3-u_1)(v_2-v_1)+(u_3-u_1)(v_3-v_1)\\-(u_3-u_1)(v_4-v_1)+(u_4-u_1)(v_2-v_1)+(u_4-u_1)(v_3-v_1)\\-(u_4-u_1)(v_4-v_1)\end{bmatrix}$$

$$+\frac{\beta Et(1-\nu)}{12(1-\nu^2)}\begin{bmatrix}(v_3-v_1)^2+(v_4-v_1)^2+(v_2-v_1)(v_3-v_1)-(v_2-v_1)(v_4-v_1)\\-2(v_3-v_1)(v_4-v_1)+(v_2-v_1)^2\end{bmatrix}$$

となり，展開して整理すると次の式が得られる．

第5章　2次元弾性問題のエネルギ法による直接解法

$$U_e = \frac{2\beta Et}{12(1-\nu^2)} \begin{bmatrix} u_3^2 + u_1^2 - 2u_1u_3 + u_4^2 + u_1^2 - 2u_1u_4 + u_2^2 + u_1^2 - 2u_1u_2 \\ +u_2u_3 - u_1u_2 - u_1u_3 + u_1^2 - u_2u_4 + u_1u_2 + u_1u_4 - u_1^2 \\ -2u_3u_4 + 2u_1u_3 + 2u_1u_4 - 2u_1^2 \end{bmatrix}$$

$$+ \frac{3\nu Et}{12(1-\nu^2)} \begin{bmatrix} -u_2v_2 + u_2v_1 + u_1v_2 - u_1v_1 + u_2v_3 - u_2v_1 - u_1v_3 + u_1v_1 \\ +u_2v_4 - u_2v_1 - u_1v_4 + u_1v_1 - u_3v_2 + u_3v_1 + u_1v_2 - u_1v_1 \\ +u_3v_3 - u_3v_1 - u_1v_3 + u_1v_1 + u_3v_4 - u_3v_1 - u_1v_4 + u_1v_1 \\ +u_4v_2 - u_4v_1 - u_1v_2 + u_1v_1 - u_4v_3 + u_4v_1 + u_1v_3 - u_1v_1 \\ -u_4v_4 + u_4v_1 + u_1v_4 - u_1v_1 \end{bmatrix}$$

$$+ \frac{2Et}{\beta 12(1-\nu^2)} \begin{bmatrix} v_2^2 - 2v_1v_2 + v_1^2 + v_3^2 - 2v_1v_3 + v_1^2 - 2v_2v_3 + 2v_1v_2 + 2v_1v_3 \\ -2v_1^2 - v_2v_4 + v_1v_2 + v_1v_4 - v_1^2 + v_3v_4 - v_1v_3 - v_1v_4 + v_1^2 \\ +v_4^2 - 2v_1v_4 + v_1^2 \end{bmatrix}$$

$$+ \frac{Et(1-\nu)}{\beta 12(1-\nu^2)} \begin{bmatrix} u_2^2 - 2u_1u_2 + u_1^2 + u_3^2 - 2u_1u_3 + u_1^2 + u_4^2 - 2u_1u_4 + u_1^2 \\ -2u_2u_3 + 2u_1u_2 + 2u_1u_3 - 2u_1^2 \\ -u_2u_4 + u_1u_2 + u_1u_4 - u_1^2 + u_3u_4 - u_1u_3 - u_1u_4 + u_1^2 \end{bmatrix}$$

$$+ \frac{Et(1-\nu)}{12(1-\nu^2)} \frac{3}{2} \begin{bmatrix} -u_2v_2 + u_2v_1 + u_1v_2 - u_1v_1 \\ -u_2v_3 + u_2v_1 + u_1v_3 - u_1v_1 \\ +u_2v_4 - u_2v_1 - u_1v_4 + u_1v_1 \\ +u_3v_2 - u_3v_1 - u_1v_2 + u_1v_1 \\ +u_3v_3 - u_3v_1 - u_1v_3 + u_1v_1 \\ -u_3v_4 + u_3v_1 + u_1v_4 - u_1v_1 \\ +u_4v_2 - u_4v_1 - u_1v_2 + u_1v_1 \\ +u_4v_3 - u_4v_1 - u_1v_3 + u_1v_1 \\ -u_4v_4 + u_4v_1 + u_1v_4 - u_1v_1 \end{bmatrix}$$

$$+ \frac{\beta Et(1-\nu)}{12(1-\nu^2)} \begin{bmatrix} v_3^2 - 2v_1v_3 + v_1^2 + v_4^2 - 2v_1v_4 + v_1^2 + v_2^2 - 2v_1v_2 + v_1^2 \\ +v_2v_3 - v_1v_2 - v_1v_3 + v_1^2 \\ -v_2v_4 + v_1v_2 + v_1v_4 - v_1^2 \\ -2v_3v_4 + 2v_1v_3 + 2v_1v_4 - 2v_1^2 \end{bmatrix}$$

この歪エネルギの式を行列で表示すると次のようになる．

5.3　エネルギ法による直接解法と有限要素法との関係

$$U_e = \frac{1}{2}(\mathbf{u}_e)^T [\mathbf{K}_e](\mathbf{u}_e) = \frac{1}{2}\begin{pmatrix} u_1 \\ v_1 \\ u_2 \\ v_2 \\ u_3 \\ v_3 \\ u_4 \\ v_4 \end{pmatrix}^T [\mathbf{K}_e] \begin{pmatrix} u_1 \\ v_1 \\ u_2 \\ v_2 \\ u_3 \\ v_3 \\ u_4 \\ v_4 \end{pmatrix} \tag{5-11}$$

$$[\mathbf{K}_e] = \frac{Et}{12(1-\nu^2)}\begin{bmatrix} 4\beta+2(1-\nu)\beta^{-1} & \frac{3}{2}(1+\nu) & -4\beta+(1-\nu)\beta^{-1} & -\frac{3}{2}(1-3\nu) & -2\beta-(1-\nu)\beta^{-1} & -\frac{3}{2}(1+\nu) & 2\beta-2(1-\nu)\beta^{-1} & \frac{3}{2}(1-3\nu) \\ & 4\beta^{-1}+2(1-\nu)\beta & \frac{3}{2}(1-3\nu) & 2\beta^{-1}-2(1-\nu)\beta & -\frac{3}{2}(1+\nu) & -2\beta^{-1}-(1-\nu)\beta & -\frac{3}{2}(1-3\nu) & -4\beta^{-1}+(1-\nu)\beta \\ & & 4\beta+2(1-\nu)\beta^{-1} & -\frac{3}{2}(1+\nu) & 2\beta-2(1-\nu)\beta^{-1} & -\frac{3}{2}(1-3\nu) & -2\beta-(1-\nu)\beta^{-1} & \frac{3}{2}(1+\nu) \\ & & & 4\beta^{-1}+2(1-\nu)\beta & \frac{3}{2}(1-3\nu) & -4\beta^{-1}+(1-\nu)\beta & \frac{3}{2}(1+\nu) & -2\beta^{-1}-(1-\nu)\beta \\ & & & & 4\beta+2(1-\nu)\beta^{-1} & \frac{3}{2}(1+\nu) & -4\beta+(1-\nu)\beta^{-1} & -\frac{3}{2}(1-3\nu) \\ & \text{Symmetry} & & & & 4\beta^{-1}+2(1-\nu)\beta & \frac{3}{2}(1-3\nu) & 2\beta^{-1}-2(1-\nu)\beta \\ & & & & & & 4\beta+2(1-\nu)\beta^{-1} & -\frac{3}{2}(1+\nu) \\ & & & & & & & 4\beta^{-1}+2(1-\nu)\beta \end{bmatrix}$$

$$\tag{5-12}$$

第 5 章 ２次元弾性問題のエネルギ法による直接解法

有限要素法では，式(5-12)で示す $[\mathbf{K}_e]$ を長方形要素の要素剛性マトリックスと呼び，有限要素法ハンドブック[25] に載っている式と一致している．ポテンシャルエネルギを行列で表すと次のようになる．

$$\Pi = \sum_{all\ elements} U_e - \sum_{all\ grids} \left(F_{xj}u_j + F_{yj}v_j \right)$$
$$= \sum_{all\ elements} \frac{1}{2}(\mathbf{u}_e)^T [\mathbf{K}_e](\mathbf{u}_e) - (\mathbf{u})^T (\mathbf{F}) \qquad (5\text{-}13)$$
$$= \frac{1}{2}(\mathbf{u})^T [\mathbf{K}](\mathbf{u}) - (\mathbf{u})^T (\mathbf{F})$$

ここで，$(\mathbf{u}) = \begin{pmatrix} u_1 \\ v_1 \\ u_2 \\ v_2 \\ \vdots \\ u_n \\ v_n \end{pmatrix}$ ：節点変位ベクトル，

$(\mathbf{F}) = \begin{pmatrix} F_1 \\ F_{1y} \\ F_{2x} \\ F_{2y} \\ \vdots \\ F_{nx} \\ F_{ny} \end{pmatrix}$ ：節点の外力ベクトル，n：節点数

全体剛性マトリックス$[\mathbf{K}]$ は変位ベクトル $(\mathbf{u})$ の配列に合わせてすべての要素の $[\mathbf{K}_e]$ を足し合わせたもの．

ポテンシャルエネルギ最小の原理は，

$$\frac{d\Pi}{d(\mathbf{u})}\Pi = [\mathbf{K}](\mathbf{u}) - (\mathbf{F}) = (\mathbf{0}) \qquad (5\text{-}14)$$

となり，この式を書きかえると，

$$(\mathbf{F}) = [\mathbf{K}](\mathbf{u}) \qquad (5\text{-}15)$$

5.3 エネルギ法による直接解法と有限要素法との関係

この式に変位境界条件と力学的境界条件を入れることによって，1次の多元連立方程式となって解くことができる．これが有限要素法である．

このように有限要素法とエネルギ法による直接解法は，ともにポテンシャルエネルギ最小の原理に基づいており，まったく同じ方程式(5-13)，(5-14)を用いている．ただ，方程式の解き方が異なるだけである．

有限要素法では多元連立方程式を解くため，計算において大きな行列演算が必要である．有限変形理論の場合，非線形となるので繰り返し計算が必要になる．

エネルギ法による直接解法では大きな行列演算が不要である．エネルギ法による直接解法では有限変形理論の場合も微小変形理論の場合と計算方法が大きく変わるわけではない．MS-Excel を使う場合には，ソルバーの変数の数に制限（200個まで）があり，大きな問題を解くことができない．

本章で説明したエネルギ法による直接解法では，歪エネルギの積分を長方形要素ごとに行ったので，解析できる形状が長方形だけであるが，歪エネルギを三角形要素や一般の四辺形要素で計算すれば，自由な2次元形状を解析できるようになる．有限要素法ハンドブック[25]等に載っている三角形要素や四辺形要素の要素剛性マトリックスの計算式を使えば，式(5-11)で歪エネルギを計算することにより，エネルギ法による直接解法に適用することができる．

第2部　構造物の解析法

　本書で扱う構造物は，トラス，梁，ねじり荷重を受けるチューブである．これらの構造は単純ではあるが，基本的な構造なのでこれらを理解できるようになれば，他の構造物を理解する基礎力が養われる．

　解析技術が発達し，有限要素法を使って複雑な問題を解くことができるようになってはきたが，有限要素法を使って解析するにしても，現実の複雑な構造物を単純化せずにそのまま解析することは無理で，トラスや梁のような単純なモデルにして解析する必要がある．したがって，構造物の力学的な働きを解析するには，まず巨視的な観点で，構造物を構成する部材の力の釣り合いを知ることから始める．その結果を利用して，部材の内部の応力分布を解析するのである．第2部では基本的な構造物の巨視的な解析をおこなう方法について説明する．

第6章 トラス構造

本章では，1次元の軸力部材を組み合わせてできている最も基本的な構造物であるトラス構造の解析法を説明する．

まず，トラス構造に弾性論の基礎方程式とエネルギ原理を適用する．この基礎方程式とエネルギ原理を使って簡単な不静定トラスを解き，ポテンシャルエネルギ停留（または最小）の原理を使った解き方が最も簡単であることを示す．

次にポテンシャルエネルギ停留（または最小）の原理を使ったエネルギ法による直接解法のトラス解析ツールを紹介し，いろいろなトラス構造の例題を解いてみよう．

最後に，トラス構造に関し，エネルギ法による直接解法と有限要素法との関係を説明する．

6.1. トラス構造とは

トラス（Truss）構造の根底にある考えは，棒をピンで結合して作られた平面四角形は形状を保つことができないが，平面三角形は形状を保つことができるということである．したがって，トラスは三角形を基本として構成される．図6-1の上の四角形はどこかを押すと平行四辺形になってしまう．しかし，左下の三角形は安定していて，頂点を押しても形状が変形しない．そこで，四角形を安定させるために，右下の図のように筋交いを入れる．このふたつの安定な構造はトラスである．3次元になっても同様で，不安定な場所に棒を加えて安定化させてトラスにすることができる．このように，トラスは構造物の基本である．トラスを構成する部材には軸力だけが発生するため，機能が単純である．

トラス構造は身近にたくさんあり，特に大きな構造が多いので，だれもが必ず見たことがある．トラス構造の例を見てみよう．図6-2（近鉄京都線澱川橋梁，ペチットトラス形式，1928年完成）に示すような鉄橋は一番よく目にするトラス構造のひとつである．橋で用いられるトラスの形態の種類を図

第6章 トラス構造

6-3 に示す．それぞれ規則的な美しい形態をしている．送電鉄塔（図 6-4）もよく見かけるトラス構造である．東京タワー，東京スカイツリー（図 7-4）もトラスでできている．橋や鉄塔には機能美を見出すことができる．

　トラス構造の利点は，軸力部材だけで構成されていて，構造が単純，効率がよい，設計・解析しやすい，製造しやすいというところにある．

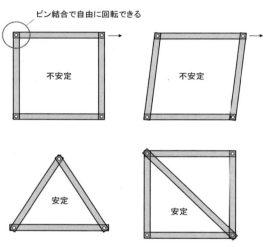

図 6-1　棒で作った四角形と三角形の安定性

6.1 トラス構造とは

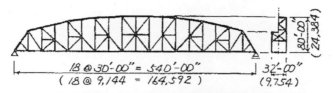

図 6-2 近鉄京都線澱川橋梁 – スパン 165 m

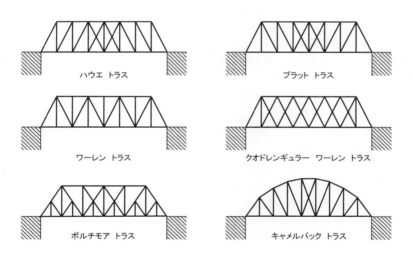

図 6-3 橋で用いられるトラスの種類（サルバドリー [17]）

第 6 章　トラス構造

図 6-4　送電鉄塔

6.1.1.　トラスの前提

　実際のトラス構造では，各部材をピン結合していることはほとんどなく，溶接結合したり，ガセットを使ってリベット結合したりする（図 6-5，図 6-6 の(a)）．それでも，トラス構造を解析する前提として，部材がピン結合されていて結合部で摩擦無しで自由に回転し，曲げモーメントを伝達しないと仮定している（図 6-6 の(b)）．この仮定を用いることで解析が非常に簡単になる．

　この仮定の妥当性を考えてみる．図 6-7 の(a) に示すトラスに働く荷重が結合点に作用するとした場合（(b)），ピン結合ならば部材には軸力だけが発生する．しかし，溶接結合やガセットを使った結合の場合には，(c) に示すように結合部が曲げで荷重を伝達するため，部材には曲げモーメントも発生する．ただし，結合する部材の中心軸を一点に集まるように配置する（図 6-5 の左の図）ことによって曲げモーメントを最小限に抑えることができる．部材の曲げモーメントは 2 次的なものと考え，まずピン結合として解析しておいて，後から 2 次的な曲げを付加することで対処する．荷重が結合点に作用しない場合についても，まず，結合点に荷重を分配してトラスとして解析し，後で実際の荷重による曲げ成分を計算して加える．このように，部材に作用する主要な力である軸力を計算するにはトラスとして解析すればよい．

6.1 トラス構造とは

トラス構造は次のように定義される．複数の部材の両端をピン結合（結合部で自由に回転できる）してできた構造で，結合点で支持され，結合点に外力が負荷される．各部材の両端には互いに反対向きの力が作用する．

図 6-5　トラス橋の部材結合の例（ガセットを使ったリベット結合）
－ 木曽川橋（岐阜県羽島郡笠松町側）

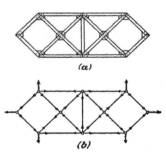
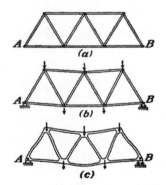

図 6-6　トラスの結合部の仮定　　図 6-7　結合部近傍の 2 次曲げ

第6章 トラス構造

6.1.2. 静定トラスと不静定トラス

構造の安定に必要な最低限の部材の数でできているトラスのことを静定トラスという．静定トラスでは釣り合い方程式だけですべての部材の軸力が決まる．静定トラスに余分な部材を追加すると，釣り合い方程式だけでは部材の軸力が決まらなくなり，これを不静定トラスという．不静定トラスの部材の軸力を求めるには変形を計算しなければならない．静定トラスでは部材の断面積が変わっても部材の軸力は変わらないが，不静定トラスでは部材の断面積が変わると部材軸力の分担が変わってしまう．静定トラスと不静定トラスの例を図 6-8 に示す．

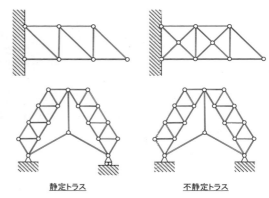

図 6-8 静定トラスと不静定トラス

6.2. トラスの基礎方程式

6.2.1. 軸力部材の構成方程式について

3.3 項と 4.5.2 項で長方形板の一様引張の弾性挙動を検討し，有限変形理論と微小変形理論の違いを見た．この結果を参考にして，トラスの構成要素である軸力部材の構成方程式（応力-歪関係式）についてもう一度考察してみよう．

一様引張をうける長方形板は軸力部材（図 6-9）を模擬したものと考えられるので，応力と歪の関係式がトラスの軸力 P と伸び変位 δ の関係に対応している．また，歪エネルギ U の式も軸力 P と伸び変位 δ で表すことができる．

微小変形理論では，工学歪と公称応力の間にフックの法則が成り立つとすると，式(4-53), (4-54)より，

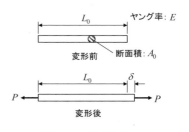

図 6-9 軸力部材

6.2 トラスの基礎方程式

$$\delta = \frac{PL_0}{EA_0} \tag{6-1}$$

$$U = \frac{P^2 L_0}{2EA_0} = \frac{\left[\dfrac{\delta EA_0}{L_0}\right]^2 L_0}{2EA_0} = \frac{EA_0 \delta^2}{2L_0} \tag{6-2}$$

有限変形理論では，グリーンの歪とキルヒホッフの応力の間にフックの法則が成り立つとすると，式(3-19)，(3-20)より，

$$\frac{\delta}{L_0} + \frac{1}{2}\left(\frac{\delta}{L_0}\right)^2 = \frac{P}{EA_0\left(1+\dfrac{\delta}{L_0}\right)} \tag{6-3}$$

$$U = \frac{P^2 L_0}{2EA_0\left(1+\dfrac{\delta}{L_0}\right)^2} = \frac{\left[\dfrac{\delta}{L_0} + \dfrac{1}{2}\left(\dfrac{\delta}{L_0}\right)^2\right]^2 \left[EA_0\left(1+\dfrac{\delta}{L_0}\right)\right]^2 L_0}{2EA_0\left(1+\dfrac{\delta}{L_0}\right)^2}$$

$$= \frac{EA_0 L_0}{2}\left[\frac{\delta}{L_0} + \frac{1}{2}\left(\frac{\delta}{L_0}\right)^2\right]^2 \tag{6-4}$$

ここで，有限変形理論の仮想仕事の原理の式(3-12)の左辺（仮想変位によって生じる内部仕事＝歪エネルギ）に立ち返ってみる．

$$\iint_{A_0}\left[s_x \delta e_x + 2s_{xy}\delta e_{xy} + s_y \delta e_y\right]t_0 dA \Rightarrow \iint_{S_0}\left[s_x \delta e_x + 2s_{xy}\delta e_{xy} + s_y \delta e_y\right]t_0 dS$$

（軸力部材の断面積 A_0 と区別するため2次元物体の領域を S_0 と書きかえた．）

軸力部材ではこの式の第1項だけが有効であり，工学歪 $\varepsilon_x = \dfrac{\delta}{L_0}$ を使ってグリーンの歪を表し，$s_x = \dfrac{P}{A_0(1+\varepsilon_x)}$ を使ってキルヒホッフの応力を表すと，

第6章 トラス構造

$$\iint_{S_0} s_x \delta e_x t_0 dS = \int_{L_0} \frac{P}{A_0(1+\varepsilon_x)} \delta\left(\varepsilon_x + \frac{1}{2}\varepsilon_x^2\right) A_0 dx$$

$$= \int_{L_0} \frac{P}{A_0(1+\varepsilon_x)} \left(\delta\varepsilon_x + \varepsilon_x \delta\varepsilon_x\right) A_0 dx \quad (6\text{-}5)$$

$$= \int_{L_0} \frac{P}{A_0} \delta\varepsilon_x A_0 dx$$

$$= \int_{L_0} \sigma_x \delta\varepsilon_x A_0 dx$$

ここで，$\sigma_x = \dfrac{P}{A_0}$：公称応力

となる．この式は有限変形理論でも，棒の一軸引張では公称応力と工学歪が共役関係にあることを示している．したがって，トラスの解析の場合には，有限変形理論において公称応力と工学歪の間にフックの法則を使っても厳密な理論となる．そこで，本書のトラス理論では，有限変形理論においても公称応力と工学歪の間にフックの法則（式(6-1)）が成り立つとする．そうすると，歪エネルギの式は，微小変形理論，有限変形理論のどちらでも式(6-2)を使うことができる．4.5.2 項で説明したように，歪が小さい場合は，実用的にはフックの法則として，式(6-3)と式(6-1)のどちらを使ってもほとんど差はない．式(6-5)をさらに書き換えると，

$$\iint_{S_0} \sigma_x \delta\varepsilon_x t_0 dS = \int_{L_0} \frac{P}{A_0} \delta\varepsilon_x A_0 dx = \frac{P}{A_0} \delta\varepsilon_x A_0 L_0 \quad (6\text{-}6)$$

$$= PL_0 \delta\varepsilon_x = P\delta(\delta)$$

となり，軸力と軸方向変位が共役であると言ってもよい．

6.2.2. トラスの有限変形理論

2次元有限変形理論の式をトラスに応用する．トラスの部材は1次元の棒であるので，釣り合い式を3次元で考えれば，3次元トラス（図6-10）に拡張することができる．

6.2 トラスの基礎方程式

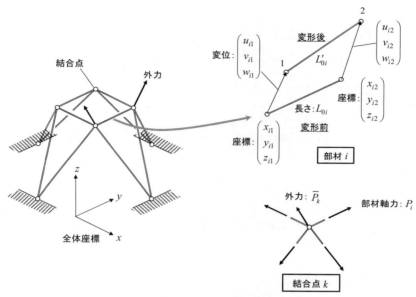

図 6-10　3次元トラス

6.2.2.1. 基礎方程式
（1）釣り合い方程式

トラスの釣り合い方程式を部材の軸力で表示する．<u>変形後のトラスの結合点において</u>，結合点に集まるすべての部材の軸力と外力の合計がゼロになる．式で表すと，

$$\sum_i P_{ix} + \overline{P}_{kx} = 0, \quad \sum_i P_{iy} + \overline{P}_{ky} = 0, \quad \sum_i P_{iz} + \overline{P}_{kz} = 0 \tag{6-7}$$

ここで，k：結合点番号，i：部材番号，P_i：部材 i の軸力，
　　　　P_{ix}：部材 i の軸力の x 方向成分，
　　　　$\overline{P}_{kx}$：節点番号 k に作用する外力の x 方向成分

（2）変位-歪関係式

変形前の部材 i の長さを L_{0i}，変形後の部材 i の長さを L'_{0i} とすると，伸び δ_i は，

第 6 章　トラス構造

$$\begin{aligned}\delta_i &= L'_{oi} - L_{0i} \\ &= \sqrt{\begin{array}{c}(x_{i2}+u_{i2}-x_{i1}-u_{i1})^2 + (y_{i2}+v_{i2}-y_{i1}-v_{i1})^2 \\ + (z_{i2}+w_{i2}-z_{i1}-w_{i1})^2\end{array}} \\ &\quad - \sqrt{(x_{i2}-x_{i1})^2+(y_{i2}-y_{i1})^2+(z_{i2}-z_{i1})^2}\end{aligned} \qquad (6\text{-}8)$$

ここで，$\begin{pmatrix} x_{i1} \\ y_{i1} \\ z_{i1} \end{pmatrix}$：部材 i の結合点 1 の全体座標，$\begin{pmatrix} x_{i2} \\ y_{i2} \\ z_{i2} \end{pmatrix}$：部材 i の結合

点 2 の全体座標，

$\begin{pmatrix} u_{i1} \\ v_{i1} \\ w_{i1} \end{pmatrix}$：部材 i の結合点 1 の全体座標系における変位，

$\begin{pmatrix} u_{i2} \\ v_{i2} \\ w_{i2} \end{pmatrix}$：部材 i の結合点 2 の全体座標系における変位

（3）応力-歪関係式

部材 i のヤング率を E_i，変形前の断面積を A_{0i} とすると，式(6-1)より，

$$\delta_i = \frac{P_i L_{0i}}{E_i A_{0i}} \qquad (6\text{-}9)$$

（4）変位境界条件

図 6-10 に示すように，結合点のいくつかを固定する．

（5）力学的境界条件

図 6-10 に示すように，結合点に外力を負荷する．

6.2.2.2.　トラスの仮想仕事の原理

式(6-6)によると，部材 i の内部仮想仕事は次のようになる．

$$\int_{L_0} \sigma_x \delta\varepsilon_x A_0 dx = P_i \delta(\delta_i) \qquad (6\text{-}10)$$

6.2 トラスの基礎方程式

トラス構造全体に関して仮想仕事の原理の式を書くと,

$$\sum_{all\ members} P_i \delta(\delta_i) = \sum_{\substack{all\ external \\ forces}} \left(\bar{X}_k \delta u_k + \bar{Y}_l \delta v_l + \bar{Z}_m \delta w_m \right) \quad (6\text{-}11)$$

釣り合い状態にあるトラスに,変位境界条件と変位-歪関係式(6-8)を満足する仮想変位を与えたとき,仮想変位によって生じる内力(軸力)による仮想仕事は外力による仮想仕事と等しい.

6.2.2.3. トラスのポテンシャルエネルギ停留の原理

トラスの仮想仕事の原理(6-11)の左辺に応力-歪関係式(6-9)を代入すると,

$$\sum_{all\ members} P_i \delta(\delta_i) = \sum_{all\ members} \frac{E_i A_{0i}}{L_{0i}} \delta_i \delta(\delta_i) = \sum_{all\ members} \frac{E_i A_{0i}}{2 L_{0i}} \delta(\delta_i^2)$$

したがって,

$$\sum_{all\ members} \frac{E_i A_{0i}}{2 L_{0i}} \delta(\delta_i^2) = \sum_{\substack{all\ external \\ forces}} \left(\bar{X}_k \delta u_k + \bar{Y}_l \delta v_l + \bar{Z}_m \delta w_m \right)$$

さらに,

$$\delta \sum_{all\ members} \frac{E_i A_{0i}}{2 L_{0i}} \delta_i^2 = \delta \sum_{\substack{all\ external \\ forces}} \left(\bar{X}_k u_k + \bar{Y}_l v_l + \bar{Z}_m w_m \right)$$

全ポテンシャルエネルギ Π を

$$\Pi = \sum_{all\ members} \frac{E_i A_{0i}}{2 L_{0i}} \delta_i^2 - \sum_{\substack{all\ external \\ forces}} \left(\bar{X}_k u_k + \bar{Y}_l v_l + \bar{Z}_m w_m \right) \quad (6\text{-}12)$$

とすると,ポテンシャルエネルギ停留の原理が次のように表される.

$$\delta \Pi = \delta \sum_{all\ members} \frac{E_i A_{0i}}{2 L_{0i}} \delta_i^2 - \delta \sum_{\substack{all\ external \\ forces}} \left(\bar{X}_k u_k + \bar{Y}_l v_l + \bar{Z}_m w_m \right) = 0 \quad (6\text{-}13)$$

変位境界条件と変位-歪関係式(6-8)を満足する変位場のうち,正解は全ポテンシャルエネルギを停留値とする.

第6章　トラス構造

6.2.3. トラスの微小変形理論

有限変形理論との違いは，釣り合い方程式を変形前の形状で考えることであり，歪を線形化することで微小変形理論となる．

6.2.3.1. 基礎方程式

（1）釣り合い方程式

トラスの釣り合い方程式を部材の軸力で表示する．変形前のトラスの結合点において，結合点に集まるすべての部材の軸力と外力の合計がゼロになる．式で表すと，

$$\sum_i P_{ix} + \overline{P}_{kx} = 0, \quad \sum_i P_{iy} + \overline{P}_{ky} = 0, \quad \sum_i P_{iz} + \overline{P}_{kz} = 0 \tag{6-14}$$

ここで，k：結合点番号，i：部材番号，P_i：部材 i の軸力，

P_{ix}：部材 i の軸力の x 方向成分

$\overline{P}_{kx}$：結合点番号 k に作用する外力の x 方向成分

（2）変位-歪関係式

変形前の部材 i の長さを L_{0i}，変形後の部材 i の長さを L'_{0i} とすると，伸び δ_i は，

$$\begin{aligned}
\delta_i &= L'_{oi} - L_{0i} \\
&= \sqrt{(x_{i2}+u_{i2}-x_{i1}-u_{i1})^2 + (y_{i2}+v_{i2}-y_{i1}-v_{i1})^2 + (z_{i2}+w_{i2}-z_{i1}-w_{i1})^2} \\
&\quad - \sqrt{(x_{i2}-x_{i1})^2 + (y_{i2}-y_{i1})^2 + (z_{i2}-z_{i1})^2} \\
&= \sqrt{\begin{aligned}&(x_{i2}-x_{i1})^2 + (y_{i2}-y_{i1})^2 + (z_{i2}-z_{i1})^2 \\ &+2(x_{i2}-x_{i1})(u_{i2}-u_{i1}) + 2(y_{i2}-y_{i1})(v_{i2}-v_{i1}) + 2(z_{i2}-z_{i1})(w_{i2}-w_{i1}) \\ &+(u_{i2}-u_{i1})^2 + (v_{i2}-v_{i1})^2 + (w_{i2}-w_{i1})^2\end{aligned}} \\
&\quad - \sqrt{(x_{i2}-x_{i1})^2 + (y_{i2}-y_{i1})^2 + (z_{i2}-z_{i1})^2} \\
&= L_{0i}\left[1 + 2\frac{(x_{i2}-x_{i1})(u_{i2}-u_{i1})}{L_{0i}^2} + 2\frac{(y_{i2}-y_{i1})(v_{i2}-v_{i1})}{L_{0i}^2} \right. \\
&\qquad \left. + 2\frac{(z_{i2}-z_{i1})(w_{i2}-w_{i1})}{L_{0i}^2} + \frac{(u_{i2}-u_{i1})^2}{L_{0i}^2} + \frac{(v_{i2}-v_{i1})^2}{L_{0i}^2} + \frac{(w_{i2}-w_{i1})^2}{L_{0i}^2}\right]^{\frac{1}{2}} \\
&\quad - L_{0i}
\end{aligned}$$

変

6.2 トラスの基礎方程式

位が微小であるという条件を使って伸びを線形化すると，

$$\delta_i \cong \frac{(x_{i2}-x_{i1})(u_{i2}-u_{i1})}{L_{0i}} + \frac{(y_{i2}-y_{i1})(v_{i2}-v_{i1})}{L_{0i}} + \frac{(z_{i2}-z_{i1})(w_{i2}-w_{i1})}{L_{0i}} \quad (6\text{-}15)$$
$$= l_i(u_{i2}-u_{i1}) + m_i(v_{i2}-v_{i1}) + n_i(w_{i2}-w_{i1})$$

ここで， $l_i = \frac{x_{i2}-x_{i1}}{L_{0i}}$, $m_i = \frac{y_{i2}-y_{i1}}{L_{0i}}$, $n_i = \frac{z_{i2}-z_{i1}}{L_{0i}}$ ：変形前の部材の方向余弦 (6-16)

（3）応力-歪関係式

有限変位理論と同じである．部材 i のヤング率を E_i，変形前の断面積を A_{0i} とすると，式(6-1)より，

$$\delta_i = \frac{P_i L_{0i}}{E_i A_{0i}} \quad (6\text{-}9)$$

（4）変位境界条件

図6-10に示すように，結合点のいくつかを固定する．

（5）力学的境界条件

図6-10に示すように，結合点に外力を負荷する．

6.2.3.2. トラスの仮想仕事の原理 – 微小変形理論

式の形の上では有限変形理論と同じである．トラス構造全体に関して仮想仕事の原理の式を書くと，

$$\sum_{\text{all members}} P_i \delta(\delta_i) = \sum_{\substack{\text{all external} \\ \text{forces}}} \left(\bar{X}_k \delta u_k + \bar{Y}_l \delta v_l + \bar{Z}_m \delta w_m \right) \quad (6\text{-}17)$$

釣り合い状態にあるトラスに，変位境界条件と微小変形理論の変位-歪関係式(6-15)を満足する仮想変位を与えたとき，仮想変位によって生じる内力（軸力）による仕事は外力による仕事と等しい．

6.2.3.3. トラスのポテンシャルエネルギ最小の原理

式の形の上では有限変形理論と同じである．全ポテンシャルエネルギ Π を

第6章　トラス構造

$$\Pi = \sum_{all\ members} \frac{E_i A_{0i}}{2L_{0i}} \delta_i^2 - \sum_{\substack{all\ external \\ forces}} \left(\bar{X}_k u_k + \bar{Y}_l v_l + \bar{Z}_m w_m \right) \quad (6\text{-}18)$$

とすると，ポテンシャルエネルギ停留の原理が次のように表される．

$$\delta\Pi = \delta \sum_{all\ members} \frac{E_i A_{0i}}{2L_{0i}} \delta_i^2 - \delta \sum_{\substack{all\ external \\ forces}} \left(\bar{X}_k u_k + \bar{Y}_l v_l + \bar{Z}_m w_m \right) = 0 \quad (6\text{-}19)$$

変位境界条件と微小変形理論の変位-歪関係式(6-15)を満足する変位場のうち，正解は全ポテンシャルエネルギを最小とする．

6.2.3.4.　トラスの補仮想仕事の原理

補仮想仕事の原理の式(4-30)と応力-歪関係式(6-9)より，

$$\sum_{all\ members} \delta_i \delta P_i = \sum_{\substack{all\ forced \\ displacements}} \left(\delta X_k \bar{u}_k + \delta Y_l \bar{v}_l + \delta Z_m \bar{w}_m \right) \quad (6\text{-}20)$$

変形前の形状における釣り合い方程式(6-14)と力学的境界条件を満足する任意の仮想軸力を正解に付加したときに発生する内部仕事は，仮想軸力によって発生する外部仕事に等しい．

6.2.3.5.　トラスのコンプリメンタリエネルギ最小の原理

コンプリメンタリエネルギ最小の原理の式(4-31)から(4-34)より，全コンプリメンタリエネルギを

$$\Pi_c = \sum_{all\ members} \frac{L_{0i}}{2E_i A_{0i}} P_i^2 - \sum_{\substack{all\ forced \\ displacements}} \left(X_k \bar{u}_k + Y_l \bar{v}_l + Z_m \bar{w}_m \right) \quad (6\text{-}21)$$

とすると，

$$\delta\Pi_c = \delta \sum_{all\ members} \frac{L_{0i}}{2E_i A_{0i}} P_i^2 - \delta \sum_{\substack{all\ forced \\ displacements}} \left(X_k \bar{u}_k + Y_l \bar{v}_l + Z_m \bar{w}_m \right) = 0 \quad (6\text{-}22)$$

が成り立つ．すなわち，変形前の釣り合い方程式(6-14)と力学的境界条件を満足する軸力のうち，正解が全コンプリメンタリエネルギを最小にする．

6.3. 2次元不静定トラスの解き方の種類

簡単な2次元不静定トラスをいろいろな方法で解くことによって，それぞれの解き方の特徴を見てみる．適用する方法は以下の5種類である．

- 弾性理論の基礎方程式
  - 有限変形理論
  - 微小変形理論
- 仮想仕事の原理
  - 有限変形理論
  - 微小変形理論
- ポテンシャルエネルギ停留（または最小）の原理
  - 有限変形理論
  - 微小変形理論
- 補仮想仕事の原理（微小変形理論）
- コンプリメンタリエネルギ最小の原理（微小変形理論）

検討するトラスを図 6-11 に示す．すべての部材の軸力と荷重負荷点の変位を求めるのが問題である．このトラスは釣り合い方程式だけでは部材の軸力が決まらない不静定構造である．

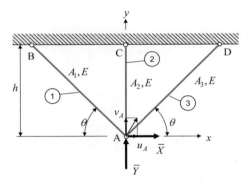

図 6-11　2次元不静定トラスの問題

数値例：

トラス寸法： $h = 1000$ mm, $\theta = 45$ 度

負荷荷重： $\overline{X} = 0$　###N, $\overline{Y} = -2\overline{X}$

部材①：外径 20 mm，内径 16 mm の円形チューブ，$A_1 = 113.1$ mm^2，
$E = 70000$ MPa

部材②：外径 20 mm，内径 16 mm の円形チューブ，$A_2 = 113.1$ mm^2，
$E = 70000$ MPa

部材③：外径 20 mm，内径 16 mm の円形チューブ，$A_3 = 113.1$ mm^2，
$E = 70000$ MPa

第6章　トラス構造

6.3.1. 弾性論の基礎方程式による解法
6.3.1.1. 有限変形理論
（1）方程式

有限変形理論では変形後の形状で釣り合い方程式をたてるので，まず変位を仮定しないといけない．そこで点 A の変位を未知数として u_A, u_B と仮定する．変形後のフリーボディダイヤグラムを図 6-12 に示す．各部材の引張軸力を P_1, P_2, P_3 とする．

変形前の各部材の長さは，

$$L_1 = \frac{h}{\sin\theta}, \ L_2 = h, \ L_3 = \frac{h}{\sin\theta} \tag{6-23}$$

変形後の各部材の長さは，

$$L_1' = \sqrt{\left(-\frac{h}{\tan\theta} - u_A\right)^2 + (h - v_A)^2}, \ L_2' = \sqrt{u_A^2 + (h - v_A)^2},$$
$$L_3' = \sqrt{\left(\frac{h}{\tan\theta} - u_A\right)^2 + (h - v_A)^2} \tag{6-24}$$

変形後の各部材の方向余弦は，

$$l_1' = \frac{-\dfrac{h}{\tan\theta} - u_A}{L_1'}, \ m_1' = \frac{h - v_A}{L_1'}$$
$$l_2' = \frac{-u_A}{L_2'}, \ m_2' = \frac{h - v_A}{L_2'} \tag{6-25}$$
$$l_3' = \frac{\dfrac{h}{\tan\theta} - u_A}{L_3'}, \ m_3' = \frac{h - v_A}{L_3'}$$

- 釣り合い方程式

変形後の方向余弦を使って点 A での釣り合い方程式を書くと，

$$\bar{X} + l_1'P_1 + l_2'P_2 + l_3'P_3 = 0$$
$$\bar{Y} + m_1'P_1 + m_2'P_2 + m_3'P = 0 \tag{6-26}$$

- 変位-歪関係式

各部材の変形前後の長さから伸びを計算すると，

$$\delta_1 = L_1' - L_1, \ \delta_2 = L_2' - L_2, \ \delta_3 = L_3' - L_3 \tag{6-27}$$

6.3 2次元不静定トラスの解き方の種類

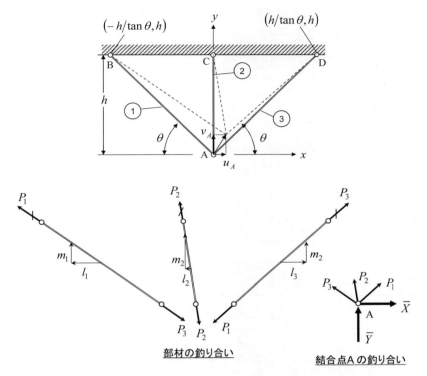

図 6-12 変形後の形状で描いたフリーボディダイヤグラム

● 応力-歪関係式

応力-歪関係式は，公称応力と工学歪の間にフックの法則が成り立つ（式 (6-9)）として，

$$\delta_1 = \frac{P_1 L_1}{EA_1},\ \delta_2 = \frac{P_2 L_2}{EA_2},\ \delta_3 = \frac{P_3 L_3}{EA_3} \tag{6-28}$$

（2）方程式の解

上に示した方程式は非線形連立方程式である．ここでは，点 A の変位を仮定して，部材の変形後の長さ，伸び，部材の軸力と計算していき，最後に釣り合い方程式を成立させる点 A の変位を MS-Excel のソルバーを使って求めている．計算結果を表 6-1 に示す．

157

第6章　トラス構造

表 6-1　基礎方程式による解 – 有限変形理論

外径	Do	20 mm		
内径	Di	16 mm		
断面積	A	113.1 mm^2		
寸法	h	1000 mm		
角度	theta	45 degree =	0.785398 radian	
ヤング率	E	70000 MPa		
負荷荷重	X	10000 N		
	Y	-20000 N		

	uA (mm)	uB (mm)	
未知数：点Aの変位	1.783931	-1.47857	← 変数セル

		変形前		変形後	
		x (mm)	y (mm)	x (mm)	y (mm)
座標	点A	0	0	1.783931	-1.47857
	点B	-1000	1000	-1000	1000
	点C	0	1000	0	1000
	点D	1000	1000	1000	1000

				部材①	部材②	部材③
断面積		A	(mm^2)	113.1	113.1	113.1
ヤング率		E	(MPa)	70000	70000	70000
変形前		delta x	(mm)	-1000	0	1000
		delta y	(mm)	1000	1000	1000
	長さ	L	(mm)	1414.214	1000	1414.214
	方向余弦	l		-0.70711	0	0.707107
		m		0.707107	1	0.707107
変形後		delta x	(mm)	-1001.78	-1.78393	998.2161
		delta y	(mm)	1001.479	1001.479	1001.479
	長さ	L'	(mm)	1416.521	1001.48	1414
	方向余弦	l'		-0.70721	-0.00178	0.705952
		m'		0.706999	0.999998	0.708259
伸び		delta	(mm)	2.306956	1.480163	-0.21404
軸荷重		P	(N)	12914.4	11718.2	-1198.2
	x方向	Px	(N)	-9133.3	-20.9	-845.9
	y方向	Py	(N)	9130.5	11718.2	-848.6

釣り合い式の誤差

x方向	-7.8E-10 N	
y方向	6.91E-10 N	
2乗の和	1.09E-18	目的セル

6.3　2次元不静定トラスの解き方の種類

6.3.1.2.　微小変形理論

有限変形理論と同様の手順で方程式を書いていくが，有限変形理論との違いは<u>変形前の形状で釣り合い式をたてることである</u>．

（1）方程式

変形前の形状で描いたフリーボディダイヤグラムを図6-13に示す．各部材の引張軸力を P_1, P_2, P_3 とする．

変形前の各部材の長さは，式(6-23)で，

$$L_1 = \frac{h}{\sin\theta},\ L_2 = h,\ L_3 = \frac{h}{\sin\theta} \tag{6-23}$$

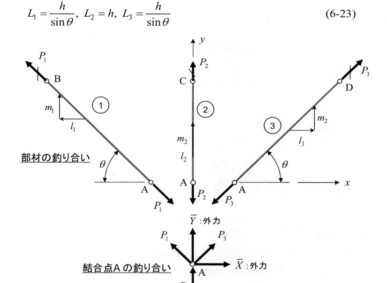

図6-13　変形前の形状で描いたフリーボディダイヤグラム

変形前の各部材の方向余弦は，

$$\begin{aligned}&l_1 = -\cos\theta,\ m_1 = \sin\theta \\ &l_2 = 0,\ m_2 = 1 \\ &l_3 = \cos\theta,\ m_3 = \sin\theta\end{aligned} \tag{6-29}$$

● 釣り合い方程式

変形前の方向余弦を使って点Aでの釣り合い方程式を書くと，

第6章　トラス構造

$$\begin{aligned}\bar{X}+l_1P_1+l_2P_2+l_3P_3 &= X-P_1\cos\theta+P_3\cos\theta=0\\ \bar{Y}+m_1P_1+m_2P_2+m_3P_3 &= Y+P_1\sin\theta+P_2+P_3\sin\theta=0\end{aligned} \qquad (6\text{-}30)$$

- 変位-歪関係式

点 A の変位を未知数として u_A, u_B と仮定する．点 A の変位の部材①，②，③の方向の成分 u_1, u_2, u_3 は方向余弦を使って次のように表すことができる．

$$u_1=-l_1u_A-m_1v_A,\ u_2=-l_2u_A-m_2v_A,\ u_3=-l_3u_A-m_3v_A \qquad (6\text{-}31)$$

部材の伸びを計算すると，

$$\begin{aligned}\delta_1 &= u_1=-l_1u_A-m_1v_A=u_A\cos\theta-v_A\sin\theta\\ \delta_2 &= u_2=-l_2u_A-m_2v_A=-v_A\\ \delta_3 &= u_3=-l_3u_A-m_3v_A=-u_A\cos\theta-v_A\sin\theta\end{aligned} \qquad (6\text{-}32)$$

- 応力-歪関係式

応力-歪関係式は，公称応力と工学歪の間にフックの法則が成り立つ（式(6-1)）として，式(6-28)と同じである．

$$\delta_1=\frac{P_1L_1}{EA_1},\ \delta_2=\frac{P_2L_2}{EA_2},\ \delta_3=\frac{P_3L_3}{EA_3} \qquad (6\text{-}28)$$

（2）方程式の解

式(6-30)に式(6-32)，(6-28)を代入して軸力と伸びを消去すると，点 A の変位が未知数の線形連立方程式が得られる．

$$\begin{aligned}\bar{X}-l_1EA_1\frac{l_1u_A+m_1v_A}{L_1}-l_2EA_2\frac{l_2u_A+m_2v_A}{L_2}-l_3EA_3\frac{l_3u_A+m_3v_A}{L_3}=0\\ \bar{Y}-m_1EA_1\frac{l_1u_A+m_1v_A}{L_1}-m_2EA_2\frac{l_2u_A+m_2v_A}{L_2}-m_3EA_3\frac{l_3u_A+m_3v_A}{L_3}=0\end{aligned}$$
$$(6\text{-}33)$$

この連立方程式を解けば点 A の変位を求めることができ，それを使って軸力と伸びを計算できる．計算結果を表 6-2 に示す．この表では点 A の変位を仮定し，この変位から方向余弦，各部材の軸方向変位，伸び，軸力と計算していき，最後に釣り合い方程式を成立させる点 A の変位を MS-Excel のソルバーを使って求めている．

6.3 2次元不静定トラスの解き方の種類

表 6-2 基礎方程式による解 – 微小変形理論

外径	Do	20 mm	
内径	Di	16 mm	
断面積	A	113.1 mm^2	
寸法	h	1000 mm	
角度	theta	45 degree =	0.785398 radian
ヤング率	E	70000 MPa	
負荷荷重	X	10000 N	
	Y	-20000 N	

	uA (mm)	uB (mm)	
未知数：点Aの変位	1.786342	-1.47985	← 変数セル

		変形前		変形後	
		x (mm)	y (mm)	x (mm)	y (mm)
座標	点A	0	0	1.786342	-1.47985
	点B	-1000	1000	-1000	1000
	点C	0	1000	0	1000
	点D	1000	1000	1000	1000

				部材①	部材②	部材③
断面積		A	(mm^2)	113.1	113.1	113.1
ヤング率		E	(MPa)	70000	70000	70000
変形前		delta x	(mm)	-1000	0	1000
		delta y	(mm)	1000	1000	1000
	長さ	L	(mm)	1414.214	1000	1414.214
	方向余弦	l		-0.70711	0	0.707107
		m		0.707107	1	0.707107
伸び		delta	(mm)	2.309549	1.479854	-0.21672
軸荷重		P	(N)	12928.9	11715.7	-1213.2
	x方向	Px	(N)	-9142.1	0.0	-857.9
	y方向	Py	(N)	9142.1	11715.7	-857.9

釣り合い式の誤差		
x方向	0.0	N
y方向	0.0	N
2乗の和	0	目的セル

161

第6章　トラス構造

6.3.2. 仮想仕事の原理による解法
6.3.2.1. 有限変形理論

　仮想仕事の原理を適用する際には，変位-歪関係式と変位境界条件を満足する変位場を仮定する．この問題では，点 A の変位を u_A, v_A と仮定し，各部材の上端の変位がゼロであるとする．

　仮想仕事の原理は式(6-11)であるから，

$$\sum_{all\ members} P_i \delta(\delta_i) = \overline{X} \delta u_A + \overline{Y} \delta v_A \tag{6-34}$$

この式の左辺の仮想伸びと右辺の仮想変位を点 A の仮想変位で表し，その他の項を点 A の変位 u_A, u_B を使って表すために，変位-歪関係式(6-8)と応力-歪関係式(6-9)を使う．

まず，歪を点 A の x 方向変位 u_A で表そう．

変形前の各部材の長さは，式(6-23)で，

$$L_1 = \frac{h}{\sin\theta},\ L_2 = h,\ L_3 = \frac{h}{\sin\theta} \tag{6-23}$$

変形後の各部材の長さは，式(6-24)で

$$L'_1 = \sqrt{\left(-\frac{h}{\tan\theta} - u_A\right)^2 + (h - v_A)^2},\ L'_2 = \sqrt{u_A^2 + (h - v_A)^2},$$
$$L'_3 = \sqrt{\left(\frac{h}{\tan\theta} - u_A\right)^2 + (h - v_A)^2} \tag{6-24}$$

伸びは式(6-27)で，

$$\delta_1 = L'_1 - L_1,\ \delta_2 = L'_2 - L_2,\ \delta_3 = L'_3 - L_3 \tag{6-27}$$

伸びの変化を計算すると，

$$\delta(\delta_1) = \delta(L'_1 - L_1) = \delta\left[\sqrt{\left(-\frac{h}{\tan\theta} - u_A\right)^2 + (h - v_A)^2} - \frac{h}{\sin\theta}\right]$$

$$= \frac{1}{2}\left[\left(-\frac{h}{\tan\theta} - u_A\right)^2 + (h - v_A)^2\right]^{-\frac{1}{2}} \left[\begin{array}{l}2\left(-\frac{h}{\tan\theta} - u_A\right)(-\delta u_A) \\ +2(h - v_A)(-\delta v_A)\end{array}\right]$$

$$= \left[\left(-\frac{h}{\tan\theta} - u_A\right)^2 + (h - v_A)^2\right]^{-\frac{1}{2}}\left[\left(\frac{h}{\tan\theta} + u_A\right)\delta u_A - (h - v_A)\delta v_A\right]$$

6.3 2次元不静定トラスの解き方の種類

$$\delta(\delta_2) = \delta(L_2' - L_2) = \delta\left[\sqrt{u_A^2 + (h - v_A)^2} - h\right]$$

$$= \frac{1}{2}\left[u_A^2 + (h - v_A)^2\right]^{-\frac{1}{2}}\left[2u_A \delta u_A + 2(h - v_A)(-\delta v_A)\right] \qquad (6\text{-}35)$$

$$= \left[u_A^2 + (h - v_A)^2\right]^{-\frac{1}{2}}\left[u_A \delta u_A - (h - v_A)\delta v_A\right]$$

$$\delta(\delta_3) = \delta(L_3' - L_3) = \delta\left[\sqrt{\left(\frac{h}{\tan\theta} - u_A\right)^2 + (h - v_A)^2} - \frac{h}{\sin\theta}\right]$$

$$= \frac{1}{2}\left[\left(\frac{h}{\tan\theta} - u_A\right)^2 + (h - v_A)^2\right]^{-\frac{1}{2}}\left[\begin{array}{l}2\left(\dfrac{h}{\tan\theta} - u_A\right)(-\delta u_A)\\ +2(h - v_A)(-\delta v_A)\end{array}\right]$$

$$= \left[\left(\frac{h}{\tan\theta} - u_A\right)^2 + (h - v_A)^2\right]^{-\frac{1}{2}}\left[\left(-\frac{h}{\tan\theta} + u_A\right)\delta u_A - (h - v_A)\delta v_A\right]$$

仮想仕事の原理(式(6-34))の仮想変位は任意の値とすることができるので，まず，仮想変位 δv_A をゼロとしよう．仮想仕事の式の左辺は，

$$P_1\delta(\delta_1) + P_2\delta(\delta_2) + P_3\delta(\delta_3)$$

$$= P_1\left[\left(-\frac{h}{\tan\theta} - u_A\right)^2 + (h - v_A)^2\right]^{-\frac{1}{2}}\left(\frac{h}{\tan\theta} + u_A\right)\delta u_A$$

$$+ P_2\left[u_A^2 + (h - v_A)^2\right]^{-\frac{1}{2}} u_A \delta u_A$$

$$+ P_3\left[\left(\frac{h}{\tan\theta} - u_A\right)^2 + (h - v_A)^2\right]^{-\frac{1}{2}}\left(-\frac{h}{\tan\theta} + u_A\right)\delta u_A$$

$$= P_1 \frac{\dfrac{h}{\tan\theta} + u_A}{\sqrt{\left(-\dfrac{h}{\tan\theta} - u_A\right)^2 + (h - v_A)^2}} \delta u_A + P_2 \frac{u_A}{\sqrt{u_A^2 + (h - v_A)^2}} \delta u_A$$

$$+ \frac{-\dfrac{h}{\tan\theta} + u_A}{\sqrt{\left(\dfrac{h}{\tan\theta} - u_A\right)^2 + (h - v_A)^2}} \delta u_A$$

第 6 章　トラス構造

$$= -P_1 l'_1 \delta u_A - P_2 l'_2 \delta u_A - P_3 l'_3 \delta u_A$$

変形後の部材の方向余弦の式(6-25)を使った．仮想仕事の原理は，

$$-P_1 l'_1 \delta u_A - P_2 l'_2 \delta u_A - P_3 l'_3 \delta u_A = \bar{X} \delta u_A \quad \Rightarrow \quad \left(P_1 l'_1 + P_2 l'_2 + P_3 l'_3 - \bar{X} \right) \delta u_A = 0$$

となり，仮想変位 δu_A が任意であるので，上の式のかっこ内がゼロでなければならない．

$$P_1 l'_1 + P_2 l'_2 + P_3 l'_3 + \bar{X} = 0$$

この式は釣り合い方程式(6-26)の上の式である．

同じように，仮想仕事の原理（式(6-34)）の仮想変位 δu_A をゼロにして計算すると，釣り合い方程式(6-26)の下の式になる．結局，釣り合い方程式を仮想仕事の原理で代用しているということである．応力-歪関係式を加えれば非線形連立方程式がそろうので，基礎方程式を解くのと同じことになる．

<u>仮想仕事の原理を使う利点は，変位-歪関係式さえ作れば，釣り合い方程式をたてる必要がなく，機械的に釣り合い方程式が出てくるところにある．</u>

　以上の説明は数式を変形して解く方法であるが，MS-Excel を使って数値的に解く場合には式(6-35)を導出する必要がなく，もっと簡単に計算できる．手順を以下に示そう．

（１）変形前の部材の長さ（式(6-23)）を計算する．
（２）点 A の変位 u_A と v_A の値を仮定する．
（３）変形後の部材の長さ（式(6-24)）を計算し，各部材の伸び（式(6-27)）を計算する．
（４）各部材の軸力（式(6-28)）を計算する．
（４）点 A に付加する２組の独立な仮想変位 $\delta u_{A1}, \delta v_{A1}$ と $\delta u_{A2}, \delta v_{A2}$ を仮定する．<u>仮想変位は微小な値とする．</u>
（５）元の変位に仮想変位を足した２つの変形状態 $u_A + \delta u_{A1}, v_A + \delta v_{A1}$，$u_A + \delta u_{A2}, v_A + \delta v_{A2}$ に関して各部材の長さ（式(6-24)と同様）を計算する．
（６）仮想変位による部材の仮想伸びを計算する．
（７）２組の仮想変位について別々に仮想仕事の原理の式(6-34)の左辺と右辺を計算し，差をとる．差の２乗の和を計算する．
（８）MS-Excel のソルバーを使って，仮想仕事の原理の式が成立する点 A の変位を求める．点 A の変位を変数セルに設定し，差の２乗の和を目

6.3 2次元不静定トラスの解き方の種類

的セルに設定してソルバーを実行すればよい.

計算結果を表 6-3 に示す.

表 6-3 仮想仕事の原理による解法 – 有限変形理論

外径	Do	20	mm
内径	Di	16	mm
断面積	A	113.1	mm^2
寸法	h	1000	mm
角度	theta	45 degree =	0.7854 radian
ヤング率	E	70000	MPa
負荷荷重	X	10000	N
	Y	-20000	N

	uA (mm)	vA (mm)	
未知数:点Aの変位	1.783930058	-1.4786	← 変数セル

	delat_uA (mm)	delta_vA (mm)
仮想変位1:点Aの変位	0.0001	0
仮想変位2:点Aの変位	0	0.0001

		変形前		変形後		変形後+仮想変位1		変形後+仮想変位2	
		x (mm)	y (mm)	x (mm)	y (mm)	x (mm)	y (mm)	x (mm)	y (mm)
座標	点A	0	0	1.7839	-1.4786	1.78403	-1.47857	1.783930058	-1.47847
	点B	-1000	1000	-1000	1000	-1000	1000	-1000	1000
	点C	0	1000	0	1000	0	1000	0	1000
	点D	1000	1000	1000	1000	1000	1000	1000	1000

				部材①	部材②	部材③
断面積		A	(mm^2)	113.1	113.1	113.1
ヤング率		E	(MPa)	70000	70000	70000
変形前		delta x	(mm)	-1000	0	1000
		delta y	(mm)	1000	1000	1000
	長さ	L	(mm)	1414.2	1000	1414.214
変形後		delta x	(mm)	-1001.8	-1.7839	998.2161
		delta y	(mm)	1001.5	1001.48	1001.479
	長さ	L'	(mm)	1416.5	1001.48	1414
変形後+仮想変位1		delta x	(mm)	-1001.8	-1.784	998.216
		delta y	(mm)	1001.5	1001.48	1001.479
	長さ	L'	(mm)	1416.5	1001.48	1413.999
変形後+仮想変位2		delta x	(mm)	-1001.8	-1.7839	998.2161
		delta y	(mm)	1001.5	1001.48	1001.478
	長さ	L'	(mm)	1416.5	1001.48	1413.999
伸び		delta		2.307	1.48016	-0.21404
仮想伸び1		delta(delta1)	(mm)	7E-05	1.8E-07	-7.1E-05
仮想伸び2		delta(delta2)	(mm)	-7E-05	-1E-04	-7.1E-05
軸荷重		P	(N)	12914.4	11718.2	-1198.2
仮想仕事の原理の式の左辺1		P*delta(delta1)	(N-mm)	0.9133	0.00209	0.084586
仮想仕事の原理の式の左辺2		P*delta(delta2)	(N-mm)	-0.913	-1.1718	0.084863

仮想仕事の原理の式		
左辺と右辺の差	差の2乗	
-2.94571E-07	8.68E-14	
2.45527E-07	6.03E-14	
合計	1.47E-13	←目的セル

第6章　トラス構造

6.3.2.2.　微小変形理論

　微小変形理論で仮想仕事の原理を適用する際の有限変形理論との違いは，変形後の部材長さとして式(6-24)を使うのではなく，線形化した伸びの式(6-32)を使って，

$$L'_1 = L_1 + \delta_1 = L_1 - l_1 u_A - m_1 v_A$$
$$L'_2 = L_2 + \delta_2 = L_2 - l_2 u_A - m_2 v_A \qquad (6\text{-}36)$$
$$L'_3 = L_3 + \delta_3 = L_3 - l_3 u_A - m_3 v_A$$

を使うことだけである．
伸びの変化を計算すると，

$$\delta(\delta_1) = -l_1 \delta u_A - m_1 \delta v_A$$
$$\delta(\delta_2) = -\delta v_A \qquad (6\text{-}37)$$
$$\delta(\delta_3) = -l_3 \delta u_A - m_3 \delta v_A$$

仮想仕事の式は式(6-17)で，

$$P_1 \delta(\delta_1) + P_2 \delta(\delta_2) + P_3 \delta(\delta_3) = \bar{X} \delta u_A + \bar{Y} \delta v_A \qquad (6\text{-}38)$$

この式に式(6-37)を代入すると，

$$P_1(-l_1 \delta u_A - m_1 \delta v_A) + P_2(-\delta v_A) + P_3(-l_3 \delta u_A - m_3 \delta v_A) = \bar{X} \delta u_A + \bar{Y} \delta v_A$$

整理すると，

$$(P_1 l_1 + P_3 l_3 + \bar{X}) \delta u_A + (P_1 m_1 + P_2 + P_3 m_3 + \bar{Y}) \delta v_A = 0$$

仮想変位 $\delta u_A, \delta v_A$ は任意の値をとることができるので，上の式のかっこ内はゼロでなければならない．

$$P_1 l_1 + P_3 l_3 + \bar{X} = 0$$
$$P_1 m_1 + P_2 + P_3 m_3 + \bar{Y} = 0$$

この式は釣り合い式(6-30)と同じである．このように，仮想仕事の原理は釣り合い方程式の代わりである．応力-歪関係式を加えれば，6.3.1.2項と同じように解くことができ，同じ結果が得られるのである．
　有限変形理論の場合と同様に数値的に解くことができ，その結果を表 6-4 に示す．有限変形理論の場合と大きく異なるところは，<u>仮想変位の値の大きさは微小である必要がない</u>ことである．

6.3 ２次元不静定トラスの解き方の種類

表 6-4 仮想仕事の原理による解法 − 微小変形理論

外径	Do		20	mm		
内径	Di		16	mm		
断面積	A		113.1	mm^2		
寸法	h		1000	mm		
角度	theta		45	degree =	0.7854	radian
ヤング率	E		70000	MPa		
負荷荷重	X		10000	N		
	Y		-20000	N		

	uA (mm)	vA (mm)	
未知数：点Aの変位	1.786341897	-1.4799	← 変数セル

	delat_uA (mm)	delta_vA (mm)
仮想変位1：点Aの変位	10	0
仮想変位2：点Aの変位	0	10

		変形前		変形後		変形後＋仮想変位1		変形後＋仮想変位2	
		x (mm)	y (mm)	x (mm)	y (mm)	x (mm)	y (mm)	x (mm)	y (mm)
座標	点A	0	0	1.78634	-1.4799	11.7863	-1.47985	1.786341897	8.520146
	点B	-1000	1000	-1000	1000	-1000	1000	-1000	1000
	点C	0	1000	0	1000	0	1000	0	1000
	点D	1000	1000	1000	1000	1000	1000	1000	1000

				部材①	部材②	部材③
断面積		A	(mm^2)	113.1	113.1	113.1
ヤング率		E	(MPa)	70000	70000	70000
変形前		delta x	(mm)	-1000	0	1000
		delta y	(mm)	1000	1000	1000
	長さ	L	(mm)	1414.21	1000	1414.21
	方向余弦	l		-0.7071	0	0.70711
		m		0.70711	1	0.70711
伸び		delta	(mm)	2.30955	1.47985	-0.2167
変形後＋仮想変位1	伸び	delta1	(mm)	9.38062	1.47985	-7.2878
変形後＋仮想変位2	伸び	delta2		-4.7615	-8.5201	-7.2878
仮想伸び1		delta(delta1)	(mm)	7.07107	0	-7.0711
仮想伸び2		delta(delta2)	(mm)	-7.0711	-10	-7.0711
軸荷重		P	(N)	12928.9	11715.7	-1213.2
仮想仕事の原理の式の左辺1		P*delta(delta1)	(N-mm)	91421.4	0	8578.64
仮想仕事の原理の式の左辺2		P*delta(delta2)	(N-mm)	-91421	-117157	8578.64

仮想仕事の原理の式

左辺と右辺の差	差の2乗
2.91038E-11	8.47E-22
0	0
合計	8.47E-22 ←目的セル

6.3.3. ポテンシャルエネルギ停留（または最小）の原理による解法
6.3.3.1. 有限変形理論

　ポテンシャルエネルギ停留の原理を適用する場合にも仮想仕事の原理の場合と同様に，変位-歪関係式と変位境界条件を満足する変位場を仮定する．この問題では，点 A の変位を u_A，v_A と仮定し，各部材の上端の変位がゼロであるとする．

　トラスのポテンシャルエネルギ停留の原理の式(6-13)を再掲すると，

$$\delta\Pi = \delta \sum_{all\ members} \frac{E_i A_{0i}}{2L_{0i}} \delta_i^2 - \delta \sum_{\substack{all\ external \\ forces}} \left(\bar{X}_k u_k + \bar{Y}_l v_l + \bar{Z}_m w_m\right) = 0 \quad (6\text{-}13)$$

各部材の伸びは式(6-23)，(6-24)，(6-27)から計算できる．全ポテンシャルエネルギを u_A と v_A で表すことができて，

$$\Pi = \frac{EA_1}{2L_1}\left[\sqrt{\left(-\frac{h}{\tan\theta}-u_A\right)^2 + (h-v_A)^2} - L_1\right]^2 + \frac{EA_2}{2L_2}\left[\sqrt{u_A^2 + (h-v_A)^2} - L_2\right]^2$$

$$+ \frac{EA_3}{2L_3}\left[\sqrt{\left(\frac{h}{\tan\theta}-u_A\right)^2 + (h-v_A)^2} - L_3\right]^2 - \bar{X}u_A - \bar{Y}v_A$$

$$(6\text{-}39)$$

ふつうは，この式を u_A または v_A で偏微分してゼロとおき，この非線形２元連立方程式を解くのであるが，このやり方は非常に手間がかかる．そこで，全ポテンシャルエネルギを最小化する u_A と v_A を数値的に求めることにする．そのためには，表計算ソフトの **MS-Excel** の最適化機能である「ソルバー」が使える．この方法を「エネルギ法による直接解法」と呼ぶ．エネルギ法による直接解法は著者が独自に開発した方法である（滝 [12]）．この方法を使って解いた結果を表 6-5 に示す．他の方法で解いた結果と一致している．表 6-5 は他の方法に比べて計算が非常に簡単であることがわかる．

6.3　２次元不静定トラスの解き方の種類

表 6-5　ポテンシャルエネルギ停留の原理による解 – 有限変形理論

外径	Do	20	mm		
内径	Di	16	mm		
断面積	A	113.1	mm^2		
寸法	h	1000	mm		
角度	theta	45	degree =	0.785398	radian
ヤング率	E	70000	MPa		
負荷荷重	X	10000	N		
	Y	-20000	N		

		uA (mm)	uB (mm)	
未知数：点Aの変位		1.783931	-1.47857	← 変数セル

		変形前		変形後	
		x (mm)	y (mm)	x (mm)	y (mm)
座標	点A	0	0	1.783931	-1.47857
	点B	-1000	1000	-1000	1000
	点C	0	1000	0	1000
	点D	1000	1000	1000	1000

				部材①	部材②	部材③
断面積		A	(mm^2)	113.1	113.1	113.1
ヤング率		E	(MPa)	70000	70000	70000
変形前		delta x	(mm)	-1000	0	1000
		delta y	(mm)	1000	1000	1000
	長さ	L	(mm)	1414.214	1000	1414.214
変形後		delta x	(mm)	-1001.78	-1.78393	998.2161
		delta y	(mm)	1001.479	1001.479	1001.479
	長さ	L'	(mm)	1416.521	1001.48	1414
伸び		delta	(mm)	2.306956	1.480163	-0.21404
歪エネルギ		U	(N-mm)	14896.49	8672.401	128.2293
軸荷重		P	(N)	12914.4	11718.2	-1198.2

ポテンシャルエネルギ
-23713.667 N-mm
↑
目的セル

第 6 章　トラス構造

6.3.3.2.　微小変形理論

　有限変形理論と同様に，変位-歪関係式と変位境界条件を満足する変位場を仮定する．この問題では，点 A の変位を u_A，v_A と仮定し，各部材の上端の変位がゼロであるとする．
　トラスのポテンシャルエネルギ最小の原理の式(6-19)を再掲すると，

$$\delta\Pi = \delta \sum_{\substack{all\ members}} \frac{E_i A_{0i}}{2L_{0i}} \delta_i^2 - \delta \sum_{\substack{all\ external \\ forces}} \left(\bar{X}_k u_k + \bar{Y}_l v_l + \bar{Z}_m w_m \right) = 0 \quad (6\text{-}19)$$

各部材の伸びは式(6-15)から計算できる．
　有限変形理論の場合と同じく，エネルギ法による直接解法で解いた結果を表 6-6 に示す．結果は他の方法と一致している．この方法は他の方法に比べて数値計算が非常に簡単であることがわかる．
　一般的な方法では，ポテンシャルエネルギを点 A の変位で表して，

$$\Pi = \frac{1}{2} E A_1 L_1 \left(-\frac{l_1 u_A + m_1 v_A}{L_1} \right)^2 + \frac{1}{2} E A_2 L_2 \left(-\frac{l_2 u_A + m_2 v_A}{L_2} \right)^2$$
$$+ \frac{1}{2} E A_3 L_3 \left(-\frac{l_3 u_A + m_3 v_A}{L_3} \right)^2 - \bar{X} u_A - \bar{Y} u_B$$

この式を点 A の変位で偏微分して連立方程式を求めて解くのであるが，手間がかかる．

6.3　２次元不静定トラスの解き方の種類

表6-6　ポテンシャルエネルギ最小の原理による解 – 微小変形理論

外径	Do	20	mm		
内径	Di	16	mm		
断面積	A	113.1	mm^2		
寸法	h	1000	mm		
角度	theta	45	degree =	0.785398	radian
ヤング率	E	70000	MPa		
負荷荷重	X	10000	N		
	Y	-20000	N		

	uA (mm)	uB (mm)	
未知数：点Aの変位	1.786342	-1.47985	← 変数セル

		変形前		変形後	
		x (mm)	y (mm)	x (mm)	y (mm)
座標	点A	0	0	1.786342	-1.47985
	点B	-1000	1000	-1000	1000
	点C	0	1000	0	1000
	点D	1000	1000	1000	1000

				部材①	部材②	部材③
断面積		A	(mm^2)	113.1	113.1	113.1
ヤング率		E	(MPa)	70000	70000	70000
変形前		delta x	(mm)	-1000	0	1000
		delta y	(mm)	1000	1000	1000
	長さ	L	(mm)	1414.214	1000	1414.214
	方向余弦	l		-0.70711	0	0.707107
		m		0.707107	1	0.707107
伸び		delta	(mm)	2.309549	1.479854	-0.21672
歪エネルギ		U		14930	8668.785	131.4625
軸荷重		P	(N)	12928.9	11715.7	-1213.2

ポテンシャルエネルギ
-23730.25 N-mm
↑
目的セル

171

第6章　トラス構造

6.3.4. 補仮想仕事の原理（微小変形理論）による解法

補仮想仕事の原理を適用するには，力学的境界条件を乱さず，釣り合い状態にある任意の応力場を考える．この問題の場合には，釣り合い状態にある3つの部材軸力 δP_1, δP_2, δP_3 の組を考える．静定問題の場合には，釣り合い状態にある部材軸力が決まれば問題が解けたのであるが，不静定問題の場合にはそうはいかない．

変形前の形状で3つの部材の軸力が釣り合っている条件は，式(6-30)で表される．

$$\begin{aligned}\bar{X} - P_1 \cos\theta + P_3 \cos\theta &= 0 \\ \bar{Y} + P_1 \sin\theta + P_2 + P_3 \sin\theta &= 0\end{aligned} \quad (6\text{-}40)$$

この釣り合い式を乱さない仮想荷重として図 6-14 に示す仮想荷重 δP を考えると各部材の仮想荷重は次の式で表される．

$$\delta P_1 = \delta P, \ \delta P_2 = -2\delta P \sin\theta, \ \delta P_3 = \delta P$$

点 A における仮想荷重の合力はゼロであるので，この仮想荷重を付加しても力学的境界条件を満足する．補仮想仕事の原理は式(6-20)である．

$$\sum_{all\ menbers} \delta_i \delta P_i = \sum_{\substack{all\ forced \\ displacements}} \left(\delta X_k \bar{u}_k + \delta Y_l \bar{v}_l + \delta Z_m \bar{w}_m\right) \quad (6\text{-}20)$$

各部材の伸びを δ_1, δ_2, δ_3 として，この式に仮想荷重を代入すると

$$\delta_1 \delta P + \delta_2 2\delta P \sin\theta + \delta_3 \delta P = \left(\delta_1 + 2\delta_2 \sin\theta + \delta_3\right)\delta P = 0$$

仮想荷重の大きさは任意であるので，

$$\delta_1 + 2\delta_2 \sin\theta + \delta_3 = 0 \quad (6\text{-}41)$$

この式は変位-歪関係式を表している．

6.3 2次元不静定トラスの解き方の種類

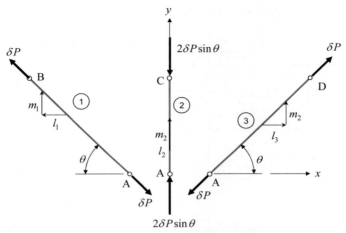

図6-14 釣り合っている仮想荷重

次に,応力-歪関係式(6-9)より,
$$P_1 = EA_1 \frac{\delta_1}{L_1},\ P_2 = EA_2 \frac{\delta_2}{L_2},\ P_3 = EA_3 \frac{\delta_3}{L_3}$$
これらの式を釣り合い方程式(6-40)に代入して,
$$X + \frac{l_1 EA_1}{L_1}\delta_1 + \frac{l_2 EA_2}{L_2}\delta_2 + \frac{l_3 EA_3}{L_3}\delta_3 = 0$$
$$Y + \frac{m_1 EA_1}{L_1}\delta_1 + \frac{m_2 EA_2}{L_2}\delta_2 + \frac{m_3 EA_3}{L_3}\delta_3 = 0$$
(6-42)

式(6-41)と(6-42)の3元連立方程式を解くことによって各部材の方向の変位が計算され,部材軸力も計算できる.点Aの変位は式(6-32)から求めることができて,
$$u_A = \frac{m_2\delta_1 - m_1\delta_2}{-l_1 m_2 + l_2 m_1},\ v_A = \frac{l_2\delta_1 - l_1\delta_2}{-m_1 l_2 + l_1 m_2}$$
である.
計算結果を表6-7に示す.補仮想仕事の原理を使うためには,釣り合い方程式を導かなければならないので,面倒である.

第6章　トラス構造

表 6-7　補仮想仕事の原理による解 – 微小変形理論

外径	Do	20	mm		
内径	Di	16	mm		
断面積	A	113.1	mm^2		
寸法	h	1000	mm		
角度	theta	45	degree =	0.785398	radian
ヤング率	E	70000	MPa		
負荷荷重	X	10000	N		
	Y	-20000	N		

	uA (mm)	uB (mm)
点Aの変位	1.786342	-1.47985

			変形前		変形後	
			x (mm)	y (mm)	x (mm)	y (mm)
座標		点A	0	0	1.786342	-1.47985
		点B	-1000	1000	-1000	1000
		点C	0	1000	0	1000
		点D	1000	1000	1000	1000

					部材①	部材②	部材③		
断面積			A	(mm^2)	113.1	113.1	113.1		
ヤング率			E	(MPa)	70000	70000	70000		
変形前			delta x	(mm)	-1000	0	1000		
			delta y	(mm)	1000	1000	1000		
	長さ		L	(mm)	1414.214	1000	1414.214		
	方向余弦		l		-0.70711	0	0.707107		
			m		0.707107	1	0.707107		
伸び			delta	(mm)	2.309549	1.479854	-0.21672	← 変数セル	
歪-変位関係式					1	-1.41421	1	-7.8E-14 = 0	←目的セル
釣り合い方程式			x方向		-9142.14	0	-857.864	1E-08 = 0	←制約条件
			y方向		9142.136	11715.73	-857.864	-8E-11 = 0	←制約条件
軸荷重			P	(N)	12928.9	11715.7	-1213.2		

6.3 ２次元不静定トラスの解き方の種類

6.3.5. コンプリメンタリエネルギ最小の原理（微小変形理論）による解法

コンプリメンタリエネルギ最小の原理を適用するには，補仮想仕事の原理のときと同様に，釣り合い状態にある任意の応力場を考える．

変形前の形状で３つの部材の軸力が釣り合っている条件は，式(6-30)で表される．

$$\begin{aligned}\bar{X} - P_1 \cos\theta + P_3 \cos\theta &= 0 \\ \bar{Y} + P_1 \sin\theta + P_2 + P_3 \sin\theta &= 0\end{aligned} \quad (6\text{-}43)$$

この式から，P_1 を変数として，P_2，P_3 を P_1 で表すと，

$$\begin{aligned}P_2 &= -2P_1 \sin\theta + \bar{X}\tan\theta - \bar{Y} \\ P_3 &= P_1 - \frac{\bar{X}}{\cos\theta}\end{aligned} \quad (6\text{-}44)$$

コンプリメンタリエネルギ最小の原理は式(6-22)である．

$$\delta\Pi_c = \delta \sum_{\text{all members}} \frac{L_{0i}}{2E_i A_{0i}} P_i^2 - \delta \sum_{\substack{\text{all forced}\\\text{displacements}}} \left(X_k \bar{u}_k + Y_l \bar{v}_l + Z_m \bar{w}_m\right) = 0 \quad (6\text{-}22)$$

この式に式(6-44)を代入して P_2，P_3 を消去すると，全コンプリメンタリエネルギが P_1 だけの関数として表される．

$$\begin{aligned}\Pi_c &= \frac{L_1}{2EA_1} P_1^2 + \frac{L_2}{2EA_2}\left(-2P_1\sin\theta + \bar{X}\tan\theta - \bar{Y}\right)^2 \\ &+ \frac{L_3}{2EA_3}\left(P_1 - \frac{\bar{X}}{\cos\theta}\right)^2\end{aligned} \quad (6\text{-}45)$$

この式を P_1 で微分してゼロとおくと軸力 P_1 の解が得られる．

$$\frac{d\Pi_c}{dP_1} = \frac{L_1}{EA_1} P_1 - \frac{L_2}{EA_2}\left(-2P_1\sin\theta + \bar{X}\tan\theta - \bar{Y}\right)\sin\theta + \frac{L_3}{A_3 E}\left(P_1 - \frac{\bar{X}}{\cos\theta}\right) = 0$$

式(6-45)を微分する方法が材料力学の教科書に載っている一般的な方法であるが，この方法は手間がかかる．エネルギ法による直接法により MS-Excel のソルバーを使って，式(6-43)を制約条件として式(6-45)を最小化するほうが簡単に解を求めることができる．こうやって計算した結果を表 6-8 に示す．コンプリメンタリエネルギ最小の原理を使うためには，釣り合い方程式を書かなければならないぶんだけ面倒である．

第6章 トラス構造

表6-8 コンプリメンタリエネルギ最小の原理による解 – 微小変形理論

外径	Do	20	mm		
内径	Di	16	mm		
断面積	A	113.1	mm^2		
寸法	h	1000	mm		
角度	theta	45	degree =	0.7854	radian
ヤング率	E	70000	MPa		
負荷荷重	X	10000	N		
	Y	-20000	N		

	uA (mm)	uB (mm)
点Aの変位	1.78634	-1.47985

		変形前		変形後	
		x (mm)	y (mm)	x (mm)	y (mm)
座標	点A	0	0	1.78634	-1.47985
	点B	-1000	1000	-1000	1000
	点C	0	1000	0	1000
	点D	1000	1000	1000	1000

				部材①	部材②	部材③	
断面積		A	(mm^2)	113.1	113.1	113.1	
ヤング率		E	(MPa)	70000	70000	70000	
変形前		delta x	(mm)	-1000	0	1000	
		delta y	(mm)	1000	1000	1000	
	長さ	L	(mm)	1414.21	1000	1414.21	
	方向余弦	l		-0.70711	0	0.70711	
		m		0.70711	1	0.70711	
軸荷重		P	(N)	12928.9	11715.7	-1213.2	←変数セル
	x方向	Px	(N)	-9142.1	0.0	-857.9	
	y方向	Py	(N)	9142.1	11715.7	-857.9	
コンプリメンタリエネルギ			(N-mm)	14930	8668.78	131.462	23730.25 ←目的セル
							合計

釣り合い式の誤差			
x方向	0.0	N	←制約条件
y方向	0.0	N	←制約条件

				部材①	部材②	部材③
軸方向変位		u1	(mm)	2.30955	1.47985	-0.21672
工学歪		eps		0.00163	0.00148	-0.00015
公称応力		sigma	(MPa)	114.32	103.59	-10.73

6.3　2次元不静定トラスの解き方の種類

6.3.6.　各種解法の比較

　3本の部材から成る2次元不静定トラスを各種の解法で解いた例を前項までに示した．外力と変位，外力と部材軸力の関係を図 6-15 と図 6-16 に示す．この問題では，有限変形理論と微小変形理論の差は小さい．

　このような簡単な問題でも不静定であるので，材料力学の教科書に載っている方法で解くのはどの方法を使っても式の導出の手間が面倒であることがわかる．コンプリメンタリエネルギの原理を使う方法は，たとえエネルギ法の直接解法を使っても釣り合い方程式を導かなければならないので面倒である．しかし，ポテンシャルエネルギ停留（または最小）の原理を使ったエネルギ法の直接解法ならば，有限変形理論の場合でも非常に簡単に解くことができる．

第6章 トラス構造

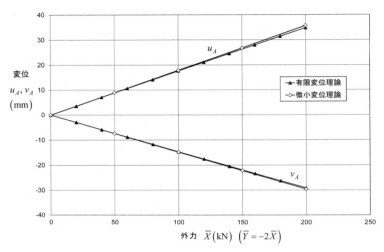

図 6-15 荷重と変位の関係 − 不静定トラス

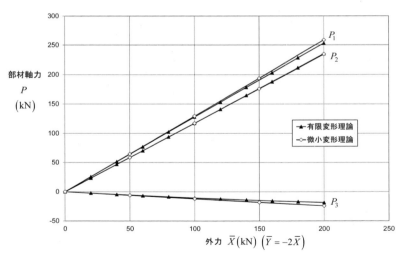

図 6-16 荷重と部材軸力の関係 − 不静定トラス

6.4. エネルギ法による直接解法を使ったトラスの実用的な解き方

材料力学の教科書に載っている静定トラスの解き方は，結合点法，断面法，図式解法であり，釣り合い方程式を解く方法である．結合点法，断面法，図式解法については，ピアリーの本[15]やティモシェンコの本[9]を参照されたい．

不静定トラスになると，まず余分な部材を取り除いた静定トラスを解き，その後，エネルギ法を使って余分な部材の軸力を決める．3次元トラスとなると，静定トラスでも釣り合い方程式をたてるのが非常に面倒になる．3次元の不静定トラスの解析はさらに面倒である．現在では，複雑なトラスの解析は有限要素法で解くのが一般的になっている．

前項で不静定トラスのいろいろな解き方を説明したが，ポテンシャルエネルギ停留（または最小）の原理を使ったエネルギ法による直接解法が最も簡単であることがわかった．この方法では変位も自動的に計算される．この方法を使えば，有限要素法に頼らなくても大変形の3次元不静定トラスが簡単に解ける．

一般的な金属材料では歪が 1%以下で降伏するので，弾性理論の範囲では微小歪の領域であるといえる．しかし，構造物が大きくなると，変形による部材の変位や回転が大きくなって微小変形とは言えない状況も出てくる．そこで，大変形である場合に適用できるトラスの解析方法について説明しよう．

6.4.1. ポテンシャルエネルギ停留（または最小）の原理による直接解法

6.3.3項の表6-5と表6-6に示したポテンシャルエネルギ停留（または最小）の原理による直接解法はそのまま静定または不静定3次元トラスにも適用できる．その解析手順を以下に示す．有限変形理論の場合，<u>大変形の影響は変形前後の部材の長さから伸びを計算することで自動的に考慮される</u>．

（1） トラスの各結合点 i の変形前の座標を入力する．

$$\begin{pmatrix} x_i \\ y_i \\ z_i \end{pmatrix}$$

（2） トラスの各部材 j を定義する2つの結合点 $j1$, $j2$ と断面積 A_j，

第6章 トラス構造

　　　　　ヤング率 E_j を入力する.
（3）　固定する結合点を設定する.（ソルバーを使うときに変位を変化させない.）
（4）　外力を負荷する結合点 k と外力の値 P_{xk}, P_{yk}, P_{zk} を入力する.
（5）　各結合点 i の変位を仮定して入力する.

$$\begin{pmatrix} u_i \\ v_i \\ w_i \end{pmatrix}$$

（6）　変形後の各結合点 i の位置を計算する.

$$\begin{pmatrix} x'_i \\ y'_i \\ z'_i \end{pmatrix} = \begin{pmatrix} x_i \\ y_i \\ z_i \end{pmatrix} + \begin{pmatrix} u_i \\ v_i \\ w_i \end{pmatrix}$$

（7）　トラスの各部材 j の変形前の長さを計算する.

$$L_j = \left(x_{j2} - x_{j1}\right)^2 + \left(y_{j2} - y_{j1}\right)^2 + \left(z_{j2} - z_{j1}\right)^2$$

（8）　トラスの各部材の伸びを計算する.
　●　有限変形理論の場合
　　トラスの各部材の変形後の長さを計算する.

$$L'_j = \left(x'_{j2} - x'_{j1}\right)^2 + \left(y'_{j2} - y'_{j1}\right)^2 + \left(z'_{j2} - z'_{j1}\right)^2$$

　　トラスの各部材の伸びを計算する.

$$\delta_j = L'_j - L_j$$

　●　微小変形理論の場合
　　変形前のトラスの各部材の方向余弦を計算する.

$$l_j = \frac{x_{j2} - x_{j1}}{L_j},\ m_j = \frac{y_{j2} - y_{j1}}{L_j},\ n_j = \frac{z_{j2} - z_{j1}}{L_j}$$

　　トラスの各部材の伸びを計算する.

$$\delta_j = l_j\left(u_{j2} - u_{j1}\right) + m_j\left(v_{j2} - v_{j1}\right) + n_j\left(w_{j2} - w_{j1}\right)$$

（9）　トラスの各部材の歪エネルギを計算する.

6.4　エネルギ法による直接解法を使ったトラスの実用的な解き方

$$U_j = \frac{E_j A_j}{2L_j} \delta_j^2$$

（１０）外力による仕事を計算する．

$$W_k = P_{xk} u_k + P_{yk} v_k + P_{zk} w_k$$

（１１）全部材の歪エネルギ U_j を合計し，そこから外力 W_k による仕事を差し引いて全ポテンシャルエネルギを計算する．

$$\Pi = \sum_j U_j - \sum_k W_k$$

（１２）MS-Excel のソルバーを使って，変位を変数として，全ポテンシャルエネルギを最小化すると，変位の解が得られる．

（１３）応力-歪関係式を使ってトラスの各部材の軸力を計算する．

$$P_j = \frac{E_j A_j \delta_j}{L_j}$$

（１４）支持点反力が必要な場合は，支持点に集まっている部材の軸力の各方向成分を足し合わせて求める．

（１５）部材の公称応力と工学歪を計算する．

$$\sigma_j = \frac{P_j}{A_j}, \quad \varepsilon_j = \frac{\delta_j}{L_j}$$

6.4.2.　エネルギ法による直接解法によるトラス解析ツール

6.4.1 項で説明した方法に基づいた MS-Excel による３次元トラス解析ツールを読者に提供する．

- ３次元トラス解析ツール（微小変形理論）
- ３次元トラス解析ツール（有限変形理論）

6.4.2.1.　モデル化

トラスを構成する部材は結合点間で軸力が一定である．トラス構造には結合点にしか外荷重を負荷できない．また，トラス構造は結合点でしか支持できない．したがって，解析ツールではトラス構造の結合点を有限要素法でいう「節点」とし，結合点間の部材を「要素」として解析する．

トラス構造の形状は，結合点（＝節点）の変形前の座標と各部材（要素）

第6章　トラス構造

の両端の結合点（節点）の情報で定義される．トラス構造の剛性は，各部材（要素）の断面積とヤング率で定義される．剛性が部材内で変化する場合は平均値を使う．力学的境界条件は，外荷重の向きと大きさ，負荷される結合点（節点）で定義される．幾何学的境界条件は，支持される結合点（節点）とその変位の方向と値で定義される．

6.4.2.2.　解析ツールの使用法の説明

ティモシェンコの本[9]の Fig. 383 の不静定3次元トラス（図 6-17）を使ってツールの使用法を説明する．このトラスは3次の不静定構造で，水平の斜め部材 X，Y，Z が冗長な部材である．寸法と剛性は，$a = 1000$ mm，$EA = 1.4 \times 10^7$ N とする．荷重は $P = 1000$ N とする．

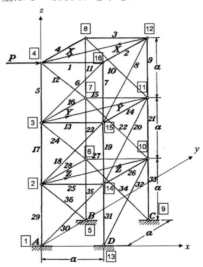

図 6-17　3次元不静定トラスの例題

以下の手順で3次元トラス解析ツールを使ってこの問題を解く．微小変形理論のツールと有限変形理論のツールの2種類があるが，使い方はまったく同じである．

① 図 6-17 に示すように部材の結合点に節点番号をつけ，部材に要素番号をつけ，節点データと要素データを表 6-9 のように入力する．
② 変位境界条件が与えられている節点1，5，9，13に変位の値ゼ

6.4 エネルギ法による直接解法を使ったトラスの実用的な解き方

ロを入力してそのセルを水色にする．その他の節点変位のセルには任意の値（ゼロでよい）を入力して，そのセルを黄色にする．
③ 外力が与えられている節点4に外力の値を入力する．
④ 要素数に応じて要素データの計算行を「コピー・貼り付け」して追加するか，削除する．
⑤ 「ソルバー」を開き，「変数セルの変更」の欄に節点変位の黄色のセルを指定する．
⑥ 「ソルバー」の解決ボタンを押すと，最適化計算が実行される．「ソルバーによって解が見つかりました」と表示され，計算が止まる．1回の実行では解が完全には収束していないことがあるので，解が収束するまで「ソルバー」を実行する．

注意：「ソルバー」のウィンドーの「オプション」ボタンを押すと，「オプション」ウィンドーが開くので，そこの収束の「微分係数」を「中央」にセットしておく必要がある．

斜め部材 X, Y, Z の軸力の計算結果を下表に示す．ティモシェンコの本[9]に記載された結果も比較のために示した．この例題では変形が小さいので，微小変形理論による結果と有限変形理論による結果はほとんど一致している．

部材	軸力 (N)		
	微小変形理論	有限変形理論	ティモシェンコ
X	-326.6	-326.7	-329.1
Y	-35.1	-35.0	-30.4
Z	-35.3	-35.2	-48.2

第6章　トラス構造

表 6-9 (1/3)　3次元トラス解析ツール（微小変形理論） － 入力データ

184

6.4 エネルギ法による直接解法を使ったトラスの実用的な解き方

表 6-9 (2/3)　3次元トラス解析ツール（微小変形理論） － 解析結果
3次元トラスの解析ツール － 微小変形理論

全ポテンシャルエネルギ = -674.533　目標セル

入力するデータ
変数セル

節点番号	節点座標			節点変位			外力			外力の仕事
	x (mm)	y (mm)	z (mm)	u (mm)	v (mm)	w (mm)	X (N)	Y (N)	Z (N)	W (N·mm)
1	0	0	0	0	0	0	0	0	0	0
2	0	0	1000	0.321324	-0.004	0.0532	0	0	0	0
3	0	0	2000	0.79427	-0.09	0.0734	0	0	0	0
4	0	0	3000	1.349067	-0.237	0.0569	1000	0	0	1349.07
5	0	1000	0	0	0	0	0	0	0	0
6	0	1000	1000	0.146361	-0.022	0.0896	0	0	0	0
7	0	1000	2000	0.448656	-0.106	0.1409	0	0	0	0
8	0	1000	3000	0.811948	-0.237	0.1574	0	0	0	0
9	1000	1000	0	0	0	0	0	0	0	0
10	1000	1000	1000	0.166421	0.1464	-0.09	0	0	0	0
11	1000	1000	2000	0.466934	0.2326	-0.141	0	0	0	0
12	1000	1000	3000	0.828453	0.237	-0.157	0	0	0	0
13	1000	0	0	0	0	0	0	0	0	0
14	1000	0	1000	0.269955	0.1646	-0.125	0	0	0	0
15	1000	0	2000	0.741119	0.2491	-0.216	0	0	0	0
16	1000	0	3000	1.294143	0.237	-0.271	0	0	0	0
17										
18										

……

31										0
32										0
33										0
34										0
35										0
36										0
合計										1349.07

第6章 トラス構造

表 6-9 (3/3) 3次元トラス解析ツール（微小変形理論） － 入力データと解析結果

LOOKUP関数でデータ作成

要素データを入力

要素	節点1	節点2	断面積 A (mm2)	ヤング率 E (MPa)	節点1の座標 x (mm)	y (mm)	z (mm)	x (mm)
1	4	16	200	70000	0	0	3000	10(?)
2	16	12	200	70000	1000	0	3000	0
3	12	8	200	70000	0	0	3000	0
4	8	4	200	70000	0	1000	3000	10(?)
5	3	16	200	70000	0	0	2000	0
6	15	16	200	70000	0	1000	2000	0
7	11	12	200	70000	1000	0	2000	10(?)
8	7	8	200	70000	0	0	2000	0
9	11	8	200	70000	1000	0	2000	0
10	3	12	200	70000	0	0	2000	10(?)
11	7	16	200	70000	0	0	2000	0
12	3	8	200	70000	0	1000	2000	0
13	3	15	200	70000	0	0	2000	0
...								
36	5	12	200	70000	0	0	3000	0
37	X	4	200	70000	0	0	2000	10(?)
38	Y	3	200	70000	0	0	2000	0
39	Z	2	200	70000	0	0	1000	0

要素の数に対応して行をコピー＋貼り付け

部材方向の伸び delta (mm)	歪エネルギー U (N-mm)	軸力 P (N)	公称応力 sigma (MPa)	工学歪 delta/L	P1x (N)	P1y (N)	P1z (N)	P2x (N)	P2y (N)	P2z (N)
-0.054924	21.11619	-768.9	-3.84465	-5E-05	768.93	0	0	-768.93	0	0
-2.75E-09	5.31E-14	0.0	-1.9E-07	-3E-12	0	3.9E-05	0	0	-4E-05	0
0.016505	1.906903	231.1	1.155349	1.7E-05	231.07	0	0	-231.07	0	0
-5.3E-09	1.97E-13	0.0	-3.7E-07	-5E-12	0	-7E-05	0	0	7.4E-05	0
-0.016505	1.906902	-231.1	-1.155535	-2E-05	0	0	-231.07	0	0	231.07
0.108947	59.72561	1087.4	5.437156	7.8E-05	-768.93	0	768.93	768.93	0	-768.93
-0.054924	21.11619	-768.9	-3.84465	-5E-05	0	0	768.93	0	0	-231.07
0.03301	5.393534	326.8	1.63391	2.3E-05	0	-231.07	0	0	231.07	0
-0.016505	1.906905	-231.1	-1.15535	-2E-05	-231.07	0	231.07	231.07	0	-231.07
-0.03301	5.393538	-326.8	-1.63391	-2E-05	0	-231.07	0	0	231.07	0
0.016505	1.906902	231.1	1.155349	1.7E-05	0	-231.07	-231.07	0	231.07	231.07
0.03301	5.393532	326.8	1.63391	2.3E-05	0	0	-231.07	0	0	231.07
-0.053151	19.77495	-744.1	-3.72055	-5E-05	744.109	0	0	-744.11	0	0
...										
0.040119	7.966602	397.2	1.985766	2.8E-05	0	280.83	0	0	-280.83	280.83
-0.03301	5.393535	-326.8	-1.63391	-2E-05	231.07	231.07	-280.83	-231.07	-231.07	0
-0.003546	0.062232	-35.1	-0.17551	-3E-06	24.8207	24.8207	0	-24.821	-24.821	0
-0.003563	0.062828	-35.3	-0.17635	-3E-06	24.9391	24.9391	0	-24.939	-24.939	0

674.5334

要素の数に対応して行をコピー＋貼り付け

6.5. トラスの例題

本項ではトラスに関する実用的な問題をエネルギ法による直接解法の解析ツールで解いてみよう．扱う問題は，橋を模擬した2次元不静定トラス，2次元ボルチモアトラス，片持ちの長い2次元静定トラス，圧縮荷重を受ける2次元トラスの長柱，3次元静定トラスである．

6.5.1. 例題1 – 2次元不静定トラス（橋）

図 6-18 に示す問題はティモシェンコの本[9] の Fig.363 の例題を 1 inch ⇒ 25.4 mm, 1 lb ⇒ 0.4448 N で換算したものである．部材の断面積を表 6-10 に示す．ヤング率を $E = 207000$ MPa（鋼）とする．2点で支持されていて，横方向の変位が拘束されているので，この構造は不静定構造である．ティモシェンコの本で，支持点における横方向の反力が計算されており，4015 lb = 17860 N である．

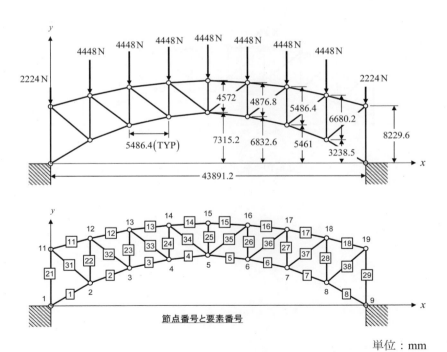

図 6-18 　2次元不静定トラス（橋） – 例題1

第6章 トラス構造

表 6-10 部材の断面積

要素番号	A (mm²)	要素番号	A (mm²)	要素番号	A (mm²)	要素番号	A (mm²)
1, 8	7419	11, 18	7613	21, 29	7419	31, 38	5806
2, 7	7419	12, 17	7613	22, 28	5806	32, 37	5806
3, 6	7419	13, 16	7613	23, 27	5806	33, 36	5806
4, 5	7419	14, 15	7613	24, 26	5806	34, 35	5806
				25	5806		

　部材の結合点を節点とし，図 6-18 の下図に示すように節点番号と要素番号を設定した．3次元トラス解析ツール（微小変形理論）で解いた結果を表 6-11 に示す．支持点反力の横方向成分は，17812 N でティモシェンコの本の結果とほとんど一致している．変形図を図 6-19 に示す．変形が小さいので有限変形理論で解析しても差はほとんどない．

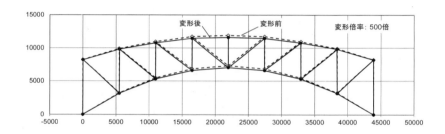

図 6-19　変形図 – 例題 1

6.5 トラスの例題

表 6-11 (1/2)　例題 1　2次元不静定トラスの解析結果（微小変形理論）

3次元トラスの解析ツール — 微小変形理論

□ 入力するデータ
□ 変数セル

全ポテンシャルエネルギー ＝ -6365.7　目標セル

節点番号	節点座標			節点変位			外力			外力の仕事
	x (mm)	y (mm)	z (mm)	u (mm)	v (mm)	w (mm)	X (N)	Y (N)	Z (N)	W (N-mm)
1	0	0	0	0	0	0	0	0	0	0
2	5486.4	3238.5	0	-0.007233	-0.157	0	0	0	0	0
3	10973	5461	0	0.007341	-0.344	0	0	0	0	0
4	16459	6832.6	0	0.01187	-0.5	0	0	0	0	0
5	21946	7315.2	0	0.001315	-0.595	0	0	0	0	0
6	27432	6832.6	0	-0.008948	-0.497	0	0	0	0	0
7	32918	5461	0	-0.003618	-0.338	0	0	0	0	0
8	38405	3238.5	0	0.012282	-0.148	0	0	0	0	0
9	43891	0	0	0	0	0	0	-2224	0	0
10	0	8229.6	0	0.041966	-0.051	0	0	-4448	0	226.618
11	5486.4	9918.7	0	0.0729	-0.205	0	0	-4448	0	912.956
12	10973	10947	0	0.07218	-0.377	0	0	-4448	0	1676.09
13	16459	11709	0	0.046732	-0.518	0	0	-4448	0	2306.06
14	21946	11887	0	2.55E-05	-0.608	0	0	-4448	0	2705.14
15	27432	11709	0	-0.046514	-0.516	0	0	-4448	0	2293.33
16	32918	10947	0	-0.071526	-0.371	0	0	-4448	0	1650.46
17	38405	9918.7	0	-0.071674	-0.196	0	0	-4448	0	873.936
18	43891	8229.6	0	-0.039778	-0.039	0	0	-2224	0	86.8176
19										0
34										0
35										0
36										0
									合計	12731.4

第6章 トラス構造

表 6-11 (2/2)　例題1　2次元不静定トラスの解析結果（微小変形理論）

要素	節点1	節点2	断面積 A (mm^2)	ヤング率 E (MPa)	部材方向の伸び delta (mm)	歪エネルギー U (N-mm)	軸力 P (N)	公称応力 sigma (MPa)	工学歪 delta/L	P1x (N)	P1y (N)	P1z (N)	P2x (N)	P2y (N)	P2z (N)
1	1	2	7419	207000	-0.085807	887.4182	-20684.1	-2.78799	-1E-05	17812.4	10514.3	0	-17812	-10514	0
2	2	3	7419	207000	-0.056796	418.4513	-14735.1	-1.98613	-1E-05	13657.1	5532.3	0	-13657	-5532.4	0
3	3	4	7419	207000	-0.033566	152.9776	-9115.1	-1.22861	-6E-06	8842.93	2210.73	0	-8842.9	-2210.7	0
4	4	5	7419	207000	-0.01879	49.22511	-5239.4	-0.70622	-3E-06	5219.3	459.105	0	-5219.3	-459.1	0
5	5	6	7419	207000	-0.018747	48.99705	-5227.3	-0.70458	-3E-06	5207.19	-458.04	0	-5207.2	458.04	0
6	6	7	7419	207000	-0.033494	152.3214	-9095.5	-1.22598	-6E-06	8823.95	-2206	0	-8823.9	2205.99	0
7	7	8	7419	207000	-0.056704	417.0847	-14711.1	-1.98289	-1E-05	13634.8	-5523.4	0	-13635	5523.35	0
8	8	9	7419	207000	-0.085703	885.2752	-20659.9	-2.78462	-1E-05	17790.9	-10502	0	-17791	10501.6	0
9	11	12	7613	207000	-0.015838	34.43057	-4347.8	-0.57111	-3E-06	4155.37	1279.32	0	-4155.4	-1279.3	0
10	12	13	7613	207000	-0.032325	147.4995	-9126.0	-1.19873	-6E-06	8969.64	1681.81	0			
11	13	14	7613	207000	-0.04469	284.1035	-12714.5	-1.6701	-8E-06	12593.6	1749.11	0			
12	14	15	7613	207000	-0.049589	352.9743	-14236.1	-1.86998	-9E-06	14228.7	461.114	0	-14229	-461.11	0
13	15	16	7613	207000	-0.049514	351.9074	-14214.6	-1.86715	-9E-06	14207.1	-460.42	0	-14207	460.417	0
14	16	17	7613	207000	-0.044657	283.6863	-12705.1	-1.66887	-8E-06	12584.3	-1747.8	0	-12584	1747.82	0
15	17	18	7613	207000	-0.032319	147.4391	-9124.1	-1.19849	-6E-06	8967.81	-1681.5	0	-8967.8	1681.46	0
16	18	19	7613	207000	-0.015841	34.44517	-4348.8	-0.57123	-3E-06	4156.25	-1279.6	0	-4156.3	1279.59	0
17	1	11	7419	207000	-0.050948	242.1964	-9507.5	-1.28151	-6E-06	9507.52	0	0	-9507.5	0	0
18	2	12	5806	207000	-0.048702	213.3666	-8762.1	-1.50914	-7E-06	8762.08	0	0	-8762.1	0	0
19	3	13	5806	207000	-0.03302	119.42	-7233.2	-1.24582	-6E-06	7233.25	0	0	-7233.2	0	0
20	4	14	5806	207000	-0.018137	40.5313	-4469.6	-0.76982	-4E-06	4469.58	0	0	-4469.6	0	0
21	5	15	5806	207000	-0.013415	23.65425	-3526.5	-0.60738	-4E-06	3526.47	0	0	-3526.5	0	0
22	6	16	5806	207000	-0.018099	40.36403	-4460.3	-0.76823	-4E-06	4460.35	0	0	-4460.3	0	0
23	7	17	5806	207000	-0.03299	119.2058	-7226.8	-1.24471	-6E-06	7226.76	0	0	-7226.8	0	0
24	8	18	5806	207000	-0.048687	213.2297	-8759.3	-1.50866	-7E-06	8759.27	0	0	-8759.3	0	0
25	9	19	7419	207000	-0.039037	142.1847	-7284.7	-0.98189	-5E-06	7284.67	0	0	-7284.7	0	0
26	2	11	5806	207000	0.034668	97.37421	5617.6	0.967542	4.7E-06	4155.34	-3780.2	0	-4155.3	3780.21	0
27	3	12	5806	207000	0.036485	113.16	6203.0	1.068384	5.2E-06	4814.26	-3911.6	0	-4814.3	3911.59	0
28	4	13	5806	207000	0.025549	58.5464	4529.9	0.780213	3.8E-06	3623.93	-2717.9	0	-3623.9	2717.95	0
29	5	14	5806	207000	0.012252	12.8333	2094.9	0.36081	1.7E-06	1635.07	-1309.6	0	-1635.1	1309.57	0
30	5	16	5806	207000	0.01216	12.64157	2079.2	0.358104	1.7E-06	1622.81	-1299.8	0	1622.81	1299.75	0
31	6	17	5806	207000	0.025796	58.30753	4520.7	0.778619	3.8E-06	3616.5	-2712.4	0	3616.53	2712.4	0
32	7	18	5806	207000	0.036465	113.033	6199.6	1.067784	5.2E-06	4811.6	-3909.4	0	4811.56	3909.39	0
33	8	19	5806	207000	0.034676	97.41805	5618.8	0.96776	4.7E-06	4156.3	-3781.1	0	4156.28	3781.06	0
34															

節点力（全体座標系）

合計が支持点反力

6.5 トラスの例題

6.5.2. 例題2 – 2次元ボルチモアトラス

図6-3で紹介したボルチモアトラスを解析してみる．図6-20に示すように，実際の荷重は結合点に負荷されるのではなく，結合点の中間に負荷されているとする．このような場合には，荷重を結合点に分配して，部材に曲げが生じないものと仮定してトラス構造として解析する．この仮定の妥当性について，部材が結合点で剛に結合されていると仮定して7.6.1項で説明する2次元梁解析ツールで解析した結果と比較する．

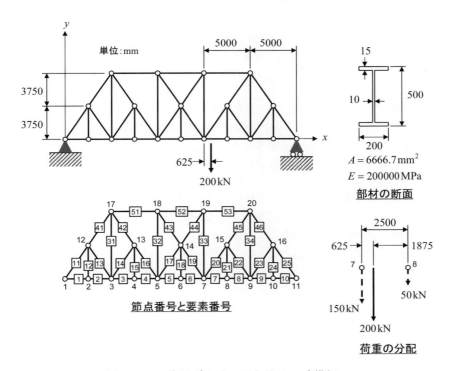

図6-20　2次元ボルチモアトラス – 例題2

図6-20の下の図に示すように，部材の結合点をモデルの節点とし，節点番号と要素番号を設定した．このモデルを使って3次元トラス解析ツール（微小変形理論）で解いた結果を表6-12に示す．変形を図6-21に示す．

第 6 章　トラス構造

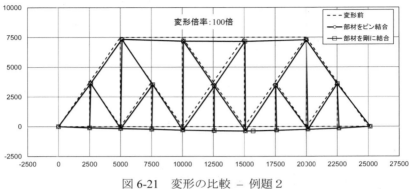

図 6-21　変形の比較 – 例題 2

次に部材が剛に結合されていると仮定した場合の解析を行う．図 6-22 に示すように，外力が負荷される点に新たに節点 31 を追加する．また，すべての部材を梁要素でモデル化し，結合点（節点）で部材どうしが剛に結合されているとする（梁要素と梁の解析ツールに関しては 7.6.1 項を参照のこと）．梁要素の断面 2 次モーメントは $I = 3.5320 \times 10^8$ mm^2 とした．このモデルを使って，2 次元梁線形解析ツールで解析して得られた部材軸力をトラス解析による部材軸力と比較したのが図 6-23 である．軸力の差は小さく，トラス解析で用いるピン結合の仮定は妥当であると言える．また，図 6-21 には剛に結合した場合の変形図も示してあるが，ピン結合の場合とほとんど一致している．

6.5 トラスの例題

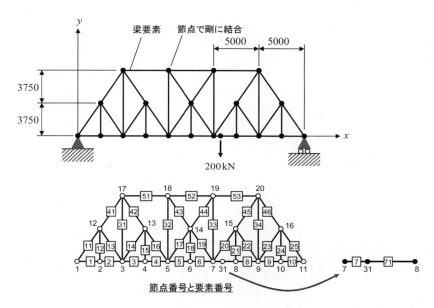

図 6-22　部材が剛に結合されていると仮定した梁モデル – 例題 2

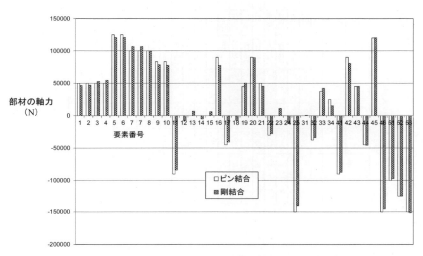

図 6-23　部材を剛に結合した場合とピン結合の場合の軸力の比較 – 例題 2

第6章 トラス構造

表 6-12 (1/2) 例題2 2次元ボルチモアトラスの解析結果(微小変形理論)

3次元トラスの解析ツール －微小変形理論

凡例: 入力するデータ／変数セル

節点番号	節点座標 x (mm)	y (mm)	z (mm)	節点変位 u (mm)	v (mm)	w (mm)	外力 X (N)	Y (N)	Z (N)	外力の仕事 W (N·mm)
1	0	0	0	0	0	0				0
2	2500	0	0	0.09375	-1.067	0				0
3	5000	0	0	0.1875	-1.643	0				0
4	7500	0	0	0.28125	-2.219	0				0
5	10000	0	0	0.375	-3.036	0				0
6	12500	0	0	0.609375	-3.53	0				0
7	15000	0	0	0.84375	-3.712	0		-150000		556769
8	17500	0	0	1.03125	-3.204	0		-50000		160193
9	20000	0	0	1.21875	-2.409	0				0
10	22500	0	0	1.375	-1.614	0				0
11	25000	0	0	1.53125	0	0				0
12	2500	3750	0	1.051495	-1.067	0				0
13	7500	3750	0	1.051495	-2.219	0				0
14	12500	3750	0	0.841306	-3.063	0				0
15	17500	3750	0	0.42018	-1.614	0				0
16	22500	3750	0	0.026149	-1.643	0				0
17	5000	7500	0	1.366207	-3.247	0				0
18	10000	7500	0	0.991207	-3.501	0				0
19	15000	7500	0	0.522457	-2.268	0				0
20	20000	7500	0	-0.040043						
21										
									合計	716962

全ポテンシャルエネルギー ＝ -358481 目標セル

6.5　トラスの例題

表 6-12 (1/2)　例題 2　2次元ボルチモアトラスの解析結果（微小変形理論）

要素	節点1	節点2	断面積 A (mm^2)	ヤング率 E (MPa)	歪エネルギ U (N-mm)	軸力 P (N)	公称応力 sigma (MPa)	工学歪 delta/L	P1x (N)	P1y (N)	P1z (N)	P2x (N)	P2y (N)	P2z (N)
1	1	2	6666.667	200000	2343.75	50000	8	0	-50000	0	0	50000	0	0
2	2	3	6666.667	200000	2343.75	50000	7	0	-50000	0	0	50000	0	0
3	3	4	6666.667	200000	2343.75	50000	7	0	-50000	0	0	50000	0	0
4	4	5	6666.667	200000	14648.44	125000	19	0	-125000	0	0	125000	0	0
5	5	6	6666.667	200000	14648.44	125000	19	0	-125000	0	0	125000	0	0
6	6	7	6666.667	200000	9375	100000	15	0	-100000	0	0	100000	0	0
7	7	8	6666.667	200000	9375	100000	15	0	-100000	0	0	100000	0	0
8	8	9	6666.667	200000	6510.417	83333	12	0	-83333	0	0	83333	0	0
9	9	10	6666.667	200000	6510.417	83333	12	0	-83333	0	0	83333	0	0
10	10	11	6666.667	200000	13732.08	-90139	-14	0	50000	75000	0	-50000	-75000	0
11	1	12	6666.667	200000	1.7E-15	0	0	0	0	0	0	0	0	0
12	2	12	6666.667	200000	2.18E-16	0	0	0	0	0	0	0	0	0
13	3	13	6666.667	200000	2.6E-15	0	0	0	0	0	0	0	0	0
14	4	13	6666.667	200000	5.32E-15	0	0	0	0	0	0	0	0	0
15	4	13	6666.667	200000	13732.08	90139	14	0	50000	-75000	0	-50000	75000	0
16	5	13	6666.667	200000	3433.02	-45069	-7	0	25000	37500	0	-25000	-37500	0
17	5	14	6666.667	200000										
32	14	18	6666.667	200000	3433.02	45069	7	0	25000	-37500	0	-25000	37500	0
33	14	19	6666.667	200000	3433.02	-45069	-7	0	25000	37500	0	-25000	-37500	0
34	15	20	6666.667	200000	24412.59	120185	18	0	-66667	-100000	0	66667	100000	0
35	16	20	6666.667	200000	38144.67	-150231	-23	0	-83333	125000	0	83333	-125000	0
36	17	18	6666.667	200000	18750	-100000	-15	0	100000	0	0	-100000	0	0
37	18	19	6666.667	200000	29296.88	-125000	-19	0	125000	0	0	-125000	0	0
38	19	20	6666.667	200000	42187.5	-150000	-23	0	150000	0	0	-150000	0	0
39														

第6章　トラス構造

6.5.3.　例題3 – 片持ち2次元静定トラス

図6-24に示す片持ちの細長い静定トラスを解析する．すべての部材の断面積 $A = 0.2$ mm^2，ヤング率 $E = 200000$ MPa とする．このトラスは細長いので，部材の歪が小さくても変形が大きくなって幾何学的非線形挙動を示す．そこで，微小変形理論と有限変形理論の両方の3次元トラス解析ツールで解析して比較する．

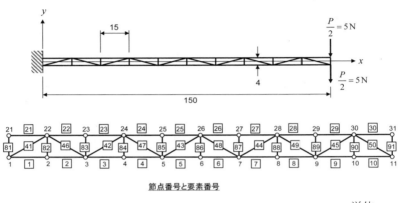

図 6-24　片持ち2次元静定トラス – 例題3

節点番号と要素番号を図6-24の下の図のように設定する．3次元トラス解析ツールで解析した結果を表6-13と表6-14に示す．変形図を図6-25に示す．軸力の比較を図6-26に示す．変形図を見てわかるように，微小変形理論では，トラスの右端が下方に移動するが，左方には移動しない変形となっている．力の釣り合いを変形前の形状で考えており，外力の負荷点は移動しないと考えている．一方，有限変形理論では力の釣り合いを変形後の状態で考えるので，荷重負荷点の移動の影響が考慮される．支持点の下側の部材（要素1）の軸力を見てみると，微小変形理論では-337.5 Nで，有限変形理論では-325.8 Nであり，荷重負荷点が左方に移動してモーメントアームが短くなった影響を考慮している有限変形理論のほうが小さくなっている．同様に，右端の下方向の変位は，微小変形理論で 35.92 mm，有限変形理論で 34.07 mm で，有限変形理論のほうが小さい．

6.5 トラスの例題

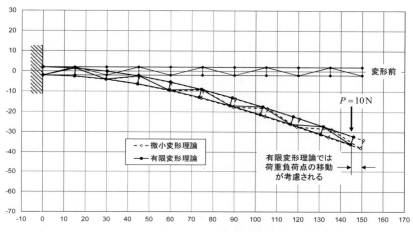

図 6-25　片持ち静定トラスの変形の比較 – 例題 3

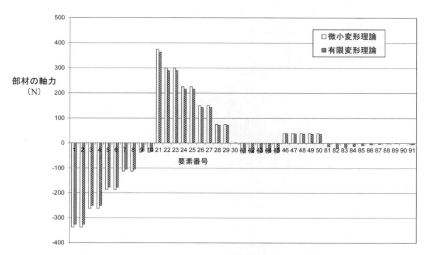

図 6-26　片持ちトラスの軸力の比較 – 例題 3

第6章 トラス構造

表 6-13 (1/2) 例題3 片持ち2次元静定トラスの解析結果（微小変形理論）

3次元トラスの解析ツール — 微小変形理論

節点番号	節点座標			節点変位				外力			外力の仕事
	x (mm)	y (mm)	z (mm)	u (mm)	v (mm)	w (mm)		X (N)	Y (N)	Z (N)	W (N-mm)
1	0	-2	0	0	0	0		0	0	0	0
2	15	-2	0	-0.126562	-0.586	0		0	0	0	0
3	30	-2	0	-0.253125	-2.121	0		0	0	0	0
4	45	-2	0	-0.351562	-4.5	0		0	0	0	0
5	60	-2	0	-0.45	-7.617	0		0	0	0	0
6	75	-2	0	-0.520312	-11.37	0		0	0	0	0
7	90	-2	0	-0.590625	-15.64	0		0	0	0	0
8	105	-2	0	-0.632813	-20.34	0		0	0	0	0
9	120	-2	0	-0.675	-25.36	0		0	0	0	0
10	135	-2	0	-0.689063	-30.58	0		0	0	0	0
11	150	-2	0	-0.703125	-35.92	0		0	-5	0	179.583
12	0	2	0	0	-1E-12	0		0	0	0	0
13	15	2	0	0.140625	-0.586	0		0	0	0	0
14	30	2	0	0.253125	-2.121	0		0	0	0	0
15	45	2	0	0.365625	-4.5	0		0	0	0	0
16	60	2	0	0.45	-7.617	0		0	0	0	0
17	75	2	0	0.534375	-11.37	0		0	0	0	0
18	90	2	0	0.590625	-15.64	0		0	0	0	0
19	105	2	0	0.646875	-20.34	0		0	0	0	0
20	120	2	0	0.675	-25.36	0		0	0	0	0
21	135	2	0	0.703125	-30.58	0		0	0	0	0
22	150	2	0	0.703125	-35.92	0		0	-5	0	179.586
23											0

| 36 | | | | | | | | | | 合計 | 359.169 |

入力するデータ
変数セル

全ポテンシャルエネルギー = -179.584 目標セル

6.5 トラスの例題

表 6-13 (2/2) 例題 3 片持ち 2 次元静定トラスの解析結果（微小変形理論）

要素	節点1	節点2	断面積 A (mm^2)	ヤング率 E (MPa)	部材方向の伸び delta (mm)	歪エネルギ U (N-mm)	軸力 P (N)	公称応力 sigma (MPa)	工学歪 delta/L	節点力（全体座標系）					
										P1x (N)	P1y (N)	P1z (N)	P2x (N)	P2y (N)	P2z (N)
1	1	2	0.2	200000	-0.126562	21.35742	-337.5	-1687.5	-0.0084	337.5	0	0	-337.5	0	0
2	2	3	0.2	200000	-0.126562	21.35742	-337.5	-1687.5	-0.0084	337.5	0	0	-337.5	0	0
3	3	4	0.2	200000	-0.098438	12.91992	-262.5	-1312.5	-0.0066	262.5	0	0	-262.5	0	0
4	4	5	0.2	200000	-0.098438	12.91992	-262.5	-1312.5	-0.0066	262.5	0	0	-262.5	0	0
5	5	6	0.2	200000	-0.070313	6.591797	-187.5	-937.5	-0.0047	187.5	0	0	-187.5	0	0
6	6	7	0.2	200000	-0.070313	6.591797	-187.5	-937.5	-0.0047	187.5	0	0	-187.5	0	0
7	7	8	0.2	200000	-0.042188	2.373047	-112.5	-562.5	-0.0028	112.5	0	0	-112.5	0	0
8	8	9	0.2	200000	-0.042188	2.373047	-112.5	-562.5	-0.0028	112.5	0	0	-112.5	0	0
9	9	10	0.2	200000	-0.014063	0.263672	-37.5	-187.5	-0.0009	37.5	0	0	-37.5	0	0
10	10	11	0.2	200000	-0.014063	0.263672	-37.5	-187.5	-0.0009	37.5	0	0	-37.5	0	0
11	21	22	0.2	200000	0.140625	26.36719	375.0	1875	0.00937	-375	0	0	375	0	0
12	22	23	0.2	200000	0.1125	16.875	300.0	1500	0.0075	-300	0	0	300	0	0
27	24	5	0.2	200000	0.015062	0.292291	38.8	194.0522	0.00097	-37.5	10	0	37.5	-10	0
28	26	7	0.2	200000	0.015063	0.292291	38.8	194.0522	0.00097	-37.5	10	0	37.5	-10	0
29	28	9	0.2	200000	0.015062	0.292291	38.8	194.0522	0.00097	-37.5	10	0	37.5	-10	0
30	30	11	0.2	200000	0.015062	0.292291	38.8	194.0522	0.00097	-37.5	10	0	37.5	-10	0
31	1	21	0.2	200000	-1.2E-12	7.26E-21	0.0	-6E-08	-3E-13	0	1.2E-08	0	0	-1E-08	0
32	2	22	0.2	200000	-9.58E-13	4.59E-21	0.0	-4.8E-08	-2E-13	0	9.6E-09	0	0	-1E-08	0
33	3	23	0.2	200000	5.24E-13	1.37E-21	0.0	2.62E-08	1.3E-13	0	-5E-09	0	0	5.2E-09	0
34	4	24	0.2	200000	6.06E-13	1.83E-21	0.0	3.03E-08	1.5E-13	0	-6E-09	0	0	6.1E-09	0
35	5	25	0.2	200000	4.36E-13	9.51E-22	0.0	2.18E-08	1.1E-13	0	-4E-09	0	0	4.4E-09	0
36	6	26	0.2	200000	-1.64E-12	1.35E-20	0.0	-8.2E-08	-4E-13	0	1.6E-08	0	0	-2E-08	0
37	7	27	0.2	200000	-2.25E-12	2.52E-20	0.0	-1.1E-07	-6E-13	0	2.2E-08	0	0	-2E-08	0
38	8	28	0.2	200000	-5.27E-12	1.39E-19	0.0	-2.6E-07	-1E-12	0	5.3E-08	0	0	-5E-08	0
39	9	29	0.2	200000	-4.62E-14	1.07E-23	0.0	-2.3E-09	-1E-14	0	4.6E-10	0	0	-5E-10	0
40	10	30	0.2	200000	-1.41E-11	9.98E-19	0.0	-7.1E-07	-4E-12	0	1.4E-07	0	0	-1E-07	0
41	11	31	0.2	200000	-0.0005	0.00125	-5.0	-25	-0.0001	0	5	0	0	-5	0

199

第6章 トラス構造

表 6-14 (1/2)　例題 3　片持ち2次元静定トラスの解析結果（有限変形理論）

3次元トラスの解析ツール — 有限変形理論

節点番号	節点座標 x (mm)	y (mm)	z (mm)	節点変位 u (mm)	v (mm)	w (mm)	外力 X (N)	Y (N)	Z (N)	外力の仕事 W (N-mm)
1	0	-2	0	0	0	0	0	0	0	0
2	15	-2	0	-0.132787	-0.562	0	0	0	0	0
3	30	-2	0	-0.328484	-2.039	0	0	0	0	0
4	45	-2	0	-0.597215	-4.315	0	0	0	0	0
5	60	-2	0	-0.990068	-7.284	0	0	0	0	0
6	75	-2	0	-1.487246	-10.85	0	0	0	0	0
7	90	-2	0	-2.111171	-14.89	0	0	0	0	0
8	105	-2	0	-2.82262	-19.32	0	0	0	0	0
9	120	-2	0	-3.624186	-24.04	0	0	0	0	0
10	135	-2	0	-4.465511	-28.95	0	0	0	0	0
11	150	-2	0	-5.338205	-33.95	0	0	-5	0	169.774
12	0	2	0	-0.001	-0.572	0	0	0	0	0
13	15	2	0	0.125607	-0.572	0	0	0	0	0
14	30	2	0	0.159639	-2.071	0	0	0	0	0
15	45	2	0	0.091293	-4.376	0	0	0	0	0
16	60	2	0	-0.129831	-7.379	0	0	0	0	0
17	75	2	0	-0.483042	-10.97	0	0	0	0	0
18	90	2	0	-0.991568	-15.05	0	0	0	0	0
19	105	2	0	-1.613822	-19.51	0	0	0	0	0
20	120	2	0	-2.35217	-24.24	0	0	0	0	0
21	135	2	0	-3.155821	-29.17	0	0	0	0	0
22	150	2	0	-4.016146	-34.18	0	0	-5	0	170.9
23										0
36										合計 340.674

全ポテンシャルエネルギ = -174.804　目標セル

入力するデータ
変数セル

6.5 トラスの例題

表 6-14 (2/2) 例題 3 片持ち 2 次元静定トラスの解析結果（有限変形理論）

要素	節点1	節点2	断面積 A (mm^2)	ヤング率 E (MPa)	伸び delta (mm)	歪エネルギー U (N-mm)	軸力 P (N)	公称応力 sigma (MPa)	工学歪 delta/L	節点力（全体座標系） P1x (N)	P1y (N)	P1z (N)	P2x (N)	P2y (N)	P2z (N)
1	1	2	0.2	200000	-0.12217	19.89917	-325.8	-1628.87	-0.00814	325.5	-12.3	0.0	-325.5	12.3	0.0
2	2	3	0.2	200000	-0.1222	19.90884	-325.9	-1629.27	-0.00815	324.2	-32.4	0.0	-324.2	32.4	0.0
3	3	4	0.2	200000	-0.09401	11.78467	-250.7	-1253.51	-0.00627	247.8	-38.3	0.0	-247.8	38.3	0.0
4	4	5	0.2	200000	-0.09403	11.789	-250.7	-1253.74	-0.00627	245.7	-50.0	0.0	-245.7	50.0	0.0
5	5	6	0.2	200000	-0.0664	5.877969	-177.1	-885.285	-0.00443	171.9	-42.2	0.0	-171.9	42.2	0.0
6	6	7	0.2	200000	-0.0664	5.879455	-177.1	-885.397	-0.00443	170.5	-47.9	0.0	-170.5	47.9	0.0
7	7	8	0.2	200000	-0.03932	2.061246	-104.8	-524.245	-0.00262	100.1	-31.1	0.0	-100.1	31.1	0.0
8	8	9	0.2	200000	-0.03932	2.061548	-104.9	-524.283	-0.00262	99.5	-33.0	0.0	-99.5	33.0	0.0
9	9	10	0.2	200000	-0.01264	0.212902	-33.7	-168.484	-0.00084	31.8	-11.0	0.0	-31.8	11.0	0.0
10	10	11	0.2	200000	-0.01264	0.212911	-33.7	-168.488	-0.00084	31.8	-11.3	0.0	-31.8	11.3	0.0
11	21	22	0.2	200000	0.136384	24.80079	363.7	1818.453	0.009092	-363.4	13.7	0.0	363.4	-13.7	0.0
12	22	23	0.2	200000	0.108494	15.69465	289.3	1446.589	0.007233	-287.9	28.7	0.0	287.9	-28.7	0.0
13	23	24	0.2	200000	0.108517	15.70117	289.4	1446.90	0.007233	-286.0	44.1	0.0	286.0	-44.1	0.0
27	24	5	0.2	200000	0.014813	0.282682	38.2	190.8357	0.000954	-34.2	17.0	0.0	34.2	-17.0	0.0
28	26	7	0.2	200000	0.014531	0.272037	37.4	187.2082	0.000936	-32.2	19.1	0.0	32.2	-19.1	0.0
29	28	9	0.2	200000	0.014314	0.26395	36.9	184.4044	0.000922	-30.8	20.2	0.0	30.8	-20.2	0.0
30	30	11	0.2	200000	0.014211	0.260196	36.6	183.0884	0.000915	-30.2	20.7	0.0	30.2	-20.7	0.0
31	1	21	0.2	200000	-0.00137	0.009414	-13.7	-68.608	-0.00034	0.0	13.7	0.0	-1.3	-13.7	0.0
32	2	22	0.2	200000	-0.00201	0.02017	-20.1	-100.424	-0.0005	1.3	20.0	0.0	-1.3	-20.0	0.0
33	3	23	0.2	200000	-0.00156	0.012131	-15.6	-77.8799	-0.00039	1.9	15.5	0.0	-1.9	-15.5	0.0
34	4	24	0.2	200000	-0.00119	0.007035	-11.9	-59.307	-0.0003	2.0	11.7	0.0	-2.0	-11.7	0.0
35	5	25	0.2	200000	-0.00087	0.003768	-8.7	-43.4061	-0.00022	1.9	8.5	0.0	-1.9	-8.5	0.0
36	6	26	0.2	200000	-0.00059	0.001742	-5.9	-29.5116	-0.00015	1.5	5.7	0.0	-1.5	-5.7	0.0
37	7	27	0.2	200000	-0.00038	0.00074	-3.8	-19.2365	-9.6E-05	1.1	3.7	0.0	-1.1	-3.7	0.0
38	8	28	0.2	200000	-0.00021	0.000213	-2.1	-10.328	-5.2E-05	0.6	2.0	0.0	-0.6	-2.0	0.0
39	9	29	0.2	200000	-9.8E-05	4.78E-05	-1.0	-4.89127	-2.4E-05	0.3	0.9	0.0	-0.3	-0.9	0.0
40	10	30	0.2	200000	-2.1E-05	2.27E-06	-0.2	-1.06675	-5.3E-06	0.1	0.2	0.0	-0.1	-0.2	0.0
41	11	31	0.2	200000	-0.00047	0.001111	-4.7	-23.5653	-0.00012	1.6	4.4	0.0	-1.6	-4.4	0.0

第 6 章　トラス構造

6.5.4.　例題 4 – 圧縮荷重を受ける 2 次元トラスの柱

前項と同じトラスを柱として使い,圧縮荷重を負荷する問題を考えよう(図 6 -27).

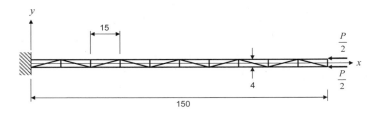

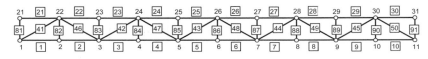

節点番号と要素番号

単位 : mm

図 6-27　圧縮荷重を受ける静定トラスの柱 – 例題 4

前項と同じモデルで有限変形理論のツールを使って外力だけを変えて計算した．計算結果の例を表 6-15 に示す．座屈後の変形図を図 6-28 に示す．荷重と変位の関係を図 6-29 に示す．荷重と全ポテンシャルエネルギ，歪エネルギとの関係を図 6-30 に示す．34.4 N あたりで座屈していることがわかる．座屈すると,全ポテンシャルエネルギと歪エネルギが急増することがわかる．この構造は x 軸に関して非対称であるので，x 軸に関して対称な荷重を負荷しても構造の非対称性のために座屈荷重より小さい荷重でもわずかに下方向にたわむ．

ティモシェンコの本[10] によると，トラス梁の座屈荷重は次の式で表される．（せん断剛性の影響を考慮した Engesser の式を適用）

$$P_{cr} = P_E \frac{1}{1 + P_E \left(\dfrac{1}{A_d E \sin\phi \cos^2\phi} + \dfrac{b}{aA_b E} \right)}$$

ここで，$P_E = \dfrac{\pi^2 EI}{l^2}$: オイラー座屈荷重,

6.5 トラスの例題

$$I = \frac{A_s b^2}{2} : 断面2次モーメント,$$

l : 両端単純支持の柱の長さ

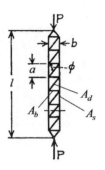

$E = 200000\,MPa,\ A_s = A_b = A_d = 0.2\,\text{mm}^2,$
$a = 15\,\text{mm},\ b = 4\,\text{mm},\ l = 300\,\text{mm}$

より，座屈荷重は次のように計算されるので，本項の計算結果とほとんど一致している．

$$I = 1.6\,\text{mm}^4,\ P_E = 35.09\,\text{N},\ P_{cr} = 34.62\,\text{N}$$

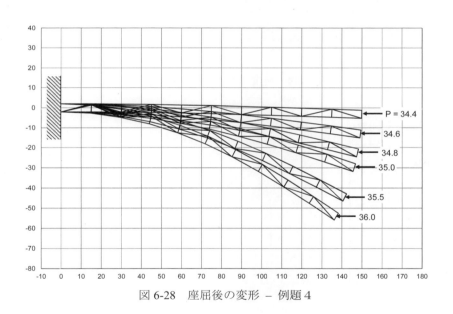

図 6-28　座屈後の変形 − 例題 4

第6章 トラス構造

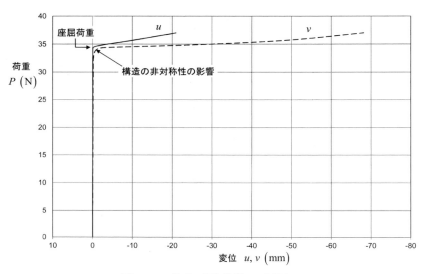

図 6-29　荷重-変位曲線 – 例題 4

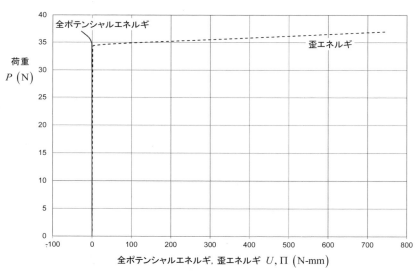

図 6-30　荷重と全ポテンシャルエネルギ，歪エネルギとの関係 – 例題 4

6.5 トラスの例題

表 6-15 (1/2)　例題 4　圧縮荷重を受ける 2 次元トラスの解析結果（有限変形理論）
3次元トラスの解析ツール －－ 有限変形理論

入力するデータ
変数セル

全ポテンシャルエネルギー ＝ -10.7098　目標セル

節点番号	節点座標			節点変位			外力			外力の仕事
	x (mm)	y (mm)	z (mm)	u (mm)	v (mm)	w (mm)	X (N)	Y (N)	Z (N)	W (N-mm)
1	0	-2	0	-0.202144	-0.653	0	0	0	0	0
2	15	-2	0	-0.536543	-2.732	0	0	0	0	0
3	30	-2	0	-1.07782	-6.034	0	0	0	0	0
4	45	-2	0	-1.96026	-10.58	0	0	0	0	0
5	60	-2	0	-3.165018	-16.12	0	0	0	0	0
6	75	-2	0	-4.782846	-22.59	0	0	0	0	0
7	90	-2	0	-6.700556	-29.75	0	0	0	0	0
8	105	-2	0	-8.950504	-37.48	0	0	0	0	0
9	120	-2	0	-11.35145	-45.56	0	0	0	0	0
10	135	-2	0	-13.89265	-53.85	0	-18	0	0	250.068
11	150	-2	0	0	-0.002	0	0	0	0	0
12	0	2	0	0.161462	-0.674	0	0	0	0	0
13	15	2	0	0.1789	-2.8	0	0	0	0	0
14	30	2	0	-0.034431	-6.176	0	0	0	0	0
15	45	2	0	-0.62091	-10.81	0	0	0	0	0
16	60	2	0	-1.569984	-16.45	0	0	0	0	0
17	75	2	0	-2.975415	-23.02	0	0	0	0	0
18	90	2	0	-4.727834	-30.27	0	0	0	0	0
19	105	2	0	-6.859322	-38.07	0	0	0	0	0
20	120	2	0	-9.189616	-46.2	0	0	0	0	0
21	135	2	0	-11.70773	-54.5	0	-18	0	0	210.739
22	150	2	0							
23										
36										合計 460.807

第6章 トラス構造

表6-15 (2/2) 例題4 圧縮荷重を受ける2次元トラスの解析結果（有限変形理論）

	要素	節点1	節点2	断面積 A (mm^2)	ヤング率 E (MPa)	伸び delta (mm)	歪エネルギ U (N-mm)	軸力 P (N)	公称応力 sigma (MPa)	工学歪 delta/L	P1x (N)	P1y (N)	P1z (N)	P2x (N)	P2y (N)	P2z (N)
1	1	1	2	0.2	200000	-0.18775	47.00038	-500.7	-2503.34	-0.01252	500.2	-22.1	0.0	-500.2	22.1	0.0
2	2	2	3	0.2	200000	-0.18777	47.01237	-500.7	-2503.66	-0.01252	495.8	-70.3	0.0	-495.8	70.3	0.0
3	3	3	4	0.2	200000	-0.16905	38.10328	-450.8	-2253.98	-0.01127	439.5	-100.4	0.0	-439.5	100.4	0.0
4	4	4	5	0.2	200000	-0.1691	38.12848	-450.9	-2254.73	-0.01127	429.3	-138.2	0.0	-429.3	138.2	0.0
5	5	5	6	0.2	200000	-0.13421	24.01723	-357.9	-1789.5	-0.00895	332.1	-133.4	0.0	-332.1	133.4	0.0
6	6	6	7	0.2	200000	-0.13427	24.03628	-358.0	-1790.21	-0.00895	322.3	-155.9	0.0	-322.3	155.9	0.0
7	7	7	8	0.2	200000	-0.08747	10.20199	-233.3	-1166.3	-0.00583	204.6	-112.0	0.0	-204.6	112.0	0.0
8	8	8	9	0.2	200000	-0.0875	10.20843	-233.3	-1166.67	-0.00583	199.5	-121.0	0.0	-199.5	121.0	0.0
9	9	9	10	0.2	200000	-0.03369	1.513767	-89.9	-449.261	-0.00225	75.6	-48.5	0.0	-75.6	48.5	0.0
10	10	10	11	0.2	200000	-0.0337	1.514166	-89.9	-449.32	-0.00225	74.8	-49.8	0.0	-74.8	49.8	0.0
11	21	21	22	0.2	200000	0.176355	41.4679	470.3	2351.394	0.011757	-469.8	20.8	0.0	469.8	-20.8	0.0
12	22	22	23	0.2	200000	0.167159	37.25629	445.8	2228.79	0.011144	-441.4	62.5	0.0	441.4	-62.5	0.0
13	23	23	24	0.2	200000	0.167195	37.27222	445.9	2229.267	0.011146	-434.7	99.2	0.0	434.7	-99.2	0.0
27	47	24	5	0.2	200000	0.016811	0.364111	43.3	216.5848	0.001083	-36.4	23.4	0.0	36.4	-23.4	0.0
28	48	26	7	0.2	200000	0.023779	0.728468	61.3	306.3486	0.001532	-46.4	40.0	0.0	46.4	-40.0	0.0
29	49	28	9	0.2	200000	0.028224	1.026298	72.7	363.6198	0.001818	-50.4	52.4	0.0	50.4	-52.4	0.0
30	50	30	11	0.2	200000	0.030109	1.167946	77.6	387.9021	0.00194	-51.4	58.1	0.0	51.4	-58.1	0.0
31	81	1	21	0.2	200000	-0.00208	0.021692	-20.8	-104.145	-0.00052	0.0	20.8	0.0	0.0	-20.8	0.0
32	82	2	22	0.2	200000	0.00481	0.117201	48.4	-242.075	-0.00121	4.4	48.2	0.0	-4.4	-48.2	0.0
33	83	3	23	0.2	200000	-0.00374	0.069823	-37.4	-186.847	-0.00093	6.7	36.8	0.0	-6.7	-36.8	0.0
34	84	4	24	0.2	200000	-0.00392	0.076701	-39.2	-195.832	-0.00098	10.2	37.8	0.0	-10.2	-37.8	0.0
35	85	5	25	0.2	200000	-0.00264	0.034965	-26.4	-132.221	-0.00066	8.9	24.9	0.0	-8.9	-24.9	0.0
36	86	6	26	0.2	200000	-0.00246	0.030261	-24.6	-123.006	-0.00062	9.8	22.6	0.0	-9.8	-22.6	0.0
37	87	7	27	0.2	200000	-0.00134	0.00895	-13.4	-66.8951	-0.00033	6.0	11.9	0.0	-6.0	-11.9	0.0
38	88	8	28	0.2	200000	-0.00104	0.005415	-10.4	-52.033	-0.00026	5.1	9.1	0.0	-5.1	-9.1	0.0
39	89	9	29	0.2	200000	-0.00033	0.000545	-3.3	-16.5141	-8.3E-05	1.7	2.8	0.0	-1.7	-2.8	0.0
40	90	10	30	0.2	200000	-0.00015	0.000119	-1.5	-7.70032	-3.9E-05	0.8	1.3	0.0	-0.8	-1.3	0.0
41	91	11	31	0.2	200000	-0.001	0.004975	-10.0	-49.8753	-0.00025	5.5	8.4	0.0	-5.5	-8.4	0.0

6.5 トラスの例題

6.5.5. 例題5 − 3次元静定トラス

ティモシェンコの本[9]の問題171の3次元静定トラスを図6-31に示す．

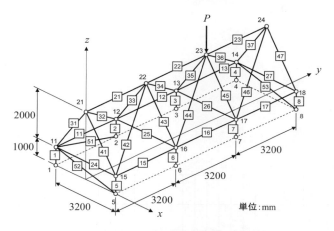

図6-31　3次元静定トラス − 例題5

部材のヤング率 $E = 70000$ MPa，断面積 $A = 1000$ mm^2，荷重 $P = 50$ kN として微小変形理論の解析ツールで解いた結果を表 6-16 に示す．変形図を図6-32に示す．

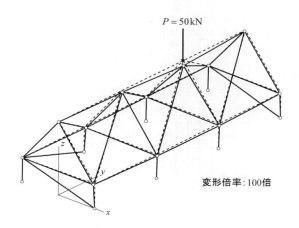

図6-32　変形図 − 3次元静定トラス（例題5）

第6章 トラス構造

表 6-16 (1/2) 例題 5 3次元静定トラスの解析結果（微小変形理論）

3次元トラスの解析ツール — 微小変形理論

■ 入力するデータ
□ 変数セル

節点番号	節点座標			節点変位			外力			外力の仕事
	x (mm)	y (mm)	z (mm)	u (mm)	v (mm)	w (mm)	X (N)	Y (N)	Z (N)	W (N-mm)
1	-1600	0	0	0	0	0				0
2	-1600	3200	0	0	0	0				0
3	-1600	6400	0	0	0	0				0
4	-1600	9600	0	0	0	0				0
5	1600	0	0	0	0	0				0
6	1600	3200	0	0	0	0				0
7	1600	6400	0	0	0	0				0
8	1600	9600	0	0	0	0				0
9	-1600	0	1000	0.000302	0.0002	0.0066				0
10	-1600	3200	1000	0.708964	0.0003	-0.052				0
11	-1600	6400	1000	0.075281	-0.034	-0.273				0
12	-1600	9600	1000	-0.012229	0.1645	-0.039				0
13	1600	0	1000	-0.017136	-0.749	0.0068				0
14	1600	3200	1000	0.843294	-0.784	-0.052				0
15	1600	6400	1000	0.77319	-0.585	-0.273				0
16	1600	9600	1000	0.087249	-0.585	-0.039				0
17	0	0	3000	0.009343	-0.226	0.0279				0
18	0	3200	3000	0.674121	-0.191	-0.216				0
19	0	6400	3000	0.406377	-0.355	-1.874			-50000	93721.5
20	0	9600	3000	0.139523	-0.554	-0.16				
⋮										
36									合計	93721.5

全ポテンシャルエネルギ = -46860.7 ← 目標セル

6.5 トラスの例題

表 6-16 (2/2) 例題 5 3次元静定トラスの解析結果 (微小変形理論)

要素	節点1	節点2	断面積 A (mm^2)	ヤング率 E (MPa)	部材方向の伸び delta (mm)	歪エネルギー U (N-mm)	軸力 P (N)	公称応力 sigma (MPa)	工学歪 delta/L	P1x (N)	P1y (N)	P1z (N)	P2x (N)	P2y (N)	P2z (N)
1	1	11	1000	70000	0.006578	1.514311	460.4	0.460438	6.6E-06	0.0	0.0	-460.4	0.0	0.0	460.4
2	2	12	1000	70000	-0.052465	96.33995	-3672.5	-3.67255	-5E-05	0.0	0.0	3672.5	0.0	0.0	-3672.5
3	3	13	1000	70000	-0.272621	2601.271	-19083.4	-19.0834	-0.0003	0.0	0.0	19083.4	0.0	0.0	-19083.4
4	4	14	1000	70000	-0.038867	52.87293	-2720.7	-2.7207	-4E-05	0.0	0.0	2720.7	0.0	0.0	-2720.7
5	5	15	1000	70000	0.006757	1.597878	473.0	0.472972	6.8E-06	0.0	0.0	-473.0	0.0	0.0	473.0
6	6	16	1000	70000	-0.052465	96.33997	-3672.5	-3.67255	-5E-05	0.0	0.0	3672.5	0.0	0.0	-3672.5
7	7	17	1000	70000	-0.272621	2601.272	-19083.4	-19.0834	-0.0003	0.0	0.0	19083.4	0.0	0.0	-19083.4
8	8	18	1000	70000	-0.03886	52.85265	-2720.2	-2.72018	-4E-05	0.0	0.0	2720.2	0.0	0.0	-2720.2
9	11	12	1000	70000	9.35E-05	9.56E-05	2.0	0.002045	2.9E-08	-2.0	0.0	0.0	2.0	0.0	0.0
10	12	13	1000	70000	-0.034828	13.26731	-761.9	-0.76187	-1E-05	0.0	761.9	0.0	0.0	-761.9	0.0
11	13	14	1000	70000	0.198962	432.9721	4352.3	4.352302	6.2E-05	0.0	-4352.3	0.0	0.0	4352.3	0.0
12	15	16	1000	70000	-0.034829	13.26802	-761.9	-0.76189	-1E-05	0.0	761.9	0.0	0.0	-761.9	0.0
13	16	17	1000	70000	0.198962	432.9708	4352.3	4.352295	6.2E-05	0.0	-4352.3	0.0	0.0	4352.3	0.0
14	17	18	1000	70000	9.64E-09	1.02E-12	0.0	2.11E-07	3E-12	0.0	0.0	0.0	0.0	0.0	0.0
15	21	22	1000	70000	0.034829	13.26793	761.9	0.761887	1.1E-05	0.0	-761.9	0.0	0.0	761.9	0.0
16	22	23	1000	70000	-0.164133	294.6525	-3590.4	-3.59041	-5E-05	0.0	3590.4	0.0	0.0	-3590.4	0.0
17	23	24	1000	70000	-0.198962	432.9707	-4352.3	-4.35229	-6E-05	0.0	4352.3	0.0	0.0	-4352.3	0.0
18	24	15	1000	70000	-0.017438	3.325974	-381.5	-0.38146	-5E-05	381.5	0.0	0.0	-381.5	0.0	0.0
19	25	16	1000	70000	0.13431	197.3043	2938.0	2.938037	4.2E-05	-2938.0	0.0	0.0	2938.0	0.0	0.0
20	26	17	1000	70000	0.697909	5327.404	15266.8	15.26676	0.00022	-15266.8	0.0	0.0	15266.8	0.0	0.0
28	14	24	1000	70000	-2.01E-07	8.51E-11	0.0	-9.3E-06	-3E-11	0.0	0.0	0.0	0.0	0.0	0.0
29	21	15	1000	70000	-4.73E-06	3.06E-07	-0.1	-0.00013	-2E-09	0.1	-0.1	-0.1	-0.1	0.1	0.1
30	42	15	1000	70000	0.057142	27.88174	975.9	0.97588	1.4E-05	-761.9	-761.9	-476.2	761.9	761.9	476.2
31	22	16	1000	70000	-0.022312	6.803173	-609.8	-0.60981	-9E-06	380.9	0.0	-476.2	-380.9	0.0	476.2
32	43	16	1000	70000	-0.383564	1256.287	-6550.6	-6.5506	-9E-05	-2557.1	5114.2	3196.4	2557.1	-5114.2	-3196.4
33	44	23	1000	70000	-1.021656	14263.48	-27922.3	-27.9223	-0.0004	17442.9	-4352.3	-21803.6	-17442.9	4352.3	21803.6
34	45	17	1000	70000	0.326422	909.8558	5574.7	5.574719	8E-05	2176.1	-4352.3	-2720.2	-2176.1	4352.3	2720.2
35	46	17	1000	70000	-0.12746	222.005	-3483.5	-3.48353	-5E-05	2176.1	0.0	-2720.2	-2176.1	0.0	2720.2
36	47	24	1000	70000	0.001729	0.031194	36.1	0.036092	5.2E-07	0.0	-34.4	10.8	0.0	34.4	-10.8
37	51	2	1000	70000	0.001673	0.029235	34.9	0.03494	5E-07	-33.3	0.0	10.4	33.3	0.0	-10.4
38	52	5	1000	70000	7.93E-05	6.56E-05	1.7	0.001655	2.4E-08	-1.6	0.0	0.5	1.6	0.0	-0.5
39	53	8	1000	70000											

6.6. ポテンシャルエネルギ最小の原理による直接解法と有限要素法との関係

6.6.1. 微小変形理論によるトラスの有限要素法

　ポテンシャルエネルギ最小の原理によるエネルギ法の直接解法を使ってトラスを解くことと有限要素法とは同じであることを説明する．

　3次元トラスを考える．トラスの各部材をひとつの要素とし，結合点を有限要素法の節点とする．あるひとつの要素（部材）を考え，節点の変位を用いて要素の伸びを計算する（図6-33）．変形前の長さは，

$$L = \sqrt{(x_2 - x_1)^2 + (y_2 - y_1)^2 + (z_2 - z_1)^2} \tag{6-46}$$

変形後の長さは

$$L' = \sqrt{(x_2 + u_2 - x_1 - u_1)^2 + (y_2 + v_2 - y_1 - v_2)^2 + (z_2 + w_2 - z_1 - w_1)^2} \tag{6-47}$$

伸びは

$$
\begin{aligned}
L' - L &= \sqrt{\begin{array}{l}(x_2 + u_2 - x_1 - u_1)^2 + (y_2 + v_2 - y_1 - v_2)^2 \\ + (z_2 + w_2 - z_1 - w_1)^2\end{array}} - L \\
&= \sqrt{\begin{array}{l}(x_2 - x_1 + u_2 - u_1)^2 + (y_2 - y_1 + v_2 - v_2)^2 \\ + (z_2 - z_1 + w_2 - w_1)^2\end{array}} - L \\
&= \sqrt{\begin{array}{l}(x_2 - x_1)^2 + (y_2 - y_1)^2 + (z_2 - z_1)^2 \\ + 2(x_2 - x_1)(u_2 - u_1) + 2(y_2 - y_1)(v_2 - v_1) \\ + 2(z_2 - z_1)(w_2 - w_1) \\ + (u_2 - u_1)^2 + (v_2 - v_1)^2 + (w_2 - w_1)^2\end{array}} - L \\
&= L\left[1 + 2\frac{(x_2 - x_1)(u_2 - u_1)}{L^2} + 2\frac{(y_2 - y_1)(v_2 - v_1)}{L^2} \right. \\
&\quad + 2\frac{(z_2 - z_1)(w_2 - w_1)}{L^2} \\
&\quad \left. + \frac{(u_2 - u_1)^2}{L^2} + \frac{(v_2 - v_1)^2}{L^2} + \frac{(w_2 - w_1)^2}{L^2}\right]^{\frac{1}{2}} - L
\end{aligned}
\tag{6-48}
$$

6.6 ポテンシャルエネルギ最小の原理による直接解法と有限要素法との関係

変位が微小であるという条件を使って伸びを線形化すると，

$$L' - L = \frac{x_2 - x_1}{L}(u_2 - u_1) + \frac{y_2 - y_1}{L}(v_2 - v_1) + \frac{z_2 - z_1}{L}(w_2 - w_1) \quad (6\text{-}49)$$
$$= l(u_2 - u_1) + m(v_2 - v_1) + n(w_2 - w_1)$$

ここで，$l = \dfrac{x_2 - x_1}{L}, m = \dfrac{y_2 - y_1}{L}, n = \dfrac{z_2 - z_1}{L}$ は要素の方向余弦

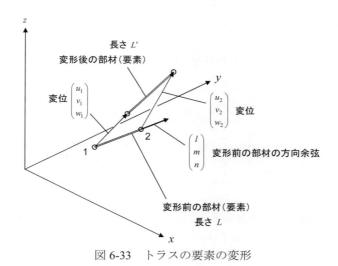

図 6-33　トラスの要素の変形

工学伸び歪は行列を使って表すと，

$$\varepsilon = \frac{L' - L}{L} = \frac{l(u_2 - u_1) + m(v_2 - v_1) + n(w_2 - w_1)}{L} = \frac{1}{L}\begin{pmatrix} -l \\ -m \\ -n \\ l \\ m \\ n \end{pmatrix}^T \begin{pmatrix} u_1 \\ v_1 \\ w_1 \\ u_2 \\ v_2 \\ w_2 \end{pmatrix}$$

要素の歪エネルギをこの工学伸び歪を使って表すと，

第6章　トラス構造

$$U = \frac{1}{2} E\varepsilon^2 AL = \frac{1}{2} EAL \frac{1}{L^2} \begin{pmatrix} u_1 \\ v_1 \\ w_1 \\ u_2 \\ v_2 \\ w_2 \end{pmatrix}^T \begin{pmatrix} -l \\ -m \\ -n \\ l \\ m \\ n \end{pmatrix} \begin{pmatrix} -l \\ -m \\ -n \\ l \\ m \\ n \end{pmatrix}^T \begin{pmatrix} u_1 \\ v_1 \\ w_1 \\ u_2 \\ v_2 \\ w_2 \end{pmatrix} \quad (6\text{-}50)$$

$$= \frac{1}{2} \begin{pmatrix} \mathbf{u}_1 \\ \mathbf{u}_2 \end{pmatrix}^T \begin{bmatrix} \mathbf{K}_e \end{bmatrix} \begin{pmatrix} \mathbf{u}_1 \\ \mathbf{u}_2 \end{pmatrix}$$

ここで，$[\mathbf{K}_e]$：軸力部材の要素剛性マトリックス

$$[\mathbf{K}_e] = \frac{EA}{L} \begin{pmatrix} -l \\ -m \\ -n \\ l \\ m \\ n \end{pmatrix} \begin{pmatrix} -l \\ -m \\ -n \\ l \\ m \\ n \end{pmatrix}^T = \frac{EA}{L} \begin{bmatrix} l^2 & lm & ln & -l^2 & -lm & -ln \\ lm & m^2 & mn & -lm & -m^2 & -mn \\ ln & mn & n^2 & -\ln & -mn & -n^2 \\ -l^2 & -lm & -ln & l^2 & lm & ln \\ -lm & -m^2 & -mn & lm & m^2 & mn \\ -ln & -mn & -n^2 & ln & mn & n^2 \end{bmatrix}$$

(6-51)

となり，有限要素法の軸力部材の要素剛性マトリックスで表すことができる．節点に作用する外力ベクトルを$(\mathbf{F})$，節点変位ベクトルを$(\mathbf{u})$として全ポテンシャルエネルギを表すと，

$$\Pi = \sum_{all\ members} \frac{1}{2} (\mathbf{u}_e)^T [\mathbf{K}_e](\mathbf{u}_e) - (\mathbf{u})^T (\mathbf{F}) \quad (6\text{-}52)$$

ここで，要素を表すために，添字 e を使った．
さらに，全体剛性マトリックスを

$$[\mathbf{K}] = \sum_{all\ members} [\mathbf{K}_e] \quad (6\text{-}53)$$

と定義すると，全ポテンシャルエネルギは次のようになる．

$$\begin{aligned} \Pi &= \frac{1}{2} \sum_{all\ members} (\mathbf{u}_e)^T [\mathbf{K}_e](\mathbf{u}_e) - (\mathbf{u})^T (\mathbf{F}) \\ &= \frac{1}{2} (\mathbf{u})^T [\mathbf{K}](\mathbf{u}) - (\mathbf{u})^T (\mathbf{F}) \end{aligned} \quad (6\text{-}54)$$

ポテンシャルエネルギ最小の原理を適用し，全ポテンシャルエネルギを変位で微分するとゼロになる．

6.6 ポテンシャルエネルギ最小の原理による直接解法と有限要素法との関係

$$\frac{\partial \Pi}{\partial \mathbf{u}} = [\mathbf{K}](\mathbf{u}) - (\mathbf{F}) = (\mathbf{0}) \tag{6-55}$$

この式が有限要素法の釣り合い式を表しており，1次の多元連立方程式となっている．外力と変位境界条件を与えると，この方程式を解いて，節点変位の解を求めることができる．

エネルギ法の直接解法では，式(6-52)の全ポテンシャルエネルギを数値的に最小化して変位を求める．有限要素法もエネルギ法の直接解法も同じ式(6-52)を使っているのである．

係数（[**K**]）が対称である多元連立方程式の解き方として，式(6-55)を解く代わりに，式(6-52)を直接最小化する方法もある．共役勾配法がその例であり，有限要素法で共役勾配法を使って連立方程式を解くのは，まさにエネルギ法の直接解法である．

6.6.2. 有限要素法によるトラス解析の例

6.3項で使った図6-34に示すトラスの例題を有限要素法で解いてみよう．

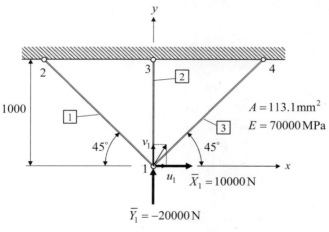

図6-34 トラスの例題

要素1（節点1→節点2）の要素剛性マトリックスは式(6-51)より（方向余弦 $l = -\sqrt{2}/2, m = \sqrt{2}/2, n = 0$ を使って），

第6章　トラス構造

$$[\mathbf{K}_e]_1 = \frac{EA}{L}\begin{bmatrix} l^2 & lm & -l^2 & -lm \\ lm & m^2 & -lm & -m^2 \\ -l^2 & -lm & l^2 & lm \\ -lm & -m^2 & lm & m^2 \end{bmatrix}$$

$$= \frac{70000 \times 113.1}{1000\sqrt{2}}\begin{bmatrix} 1/2 & -1/2 & -1/2 & 1/2 \\ -1/2 & 1/2 & 1/2 & -1/2 \\ -1/2 & 1/2 & 1/2 & -1/2 \\ 1/2 & -1/2 & -1/2 & 1/2 \end{bmatrix} = 2799\begin{bmatrix} 1 & -1 & -1 & 1 \\ -1 & 1 & 1 & -1 \\ -1 & 1 & 1 & -1 \\ 1 & -1 & -1 & 1 \end{bmatrix}$$

節点変位と節点力の関係式は，

$$\begin{pmatrix} F_{1x} \\ F_{1y} \\ F_{2x} \\ F_{2y} \end{pmatrix} = [\mathbf{K}_e]_1 \begin{pmatrix} u_1 \\ v_1 \\ u_2 \\ v_2 \end{pmatrix} = 2799\begin{bmatrix} 1 & -1 & -1 & 1 \\ -1 & 1 & 1 & -1 \\ -1 & 1 & 1 & -1 \\ 1 & -1 & -1 & 1 \end{bmatrix}\begin{pmatrix} u_1 \\ v_1 \\ u_2 \\ v_2 \end{pmatrix} \quad (6\text{-}56)$$

同様に，要素2（節点1→節点3）の要素剛性マトリックスは式(6-51)より（方向余弦 $l = 0, m = 1, n = 0$ を使って），

$$[\mathbf{K}_e]_2 = \frac{EA}{L}\begin{bmatrix} l^2 & lm & -l^2 & -lm \\ lm & m^2 & -lm & -m^2 \\ -l^2 & -lm & l^2 & lm \\ -lm & -m^2 & lm & m^2 \end{bmatrix} = \frac{70000 \times 113.1}{1000}\begin{bmatrix} 0 & 0 & 0 & 0 \\ 0 & 1 & 0 & -1 \\ 0 & 0 & 0 & 0 \\ 0 & -1 & 0 & 1 \end{bmatrix}$$

$$= 7917\begin{bmatrix} 0 & 0 & 0 & 0 \\ 0 & 1 & 0 & -1 \\ 0 & 0 & 0 & 0 \\ 0 & -1 & 0 & 1 \end{bmatrix}$$

節点変位と節点力の関係式は，式(6-55)より，

$$\begin{pmatrix} F_{1x} \\ F_{1y} \\ F_{3x} \\ F_{3y} \end{pmatrix} = [\mathbf{K}_e]_2 \begin{pmatrix} u_1 \\ v_1 \\ u_3 \\ v_3 \end{pmatrix} = 7917\begin{bmatrix} 0 & 0 & 0 & 0 \\ 0 & 1 & 0 & -1 \\ 0 & 0 & 0 & 0 \\ 0 & -1 & 0 & 1 \end{bmatrix}\begin{pmatrix} u_1 \\ v_1 \\ u_3 \\ v_3 \end{pmatrix} \quad (6\text{-}57)$$

同様に，要素3（節点1→節点3）の要素剛性マトリックスは式(6-51)より（方

6.6 ポテンシャルエネルギ最小の原理による直接解法と有限要素法との関係

向余弦 $l = \sqrt{2}/2, m = \sqrt{2}/2, n = 0$ を使って),

$$[\mathbf{K}_e]_3 = \frac{EA}{L}\begin{bmatrix} l^2 & lm & -l^2 & -lm \\ lm & m^2 & -lm & -m^2 \\ -l^2 & -lm & l^2 & lm \\ -lm & -m^2 & lm & m^2 \end{bmatrix}$$

$$= \frac{70000 \times 113.1}{1000\sqrt{2}}\begin{bmatrix} 1/2 & 1/2 & -1/2 & -1/2 \\ 1/2 & 1/2 & -1/2 & -1/2 \\ -1/2 & -1/2 & 1/2 & 1/2 \\ -1/2 & -1/2 & 1/2 & 1/2 \end{bmatrix} = 2799\begin{bmatrix} 1 & 1 & -1 & -1 \\ 1 & 1 & -1 & -1 \\ -1 & -1 & 1 & 1 \\ -1 & -1 & 1 & 1 \end{bmatrix}$$

節点変位と節点力の関係式は,

$$\begin{pmatrix} F_{1x} \\ F_{1y} \\ F_{4x} \\ F_{4y} \end{pmatrix} = [\mathbf{K}_e]_3 \begin{pmatrix} u_1 \\ v_1 \\ u_4 \\ v_4 \end{pmatrix} = 2799\begin{bmatrix} 1 & 1 & -1 & -1 \\ 1 & 1 & -1 & -1 \\ -1 & -1 & 1 & 1 \\ -1 & -1 & 1 & 1 \end{bmatrix}\begin{pmatrix} u_1 \\ v_1 \\ u_4 \\ v_4 \end{pmatrix} \tag{6-58}$$

式(6-56)〜(6-58)をひとつの式にまとめて構造全体の釣り合い式(6-55)を書くと,

第6章 トラス構造

$$\begin{pmatrix} F_{1x} \\ F_{1y} \\ F_{2x} \\ F_{2y} \\ F_{3x} \\ F_{3y} \\ F_{4x} \\ F_{4y} \end{pmatrix} = \begin{bmatrix} 2799 & -2799 & -2799 & 2799 & 0 & 0 & 0 & 0 \\ -2799 & 2799 & 2799 & -2799 & 0 & 0 & 0 & 0 \\ -2799 & 2799 & 2799 & 2799 & 0 & 0 & 0 & 0 \\ 2799 & -2799 & -2799 & 2799 & 0 & 0 & 0 & 0 \\ 0 & 0 & 0 & 0 & 0 & 0 & 0 & 0 \\ 0 & 0 & 0 & 0 & 0 & 0 & 0 & 0 \\ 0 & 0 & 0 & 0 & 0 & 0 & 0 & 0 \\ 0 & 0 & 0 & 0 & 0 & 0 & 0 & 0 \end{bmatrix} \begin{pmatrix} u_1 \\ v_1 \\ u_2 \\ v_2 \\ u_3 \\ v_3 \\ u_4 \\ v_4 \end{pmatrix}$$

$$+ \begin{bmatrix} 0 & 0 & 0 & 0 & 0 & 0 & 0 & 0 \\ 0 & 7917 & 0 & 0 & 0 & -7917 & 0 & 0 \\ 0 & 0 & 0 & 0 & 0 & 0 & 0 & 0 \\ 0 & 0 & 0 & 0 & 0 & 0 & 0 & 0 \\ 0 & 0 & 0 & 0 & 0 & 0 & 0 & 0 \\ 0 & -7917 & 0 & 0 & 0 & 7917 & 0 & 0 \\ 0 & 0 & 0 & 0 & 0 & 0 & 0 & 0 \\ 0 & 0 & 0 & 0 & 0 & 0 & 0 & 0 \end{bmatrix} \begin{pmatrix} u_1 \\ v_1 \\ u_2 \\ v_2 \\ u_3 \\ v_3 \\ u_4 \\ v_4 \end{pmatrix}$$

$$+ \begin{bmatrix} 2799 & 2799 & 0 & 0 & 0 & 0 & -2799 & -2799 \\ 2799 & 2799 & 0 & 0 & 0 & 0 & -2799 & -2799 \\ 0 & 0 & 0 & 0 & 0 & 0 & 0 & 0 \\ 0 & 0 & 0 & 0 & 0 & 0 & 0 & 0 \\ 0 & 0 & 0 & 0 & 0 & 0 & 0 & 0 \\ 0 & 0 & 0 & 0 & 0 & 0 & 0 & 0 \\ -2799 & -2799 & 0 & 0 & 0 & 0 & 2799 & 2799 \\ -2799 & -2799 & 0 & 0 & 0 & 0 & 2799 & 2799 \end{bmatrix} \begin{pmatrix} u_1 \\ v_1 \\ u_2 \\ v_2 \\ u_3 \\ v_3 \\ u_4 \\ v_4 \end{pmatrix}$$

$$= \begin{bmatrix} 5598 & 0 & -2799 & 2799 & 0 & 0 & -2799 & -2799 \\ 0 & 13515 & 2799 & -2799 & 0 & -7917 & -2799 & -2799 \\ -2799 & 2799 & 2799 & 2799 & 0 & 0 & 0 & 0 \\ 2799 & -2799 & -2799 & 2799 & 0 & 0 & 0 & 0 \\ 0 & 0 & 0 & 0 & 0 & 0 & 0 & 0 \\ 0 & -7917 & 0 & 0 & 0 & 7917 & 0 & 0 \\ -2799 & -2799 & 0 & 0 & 0 & 0 & 2799 & 2799 \\ -2799 & -2799 & 0 & 0 & 0 & 0 & 2799 & 2799 \end{bmatrix} \begin{pmatrix} u_1 \\ v_1 \\ u_2 \\ v_2 \\ u_3 \\ v_3 \\ u_4 \\ v_4 \end{pmatrix}$$

(6-59)

6.6 ポテンシャルエネルギ最小の原理による直接解法と有限要素法との関係

構造全体の釣り合い式(6-59)に変位境界条件と力学的境界条件を入れると，

$$\begin{pmatrix} \overline{X}_1 \\ \overline{Y}_1 \\ 0 \\ 0 \\ 0 \\ 0 \\ 0 \\ 0 \end{pmatrix} = \begin{bmatrix} 5598 & 0 & -2799 & 2799 & 0 & 0 & -2799 & -2799 \\ 0 & 13515 & 2799 & -2799 & 0 & -7917 & -2799 & -2799 \\ -2799 & 2799 & 2799 & 2799 & 0 & 0 & 0 & 0 \\ 2799 & -2799 & -2799 & 2799 & 0 & 0 & 0 & 0 \\ 0 & 0 & 0 & 0 & 0 & 0 & 0 & 0 \\ 0 & -7917 & 0 & 0 & 0 & 7917 & 0 & 0 \\ -2799 & -2799 & 0 & 0 & 0 & 0 & 2799 & 2799 \\ -2799 & -2799 & 0 & 0 & 0 & 0 & 2799 & 2799 \end{bmatrix} \begin{pmatrix} u_1 \\ v_1 \\ 0 \\ 0 \\ 0 \\ 0 \\ 0 \\ 0 \end{pmatrix}$$

この式で意味のある部分だけを取り出すと，

$$\begin{pmatrix} \overline{X}_1 \\ \overline{Y}_1 \end{pmatrix} = \begin{bmatrix} 5598 & 0 \\ 0 & 13515 \end{bmatrix} \begin{pmatrix} u_1 \\ v_1 \end{pmatrix} \tag{6-60}$$

この式を解くと，

$$\begin{pmatrix} u_1 \\ v_1 \end{pmatrix} = \begin{bmatrix} 5598 & 0 \\ 0 & 13515 \end{bmatrix}^{-1} \begin{pmatrix} \overline{X}_1 \\ \overline{Y}_1 \end{pmatrix} = \begin{bmatrix} \dfrac{1}{5598} & 0 \\ 0 & \dfrac{1}{13515} \end{bmatrix} \begin{pmatrix} \overline{X}_1 \\ \overline{Y}_1 \end{pmatrix} \tag{6-61}$$

$\overline{X}_1 = 10000\,\mathrm{N}$, $\overline{Y}_1 = -20000\,\mathrm{N}$ のとき，式(6-61)式に代入して節点 1 の変位が得られ，

$$\begin{pmatrix} u_1 \\ v_1 \end{pmatrix} = \begin{bmatrix} \dfrac{1}{5598} & 0 \\ 0 & \dfrac{1}{13515} \end{bmatrix} \begin{pmatrix} 10000 \\ -20000 \end{pmatrix} = \begin{pmatrix} 1.786 \\ -1.480 \end{pmatrix}$$

6.3.1.2 項の結果と一致している．各部材（要素）の節点力は変位を式(6-56)～(6-58)に代入すれば求めることができる．たとえば，要素 1 では節点力は，

第 6 章　トラス構造

$$\begin{pmatrix} F_{1x} \\ F_{1y} \\ F_{2x} \\ F_{2y} \end{pmatrix} = 2799 \begin{bmatrix} 1 & -1 & -1 & 1 \\ -1 & 1 & 1 & -1 \\ -1 & 1 & 1 & -1 \\ 1 & -1 & -1 & 1 \end{bmatrix} \begin{pmatrix} 1.786 \\ -1.480 \\ 0 \\ 0 \end{pmatrix} = \begin{pmatrix} 2799 \times 1.786 + 2799 \times 1.480 \\ -2799 \times 1.786 - 2799 \times 1.480 \\ -2799 \times 1.786 - 2799 \times 1.480 \\ 2799 \times 1.786 + 2799 \times 1.480 \end{pmatrix}$$

$$= \begin{pmatrix} 9142 \\ -9142 \\ -9142 \\ 9142 \end{pmatrix} \text{N}$$

したがって，要素 1 の軸力 P_1 は

$$P_1 = \sqrt{9142^2 + 9142^2} = 12929\,\text{N}$$

となり，6.3.1.2 項の結果と一致する．

6.6.3.　共回転座標系を用いた有限要素法

　前項では要素の歪を計算する際に，基準座標系において歪と変位の関係を線形化したために，線形の連立方程式が得られた．したがって，前項のトラスの有限要素法の理論は微小変形理論を用いたことになっている．この線形化を行わなければ，厳密な有限変形理論で解くことになる．6.5.3，6.5.4 項で示した例では線形化を行っていないので，有限変形理論を使った厳密な解き方である．6.5.4 項で座屈現象を解析できたのはこのためである．本書では変形後の部材の座標系を用いて歪の計算を行うことにより，グリーンの歪を用いることなしに大変形を取り扱っている．

　有限要素法でもこのような考え方に基づいた解析法があり，共回転座標系を用いた有限要素法と呼んでいる．英語では Co-rotational Method とか Co-rotational Formulation という．この方法では，変形前と変形後の要素の長さ方向の座標系を基準にして要素剛性マトリックスを計算する（図 6-35）．この要素座標系で見ると，要素の剛体変位が取り除かれるため変位が小さくなって，微小変位と見なすことができる．構造の変形にともなって要素座標系が動いていくので，逐次計算が必要である．共回転座標系を用いた有限要素法は柔らかい構造の非常に大きな変形を解析するのに適している．

　5.1.2 項で説明した 2 次元弾性問題のエネルギ法による直接解法（有限変形理論）も共回転座標系を用いた有限要素法と同じ考え方を採用している．

6.6 ポテンシャルエネルギ最小の原理による直接解法と有限要素法との関係

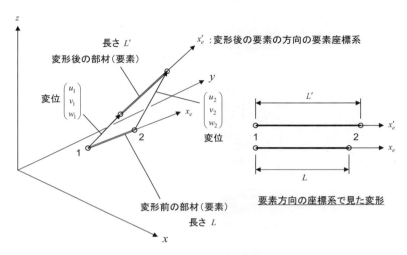

図 6-35 共回転座標系を用いた有限要素法の考え方

第7章 梁

　本章では，ベルヌーイ・オイラーの仮説に基づいた2次元初等梁理論と2次元有限変形梁理論を詳しく説明する．有限変形理論を説明するのは，座屈とビームカラムについても取り扱うためである．

　梁に関してもエネルギ法を詳しく説明し，ポテンシャルエネルギ停留（または最小）の原理に基づくエネルギ法による直接解法の解析ツールを紹介し，大変形問題と座屈問題を含む梁の例題を解く．エネルギ法による直接解法と有限要素法の関係を説明する．

7.1. 梁とは

　建物の水平方向に渡され，その上部（屋根や上階の床）から来る力を柱に伝える構造部材のことを建築用語で「梁（はり）」と呼ぶ．英語では beam という．一般には，力を支える棒状の部材のうち，長手方向に対して垂直な力（横力）に耐える部材を梁という（図7-1）．建築の垂直部材である「柱」（英では column）も風荷重や地震荷重に対しては横力に耐えなければならないので，梁の一種である．

第7章 梁

図 7-1　インターナショナルスクール・オブ・アジア軽井沢第2校舎棟, (株) エヌ・シー・エヌ

　現在ではほとんど目にしなくなったが, 物を担ぐのに用いられた天秤棒 (図7-2) は梁の好例である. この図では荷物の重量で梁が撓んでいることがわかる. 橋では, 新旅足橋 (図 7-3) が梁であることがよくわかる構造である. 東京スカイツリーは垂直に立っている柱であるが, 横風を受ければ梁として機能する. 東京スカイツリーは細部を見れば軸力部材からできたトラス構造であるが, 巨視的に見れば梁である (図7-4). 海に浮かぶ船や空を飛ぶ飛行機でさえ, 構造として巨視的に見れば梁として扱うことができる.
　このように, 梁は構造としていたるところに存在しているので, 梁の挙動を理解することが構造を学ぶものにとって非常に重要であることがわかる. 建築, 土木, 船舶, 航空といった広い工学分野で梁理論が実際に設計に用いられている. 材料力学で梁理論が必ず出てくるのにはこういう背景がある.

7.1 梁とは

図 7-2　天秤棒 – 鈴木春信『水売り』

図 7-3　新旅足橋（しんたびそこばし）岐阜県加茂郡八百津町 – 支間長 220m

第 7 章　梁

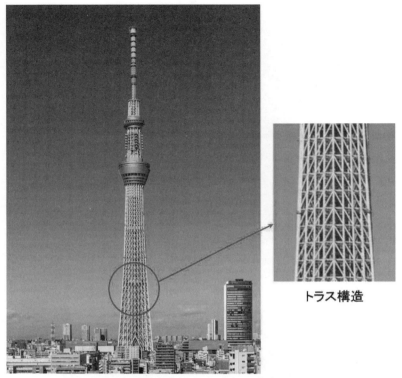

図 7-4　東京スカイツリー － 高さ 634m

7.2.　2次元初等梁理論

　4.5 項や 5.2 項の解析のように梁を 2 次元弾性理論で解くのは効率が悪い．ひとつ次元を落として 1 次元の線状の部材として解こうとするのが梁理論である．細長い構造をある 1 本の基準線で代表し，その線の変形だけで解析しようという考え方である．したがって，元の構造は建築部材の梁のようにひとつの部材である必要はなく，東京スカイツリーのように多くの部材で構成されていてもよい．幅に対して長さが大きければ梁として近似ができる．東京スカイツリーや航空機の翼を見るとわかるように，実構造では断面の大きさや形状が長手方向に変化する梁が多いので，このような梁にも対応できる理論が必要である．

7.2　2次元初等梁理論

7.2.1.　ベルヌーイ・オイラーの仮説

いろいろな荷重が負荷される長方形板（図 7-5）の変形を 4.5 項で見た．これらは軸方向に垂直な荷重を受けて曲がる長い部材なので，梁と考えることができる．中心線に垂直な線（断面）の変形を見てみると，変形後もその断面は直線を保っている（図 7-6）．長さ $2l$ が幅 $2c$ の１０倍程度あれば（実際の梁はもっと細長いことが多い），せん断変形（長方形が平行四辺形になる変形）はほとんどしない．そこで，次の重要な仮定（ベルヌーイ・オイラー（Bernoulli-Euler）の仮説という）を用いる．この仮定を採用することで梁の理論が成り立っている．

　ベルヌーイ・オイラーの仮説：変形前に梁の基準線に垂直だった平面は，変形後も変形した基準線に対して垂直で平面を保つ．

ベルヌーイ・オイラーの仮説を採用した微小変形梁理論のことを初等梁理論（英語では Elementary Beam Theory）という．

第 7 章 梁

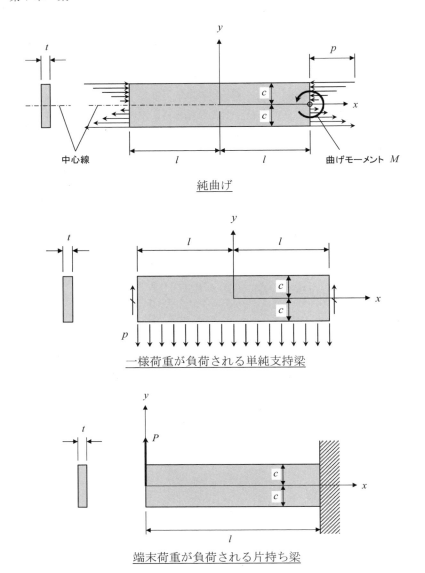

図 7-5 いろいろな荷重を負荷される梁 − 2次元弾性論を使って解析した

7.2 2次元初等梁理論

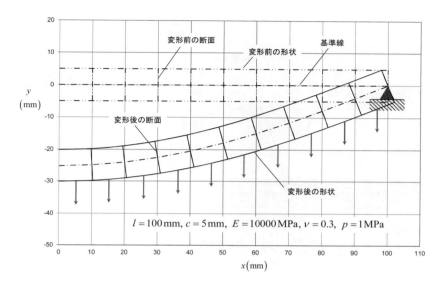

図 7-6 一様荷重が負荷される単純支持梁の2次元弾性論による解析結果
（図 4-13（2/3）の再掲）

7.2.2. 梁の変形と歪

　梁の基準線の変位によって梁の変形を表現し，ベルヌーイ・オイラーの仮説に基づいて変位と歪の関係式を導く．このとき，<u>微小変形の仮定を採用する</u>．変形前の梁の基準線は直線で x 軸上にあるとし，梁の断面は x-y 平面に関して対称であるとする．断面形状とその大きさは梁の長手方向に変化していてもよいとする．

　図 7-7 に示すように，変形前に基準線上にあった点 A が変形後に点 A' に動くとする．変形前に点 A と同じ断面上で基準軸から y だけ離れた点 B は，変形後に点 B'に動く．

第 7 章　梁

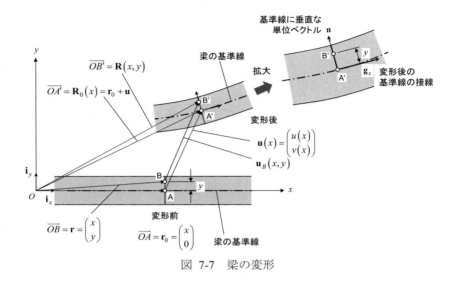

図 7-7　梁の変形

点 A' の位置ベクトルは,

$$\mathbf{R}_0 = \mathbf{r}_0 + \mathbf{u} = (x+u)\mathbf{i}_x + v\mathbf{i}_y = \begin{pmatrix} x+u \\ v \end{pmatrix} \tag{7-1}$$

点 A' における梁の基準線の接線ベクトル（格子ベクトル）は,

$$\mathbf{g}_x = \frac{\partial \mathbf{R}_0}{\partial x} = \frac{\partial}{\partial x}(\mathbf{r}_0 + \mathbf{u}) = \frac{\partial}{\partial x}\begin{pmatrix} x+u \\ v \end{pmatrix} = \begin{pmatrix} 1+\dfrac{du}{dx} \\ \dfrac{dv}{dx} \end{pmatrix} \tag{7-2}$$

である.
$\mathbf{g}_x$ に垂直な単位ベクトル $\mathbf{n}$ を次のように表すことができる.

$$\mathbf{n} = \frac{1}{|\mathbf{g}_x|}\begin{pmatrix} -\dfrac{dv}{dx} \\ 1+\dfrac{du}{dx} \end{pmatrix} = \frac{1}{\sqrt{\left(1+\dfrac{du}{dx}\right)^2 + \left(\dfrac{dv}{dx}\right)^2}}\begin{pmatrix} -\dfrac{dv}{dx} \\ 1+\dfrac{du}{dx} \end{pmatrix} \tag{7-3}$$

変形が小さいと仮定して，この式を線形化すると,

$$\mathbf{n} = \begin{pmatrix} -\dfrac{dv}{dx} \\ 1 \end{pmatrix} \tag{7-4}$$

ベルヌーイ・オイラーの仮説を採用すると，梁が変形して点 B が点 B'に移動したとき，点 B'の位置ベクトルは次のように表すことができる．

$$\overline{OB'} = \mathbf{R} = \overline{OA'} + \overline{A'B'} = \mathbf{R_0} + y\mathbf{n} = \mathbf{r_0} + \mathbf{u} + y\mathbf{n}$$

$$= \begin{pmatrix} x+u \\ v \end{pmatrix} + y\begin{pmatrix} -\dfrac{dv}{dx} \\ 1 \end{pmatrix} = \begin{pmatrix} x+u-\dfrac{dv}{dx}y \\ y+v \end{pmatrix} = \begin{pmatrix} x \\ y \end{pmatrix} + \begin{pmatrix} u-\dfrac{dv}{dx}y \\ v \end{pmatrix}$$

だから，

$$\begin{pmatrix} u_B \\ v_B \end{pmatrix} = \begin{pmatrix} u - \dfrac{dv}{dx}y \\ v \end{pmatrix} \tag{7-5}$$

点 B'における工学歪は，式(4-1)より

$$\varepsilon_x = \frac{\partial u_B}{\partial x} = \frac{\partial}{\partial x}\left(u - \frac{dv}{dx}y\right) = \frac{du}{dx} - \frac{d^2v}{dx^2}y$$

$$\varepsilon_y = \frac{\partial v_B}{\partial y} = \frac{\partial}{\partial y}(v) = 0 \tag{7-6}$$

$$\gamma_{xy} = \frac{\partial u_B}{\partial y} + \frac{\partial v_B}{\partial x} = \frac{\partial}{\partial y}\left(u - \frac{dv}{dx}y\right) + \frac{\partial}{\partial x}(v) = -\frac{dv}{dx} + \frac{dv}{dx} = 0$$

これが変位-歪関係式である．<u>軸歪は梁の基準軸からの距離に比例すること</u>がわかる．また，<u>ベルヌーイ・オイラーの仮説を採用したのでせん断歪がゼロ</u>になっている．

7.2.3. 梁の断面に働く力の定義

梁を基準軸に垂直な面で切りはなすと 2 つの新しい断面ができる．断面に働く合力（断面力と呼ぶ）は，断面の法線方向（梁の軸線方向）の軸力 N_x，断面に平行な方向のせん断力 Q_y，断面に働く曲げモーメント M_z の 3 つの成分で表すことができる（図 7-8）．<u>断面力の符号の定義は本によって異なるので注意が必要である</u>．本書における各断面力の符号の定義は，図 7-8 に示すように断面の外向きの法線が座標軸の方向を向いている場合には座標軸の方向を正とし，外向きの法線が x 軸方向と逆に向いている場合には座標軸と逆の方向を正とする．

第7章 梁

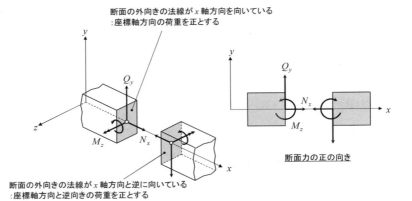

図 7-8 断面力の定義

7.2.4. 断面力を使った釣り合い方程式

図 7-9 に示すような一般的な直線梁の問題を考えて，梁の釣り合い方程式を導く．ここでは軸力は無いと仮定する．初等梁理論は微小変形の線形理論なので，軸方向の外力がある場合には，別に軸力だけの問題を解いて後で重ね合わせればよい．梁の断面は x-y 面に関して対称であり，断面形状が長手方向に変化してもよいとする．外力として y 方向の分布荷重 $\bar{p}_y(x)$，y 方向の集中荷重 $\bar{P}_y$，z 軸回りの集中モーメント $\bar{M}_z$ が負荷されているとする．

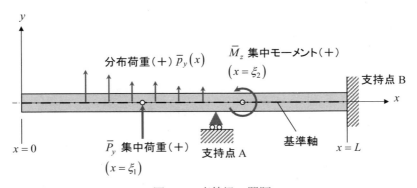

図 7-9 直線梁の問題

230

7.2 2次元初等梁理論

断面のせん断力と曲げモーメントを図 7-8 のように定義する．次に図 7-10 に示す梁の $x = x$ から $x = x + \Delta x$ の小さな区間を取り出して力の釣り合いを考える．考えている区間 Δx が小さいので分布荷重は一定であるとみなすことができる．上下方向の力の釣り合いは，

$$-Q_y + Q_y + \Delta Q_y + \overline{p}_y(x)\Delta x = 0$$

$$\Rightarrow \frac{\Delta Q_y}{\Delta x} = -\overline{p}_y(x)$$

$x = x + \Delta x$ の曲げモーメントの釣り合いは，

$$-M_z + Q_y \Delta x + M_z + \Delta M_z - \overline{p}_y(x)\Delta x \times \frac{1}{2}\Delta x = 0$$

$$\Rightarrow \frac{\Delta M_z}{\Delta x} = -Q_y + \frac{1}{2}\overline{p}_y(x)\Delta x$$

区間 Δx をゼロに近づけると微分の定義になっているので，次の式となる．

$$\frac{dQ_y}{dx} = -\overline{p}_y(x)$$
$$\frac{dM_z}{dx} = -Q_y \tag{7-7}$$

これが梁の釣り合い方程式である．2番目の式を微分すると，

$$\frac{d^2 M_z}{dx^2} = -\frac{dQ_y}{dx} = \overline{p}_y(x) \tag{7-8}$$

となる．これらの式から，<u>外力の分布荷重を軸方向に積分するとせん断力になり，せん断力をさらに軸方向に積分すると曲げモーメントになることがわかる</u>．

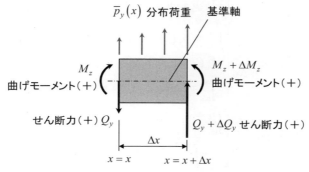

図 7-10　梁の微小区間の釣り合い

第7章　梁

7.2.5.　せん断力線図，曲げモーメント線図による釣り合い方程式の表示

梁の釣り合い方程式(7-7)を図示する方法として使われるのがせん断力線図と曲げモーメント線図である．せん断力線図と曲げモーメント線図を描くには反力を含むすべての外力がわかっていなければならないが，不静定梁の場合には反力の値は未知である．反力の値が未知の場合には，反力を未知の変数として線図を描く．

図 7-9 に示す梁のせん断力線図と曲げモーメント線図を描くには，図 7-11 に示すように，ある断面 ($x = x_1$) で切断した梁の左側を取り出してフリーボディダイヤグラムを描いて力とモーメントの釣り合いから断面力を計算する．その断面力を梁の全長にわたって図示すると，図 7-12 のせん断力線図と曲げモーメント線図が得られる．集中荷重が入る場所では，せん断力，曲げモーメントの分布が不連続になるので注意が必要である．式(7-7)を積分すると，

$$Q_y(x_1) = -\int_0^{x_1} \bar{p}_y(x)dx - \bar{P}_y + R_A$$
$$M_z(x_1) = \int_0^{x_1} \bar{p}_y(x)(x_1 - x)dx + \bar{P}_y(x_1 - \xi_1) - R_A(x_1 - x_A) + \bar{M}_z \tag{7-9}$$

注：$M_z(x_1)$ を x_1 で微分して式(7-7)の第2式が成り立っていることを確認してみる．微分の定義より，

$$\frac{dM_z(x_1)}{dx_1} = \lim_{\Delta x_1 \to 0} \frac{M_z(x_1 + \Delta x_1) - M_z(x_1)}{\Delta x_1}$$

$$= \lim_{\Delta x_1 \to 0} \frac{1}{\Delta x_1} \begin{bmatrix} \int_0^{x_1 + \Delta x_1} \bar{p}_y(x)(x_1 + \Delta x_1 - x)dx + \bar{P}_y(x_1 + \Delta x_1 - \xi_1) \\ -R_A(x_1 + \Delta x_1 - x_A) + \bar{M}_z \\ -\int_0^{x_1} \bar{p}_y(x)(x_1 - x)dx - \bar{P}_y(x_1 - \xi_1) + R_A(x_1 - x_A) - \bar{M}_z \end{bmatrix}$$

$$= \lim_{\Delta x_1 \to 0} \frac{1}{\Delta x_1} \begin{bmatrix} \int_0^{x_1 + \Delta x_1} \bar{p}_y(x)(x_1 - x)dx + \int_0^{x_1 + \Delta x_1} \bar{p}_y(x)\Delta x_1 dx \\ +\bar{P}_y(x_1 - \xi_1) + \bar{P}_y \Delta x_1 - R_A(x_1 - x_A) - R_A \Delta x_1 + \bar{M}_z \\ -\int_0^{x_1} \bar{p}_y(x)(x_1 - x)dx - \bar{P}_y(x_1 - \xi_1) + R_A(x_1 - x_A) - \bar{M}_z \end{bmatrix}$$

$$= \lim_{\Delta x_1 \to 0} \frac{1}{\Delta x_1} \begin{bmatrix} \int_0^{x_1 + \Delta x_1} \bar{p}_y(x)(x_1 - x)dx - \int_0^{x_1} \bar{p}_y(x)(x_1 - x)dx \\ + \int_0^{x_1 + \Delta x_1} \bar{p}_y(x)\Delta x_1 dx + \bar{P}_y \Delta x_1 - R_A \Delta x_1 \end{bmatrix}$$

7.2 2次元初等梁理論

$$= \lim_{\Delta x_1 \to 0} \left[\int_0^{x_1 + \Delta x_1} \overline{p}_y(x)dx + \overline{P}_y - R_A \right]$$

$$= \int_0^{x_1} \overline{p}_y(x)dx + \overline{P}_y - R_A = -Q_y$$

この梁は不静定であるので，反力を未知数 R_A, R_B, M_B と仮定して線図を描いた．これらの未知反力を求めるには梁の変形を計算しなければならない．

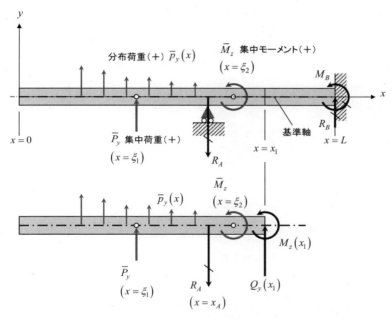

図 7-11 ある断面 $(x = x_1)$ のせん断力と曲げモーメント

第 7 章　梁

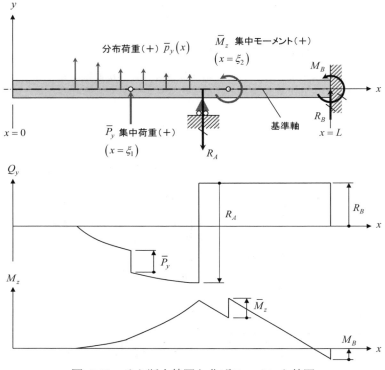

図 7-12　せん断力線図と曲げモーメント線図

7.2.6.　境界条件

　力学的境界条件は図 7-9 ですでに見たように分布荷重や集中荷重，集中曲げモーメントで与えられる．変位境界条件は，図 7-9 の点 A のように y 方向変位が拘束される単純支持と，点 B のように y 方向変位と z 軸まわりの回転が拘束される固定支持が一般的である．

　　単純支持：$v = 0$ 　　　　　　　　　　　　　　　　　(7-10)

　　固定支持：$v = 0, \ \dfrac{dv}{dx} = 0$ 　　　　　　　　　　　(7-11)

7.2 2次元初等梁理論

7.2.7. 曲げモーメントと変形，曲げ応力との関係式
7.2.7.1. 曲げモーメントと変形の関係式

$x = x$ 位置の基準軸に垂直な断面内には x 方向の軸歪だけが発生しているので，応力-歪関係式は，

$$\sigma_x(x,y) = E\varepsilon_x(x,y)$$

である．これに変位-歪関係式（式(7-6)）を代入すると，

$$\sigma_x(x,y) = E\frac{du}{dx} - E\frac{d^2v}{dx^2}y \tag{7-12}$$

この式を $x = x$ の断面内で積分して断面の軸力 N_x を計算すると，

$$\begin{aligned} N_x(x) &= \iint_A \sigma_x(x,y)dydz = \iint_A \left(E\frac{du}{dx} - E\frac{d^2v}{dx^2}y \right) dydz \\ &= E\frac{du}{dx}\iint_A dydz - E\frac{d^2v}{dx^2}\iint_A ydydz \\ &= EA\frac{du}{dx} - EA\frac{d^2v}{dx^2}y_{NA} \end{aligned} \tag{7-13}$$

$$A = \iint_A dydz, \quad y_{NA} = \frac{\iint_A ydydz}{A} \tag{7-14}$$

ここで，A は $x = x$ における梁の断面積である．y_{NA} は $x = x$ における面積の重心の位置（図心ともいう）を表す．

断面の軸力 N_x はゼロとしているから，式(7-13)より次の式が成り立たなけらばならない．

$$N_x(x) = EA\frac{du}{dx} - EA\frac{d^2v}{dx^2}y_{NA} = 0 \Rightarrow \frac{du}{dx} = \frac{d^2v}{dx^2}y_{NA} \tag{7-15}$$

次に応力 σ_x に y をかけて断面内で積分して曲げモーメント M_z を計算すると（図 7-8 で示したように，<u>曲げモーメントは，梁の上側が圧縮応力になる向きが正である</u>），

第7章 梁

$$M_z(x) = -\iint_A \sigma_x(x,y)\, y\, dydz = \iint_A \left(-E\frac{du}{dx} + E\frac{d^2v}{dx^2}y\right) y\, dydz$$

$$= \iint_A \left(-E\frac{d^2v}{dx^2}y_{NA} + E\frac{d^2v}{dx^2}y\right) y\, dydz$$

$$= E\frac{d^2v}{dx^2}\iint_A \left(-y_{NA}y + y^2\right) dydz = E\left(I - A y_{NA}^2\right)\frac{d^2v}{dx^2}$$

$$= E I_0 \frac{d^2v}{dx^2}$$

すなわち,

$$M_z(x) = E I_0 \frac{d^2v}{dx^2} \tag{7-16}$$

$$I = \iint_A y^2\, dydz,\ \ I_0 = I - A y_{NA}^2 \tag{7-17}$$

ここで, I_0 を中立軸（neutral axis）まわりの断面2次モーメントといい, EI_0 を曲げ剛性という.

式(7-16)が曲げモーメントと変形の関係式（応力-歪関係式）である.

7.2.7.2. 曲げモーメントと曲げ応力の関係式

曲げモーメントと曲げ応力の関係式は, 式(7-12), (7-15), (7-16)から,

$$\sigma_x(x,y) = -\frac{M_z}{I_0}(y - y_{NA}) \tag{7-18}$$

したがって, 梁の断面に働く曲げモーメントがわかれば, 梁の断面の応力は式(7-18)を使って計算できる.

式(7-18)から, 断面重心の位置（$y = y_{NA}$）では曲げ応力がゼロであるので,「この場所で曲げ応力が中立である」という意味で断面重心の位置を中立軸（neutral axis）と呼ぶ. 断面重心の位置を y_{NA} と表記したのはこの理由からである.

7.2.7.3. 断面特性の計算方法

中立軸の位置と断面2次モーメントは梁の断面形状から式(7-14), (7-17)を使って計算することができる. これらの式は積分で表されているが, 実際によく使われる基本的な断面形状については公式が作られていてハンドブックに載っている. ハンドブックに載っていない断面形状については, 公式がわ

7.2 2次元初等梁理論

かっている基本断面に分割して表を使って計算する．表を使った具体的な計算方法を示そう．

計算例として図 7-13 に示す I 型断面を使う．この断面は 3 つの長方形からできている．長方形の面積と断面 2 次モーメントは次の式で計算される．長方形の図心は高さと幅の中心にある．

$$A = bh, \quad I_0 = \frac{bh^3}{12} \tag{7-19}$$

ここで，b：長方形の幅，h：長方形の高さ

I 型断面の断面特性を計算する表を表 7-1 に示す．

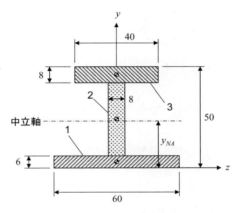

図 7-13 梁の断面の例

表 7-1 I型断面の断面特性の計算表

要素	幅	高さ	図心位置	面積			要素の断面2次モーメント
	bi (mm)	hi (mm)	y_cgi (mm)	Ai = bi*hi (mm^2)	Ai*y_cgi (mm^3)	Ai*y_cgi^2 (mm^4)	I0i = bi*hi^3/12 (mm^4)
1	60	6	3	360	1080	3240	1080
2	8	36	24	288	6912	165888	31104
3	40	8	46	320	14720	677120	1706.7
			合計	968	22712	846248	33890.7

合計	断面積	A = Σ Ai		968	mm^2
	図心（中立軸）	y_NA = Σ (Ai*y_cgi) /A =		23.46	mm
	断面2次モーメント	I0 = Σ (Ai*y_cgi^2) - A*y_cg^2 + Σ I0i =		347251	mm^4

第 7 章　梁

7.2.8.　仮想仕事の原理を使った釣り合い方程式の導出

　トラスの場合と同様に，仮想仕事の原理を使って梁の釣り合い方程式を導出することができることを示そう．図 7-9 の問題で中立軸を基準軸にとっているとする．仮想仕事の原理（式(4-23)）を適用すると，（集中モーメントによる仕事の式については注＊ を参照）

$$\iiint_V \sigma_x \delta\varepsilon_x dxdydz - \int_0^l \bar{p}_y(x)\delta v(x)dx - \bar{P}_y \delta v(\xi_1) - \bar{M}_z \delta\left(\frac{dv(\xi_2)}{dx}\right) = 0 \quad (7\text{-}20)$$

式(7-20)の第 1 項に変位-歪関係式（式(7-6)）を代入すると，

$$\iiint_V \sigma_x \delta\left(\frac{du}{dx} - \frac{d^2v}{dx^2}y\right)dxdydz - \int_0^L \bar{p}_y(x)\delta v(x)dx$$
$$- \bar{P}_y \delta v(\xi_1) - \bar{M}_z \delta\left(\frac{dv(\xi_2)}{dx}\right) = 0$$

$$\iiint_V \sigma_x \delta\left(\frac{du}{dx}\right)dxdydz - \iiint_V \sigma_x y \delta\left(\frac{d^2v}{dx^2}\right)dxdydz$$
$$- \int_0^L \bar{p}_y(x)\delta v(x)dx - \bar{P}_y \delta v(\xi_1) - \bar{M}_z \delta\left(\frac{dv(\xi_2)}{dx}\right) = 0$$

この式を y と z について積分すると，

$$\int_0^L N_x \delta\left(\frac{du}{dx}\right)dx + \int_0^L M_z \delta\left(\frac{d^2v}{dx^2}\right)dx - \int_0^L \bar{p}_y(x)\delta v(x)dx$$
$$- \bar{P}_y \delta v(\xi_1) - \bar{M}_z \delta\left(\frac{dv(\xi_2)}{dx}\right) = 0 \quad (7\text{-}21)$$

ここで，

$$N_x = \int_A \sigma_x dydz \quad : x \text{ 方向の軸力},$$

$$M_z = -\int_A \sigma_x y dydz \quad : z \text{ 軸まわりの曲げモーメント} \quad (7\text{-}22)$$

で，x の関数である．積分範囲の A は断面積を表す．

　式(7-21)から，断面力 N_x，M_z と共役な歪は $\dfrac{du}{dx}$，$\dfrac{d^2v}{dx^2}$ であることがわかる．そこで，

$$\varepsilon_x = \frac{du}{dx}, \quad \kappa_z = \frac{d^2v}{dx^2}$$

とおくと,

$$\delta\varepsilon_x = \delta\left(\frac{du}{dx}\right), \quad \delta\kappa_z = \delta\left(\frac{d^2v}{dx^2}\right) \tag{7-23}$$

注＊：右の図に示すように，ある点まわりのモーメント M は，間隔 d の2つの逆向きの力 P で生じているとみなすことができる．モーメントと力の関係は，

$M = Pd$

このモーメントで角度 θ だけ回転したとすると，力 P による仕事 W は，

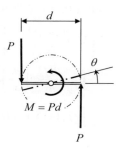

$$W = 2 \times P \times \frac{d}{2}\theta = Pd\theta = M\theta$$

である．この式はモーメント M による仕事は，M と回転角 θ の積であることを表している．

微小変形の場合，回転角 θ は，

$$\theta = \frac{dv}{dx}$$

今，x 方向の外力は無いので，式(7-21)の第1項は省略できる．曲げモーメント M_z とその x 方向の微分は x 方向に不連続がある場合には，式(7-21)の第2項の積分には注意する必要がある．
$x = \xi_1$ と $x = \xi_2$ で曲げモーメントが不連続であるとすると，曲げモーメントが連続な領域では，

$$\frac{d}{dx}\left[M_z\delta\left(\frac{dv}{dx}\right)\right] = \frac{dM_z}{dx}\delta\left(\frac{dv}{dx}\right) + M_z\delta\left(\frac{d^2v}{dx^2}\right) \text{だから}$$

第7章　梁

$$\left[M_z \delta\left(\frac{dv}{dx}\right)\right]_0^{\xi_1-0} + \left[M_z \delta\left(\frac{dv}{dx}\right)\right]_{\xi_1+0}^{\xi_2-0} + \left[M_z \delta\left(\frac{dv}{dx}\right)\right]_{\xi_2+0}^{L}$$

$$= \int_0^{\xi_1-0} \frac{dM_z}{dx} \delta\left(\frac{dv}{dx}\right) dx + \int_{\xi_1+0}^{\xi_2-0} \frac{dM_z}{dx} \delta\left(\frac{dv}{dx}\right) dx + \int_{\xi_2+0}^{L} \frac{dM_z}{dx} \delta\left(\frac{dv}{dx}\right) dx$$

$$+ \int_0^{\xi_1-0} M_z \delta\left(\frac{d^2v}{dx^2}\right) dx + \int_{\xi_1+0}^{\xi_2-0} M_z \delta\left(\frac{d^2v}{dx^2}\right) dx + \int_{\xi_2+0}^{L} M_z \delta\left(\frac{d^2v}{dx^2}\right) dx$$

この式を使って部分積分すると，式(7-21)は，

$$\left[M_z \delta\left(\frac{dv}{dx}\right)\right]_0^{\xi_1-0} + \left[M_z \delta\left(\frac{dv}{dx}\right)\right]_{\xi_1+0}^{\xi_2-0} + \left[M_z \delta\left(\frac{dv}{dx}\right)\right]_{\xi_2+0}^{L}$$

$$- \int_0^{\xi_1-0} \frac{dM_z}{dx} \delta\left(\frac{dv}{dx}\right) dx - \int_{\xi_1+0}^{\xi_2-0} \frac{dM_z}{dx} \delta\left(\frac{dv}{dx}\right) dx - \int_{\xi_2+0}^{L} \frac{dM_z}{dx} \delta\left(\frac{dv}{dx}\right) dx \quad (7\text{-}24)$$

$$- \int_0^L \bar{p}_y(x) \delta v(x) dx - \bar{P}_y \delta v(\xi_1) - \bar{M}_z \delta\left(\frac{dv(\xi_2)}{dx}\right) = 0$$

さらに，$\dfrac{d}{dx}\left[\dfrac{dM_z}{dx}\delta v\right] = \dfrac{d^2 M_z}{dx^2}\delta v + \dfrac{dM_z}{dx}\delta\left(\dfrac{dv}{dx}\right)$ だから

$$\left[\frac{dM_z}{dx}\delta v\right]_0^{\xi_1-0} + \left[\frac{dM_z}{dx}\delta v\right]_{\xi_1+0}^{\xi_2-0} + \left[\frac{dM_z}{dx}\delta v\right]_{\xi_2+0}^{L}$$

$$= \int_0^{\xi_1-0} \frac{d^2 M_z}{dx^2} \delta v\, dx + \int_{\xi_1+0}^{\xi_2-0} \frac{d^2 M_z}{dx^2} \delta v\, dx + \int_{\xi_2+0}^{L} \frac{d^2 M_z}{dx^2} \delta v\, dx$$

$$+ \int_0^{\xi_1-0} \frac{dM_z}{dx} \delta\left(\frac{dv}{dx}\right) dx + \int_{\xi_1+0}^{\xi_2-0} \frac{dM_z}{dx} \delta\left(\frac{dv}{dx}\right) dx + \int_{\xi_2+0}^{L} \frac{dM_z}{dx} \delta\left(\frac{dv}{dx}\right) dx$$

この式を使って部分積分すると，式(7-24)は，

$$\left[M_z \delta\left(\frac{dv}{dx}\right)\right]_0^{\xi_1-0} + \left[M_z \delta\left(\frac{dv}{dx}\right)\right]_{\xi_1+0}^{\xi_2-0} + \left[M_z \delta\left(\frac{dv}{dx}\right)\right]_{\xi_2+0}^{L} - \left[\frac{dM_z}{dx}\delta v\right]_0^{\xi_1-0}$$

$$- \left[\frac{dM_z}{dx}\delta v\right]_{\xi_1+0}^{\xi_2-0} - \left[\frac{dM_z}{dx}\delta v\right]_{\xi_2+0}^{L} + \int_0^{\xi_1-0}\frac{d^2 M_z}{dx^2}\delta v\, dx + \int_{\xi_1+0}^{\xi_2-0}\frac{d^2 M_z}{dx^2}\delta v\, dx$$

$$+ \int_{\xi_2+0}^{L}\frac{d^2 M_z}{dx^2}\delta v\, dx - \int_0^L \bar{p}_y(x)\delta v(x) dx - \bar{P}_y \delta v(\xi_1) - \bar{M}_z \delta\left(\frac{dv(\xi_2)}{dx}\right) = 0$$

この式を整理すると，

7.2 2次元初等梁理論

$$\int_0^{\xi_1-0}\left(\frac{d^2M_z}{dx^2}-\overline{p}_y(x)\right)\delta v dx+\int_{\xi_1+0}^{\xi_2-0}\left(\frac{d^2M_z}{dx^2}-\overline{p}_y(x)\right)\delta v dx$$

$$+\int_{\xi_2+0}^{L}\left(\frac{d^2M_z}{dx^2}-\overline{p}_y(x)\right)\delta v dx$$

$$+\left[-\overline{P}_y(\xi_1)+\frac{dM_z(\xi_1+0)}{dx}-\frac{dM_z(\xi_1-0)}{dx}\right]\delta v(\xi_1)$$

$$+\left[-\frac{dM_z(\xi_2-0)}{dx}+\frac{dM_z(\xi_2+0)}{dx}\right]\delta v(\xi_2) \qquad (7\text{-}25)$$

$$+\left[-M_z(\xi_1+0)+M_z(\xi_1-0)\right]\delta\left(\frac{dv(\xi_1)}{dx}\right)$$

$$+\left[\overline{M}_z(\xi_2)+M_z(\xi_2-0)-M_z(\xi_2+0)\right]\delta\left(\frac{dv(\xi_2)}{dx}\right)$$

$$-M_z\delta\left(\frac{dv(0)}{dx}\right)+\frac{dM_z}{dx}\delta v(0)=0$$

式(7-25)の仮想変位の値は任意であるので，以下の式が成り立つことがわかる．

釣り合い方程式：
$$\begin{aligned}&\frac{d^2M_z}{dx^2}-\overline{p}_y(x)=0,\ 0\le x\le L\\&\overline{P}_y(\xi_1)=\frac{dM_z(\xi_1+0)}{dx}-\frac{dM_z(\xi_1-0)}{dx}\\&M_z(\xi_1+0)=M_z(\xi_1-0)\\&\overline{M}_z(\xi_2)=M_z(\xi_2+0)-M_z(\xi_2-0)\\&\frac{dM_z(\xi_2-0)}{dx}=\frac{dM_z(\xi_2+0)}{dx}\end{aligned} \qquad (7\text{-}26)$$

力学的境界条件：
$$\begin{aligned}&\frac{dM_z}{dx}=0,\ x=0\\&M_z=0,\ x=0\end{aligned} \qquad (7\text{-}27)$$

このように，変位-歪関係式を満たす仮想変位から，仮想仕事の原理を使って釣り合い方程式(7-26)と力学的境界条件（式(7-27)）を導くことができた．これが仮想仕事の原理の利用方法の一例である．

釣り合い方程式(7-26)の一番目の式は y 方向の分布荷重と曲げモーメントとの関係を示している．二番目の式は集中荷重が負荷される点で曲げモーメ

第7章 梁

ントの傾きが不連続に変わることを表している．三番目の式は集中荷重が負荷される点では曲げモーメントは連続であることを表している．四番目の式は集中曲げモーメントが負荷されると，曲げモーメントの値が不連続に変わることを示している．最後の式は集中曲げモーメントが負荷される点では曲げモーメントの傾きは連続であることを表している．

　せん断応力とせん断力について考えてみよう．初等梁理論ではベルヌーイ・オイラーの仮説を採用しているためにせん断歪が発生せず（式(7-6)），せん断応力が無いものとしているが，力の釣り合いからはせん断応力が無いというのはおかしい．実は，釣り合い方程式(7-26)には明示的ではないがせん断力に関する情報が含まれている．$x=0$ は梁の自由端で，力学的境界条件（式(7-27)）から曲げモーメントの値と曲げモーメントの増加率はゼロである．自由端を起点として，集中荷重と集中曲げモーメントが無い区間（$x=0 \sim x$）で釣り合い方程式(7-26)の一番目の式を積分すると，曲げモーメントの増加率になるが，分布荷重を足し合わせた値なので，すなわちせん断力 Q_y を表している．もう一度積分すると曲げモーメントとなる．これはすでに式(7-7)で見たとおりである．釣り合い方程式(7-26)の二番目の式は，集中荷重が負荷されると曲げモーメントの増加率，すなわちせん断力が不連続に増加することを表す．釣り合い式の二番目の式，四番目の式を使って曲げモーメントを計算していくことができる．したがって，釣り合い方程式を梁の微小要素を使って表すと図7-14のようになる．

7.2 2次元初等梁理論

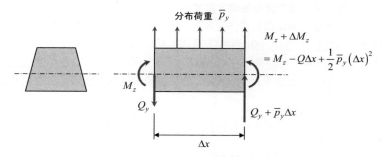

分布荷重だけの場合

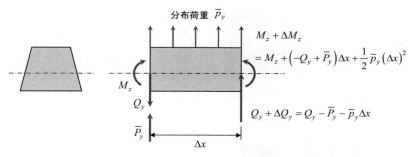

分布荷重＋集中荷重の場合

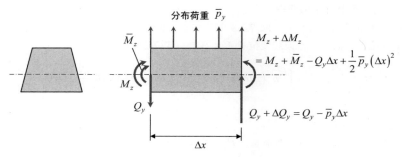

分布荷重＋集中曲げモーメントの場合

図 7-14 梁の微小要素の力の釣り合い

第7章　梁

7.2.9.　2次元初等梁理論の基礎方程式のまとめ

梁の軸線の断面変形に関してベルヌーイ・オイラーの仮説を採用すると，中立軸を x 軸とした（$y_{NA}=0$）梁の方程式として以下の式が成り立つ．曲げモーメント，せん断力 Q_y の符号の定義は図 7-8 を参照のこと．曲げモーメント M_z は，梁の上側（y 座標が正の位置）が圧縮応力になる向きを正としている．

釣り合い方程式：
$$\frac{d^2 M_z}{dx^2} = \bar{p}_y(x) \qquad (7\text{-}7),\ (7\text{-}8)$$
$$\frac{dM_z}{dx} = -Q_y(x)$$

ここで，$\bar{p}_y(x)$ は分布外力である．

曲げモーメントと変位の関係式：$M_z(x) = EI_0 \dfrac{d^2 v}{dx^2}$　　　(7-16)

曲げ応力と曲げモーメントの関係式：$\sigma_x(x,y) = -\dfrac{M_z(x)}{I_0} y$

(7-18)

7.2.10.　2次元梁のエネルギ原理

梁の中立軸を基準軸 x とする（$y_{NA}=0$）．

7.2.10.1.　仮想仕事の原理

仮想仕事の原理については 7.2.8 項ですでに説明した．変位-歪関係式と変位境界条件を満足する仮想変位を考えると，式(7-21)より

$$\int_0^L M_z \delta\left(\frac{d^2 v}{dx^2}\right) dx - \int_0^L \bar{p}_y(x) \delta v(x) dx - \sum_i \bar{P}_{yi} \delta v_i - \sum_j \bar{M}_{zj} \delta\left(\frac{dv}{dx}\right)_j = 0$$

(7-28)

ここで，$\bar{p}_y(x)$：分布荷重，$\bar{P}_{yi}$：集中荷重，$\bar{M}_{zj}$：集中曲げモーメントが成り立つ．

7.2.10.2.　ポテンシャルエネルギ最小の原理

梁の変位-歪関係式(7-6)と断面2次モーメントの式(7-17)を使うと，梁の歪

7.2 2次元初等梁理論

エネルギ（式(4-28)）は次のように表される．

$$U = \int_0^L \left[\iint_A \frac{E}{2}\varepsilon_x^2 dydz \right] dx = \int_0^L \left[\iint_A \frac{E}{2}\left(-\frac{d^2v}{dx^2}y\right)^2 dydz \right] dx$$

$$= \int_0^L \left[\frac{E}{2}\left(\frac{d^2v}{dx^2}\right)^2 \iint_A y^2 dydz \right] dx \qquad (7\text{-}29)$$

$$= \int_0^L \left[\frac{EI_0}{2}\left(\frac{d^2v}{dx^2}\right)^2 \right] dx$$

全ポテンシャルエネルギΠは，全歪エネルギから外力による仕事を差し引いたものであるから，

$$\Pi = \int_0^L \left[\frac{EI_0}{2}\left(\frac{d^2v}{dx^2}\right)^2 \right] dx - \int_0^L \overline{p}_y v dx - \sum_i \overline{P}_{yi} v_i - \sum_j \overline{M}_{zj}\left(\frac{dv}{dy}\right)_j \quad (7\text{-}30)$$

変位-歪関係式と変位境界条件を満足する変位場を考えると，ポテンシャルエネルギ最小の原理は次の式で表される．

$$\delta\Pi = \delta\left[\int_0^L \frac{EI_0}{2}\left(\frac{d^2v}{dx^2}\right)^2 dx - \int_0^L \overline{p}_y v dx - \sum_i \overline{P}_{yi} v_i - \sum_j \overline{M}_{zj}\left(\frac{dv}{dy}\right)_j \right] = 0 \ (7\text{-}31)$$

この式は，変位-歪関係式と変位境界条件を満足する変位場のうち，正解が全ポテンシャルエネルギを最小にすることを意味している．

7.2.10.3. 補仮想仕事の原理

梁の補仮想仕事の原理の式を導くには，正解の釣り合い式と力学的境界条件を満足する仮想荷重（曲げモーメントとy方向の荷重）を正解に付加する．この仮想荷重は変位-歪関係式と変位境界条件を満足しなくてよい．また仮想荷重は小さくなくてもよい．

補仮想仕事の原理の式(4-30)に梁の変位-歪関係式(7-6)を代入すると，

$$\int_0^L \left[\iint_A \left(-\frac{d^2v}{dx^2}y\right)\delta\sigma_x dydz \right] dx = \sum_i \overline{v}_i \delta P_{yi} + \sum_j \left(\overline{\frac{dv}{dx}}\right)_j \delta M_{zi} \qquad (7\text{-}32)$$

ここで，$\overline{v}_i$：境界条件として与えられた変位，$\left(\overline{\dfrac{dv}{dx}}\right)_j$：境界条件と

第7章　梁

して与えられた基準線の傾き
この式を書き換えると，

$$\int_0^L \left(-\frac{d^2v}{dx^2}\right)\left[\iint_A y\delta\sigma_x dy dz\right]dx = \sum_i \overline{v}_i \delta P_{yi} + \sum_j \overline{\left(\frac{dv}{dx}\right)}_j \delta M_{zi}$$

$$\Rightarrow \int_0^L \left(\frac{d^2v}{dx^2}\right)\delta M_z dx = \sum_i \overline{v}_i \delta P_{yi} + \sum_j \overline{\left(\frac{dv}{dx}\right)}_j \delta M_{zj} \qquad (7\text{-}33)$$

これが梁の補仮想仕事の原理の式である．

7.2.10.4. コンプリメンタリエネルギ最小の原理

前項の補仮想仕事の原理の式に，梁の応力-歪関係式(7-16)を代入すると，

$$\int_0^L \left(\frac{M_z}{EI_0}\right)\delta M_z dx = \sum_i \overline{v}_i \delta P_{yi} + \sum_j \overline{\left(\frac{dv}{dx}\right)}_j \delta M_{zj}$$

仮想曲げモーメント δM_z が微小であるとすれば，上の式の左辺が書き換えられて，

$$\int_0^L \left(\frac{\delta M_z^2}{2EI_0}\right)dx - \sum_i \overline{v}_i \delta P_{yi} - \sum_j \overline{\left(\frac{dv}{dx}\right)}_j \delta M_{zj} = 0$$

積分と総和の中の δ を外に出して，次の式が得られる．

$$\delta \int_0^L \left(\frac{M_z^2}{2EI_0}\right)dx - \delta\sum_i \overline{v}_i P_{yi} - \delta\sum_j \overline{\left(\frac{dv}{dx}\right)}_j M_{zj} = 0 \qquad (7\text{-}34)$$

梁の全コンプリメンタリエネルギを次のように表す．

$$\Pi_c = \int_0^L \left(\frac{M_z^2}{2EI_0}\right)dx - \sum_i \overline{v}_i P_{yi} - \sum_j \overline{\left(\frac{dv}{dx}\right)}_j M_{zj} \qquad (7\text{-}35)$$

式(7-34)を書き直すと，

$$\delta\Pi_c = \delta \int_0^L \left(\frac{M_z^2}{2EI_0}\right)dx - \delta\sum_i \overline{v}_i P_{yi} - \delta\sum_j \overline{\left(\frac{dv}{dx}\right)}_j M_{zj} = 0 \qquad (7\text{-}36)$$

となる．この式が梁のコンプリメンタリエネルギ最小の原理であり，釣り合い方程式と力学的境界条件を満足する応力場のうち，正解は全コンプリメンタリエネルギを最小にすることを意味している．

7.2.11. 初等梁理論と2次元弾性論との比較

図 7-15 に示す一様荷重が負荷される単純支持梁を例にして，初等梁理論と2次元弾性論による解を比較して初等梁理論の誤差を評価する．

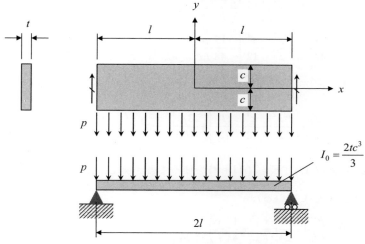

図 7-15 一様荷重が負荷される単純支持梁

この梁の断面積 A と断面2次モーメント I_0 を計算すると，

$$A = 2ct, \quad I_0 = \frac{t(2c)^3}{12} = \frac{8tc^3}{12} = \frac{2tc^3}{3} \tag{7-37}$$

7.2.11.1. 2次元弾性論

4.5.5 項で2次元弾性論を使ってこの問題を解いた．梁の中心線の変位の計算結果（式(4-65)）を整理すると，

第7章　梁

$$v(x,0) = \frac{3p}{4Ec^3}\left[\frac{l^2x^2}{2} - \frac{x^4}{12} - \frac{1}{5}c^2x^2 + \left(1+\frac{\nu}{2}\right)c^2x^2\right]$$
$$- \frac{15}{48}\frac{pl^4}{Ec^3}\left[1 + \frac{12}{5}\frac{c^2}{l^2}\left(\frac{4}{5}+\frac{\nu}{2}\right)\right]$$
$$= \frac{3p}{4Ec^3}\left[\frac{l^2x^2}{2} - \frac{x^4}{12}\right] - \frac{15}{48}\frac{pl^4}{Ec^3} + \frac{3p}{4Ec^3}\left[-\frac{1}{5}c^2x^2 + \left(1+\frac{\nu}{2}\right)c^2x^2\right]$$
$$- \frac{15}{48}\frac{pl^4}{Ec^3}\left[\frac{12}{5}\frac{c^2}{l^2}\left(\frac{4}{5}+\frac{\nu}{2}\right)\right]$$
$$= \frac{3p}{4Ec^3}\left[\frac{l^2x^2}{2} - \frac{x^4}{12} - \frac{5l^4}{12}\right] + \frac{3p}{4Ec}\left[-\frac{1}{5}x^2 + \left(1+\frac{\nu}{2}\right)x^2 - \left(\frac{4}{5}+\frac{\nu}{2}\right)l^2\right]$$

この式を，式(7-37)と $E = 2G(1+\nu)$ を使って書き換えると（2次元弾性論では板厚 t を 1 としている），

$$v(x,0) = \frac{pl^4}{EI_0}\left[-\frac{1}{24}\left(\frac{x}{l}\right)^4 + \frac{1}{4}\left(\frac{x}{l}\right)^2 - \frac{5}{24}\right]$$
$$+ \frac{3(8+5\nu)}{40(1+\nu)}\frac{pl^2}{GA}\left[\left(\frac{x}{l}\right)^2 - 1\right] \tag{7-38}$$

最大変位は，$x = 0$ で，$v_{\max} = -\frac{5ptl^4}{24EI_0} - \frac{3(8+5\nu)}{40(1+\nu)}\frac{ptl^2}{GA}$ (7-39)

この式の右辺第1項が曲げによる変位で，第2項がせん断による変位を表している．

7.2.11.2.　初等梁理論

　初等梁理論で変形を計算しよう．この問題は静定であり，せん断力線図と曲げモーメント図を図 7-16 に示す．せん断力分布と曲げモーメント分布を式で表すと，

$$Q_y(x) = ptx$$
$$M_z(x) = -\frac{pt}{2}x^2 + \frac{ptl^2}{2} \tag{7-40}$$

7.2　2次元初等梁理論

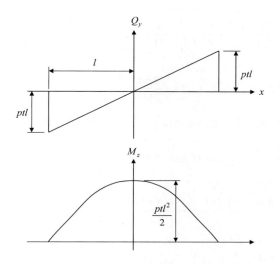

図 7-16　一様荷重が負荷される単純支持梁のせん断力線図と曲げモーメント線図

式(7-16)を使うと，
$$M_z(x) = EI_0 \frac{d^2v}{dx^2} = -\frac{pt}{2}x^2 + \frac{ptl^2}{2}$$
2回積分すると，
$$EI_0 v = -\frac{pt}{24}x^4 + \frac{ptl^2}{4}x^2 + C_1 x + C_2$$
　　　ここで，C_1, C_2 は積分定数である．
境界条件：$x = \pm l$ で $v = 0$ とすると，
$$0 = -\frac{pt}{24}l^4 + \frac{ptl^2}{4}l^2 - C_1 l + C_2$$
$$0 = -\frac{pt}{24}l^4 + \frac{ptl^2}{4}l^2 + C_1 l + C_2$$
この式を解くと，
$$C_1 = 0,\ C_2 = -\frac{5pt}{24}l^4$$
したがって，変位 v は次のように表すことができる．

第7章　梁

$$v = \frac{ptl^4}{EI_0}\left[-\frac{1}{24}\left(\frac{x}{l}\right)^4 + \frac{1}{4}\left(\frac{x}{l}\right)^2 - \frac{5}{24}\right] \tag{7-41}$$

最大変位は，$x = 0$ で，$v_{max} = -\dfrac{5ptl^4}{24EI_0}$ (7-42)

初等梁理論では曲げ変形だけを考慮しており，2次元弾性論による曲げ変形と一致している．

式(7-39)を使ってせん断変形と曲げ変形の割合について比較すると，

$$\frac{v_{shear}}{v_{bending}} = \frac{\dfrac{3(8+5\nu)}{40(1+\nu)}\dfrac{ptl^2}{GA}}{\dfrac{5ptl^4}{24EI_0}} = \frac{144(8+5\nu)}{25}\frac{I_0}{A \times 4l^2}$$
$$= \frac{72(8+5\nu)}{25}\left(\frac{\rho}{2l}\right)^2 \approx 27\left(\frac{\rho}{2l}\right)^2 \tag{7-43}$$

ここで，$\rho = \sqrt{\dfrac{I_0}{A}}$ ：断面の回転半径，$2l$ ：梁の支持スパン

せん断変形の割合を 5%以下にするには，梁の支持スパンと断面の回転半径の比 $2l/\rho$ を 25 以上にする必要があることがわかる．例えば，長方形断面の場合には，支持スパンと梁の高さの比 $2l/2c$ を 7.0 以上にする必要がある．

普通の構造物では梁は細長いのでせん断変形を無視できる．本書ではせん断変形が無視できる場合だけを取り扱う．せん断変形を考慮する梁理論は「ティモシェンコ梁の理論」である．興味がある読者は近藤の論文[19]，滝，近藤の論文[21]を参照されたい．

7.3. 2次元梁の有限変形理論

軸荷重が負荷される梁やフレーム構造では，荷重が大きくなって変形が大きくなると，変形によって軸力が曲げモーメントを発生するために，非線形挙動を示すようになる．この現象はビームカラム（beam column）効果と呼ばれており，初等梁理論では解析できず，梁の有限変形理論（大変形の理論）を使わないと解析できない．柱の座屈現象も有限変形理論を使わないと解析できない．

本項ではベルヌーイ・オイラーの仮説を採用して，2次元梁の有限変形理論を説明する．

7.3.1. 大変形の梁の変形と歪 – 変位-歪関係式

梁の基準線の変位によって梁の変形を表現し，ベルヌーイ・オイラーの仮説に基づいて大変形する梁のグリーンの歪と変位との関係式を導く．変形前の梁の中立軸を基準線とし，この中立軸が直線で x 軸上にあると仮定し，梁の断面は x-y 平面に関して対称であるとする．断面形状とその大きさは梁の長手方向に変化していてもよいとする（図 7-17 参照）．軸線の変位パラメータとして，軸線の接線ベクトルの角度 θ を新たに導入する．

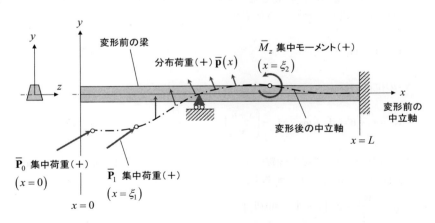

図 7-17 大変形するベルヌーイ・オイラー梁

第7章　梁

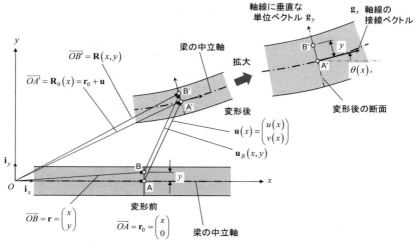

図 7-18　ベルヌーイ・オイラー梁の大変形

　変形前の中立軸に垂直な断面を考え，点 A が軸線（基準線）上にあり，点 A から上方に y だけ離れた位置に点 B があるとする．変形後に点 A が点 A' に移動し，点 B が点 B' に移動したとする（図 7-18 参照）．変形後の断面の軸線上の点 A' の変位を次のように表す．

$$\mathbf{u} = u\mathbf{i}_x + v\mathbf{i}_y = \begin{pmatrix} u \\ v \end{pmatrix} \tag{7-44}$$

点 A' の位置ベクトルは，

$$\mathbf{R}_0 = \mathbf{r}_0 + \mathbf{u} = x\mathbf{i}_x + u\mathbf{i}_x + v\mathbf{i}_y = \begin{pmatrix} x+u \\ v \end{pmatrix} \tag{7-45}$$

点 A' における梁の軸線の接線ベクトル（格子ベクトル）$\mathbf{g}_x$ は，このベクトルの x 軸からの角度を θ とすると，

$$\mathbf{g}_x = \frac{\partial \mathbf{R}_0}{\partial x} = |\mathbf{g}_x|(\cos\theta \mathbf{i}_x + \sin\theta \mathbf{i}_y) \tag{7-46}$$

である．また，接線ベクトルを軸線の変位であらわすと，

7.3 2次元梁の有限変形理論

$$\mathbf{g}_x = \frac{\partial \mathbf{R}_0}{\partial x} = \frac{\partial}{\partial x}(\mathbf{r}_0 + \mathbf{u}) = \frac{\partial}{\partial x}\begin{pmatrix} x+u \\ v \end{pmatrix} = \begin{pmatrix} 1 + \dfrac{du}{dx} \\ \dfrac{dv}{dx} \end{pmatrix} = \frac{d}{dx}\mathbf{u} + \mathbf{i}_x \quad (7\text{-}47)$$

変形後の梁の断面を表すベクトル（格子ベクトル）$\mathbf{g}_y$ は，ベルヌーイ・オイラーの仮説を採用すると $\mathbf{g}_x$ に直交する単位ベクトルであるので次のように表される．

$$\mathbf{g}_y = \frac{\partial \mathbf{R}_0}{\partial y} = -\sin\theta\,\mathbf{i}_x + \cos\theta\,\mathbf{i}_y \quad (7\text{-}48)$$

変形後の断面のベクトル $\mathbf{g}_y$ を x で微分すると，

$$\frac{\partial}{\partial x}\mathbf{g}_y = \frac{\partial}{\partial x}\left[-\sin\theta\,\mathbf{i}_x + \cos\theta\,\mathbf{i}_y\right] = -\left[\cos\theta\,\mathbf{i}_x + \sin\theta\,\mathbf{i}_y\right]\frac{d\theta}{dx} = -\frac{d\theta}{dx}\frac{\mathbf{g}_x}{|\mathbf{g}_x|} \quad (7\text{-}49)$$

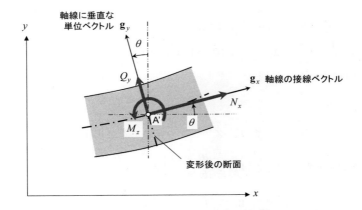

図 7-19　ベルヌーイ・オイラー梁の大変形と断面力の方向の定義

梁が変形して点 B が点 B' に移動したととき，点 B'の位置ベクトルは次のように表すことができる．

$$\overline{OB'} = \mathbf{R} = \overline{OA'} + \overline{A'B'} = \mathbf{R}_0 + y\mathbf{g}_y = \mathbf{R}_0 + y\left(-\mathbf{i}_x\sin\theta + \mathbf{i}_y\cos\theta\right) \quad (7\text{-}50)$$

$$\mathbf{R} = \mathbf{R}_0 + y\mathbf{g}_y = \mathbf{r}_0 + \mathbf{u} + y\mathbf{g}_y = \mathbf{r}_0 + y\mathbf{i}_y + \mathbf{u}_B \quad (7\text{-}51)$$

第7章　梁

点B'の変位は

$$\mathbf{u}_B = \mathbf{u} + y(\mathbf{g}_y - \mathbf{i}_y)$$

$$\begin{aligned}\delta\mathbf{u}_B &= \delta\mathbf{u} + y\delta\mathbf{g}_y = \delta[u\mathbf{i}_x + v\mathbf{i}_y] + y\delta[-\sin\theta\mathbf{i}_x + \cos\theta\mathbf{i}_y]\\ &= \delta u\mathbf{i}_x + \delta v\mathbf{i}_y - y\cos\theta\delta\theta\mathbf{i}_x - \sin\theta\delta\theta\mathbf{i}_y \\ &= [\delta u - y\cos\theta\delta\theta]\mathbf{i}_x + y[\delta v - \sin\theta\delta\theta]\mathbf{i}_y\end{aligned} \quad (7\text{-}52)$$

点B'における接線ベクトルは，

$$\mathbf{g}_{xB} = \frac{\partial \mathbf{R}}{\partial x} = \frac{\partial}{\partial x}(\mathbf{R}_0 + y\mathbf{g}_y) = \frac{\partial \mathbf{R}_0}{\partial x} + y\frac{\partial}{\partial x}\mathbf{g}_y = \mathbf{g}_x - y\frac{d\theta}{dx}\frac{\mathbf{g}_x}{|\mathbf{g}_x|} \quad (7\text{-}53)$$

その長さは

$$|\mathbf{g}_{xB}|^2 = \left[|\mathbf{g}_x| - y\frac{d\theta}{dx}\right]^2$$

点B'における断面方向のベクトルは，

$$\mathbf{g}_{yB} = \frac{\partial \mathbf{R}}{\partial y} = \frac{\partial \mathbf{R}_0}{\partial y} = \mathbf{g}_y = -\mathbf{i}_x\sin(\theta-\gamma) + \mathbf{i}_y\cos(\theta-\gamma) \quad (7\text{-}54)$$

その長さは，

$$|\mathbf{g}_{yB}|^2 = 1$$

点B'におけるグリーンの歪は，グリーンの歪の定義（式(1-4)）から，

$$\begin{aligned}e_x &= \frac{1}{2}(\mathbf{g}_{xB}\cdot\mathbf{g}_{xB} - 1) = \frac{1}{2}\left[\left(\mathbf{g}_x - y\frac{d\theta}{dx}\frac{\mathbf{g}_x}{|\mathbf{g}_x|}\right)\cdot\left(\mathbf{g}_x - y\frac{d\theta}{dx}\frac{\mathbf{g}_x}{|\mathbf{g}_x|}\right) - 1\right]\\ &= \frac{1}{2}\left[\mathbf{g}_x\cdot\mathbf{g}_x - 2y\frac{d\theta}{dx}\frac{\mathbf{g}_x\cdot\mathbf{g}_x}{|\mathbf{g}_x|} + y^2\left(\frac{d\theta}{dx}\right)^2 - 1\right]\\ &= \frac{1}{2}\left[|\mathbf{g}_x|^2 - 2y\frac{d\theta}{dx}|\mathbf{g}_x| + y^2\left(\frac{d\theta}{dx}\right)^2 - 1\right]\\ &= \frac{1}{2}\left[\left(|\mathbf{g}_x| - y\frac{d\theta}{dx}\right)^2 - 1\right]\end{aligned} \quad (7\text{-}55)$$

$$e_y = \frac{1}{2}(\mathbf{g}_{yB}\cdot\mathbf{g}_{yB} - 1) = 0, \quad e_{xy} = \frac{1}{2}\mathbf{g}_{xB}\cdot\mathbf{g}_{yB} = 0$$

7.3　2次元梁の有限変形理論

7.3.2.　仮想仕事の原理

大変形のベルヌーイ・オイラー梁に仮想仕事の原理を適用してみよう．（図7-18）．キルヒホッフの応力 s_x の大きさは変形後のベクトル $\mathbf{g}_{xB}$ の長さを単位として測られているので，断面力を計算するときにそのことを考慮する必要がある．
点 B' におけるキルヒホッフ応力と公称応力の関係は，式(7-53)を使うと，

キルヒホッフの応力で表した断面の単位面積あたりの力：

$$\mathbf{p} = s_x \mathbf{g}_{xB} + s_{xy} \mathbf{g}_{yB}$$

$$= s_x \left(\mathbf{g}_x - y \frac{d\theta}{dx} \frac{\mathbf{g}_x}{|\mathbf{g}_x|} \right) + s_{xy} \mathbf{g}_y$$

$$= s_x \left(|\mathbf{g}_x| - y \frac{d\theta}{dx} \right) \frac{\mathbf{g}_x}{|\mathbf{g}_x|} + s_{xy} \mathbf{g}_y$$

公称応力 σ_x と τ_{xy} で表した断面の単位面積あたりの力： $\mathbf{p} = \sigma_x \dfrac{\mathbf{g}_x}{|\mathbf{g}_x|} + \tau_{xy} \mathbf{g}_y$

各成分が等しいので，

$$s_x = \frac{1}{|\mathbf{g}_x| - y \dfrac{d\theta}{dx}} \sigma_x, \quad s_{xy} = \tau_{xy} \tag{7-56}$$

この問題に仮想仕事の原理（式(3-12)）を適用する．まず内部仕事をキルヒホッフの応力とグリーンの歪から計算する．キルヒホッフの応力に式(7-56)を，グリーンの歪に式(7-55)を代入すると，

$$W_i = \iiint_V (s_x \delta e_x) dxdydz = \iiint_V \left[\frac{1}{|\mathbf{g}_x| - y\dfrac{d\theta}{dx}} \sigma_x \delta e_x \right] dxdydz$$

$$= \iiint_V \left[\sigma_x \frac{1}{|\mathbf{g}_x| - y\dfrac{d\theta}{dx}} \delta \left\{ \frac{1}{2} \left[\left\{ |\mathbf{g}_x| - y\frac{d\theta}{dx} \right\}^2 - 1 \right] \right\} \right] dxdydz$$

$$= \iiint_V \left[\sigma_x \frac{1}{|\mathbf{g}_x| - y\dfrac{d\theta}{dx}} \left\{ \left[\left\{ |\mathbf{g}_x| - y\frac{d\theta}{dx} \right\} \delta \left\{ |\mathbf{g}_x| - y\frac{d\theta}{dx} \right\} \right] \right\} \right] dxdydz$$

第7章　梁

$$= \iiint_V \left[\sigma_x \delta\left\{ |\mathbf{g}_x| - y\frac{d\theta}{dx} \right\} \right] dxdydz$$

$$= \iiint_V \left[\sigma_x \delta|\mathbf{g}_x| - \sigma_x y \delta\left(\frac{d\theta}{dx}\right) \right] dxdydz$$

y と z について積分すると,

$$W_i = \int_0^L \left[N_x \delta|\mathbf{g}_x| + M_z \delta\left(\frac{d\theta}{dx}\right) \right] dx \tag{7-57}$$

この式を次のように歪を使って表示する.

$$W_i = \int_0^L \left[N_x \delta\varepsilon_x + M_z \delta\kappa_z \right] dx \tag{7-58}$$

ここで,　$N_x = \int_A \sigma_x dydz$: x 方向の軸力,

$$M_z = -\int_A \sigma_x y dydz \quad : z \text{ 軸まわりの曲げモーメント}$$

で x の関数である. 積分範囲の A は変形前の断面積を表す.
$$\tag{7-59}$$

$$\delta\varepsilon_x = \delta|\mathbf{g}_x|, \ \delta\kappa_z = \delta\left(\frac{d\theta}{dx}\right) \quad : \text{仮想歪} \tag{7-60}$$

式(7-57)と(7-60)から, <u>次の式で定義される歪は, 断面力 N_x, M_z と共役であることがわかる</u>.

$$\varepsilon_x = |\mathbf{g}_x| - 1, \ \kappa_z = \frac{d\theta}{dx} \tag{7-61}$$

ε_x は工学歪であることがわかる.
内部仕事の式(7-57)の曲げモーメントの成分を部分積分して変形すると,

$$W_i = \int_0^L M_z \delta\left(\frac{d\theta}{dx}\right) dx = \left[M_z \delta\theta \right]_0^L - \int_0^L \frac{dM_z}{dx} \delta\theta dx$$

となるので, 外部曲げモーメントに対応する仮想変位は $\delta\theta$ である.
図 7-17 に示す外力による外部仕事は,

$$W_e = \int_0^L \overline{\mathbf{p}} \cdot \delta\mathbf{u} dx + \overline{\mathbf{P}}_0 \cdot \delta\mathbf{u}(0) + \overline{\mathbf{P}}_1 \cdot \delta\mathbf{u}(\xi_1) + \overline{M}_z \delta\theta(\xi_2) \tag{7-62}$$

したがって, 仮想仕事の原理は次のようになる.

7.3　2次元梁の有限変形理論

$$\int_0^L \left[N_x \delta\varepsilon_x + M_z \delta\kappa_z \right] dx$$
$$= \int_0^L \overline{\mathbf{p}} \cdot \delta\mathbf{u}\, dx + \overline{\mathbf{P}}_0 \cdot \delta\mathbf{u}(0) + \overline{\mathbf{P}}_1 \cdot \delta\mathbf{u}(\xi_1) + \overline{M}_z \delta\theta(\xi_2) \tag{7-63}$$

この仮想仕事の原理の導出にはベルヌーイ・オイラーの仮説以外の近似は使っていないので，この式は2次元のベルヌーイ・オイラー梁の厳密な仮想仕事の原理の式である．<u>左辺の内部仕事にあらわれる断面力 N_x は図 7-19 に示すように変形後の軸線の方向で表されていることに注意する必要がある</u>．

7.3.3. ポテンシャルエネルギ停留の原理

断面力と歪の関係（構成方程式）を次のように仮定する．

$$N_x = EA\varepsilon_x, \quad M_z = EI_0 \kappa_z = -EI_0 \frac{d\theta}{dx} \tag{7-64}$$

仮想仕事の原理に代入すると，

$$\int_0^L \left[EA\varepsilon_x \delta\varepsilon_x + EI_0 \kappa_z \delta\kappa_z \right] dx - \int_0^L \overline{\mathbf{p}} \cdot \delta\mathbf{u}\, dx$$
$$- \overline{\mathbf{P}}_0 \cdot \delta\mathbf{u}(0) - \overline{\mathbf{P}}_1 \cdot \delta\mathbf{u}(\xi_1) - \overline{M}_z \delta\theta(\xi_2) = 0$$

書きかえると，

$$\delta \int_0^L \left[\frac{1}{2} EA\varepsilon_x^2 + \frac{1}{2} EI_0 \kappa_z^2 \right] dx - \delta \left[\int_0^L \overline{\mathbf{p}} \cdot \mathbf{u}\, dx - \overline{\mathbf{P}}_0 \cdot \mathbf{u}(0) - \overline{\mathbf{P}}_1 \cdot \mathbf{u}(\xi_1) - \overline{M}_z \theta(\xi_2) \right] = 0$$

となるので，全ポテンシャルエネルギを次のように定義すると，

$$\Pi = \int_0^L \left[\frac{1}{2} EA\varepsilon_x^2 + \frac{1}{2} EI_0 \kappa_z^2 \right] dx$$
$$- \left[\int_0^L \overline{\mathbf{p}} \cdot \mathbf{u}\, dx - \overline{\mathbf{P}}_0 \cdot \mathbf{u}(0) - \overline{\mathbf{P}}_1 \cdot \mathbf{u}(\xi_1) - \overline{M}_z \theta(\xi_2) \right] \tag{7-65}$$

全ポテンシャルエネルギ停留の原理が成り立つ．

$$\delta\Pi = \delta \int_0^L \left[\frac{1}{2} EA\varepsilon_x^2 + \frac{1}{2} EI_0 \kappa_z^2 + \frac{1}{2} kGA\gamma_{xy}^2 \right] dx$$
$$- \delta \left[\int_0^L \overline{\mathbf{p}} \cdot \mathbf{u}\, dx - \overline{\mathbf{P}}_0 \cdot \mathbf{u}(0) - \overline{\mathbf{P}}_1 \cdot \mathbf{u}(\xi_1) - \overline{M}_z \theta(\xi_2) \right] \tag{7-66}$$
$$= 0$$

7.4. 直線梁の座屈理論

7.4.1. 簡単なモデルの座屈

単純化したモデルを使って座屈の説明をしよう．図 7-20 に示すように，軸剛性 EA を持つ長さ $L/2$ の 2 本の棒をヒンジで結合し，ヒンジに回転ばねをつけた構造を単純支持し，軸荷重を負荷する問題を考える．この問題では棒の曲げ変形は発生しないとするが，軸力による縮みが発生すると仮定する．

ヒンジの回転角は棒の回転角の 2 倍であるので，回転ばねの剛性を k とすると発生するモーメントは次のように表される．

$$M = k \times 2\theta \tag{7-67}$$

ここで，M：ヒンジのモーメント，θ：棒の回転角（ヒンジの回転角は 2θ），k：ばね定数

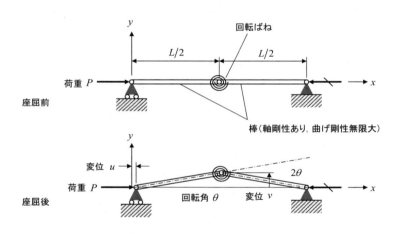

図 7-20　座屈のモデル

7.4.1.1. 座屈後の釣り合い

棒が回転角 θ だけ傾いたときの棒の釣り合いを考えよう（図 7-21）．荷重 P によって生じるヒンジまわりのモーメントの釣り合いを考えると，

$$M = P\sin\theta \times \frac{L}{2}\left(1 - \frac{P\cos\theta}{EA}\right) = \frac{PL}{2}\left(1 - \frac{P\cos\theta}{EA}\right)\sin\theta \tag{7-68}$$

7.4 直線梁の座屈理論

ここで，$\dfrac{L}{2}\left(1-\dfrac{P\cos\theta}{EA}\right)$ は圧縮荷重による縮みを考慮した棒の長さである．

この式にモーメント M と回転角 θ の関係（式(7-67)）を使うと，

$$2k\theta - \dfrac{PL}{2}\left(1-\dfrac{P\cos\theta}{EA}\right)\sin\theta = 0 \tag{7-69}$$

これが座屈後の釣り合い式である．

軸剛性 EA が無限大で軸方向に縮まないと仮定すると，釣り合い式は次の式のように簡単になる．

$$M = \dfrac{PL}{2}\sin\theta \tag{7-68a}$$

$$2k\theta - \dfrac{PL}{2}\sin\theta = 0 \tag{7-69a}$$

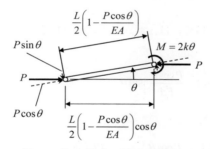

図 7-21 棒のフリーボディダイヤグラム − 座屈後

7.4.1.2. 座屈前後の変形

まず，座屈前の変形を考える．棒が直線を保っている場合（図 7-20 の上の図）の変位 u と荷重 P の関係は，長さ L の棒に応力 P/A が負荷されているので，

$$u_0 = \varepsilon_0 \times L = \dfrac{PL}{EA} \tag{7-70}$$

ここで，ε_0：軸歪

軸剛性 EA が無限大で軸方向に縮まないと仮定すると，

$$u_0 = 0 \tag{7-70a}$$

259

第7章　梁

次に座屈後の状態を考える．長さ$L/2$の棒が荷重を受けて回転した場合（図7-20の下の図，および図7-21），棒の長さは軸力による縮みを考慮して，

$$\frac{L}{2} - \frac{P\cos\theta}{EA} \times \frac{L}{2} = \frac{L}{2}\left(1 - \frac{P\cos\theta}{EA}\right)$$

図7-20より，変位uとvは次のように表される．

$$u = L - L\left(1 - \frac{P\cos\theta}{EA}\right)\cos\theta, \quad v = \frac{L}{2}\left(1 - \frac{P\cos\theta}{EA}\right)\sin\theta \tag{7-71}$$

軸剛性EAが無限大で軸方向に縮まないと仮定すると，

$$u = L - L\cos\theta = L(1 - \cos\theta), \quad v = \frac{L}{2}\sin\theta \tag{7-71a}$$

したがって，釣り合い式(7-69)と変位の式(7-71)を使って回転角θをパラメータとして荷重Pと変位uを関係づけることができる．以上が図7-20のモデルの厳密解である．

釣り合い式(7-69)を解くには，ニュートン法（13.2項）を使う．式(7-69)を荷重Pの関数として

$$f(P) = 2k\theta - \frac{PL}{2}\left(1 - \frac{P\cos\theta}{EA}\right)\sin\theta$$

とおくと，fの微分は，

$$\frac{df}{dP} = f'(P) = -\frac{L}{2}\left(1 - \frac{P\cos\theta}{EA}\right)\sin\theta + \frac{PL}{2}\left(\frac{\cos\theta}{EA}\right)\sin\theta$$

Pの近似値をP_iとすると，

$$f(P_i) = 2k\theta - \frac{P_i L}{2}\left(1 - \frac{P_i \cos\theta}{EA}\right)\sin\theta$$

次のPの近似値P_{i+1}は

$$P_{i+1} = P_i - \frac{f(P_i)}{f'(P_i)}$$

となる．fの値がゼロに収束するまでこの計算を繰り返す．釣り合い式を解いた後に変位の式(7-71)を使って変位を計算できる．

7.4 直線梁の座屈理論

$L=1000\,\mathrm{mm}$, $EA=1.0\times10^6\,\mathrm{N}$, $k=1.0\times10^5\,\mathrm{N\text{-}mm/radian}$ としたときの荷重と変位の関係を図 7-22 と図 7-23 に示す．回転角がゼロの変形と回転角がある変形の 2 種類の変形形態（変形モードという）があり，$P=400.16\,\mathrm{N}$ のときに 2 つの変形モードに分岐する．この荷重を座屈荷重という．

ここまでの解析では，座屈荷重より大きい荷重で 2 つの変形モードの可能性があることしかわからず，実際にどちらの変形が生じるのかはわからない．7.4.1.4 項で検討するように，全ポテンシャルエネルギの状態を調べることで座屈荷重より大きい荷重では回転角がある（折れ曲がる）変形のほうが安定であることがわかる．

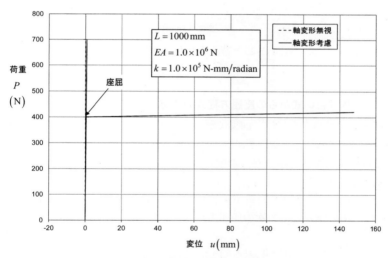

図 7-22　荷重と変位 u の関係

第7章　梁

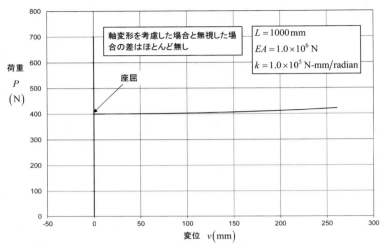

図 7-23　荷重と変位 v の関係

7.4.1.3.　釣り合い式からの座屈方程式の導出

　座屈荷重を計算するには，前項で解析したように座屈後の変形を非線形の釣り合い式(7-69)を使って厳密に計算する必要はなく，座屈荷重近辺の挙動を見るだけでよいことを示そう．本項の方法は，<u>釣り合い式を使った座屈荷重の計算法</u>である．

　座屈の直後には棒の回転角が小さいので，座屈後の釣り合い式(7-69)で $\cos\theta \cong 1$，$\sin\theta \cong \theta$ として次の座屈方程式が得られる．

$$2k\theta - \frac{PL}{2}\left(1-\frac{P}{EA}\right)\theta = 0 \quad \Rightarrow \quad \left[k - \frac{PL}{4}\left(1-\frac{P}{EA}\right)\right]\theta = 0 \qquad (7\text{-}72)$$

座屈の近傍では棒の回転角 θ の大きさにかかわらず座屈方程式が成り立つので，上の式のかっこ内はゼロでなければならない．

$$k - \frac{PL}{4}\left(1-\frac{P}{EA}\right) = 0 \quad \Rightarrow \quad P^2 - EAP + \frac{4kEA}{L} = 0 \qquad (7\text{-}73)$$

この2次方程式を解くと，座屈荷重 P_{cr} が次のように求まる．

$$P_{cr} = \frac{EA - \sqrt{(EA)^2 - \dfrac{16kEA}{L}}}{2} \tag{7-74}$$

軸剛性 EA が無限大で軸方向に縮まないと仮定すると，

$$2k\theta - \frac{PL}{2}\theta = 0 \quad \Rightarrow \quad \left(k - \frac{PL}{4}\right)\theta = 0 \tag{7-72a}$$

$$P_{cr} = \frac{4k}{L} \tag{7-74a}$$

$L = 1000\,\text{mm}$, $EA = 1.0 \times 10^6\,\text{N}$, $k = 1.0 \times 10^5\,\text{N-mm/radian}$ としたときの座屈荷重を計算すると，$P_{cr} = 400.16\,\text{N}$ が得られ，前項の変形の計算から求めた座屈荷重と一致する．軸剛性 EA が無限大で軸方向に縮まないと仮定すると，$P_{cr} = 400.00\,\text{N}$ となる．軸剛性を無視してもほとんど同じ座屈荷重が得られる．軸変形を考慮した場合のほうが座屈荷重が少し大きいのは，座屈前の棒の長さが縮んで短くなってモーメントアームが短くなっているためである．しかし，棒の縮み量は小さいので，これを無視しても座屈荷重の誤差は非常に小さい．

7.4.1.4. エネルギから見た座屈現象

座屈前の構造全体の歪エネルギ U_1 は，

$$U_1 = \frac{1}{2}E\varepsilon_0^2 \times A \times L = \frac{1}{2}E\left(\frac{u_0}{L}\right)^2 \times A \times L = \frac{EAu_0^2}{2L} \tag{7-75}$$

座屈前の全ポテンシャルエネルギ Π_1 は，

$$\Pi_1 = U_1 - Pu_0 = \frac{EAu_0^2}{2L} - Pu_0 \tag{7-76}$$

軸剛性 EA が無限大で軸方向に縮まないと仮定すると，

$$U_1 = \Pi_1 = 0 \tag{7-76a}$$

次に座屈後を考える．棒が回転した場合の歪エネルギは，棒の軸力による歪エネルギと回転ばねの歪エネルギの和である．座屈後の棒の縮みは，

第7章　梁

$$\sqrt{\left(\frac{L-u}{2}\right)^2 + v^2} - \frac{L}{2}$$

だから，座屈後の歪エネルギ U_2 は，

$$U_2 = \frac{1}{2}E\varepsilon^2 + \frac{1}{2}k(2\theta)^2 = \frac{1}{2}E\left(\frac{\sqrt{\left(\frac{L-u}{2}\right)^2 + v^2} - \frac{L}{2}}{\frac{L}{2}}\right)^2 \times A \times L + 2k\theta^2 \tag{7-77}$$

$$= \frac{1}{2}EAL\left(\sqrt{\left(1-\frac{u}{L}\right)^2 + \frac{4v^2}{L^2}} - 1\right)^2 + 2k\theta^2$$

座屈後の全ポテンシャルエネルギ Π_2 は，式(7-71) より，

$$\Pi_2 = U_2 - Pu$$
$$= \frac{1}{2}EAL\left(\sqrt{\left(1-\frac{u}{L}\right)^2 + \frac{4v^2}{L^2}} - 1\right)^2 + 2k\theta^2 - Pu \tag{7-78}$$

軸剛性 EA が無限大で軸方向に縮まないと仮定すると，

$$\Pi_2 = 2k\theta^2 - Pu = 2k\theta^2 - PL(1-\cos\theta) \tag{7-78a}$$

$L = 1000$ mm, $EA = 1.0 \times 10^6$ N, $k = 1.0 \times 10^5$ N-mm/radian としたとき，荷重と全ポテンシャルエネルギの関係を図 6-24 に示す．座屈荷重より小さい荷重では回転角ゼロの変形モードの全ポテンシャルエネルギ Π_1 のほうが小さいので回転角ゼロの変形モードが安定である．座屈荷重においては回転角ゼロの変形モードと変形角がある変形モードの全ポテンシャルエネルギが等しい（$\Pi_1 = \Pi_2$）ので，どちらの変形もとりうる．座屈荷重よりも大きい荷重では，回転角がある変形モードの全ポテンシャルエネルギ Π_2 の方が小さいので，回転角がある変形モードが安定である．

　エネルギ法を使って座屈荷重を計算するには，座屈荷重においては2つの変形モードの全ポテンシャルエネルギが等しいことを利用する（図 7-24）．式(7-76)と(7-78)の差をとりゼロとおくと，

7.4 直線梁の座屈理論

$$\Delta\Pi = \Pi_2 - \Pi_1$$
$$= \frac{1}{2}EAL\left(\sqrt{\left(1-\frac{u}{L}\right)^2 + \frac{4v^2}{L^2}} - 1\right)^2 + 2k\theta^2 - P(u) - \frac{EAu_0^2}{2L} + Pu_0 \quad (7\text{-}79)$$
$$= 0$$

ここで，$\Delta\Pi$: 座屈変形モードの全ポテンシャルエネルギと座屈前変形モードの全ポテンシャルエネルギの差
u_0 : 座屈直前の荷重方向変位，
u : 座屈直後の荷重方向変位

上の式の第1項の座屈直後の棒の軸力による歪エネルギを軸荷重 $P\cos\theta$ で，第4項の座屈直前の棒の軸力による歪エネルギを軸荷重 P で書き換えると，

$$\Delta\Pi = \frac{L}{2EA}(P\cos\theta)^2 - \frac{P^2L}{2EA} + 2k\theta^2 - P(u - u_0) = 0 \quad (7\text{-}80)$$

座屈直前の変位（式(7-70)）は，

$$u_0 = \frac{PL}{EA} \quad (7\text{-}70)$$

座屈直後の変位（式(7-71)）は，角度 θ がゼロに近いので，$\cos\theta \cong 1 - \frac{\theta^2}{2}$，$\cos^2\theta \cong 1 - \theta^2$ を使って，次のように近似できる．

$$u = L - L\left(1 - \frac{P\cos\theta}{EA}\right)\cos\theta = L - L\cos\theta + \frac{PL\cos^2\theta}{EA}$$
$$\cong L - L\left(1 - \frac{\theta^2}{2}\right) + \frac{PL}{EA}(1 - \theta^2) \quad (7\text{-}81)$$
$$\cong \frac{L\theta^2}{2} + \frac{PL}{EA} - \frac{PL\theta^2}{EA}$$

式(7-70)と(7-81)を式(7-80)に代入すると，

$$\Delta\Pi = \frac{P^2L}{2EA}(1-\theta^2) - \frac{P^2L}{2EA} + 2k\theta^2 - P\left(\frac{L\theta^2}{2} + \frac{PL}{EA} - \frac{PL\theta^2}{EA} - \frac{PL}{EA}\right) = 0$$

この式を整理すると，

$$\Delta\Pi = \frac{L\theta^2}{2EA}\left[P^2 - EAP + \frac{4EAk}{L}\right] = 0 \quad (7\text{-}82)$$

第7章　梁

座屈荷重の近くでは，θ の大きさにかかわらずこの式が成り立たないといけないので，

$$P^2 - EAP + \frac{4EAk}{L} = 0 \tag{7-83}$$

この式が座屈方程式で，式(7-73)と同じである．

軸剛性 EA が無限大で軸方向に縮まないと仮定すると式(7-80)は，

$$\Delta\Pi = 2k\theta^2 - Pu = 2k\theta^2 - PL(1-\cos\theta) = 0 \tag{7-80a}$$

$\cos^2\theta \cong 1 - \theta^2$ を使って書きかえると，

$$\Delta\Pi \cong 2k\theta^2 - PL\left(1 - 1 + \frac{\theta^2}{2}\right) = 2k\theta^2 - \frac{PL\theta^2}{2} = (4k - PL)\frac{\theta^2}{2} = 0 \tag{7-82a}$$

座屈荷重の近くでは，θ の大きさにかかわらずこの式が成り立たないといけないので，

$$P_{cr} = \frac{4k}{L}$$

となり，式(7-74a)と一致する．

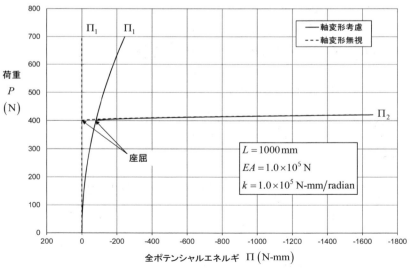

図 7-24　荷重と全ポテンシャルエネルギの関係

7.4 直線梁の座屈理論

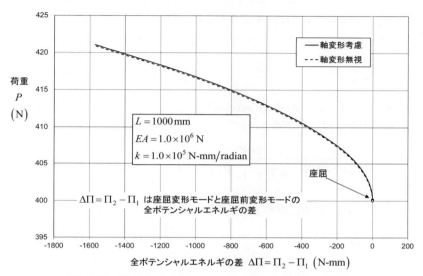

図 7-25 荷重と全ポテンシャルエネルギの差の関係

7.4.1.5. レイリー商

座屈直前と座屈直後の全ポテンシャルエネルギの差の式(7-80)をもう少し検討してみる．

$$\Delta\Pi = \frac{L}{2EA}(P\cos\theta)^2 - \frac{P^2L}{2EA} + 2k\theta^2 - P(u - u_0) = 0 \quad (7\text{-}80)$$

普通の材料の梁では軸剛性 EA が座屈荷重 P に比べて非常に大きいので，上の式の軸力による歪エネルギの項 $\dfrac{L}{2EA}(P\cos\theta)^2 - \dfrac{P^2L}{2EA}$ は無視できる．そうすると，座屈直前と座屈直後の全ポテンシャルエネルギの差は次のように表すことができる．

$$\Delta\Pi = 2k\theta^2 - P(u - u_0) = 2k\theta^2 - Pu = 0 \quad (7\text{-}84)$$

この式は式(7-80a)と同じである．式(7-84)の第1項は座屈変形によるヒンジの回転ばねの歪エネルギを表し，第2項は座屈変形による外力の仕事を表している．したがって，座屈の近辺では，座屈変形によって生じる歪エネルギは座屈変形による外力の仕事に等しい．

267

第7章　梁

そこで，全ポテンシャルエネルギの差の式(7-84)の座屈変形による歪エネルギを，外力の仕事で割った値 λ を考えると，λ は座屈時に1にならなければならない．

$$\lambda = \frac{2k\theta^2}{P_{cr}u} = 1 \tag{7-85}$$

この λ をレイリー商（Rayleigh quotient）と呼ぶ．
この式に式(7-71)を代入すると，

$$\lambda = \frac{2k\theta^2}{P_{cr}L(1-\cos\theta)} \cong \frac{2k\theta^2}{P_{cr}L\left(1-1+\frac{\theta^2}{2}\right)} \cong \frac{4k}{P_{cr}L} = 1$$

したがって，座屈荷重は次のようになり，式(7-74)と一致する．

$$P_{cr} = \frac{4k}{L} \tag{7-86}$$

7.4.2. 直線梁の座屈方程式

梁の座屈現象はトラスの大変形解析（図6-28）や前項のモデルで見た．図7-26に示す直線梁の座屈荷重を計算するにはどうしたらよいかを考えてみよう．

座屈が発生する荷重を $P_{xcr,i}$ とし，この荷重における座屈直前の応力状態（軸力のみ発生）$N_{x0}(x)$ から，座屈直後の応力状態への断面力の変化は曲げモーメントだけであり，これを ΔM_z とすると，座屈直後の断面力は次のようになる．

$$\begin{aligned} N_x(x) &= N_{x0}(x) \\ M_z(x) &= \Delta M_z(x) \end{aligned} \tag{7-87}$$

座屈直後の仮想仕事の原理は，式(7-63)より

$$\int_0^L \left[N_x \delta\varepsilon_x + M_z \delta\kappa_z\right]dx - \sum_i P_{xcr,i}\delta u(\xi_i) = 0 \tag{7-88}$$

7.4 直線梁の座屈理論

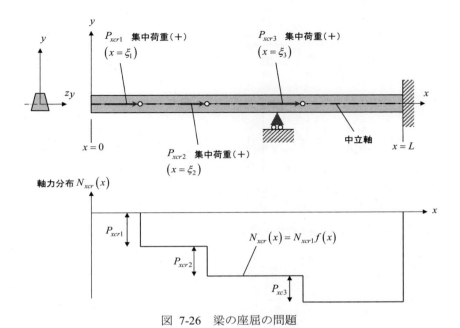

図 7-26 梁の座屈の問題

式(7-88)に式(7-87)を代入すると，座屈直後の仮想仕事の原理は次のようになる．

$$\int_0^L \left[N_{x0} \delta\varepsilon_x + \Delta M_z \delta\kappa_z \right] dx - \sum_i P_{xcr,i} \delta u(\xi_i) = 0 \tag{7-89}$$

変形が小さいとして，軸歪を変位で表すと，式(7-47)を使って

第7章　梁

$$\varepsilon_x = |\mathbf{g}_x| - 1 = \sqrt{\left(1+\frac{du}{dx}\right)^2 + \left(\frac{dv}{dx}\right)^2} - 1 = \left(1+\frac{du}{dx}\right)\left[1+\frac{\left(\frac{dv}{dx}\right)^2}{\left(1+\frac{du}{dx}\right)^2}\right]^{\frac{1}{2}} - 1$$

$$\cong \left(1+\frac{du}{dx}\right)\left[1+\frac{1}{2}\frac{\left(\frac{dv}{dx}\right)^2}{\left(1+\frac{du}{dx}\right)^2}\right] - 1 = 1 + \frac{du}{dx} + \frac{1}{2}\frac{\left(\frac{dv}{dx}\right)^2}{\left(1+\frac{du}{dx}\right)} - 1 \qquad (7\text{-}90)$$

$$\cong \frac{du}{dx} + \frac{1}{2}\left(1-\frac{du}{dx}\right)\left(\frac{dv}{dx}\right)^2 \cong \frac{du}{dx} + \frac{1}{2}\left(\frac{dv}{dx}\right)^2$$

この式を使って仮想軸歪を仮想変位で表すと，

$$\delta\varepsilon_x = \frac{d\delta u}{dx} + \left(\frac{dv}{dx}\right)\frac{d\delta v}{dx} \qquad (7\text{-}91)$$

図 7-18 より，

$$\cos\theta = \frac{1+\frac{du}{dx}}{|\mathbf{g}_x|},\ \sin\theta = \frac{\frac{dv}{dx}}{|\mathbf{g}_x|}$$

この関係を $\dfrac{d}{dx}\sin\theta = \cos\theta\dfrac{d\theta}{dx}$ に代入すると，

$$\frac{d}{dx}\left(\frac{\frac{dv}{dx}}{|\mathbf{g}_x|}\right) = \frac{1+\frac{du}{dx}}{|\mathbf{g}_x|}\frac{d\theta}{dx}$$

この式を変形すると，

$$\frac{d\theta}{dx} = \frac{|\mathbf{g}_x|}{1+\frac{du}{dx}}\frac{d}{dx}\left(\frac{\frac{dv}{dx}}{|\mathbf{g}_x|}\right) = \frac{|\mathbf{g}_x|}{1+\frac{du}{dx}}\frac{\frac{d^2v}{dx^2}|\mathbf{g}_x| - \frac{dv}{dx}\frac{d}{dx}|\mathbf{g}_x|}{|\mathbf{g}_x|^2}$$

$$= \frac{1}{1+\frac{du}{dx}}\frac{\frac{d^2v}{dx^2}|\mathbf{g}_x| - \frac{dv}{dx}\frac{d}{dx}|\mathbf{g}_x|}{|\mathbf{g}_x|} = \frac{\frac{d^2v}{dx^2} - \frac{1}{|\mathbf{g}_x|}\frac{dv}{dx}\frac{d}{dx}|\mathbf{g}_x|}{1+\frac{du}{dx}}$$

7.4 直線梁の座屈理論

$$\cong \left(1 - \frac{du}{dx}\right)\left(\frac{d^2v}{dx^2} - \frac{1}{|\mathbf{g}_x|}\frac{dv}{dx}\frac{d}{dx}|\mathbf{g}_x|\right)$$

$$\cong \frac{d^2v}{dx^2}$$

したがって，曲げ歪は，

$$\kappa_z = \frac{d\theta}{dx} \cong \frac{d^2v}{dx^2} \tag{7-92}$$

この式を使って仮想曲げ歪を仮想歪で表すと,

$$\delta\kappa_z = \frac{d^2\delta v}{dx^2} \tag{7-93}$$

座屈直後の仮想仕事の原理の式(7-89) に仮想歪を代入すると，

$$\int_0^L N_{x0}\left[\frac{d\delta u}{dx} + \left(\frac{dv}{dx}\right)\frac{d\delta v}{dx}\right]dx \\ + \int_0^L \Delta M_z\left[\frac{d^2\delta v}{dx^2}\right]dx - \sum_i P_{xcr,i}\delta u(\xi_i) = 0 \tag{7-94}$$

この式が変位で表した座屈直後の仮想仕事の原理の式である．
この式を部分積分すると，

$$\left[N_{x0}\delta u\right]_0^L - \int_0^L \frac{dN_{x0}}{dx}\delta u\, dx + \left[N_{x0}\left(\frac{dv}{dx}\right)\delta v\right]_0^L - \int_0^L \frac{d}{dx}\left[N_{x0}\left(\frac{dv}{dx}\right)\right]\delta v\, dx \\ + \left[\Delta M_z\left(\frac{d\delta v}{dx}\right)\right]_0^L - \left[\frac{d\Delta M_z}{dx}\delta v\right]_0^L + \int_0^L \frac{d^2\Delta M_z}{dx^2}\delta v\, dx - \sum_i P_{xcr,i}\delta u(\xi_i) = 0$$

仮想変位で整理すると，

$$\left[N_{x0}\delta u\right]_0^L + \left[N_{x0}\left(\frac{dv}{dx}\right)\delta v\right]_0^L + \left[\Delta M_z\left(\frac{d\delta v}{dx}\right)\right]_0^L - \left[\frac{d\Delta M_z}{dx}\delta v\right]_0^L \\ - \int_0^L \left[\frac{dN_{x0}}{dx}\right]\delta u\, dx - \int_0^L \left[\frac{d}{dx}\left\{N_{x0}\left(\frac{dv}{dx}\right)\right\} - \frac{d^2\Delta M_z}{dx^2}\right]\delta v\, dx \\ - \sum_i P_{xcr,i}\delta u(\xi_i) = 0 \tag{7-95}$$

仮想変位は任意の値とすることができるので,式(7-95)の積分のかっこ内はゼロとなる．

第7章　梁

$$\frac{dN_{x0}}{dx} = 0$$

$$\frac{d}{dx}\left\{N_{x0}\left(\frac{dv}{dx}\right)\right\} - \frac{d^2\Delta M_z}{dx^2} = 0$$

この式の上の式を下の式に入れると，次の式となる．

$$N_{x0}\frac{d^2v}{dx^2} - \frac{d^2\Delta M_z}{dx^2} = 0 \tag{7-96}$$

梁の応力-歪関係式は式(7-90)，(7-93)より

$$N_{x0} = EA\left[\frac{du}{dx}\right], \quad \Delta M_z = EI_0\left(\frac{d^2v}{dx^2}\right) \tag{7-97}$$

であるので，第2式を式(7-96)に代入して次の式が得られる．

$$N_{x0}\frac{d^2v}{dx^2} - \frac{d^2}{dx^2}\left[EI_0\left(\frac{d^2v}{dx^2}\right)\right] = 0 \tag{7-98}$$

この式がベルヌーイ・オイラー梁の座屈方程式である．この座屈方程式と変位境界条件を使って座屈問題を解くことができる．

7.4.3. レイリー商

次に，座屈前後の全ポテンシャルエネルギの差を考えてみよう．座屈直前の全ポテンシャルエネルギは，

$$\begin{aligned}\Pi_0 &= \int_0^L \frac{1}{2} EA\varepsilon_x^2 dx - \sum_i P_{xcr,i}\delta u(\xi_i) \\ &= \int_0^L \frac{1}{2} EA\left[\frac{du}{dx}\right]^2 dx - \sum_i P_{xcr,i}\delta u(\xi_i)\end{aligned} \tag{7-99}$$

座屈直後の全ポテンシャルエネルギを求めるために，座屈直後の仮想仕事の原理の式(7-94)に応力-歪関係式(7-97)を代入すると，

$$\int_0^L EA\frac{du}{dx}\left[\frac{d\delta u}{dx} + \left(\frac{dv}{dx}\right)\frac{d\delta v}{dx}\right]dx$$
$$+ \int_0^L EI_0\left(\frac{d^2v}{dx^2}\right)\left[\frac{d^2\delta v}{dx^2}\right]dx - \sum_i P_{xcr,i}\delta u(\xi_i) = 0$$

変形すると，

7.4 直線梁の座屈理論

$$\int_0^L EA \frac{du}{dx}\left[\frac{d\delta u}{dx}\right]dx + \int_0^L EA \frac{du}{dx}\left[\left(\frac{dv}{dx}\right)\frac{d\delta v}{dx}\right]dx$$
$$+ \int_0^L EI_0 \left(\frac{d^2v}{dx^2}\right)\left[\frac{d^2\delta v}{dx^2}\right]dx - \sum_i P_{xcr,i}\delta u(\xi_i) = 0$$

さらに変形すると,

$$\int_0^L \frac{1}{2}EA\delta\left[\left(\frac{du}{dx}\right)^2\right]dx + \int_0^L N_{x0}\frac{1}{2}\delta\left[\left(\frac{dv}{dx}\right)^2\right]dx$$
$$+ \int_0^L \frac{1}{2}EI_0\delta\left[\left(\frac{d^2v}{dx^2}\right)^2\right]dx - \sum_i P_{xcr,i}\delta u(\xi_i) = 0$$

この式から座屈直後の全ポテンシャルエネルギが次のように表される.

$$\Pi = \int_0^L \frac{1}{2}EA\left[\frac{du}{dx}\right]^2 dx + \int_0^L \frac{1}{2}N_{x0}\left[\frac{dv}{dx}\right]^2 dx$$
$$+ \int_0^L \frac{1}{2}EI_0\left(\frac{d^2v}{dx^2}\right)^2 dx - \sum_i P_{xcr,i}u(\xi_i) \tag{7-100}$$

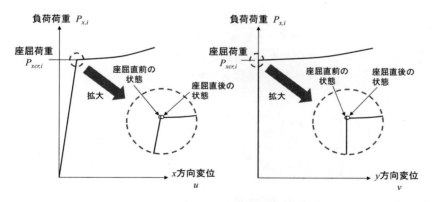

図 7-27　負荷荷重と y 方向変位の関係

図 7-27 を見るとわかるように, 座屈前後で軸方向の変位はほとんど変化しな

第 7 章　梁

いので，外力による仕事 $\sum_i P_{xcr,i} u(\xi_i)$ は座屈前後で等しい．したがって，式(7-99)と式(7-100)より，座屈前後の全ポテンシャルエネルギの差が次のように計算できる．

$$\Pi - \Pi_0 = \Delta\Pi = \int_0^L \frac{1}{2} N_{x0} \left(\frac{dv}{dx}\right)^2 dx + \int_0^L \frac{1}{2} EI_0 \left(\frac{d^2v}{dx^2}\right)^2 dx$$

また，座屈の直前と直後では全ポテンシャルエネルギは連続していて同じであるので，全ポテンシャルエネルギの差はゼロである．

$$\Delta\Pi = \Pi - \Pi_0$$
$$= \frac{1}{2}\int_0^L N_{x0}\left(\frac{dv}{dx}\right)^2 dx + \frac{1}{2}\int_0^L EI_0 \left(\frac{d^2v}{dx^2}\right)^2 dx = 0 \tag{7-101}$$

式(7-101)の第1項は座屈変形による外力の仕事を表し，第2項は座屈変形による歪エネルギを表す．したがって，座屈の近辺では，座屈変形によって生じる歪エネルギは座屈変形による外力の仕事に等しい．
軸力の分布 $N_{xcr}(x)$ をひとつの外力の大きさ $P_{xcr,1}$ と分布形を表す関数 $f(x)$ で次のように表すと（図7-26の下の図），

$$N_{xcr}(x) = P_{xcr,1} f(x) \tag{7-102}$$

変位-歪関係式と変位境界条件を満足する変位場のうち，式(7-101)の全ポテンシャルエネルギ差を停留とする荷重の組 $P_{xcr,i}$ が座屈荷重である．

　また，歪エネルギを外力による仕事で割ったレイリー商を次のように定義すると，

$$P_{xcr,1} = -\frac{\frac{1}{2}\int_0^L EI_0\left(\frac{d^2v}{dx^2}\right)^2 dx}{\frac{1}{2}\int_0^L f(x)\left(\frac{dv}{dx}\right)^2 dx} \tag{7-103}$$

変位-歪関係式と変位境界条件を満足する変位場のうち，レイリー商（式(7-103)）を停留化するものが座屈変形で，レイリー商の停留値が座屈荷重である．レイリー商は座屈荷重の近似解を計算する非常に有用な式である．

7.4 直線梁の座屈理論

7.4.4. オイラー座屈荷重

両端を単純支持された一様断面の梁の端に圧縮荷重が負荷される場合の座屈荷重をオイラー座屈荷重という（図 7-28）．座屈方程式を使ってオイラー座屈荷重の解を求める．

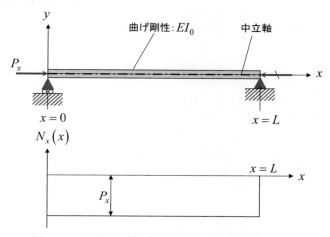

図 7-28 両端を単純支持された一定断面梁の座屈

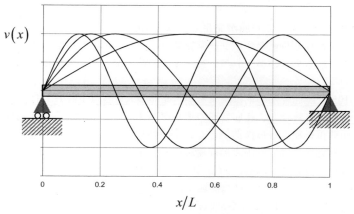

図 7-29 座屈変形モード

第7章　梁

この問題では曲げ剛性と軸力の分布が一定なので座屈方程式(7-98)は次のようになる．

$$P_x \frac{d^2v}{dx^2} + EI_0 \frac{d^4v}{dx^4} = 0 \tag{7-104}$$

次の関数は上の座屈方程式と図7-28の変位境界条件を満足するので，図7-28の問題の解である．

$$v = C_1 \sin\left(\frac{n\pi}{L}x\right) \tag{7-105}$$

　　　ここで，C_1：定数，n：任意の正の整数

この式を座屈方程式(7-104)に代入して整理すると次のようになる．

$$\left[-P_x\left(\frac{n\pi}{L}\right)^2 + EI_0\left(\frac{n\pi}{L}\right)^4\right] C_1 \sin\left(\frac{n\pi}{L}x\right) = 0$$

この式が常に成立するには，

$$-P_x\left(\frac{n\pi}{L}\right)^2 + EI_0\left(\frac{n\pi}{L}\right)^4 = 0$$

でなければならないので，このときの軸力を P_{cr} と表して次の式が得られる．

$$P_{cr} = \frac{n^2\pi^2 EI_0}{L^2} \tag{7-106}$$

この軸力 P_{cr} のときに座屈が発生し，式(7-105)で表される変形となる．式(7-106)で表される荷重をオイラー座屈荷重という．$n=1$ のときのオイラー座屈荷重が最も小さいが，$n=2, 3, \cdots$ の荷重でも座屈が発生することを表している．

　式(7-105)で座屈変形の形は決まるが，変形の大きさ（定数 C_1）は決まらないことに注意されたい．座屈変形の形を座屈変形モードという．座屈理論では，座屈荷重を超えたら構造がどういう挙動をするのかはわからない．座屈後の変形を見るには，有限変形理論を使って座屈荷重より大きな荷重を負荷した解析を行う必要がある．7.6.2項でその解析例を示す．

　図7-28に示すような単純な問題では座屈方程式を満足する関数を見出すことができ，座屈方程式を使って座屈荷重を計算することができるが，一般的には座屈方程式を使って座屈荷重を計算するのは難しい．したがって，実際的な問題では，エネルギ原理を使って近似解を求めるのが便利である．

7.5. 2次元梁のエネルギ法による直接解法

2次元の不静定梁の解析法はいろいろな方法が提案されており，その解き方が教科書に載っているが，一般的に非常に手間がかかるので現在では有限要素法を使って解くことが多い．変形が大きくなって微小変形理論では取り扱えなくなると，解くのがさらに難しくなる．本書では著者が開発したエネルギ法による直接解法を紹介する．この方法の利点は，大変形問題や座屈問題にも簡単に適用できることと，表計算ソフトで解析できるので，有限要素法のプログラムが不要であることである．欠点は大きなモデルを取り扱えないことであるが，梁理論の学習や小規模構造の計算にはじゅうぶん対応できる．

7.5.1. ポテンシャルエネルギ最小の原理を適用した2次元梁の解法 – 微小変形理論

静定梁の問題では釣り合い方程式で反力が得られるので，せん断力線図と曲げモーメント線図を容易に描くことができ，応力を計算することができる．変形を求めるには曲げモーメント線図を2回積分すればよい（式(7-16)）．しかし，不静定梁の場合は，変形を計算しないと反力が得られないので解析が面倒になる．不静定梁の解き方はいろいろな方法が提案されていて教科書に載っている（例えばティモシェンコの本[9]やピアリーの本[15]）が，計算が面倒なことには変わりない．もちろん有限要素法を使って解くこともできる．本書ではポテンシャルエネルギ最小の原理による直接解法を紹介し，その利点を示す．

この方法では，有限要素法と同じように梁の中立軸上に節点を配置し，両端に節点を持つ梁要素でモデル化する．要素内でヤング率 E_e，断面積 A_e と断面2次モーメント I_e は一定であるとする．ポテンシャルエネルギ最小の原理を使うために，すべての節点について変位境界条件を満足する節点変位（x方向変位 u_i，y方向変位 v_i，回転 θ_i）を仮定する．両端の節点変位を使った近似式により要素内の変位を表現すると要素の歪エネルギを計算することができる．すべての要素の歪エネルギを計算して合計し，そこから外力による仕事を差し引いて全ポテンシャルエネルギを計算する．全ポテンシャルエネルギを最小とする節点変位を **MS-Exel** のソルバーを使って計算することによって解を得ることができる．解析の流れを図7-30に示す．

第7章 梁

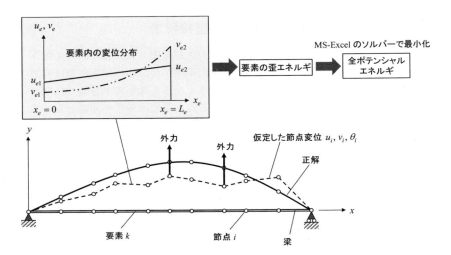

図 7-30 ポテンシャルエネルギ最小の原理による直接解法の流れ

7.5.1.1. 要素座標系における節点変位

梁要素の両端の節点座標を $\begin{pmatrix} x_1 \\ y_1 \end{pmatrix}, \begin{pmatrix} x_2 \\ y_2 \end{pmatrix}$,両端の節点変位を $\begin{pmatrix} u_1 \\ v_1 \\ \theta_1 \end{pmatrix}, \begin{pmatrix} u_2 \\ v_2 \\ \theta_2 \end{pmatrix}$ とする.

変形前の梁要素の長さは,

$$L_e = \sqrt{(x_2 - x_1)^2 + (y_2 - y_1)^2} \tag{7-107}$$

変形前の要素座標系における節点変位は次のように表される.

$$\begin{pmatrix} u_{e1} \\ v_{e1} \\ \theta_{e1} \end{pmatrix} = \begin{bmatrix} l & m & 0 \\ -m & l & 0 \\ 0 & 0 & 1 \end{bmatrix} \begin{pmatrix} u_1 \\ v_1 \\ \theta_1 \end{pmatrix}, \begin{pmatrix} u_{e2} \\ v_{e2} \\ \theta_{e2} \end{pmatrix} = \begin{bmatrix} l & m & 0 \\ -m & l & 0 \\ 0 & 0 & 1 \end{bmatrix} \begin{pmatrix} u_2 \\ v_2 \\ \theta_2 \end{pmatrix} \tag{7-108}$$

ここで,$l = \dfrac{x_2 - x_1}{L_e}, m = \dfrac{y_2 - y_1}{L_e}$ は変形前の要素の方向余弦である.

7.5 2次元梁のエネルギ法による直接解法

7.5.1.2. 梁要素の要素内変位と歪

図 7-31 に示す変形前の要素座標系 x_e-y_e において各要素内の変位を節点変位によって次のように表現する.

- x 方向変位

要素内の x 方向変位 u_e を 1 次式で近似する.

$$u_e(x_e) = px_e + q \tag{7-109}$$

要素の両端における境界条件から,係数 p, q は節点変位を使って次のように表される.

$$u_{e1} = q, \ u_{e2} = pL_e + q \quad \Rightarrow \quad q = u_{e1}, \ p = \frac{u_{e2} - u_{e1}}{L_e} \tag{7-110}$$

軸歪は,

$$\varepsilon_{x0} = \frac{du_e}{dx} = p = \frac{u_{e2} - u_{e1}}{L_e} \tag{7-111}$$

- y 方向変位

要素内の y 方向変位 v_e を 3 次式で近似する.

$$v_e(x_e) = ax_e^3 + bx_e^2 + cx_e + d \tag{7-112}$$

要素の両端における境界条件から,係数 a, b, c, d を節点変位によって表すことができる.

$$\begin{aligned}
&v_{e1} = d \\
&v_{e2} = aL_e^3 + bL_e^2 + cL_e + d \\
&\left(\frac{dv_e}{dx_e}\right)_{x_e=0} = \theta_{e1} = c \\
&\left(\frac{dv_e}{dx_e}\right)_{x_e=L_e} = \theta_{e2} = 3aL_e^2 + 2bL_e + c
\end{aligned}
\quad \Rightarrow \quad
\begin{aligned}
&a = \frac{\theta_{e1} + \theta_{e2}}{L_e^2} - \frac{2(v_{e2} - v_{e1})}{L_e^3} \\
&b = -\frac{2\theta_{e1} + \theta_{e2}}{L_e} + \frac{3(v_{e2} - v_{e1})}{L_e^2} \\
&c = \theta_{e1} \\
&d = v_{e1}
\end{aligned}$$

$$\tag{7-113}$$

第 7 章　梁

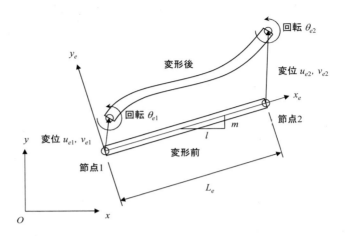

図 7-31　歪エネルギを計算するための梁要素

7.5.1.3.　要素の歪エネルギ

要素座標系の x_e 軸を梁の中立軸に一致するように設定すると，次の式でわかるように，曲げによる歪エネルギと軸力による歪エネルギはカップリングせず，分離して計算することができる．

$$\begin{aligned}
U_e &= \int_0^{L_e}\left[\int_{A_e}\frac{1}{2}E_e\varepsilon_x^2 dA\right]dx_e = \int_0^{L_e}\left[\int_{A_e}\frac{1}{2}E_e\left(\varepsilon_{x0}+\varepsilon_{xb}\right)^2 dA\right]dx_e \\
&= \int_0^{L_e}\left[\int_{A_e}\frac{1}{2}E_e\left(\varepsilon_{x0}^2 + 2\varepsilon_{x0}\varepsilon_{xb} + \varepsilon_{xb}^2\right)dA\right]dx_e \\
&= \frac{EA_eL_e}{2}\varepsilon_{x0}^2 + E\varepsilon_{x0}\int_0^{L_e}\left[\int_{A_e}\varepsilon_{xb}dA\right]dx_e + \int_0^{L_e}\left[\int_{A_e}\frac{E}{2}\varepsilon_{xb}^2 dA\right]dx_e \\
&= \frac{EA_eL_e}{2}\varepsilon_{x0}^2 + \int_0^{L_e}\left[\int_{A_e}\frac{E}{2}\varepsilon_{xb}^2 dA\right]dx_e
\end{aligned} \quad (7\text{-}114)$$

軸力による歪エネルギは

$$U_{ea} = \frac{E_eA_eL_e}{2}\varepsilon_{x0}^2 = \frac{E_eA_eL_e}{2}p^2 \tag{7-115}$$

曲げの歪エネルギは，

7.5　２次元梁のエネルギ法による直接解法

$$\begin{aligned}
U_{eb} &= \int_0^{L_e}\left[\int_A \frac{E_e}{2}\varepsilon_{xb}{}^2 dA\right]dx_e = \int_0^{L_e}\left[\int_A \frac{E_e}{2}(\kappa z)^2 dA\right]dx_e \\
&= \int_0^{L_e}\left[\frac{E_e I_e \kappa^2}{2}\right]dx_e = \frac{E_e I_e}{2}\int_0^{L_e}\left[\frac{d^2 v_e}{dx_e{}^2}\right]^2 dx_e \\
&= \frac{E_e I_e}{2}\int_0^{L_e}\left[\frac{d^2}{dx_e{}^2}\left(ax_e{}^3 + bx_e{}^2 + cx_e + d\right)\right]^2 dx_e \\
&= \frac{E_e I_e}{2}\int_0^{L_e}\left[6ax_e + 2b\right]^2 dx_e \qquad\qquad (7\text{-}116) \\
&= \frac{E_e I_e}{2}\int_0^{L_e}\left[36a^2 x_e{}^2 + 24abx_e + 4b^2\right]dx_e \\
&= \frac{E_e I_e}{2}\left[12a^2 x_e{}^3 + 12abx_e{}^2 + 4b^2 x_e\right]_0^{L_e} \\
&= E_e I_e L_e\left[6a^2 L_e{}^2 + 6abL_e + 2b^2\right]
\end{aligned}$$

7.5.1.4.　全ポテンシャルエネルギ

全要素の歪エネルギを足し合わせて，そこから外力による仕事を差し引くと全ポテンシャルエネルギになる．

$$\Pi = \sum_{all\ elements}(U_{ea}+U_{eb}) - \sum_{k=all\ external\ forces}\begin{pmatrix}\bar{P}_{xk}\\ \bar{P}_{yk}\\ \bar{M}_{zk}\end{pmatrix}^T\begin{pmatrix}u_k\\ v_k\\ \theta_k\end{pmatrix} \qquad (7\text{-}117)$$

ここで，$\bar{P}_{xk}, \bar{P}_{yk}, \bar{M}_{zk}$：節点 k に作用する x 方向の力，y 方向の力，z 軸まわりのモーメント

7.5.1.5.　全ポテンシャルエネルギの最小化

MS-Excel のソルバーを使って節点変位を変数として前項の式で計算した全ポテンシャルエネルギを最小化することにより，変位の解を求めることができる．

7.5.1.6.　節点力の計算式

節点力の定義を図 7-32 に示す．節点に働く力の向きを有限要素法と同じように定義しているので，節点に働く力の向きは図 7-8 とは異なっていることに注意されたい．

第 7 章　梁

節点に働く軸力は，

$$P_{e1} = -E_e A_e \varepsilon_{x0} = -E_e A_e p, \quad P_{e2} = E_e A_e p \tag{7-118}$$

梁の曲げモーメントの式(7-16)より，

$$M_{ze} = E_e I_e \frac{d^2 v_e}{dx^2} = E_e I_e \left(6ax_e + 2b \right)$$

だから，節点の曲げモーメントは，

$$M_{ze1} = -2E_e I_e b, \quad M_{ze2} = E_e I_e \left(6aL_e + 2b \right) \tag{7-119}$$

節点 2 まわりのモーメントの釣り合いより，

$$M_{ze1} + M_{ze2} - P_{ye1} L_e = 0$$

だから，節点 1 のせん断力は

$$P_{ye1} = \frac{M_{ze1} + M_{ze2}}{L_e} = \frac{-2E_e I_e b + E_e I_e \left(6aL_e + 2b \right)}{L_e} = 6E_e I_e a \tag{7-120}$$

節点 2 のせん断力は，

$$P_{ye2} = -P_{ye1} = -6E_e I_e a \tag{7-121}$$

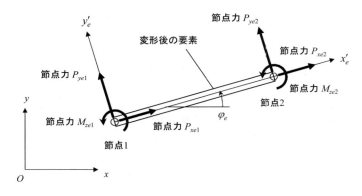

図 7-32　節点力の定義

7.5.1.7.　要素内の断面力の分布と要素分割の考えかた

　梁要素内部の断面力の分布は図 7-33 のようになっており，せん断力は要素内で一定で，曲げモーメントは要素内で線形に変化する．式(7-118)に示すよ

7.5　2次元梁のエネルギ法による直接解法

うに，軸力は要素内で一定である．

このことから，梁を解析する際の節点の配置（要素分割）は次のようにすべきであることがわかる．

- 梁の支持点，集中荷重負荷点には節点を置く．
- 分布荷重が負荷される場合は，節点の集中荷重に置き換えても梁のせん断力と曲げモーメント分布をじゅうぶん模擬できるように節点を配置する．せん断力分布は階段状の模擬，曲げモーメントは直線による模擬となる．

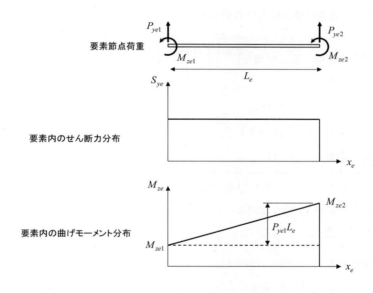

図 7-33　要素内の断面力の分布

7.5.2. ポテンシャルエネルギ最小の停留の原理を使った2次元梁の解法 – 有限変形理論

図 6-25 や図 6-27 に示したトラスは梁とみなすこともできるが，この解析結果からわかるように，変形が大きくなると微小変形理論による解析（線形解析）は誤差が大きくなる．微小変形理論では変形前の形状で力の釣り合いを考えているが，変形が大きくなると変形によって力の釣り合いが変化するからである．特に，軸荷重と曲げ荷重が負荷されるような場合には，軸荷重

第 7 章　梁

が座屈荷重に近づくと非線形性が顕著に表れる．

図 7-34 に示すように，変形前に要素の節点の位置を基準として要素座標系 x_e-y_e を，変形後の要素の節点の位置を基準として要素座標系 x'_e-y'_e をとる．座標軸 x_e から座標軸 x'_e への角度を φ_e とする．この変形後の要素座標系を使って歪エネルギの式を導出すると大変形の影響を考慮した解析を行うことができる．本項では，大変形の場合を考えるため，7.5.1 項の式を変形後の要素座標系で書き換える．

7.5.2.1.　要素座標系における節点変位

梁要素の両端の節点座標を $\begin{pmatrix} x_1 \\ y_1 \end{pmatrix}$, $\begin{pmatrix} x_2 \\ y_2 \end{pmatrix}$，両端の節点変位を $\begin{pmatrix} u_1 \\ v_1 \\ \theta_1 \end{pmatrix}$, $\begin{pmatrix} u_2 \\ v_2 \\ \theta_2 \end{pmatrix}$ とする．

変形前の梁要素の長さは，

$$L_e = \sqrt{(x_2 - x_1)^2 + (y_2 - y_1)^2} \tag{7-122}$$

変形後の梁要素の長さは，

$$L'_e = \sqrt{(x_2 + u_2 - x_1 - u_1)^2 + (y_2 + v_2 - y_1 - v_1)^2} \tag{7-123}$$

変形前の要素の x_e 軸の方向余弦は（図 6-35），

$$l = \frac{x_2 - x_1}{L_e},\ m = \frac{y_2 - y_1}{L_e} \tag{7-124}$$

変形後の要素の x_e' 軸の方向余弦は（図 6-35），

$$l' = \frac{x_2 + u_2 - x_1 - v_1}{L'_e},\ m' = \frac{y_2 + v_2 - y_1 - v_2}{L'_e} \tag{7-125}$$

変形後の要素座標系における節点変位は次のように表される．

$$\begin{aligned}
&u'_{e1} = 0,\ u'_{e2} = L'_e - L_e \\
&v'_{e1} = v'_{e2} = 0 \\
&\theta'_{e1} = \theta_{e1} - \varphi_e,\ \theta'_{e2} = \theta_{e2} - \varphi_e
\end{aligned} \tag{7-126}$$

ここで，　$\varphi_e = \mathrm{atan2}(m', l') - \mathrm{atan2}(m, l) \tag{7-127}$

大変形の梁では変形にともなって梁の軸線の向きが大きく変わる．梁の断面の回転角から梁の変形による要素の回転角を差し引くことによって，梁の

7.5 2次元梁のエネルギ法による直接解法

軸線と梁の断面の角度変化を計算している．この考え方は共回転座標系を用いた有限要素法で採用されている．

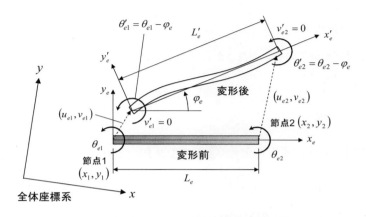

図 7-34 変形後の形状と位置を基準にした要素座標系

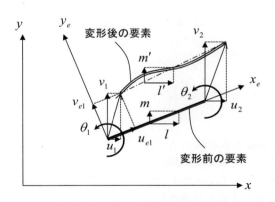

図 7-35 変形前の要素の方向余弦と変形後の要素の方向余弦

7.5.2.2. 梁要素の要素内変位と歪

図 7-34 に示す変形後の要素座標系 x'_e-y'_e において各要素内の変位と歪を

285

第 7 章　梁

節点変位によって次のように表現する．変形後の要素座標系では節点の回転角 θ'_e は微小であると仮定することができる．

- x'_e 方向軸歪

軸歪は変形前後の要素の長さから次の式で計算される．

$$\varepsilon_{x0} = \frac{L'_e - L_e}{L_e} \tag{7-128}$$

- y'_e 方向変位

要素内の y'_e 方向変位 v'_e を x_e (<u>変形前の要素座標</u>) の3次式で近似する．

$$v'_e(x_e) = ax_e^3 + bx_e^2 + cx_e + d \tag{7-129}$$

要素の両端における境界条件から，係数 a, b, c, d を節点変位によって次のように表すことができる．変位は変形後の要素座標系で測っているので，y'_e 方向の節点変位はゼロである．

$$\begin{aligned}
v'_{e1} &= d = 0 \\
v'_{e2} &= aL_e^3 + bL_e^2 + cL_e + d = 0 \\
\left(\frac{dv'_e}{dx_e}\right)_{x_e=0} &= \theta'_{e1} = c \\
\left(\frac{dv'_e}{dx_e}\right)_{x_e=L_e} &= \theta'_{e2} = 3aL_e^2 + 2bL_e + c
\end{aligned}
\quad \Rightarrow \quad
\begin{aligned}
a &= \frac{\theta'_{e1} + \theta'_{e2}}{L_e^2} \\
b &= -\frac{2\theta'_{e1} + \theta'_{e2}}{L_e} \\
c &= \theta'_{e1} \\
d &= 0
\end{aligned} \tag{7-130}$$

7.5.2.3.　要素の歪エネルギ

要素座標系の x_e 軸を梁の中立軸に一致するように設定すると，次の式でわかるように，曲げによる歪エネルギと軸力による歪エネルギはカップリングせず，分離して計算することができる．

$$\begin{aligned}
U_e &= \int_0^{L_e}\left[\int_{A_e}\frac{1}{2}E_e\varepsilon_x^2 dA\right]dx_e = \int_0^{L_e}\left[\int_{A_e}\frac{1}{2}E_e(\varepsilon_{x0}+\varepsilon_{xb})^2 dA\right]dx_e \\
&= \int_0^{L_e}\left[\int_{A_e}\frac{1}{2}E_e(\varepsilon_{x0}^2 + 2\varepsilon_{x0}\varepsilon_{xb} + \varepsilon_{xb}^2)dA\right]dx_e
\end{aligned}$$

7.5　2次元梁のエネルギ法による直接解法

$$= \frac{E A_e L_e}{2}\varepsilon_{x0}^2 + E\varepsilon_{x0}\int_0^{L_e}\left[\int_{A_e}\varepsilon_{xb}dA\right]dx_e + \int_0^{L_e}\left[\int_{A_e}\frac{E}{2}\varepsilon_{xb}^2 dA\right]dx_e$$

$$= \frac{E A_e L_e}{2}\varepsilon_{x0}^2 + \int_0^{L_e}\left[\int_{A_e}\frac{E}{2}\varepsilon_{xb}^2 dA\right]dx_e \tag{7-131}$$

軸力による歪エネルギは

$$U_{ea} = \frac{E_e A_e L_e}{2}\varepsilon_{x0}^2 \tag{7-132}$$

曲げの歪エネルギは，

$$\begin{aligned}
U_{eb} &= \int_0^{L_e}\left[\int_A \frac{E_e}{2}\varepsilon_{xb}^2 dA\right]dx_e = \frac{E_e I_e}{2}\int_0^{L_e}\left[\frac{d^2 v'_e}{dx_e^2}\right]^2 dx_e \\
&= \frac{E_e I_e}{2}\int_0^{L_e}\left[\frac{d^2}{dx_e^2}\left(ax_e^3 + bx_e^2 + cx_e + d\right)\right]^2 dx_e \\
&= \frac{E_e I_e}{2}\int_0^{L_e}\left[6ax_e + 2b\right]^2 dx_e \\
&= \frac{E_e I_e}{2}\int_0^{L_e}\left[36a^2 x_e^2 + 24abx_e + 4b^2\right]dx_e \\
&= \frac{E_e I_e}{2}\left[12a^2 x_e^3 + 12abx_e^2 + 4b^2 x_e\right]_0^{L_e} \\
&= E_e I_e L_e\left[6a^2 L_e^2 + 6abL_e + 2b^2\right]
\end{aligned} \tag{7-133}$$

7.5.2.4.　全ポテンシャルエネルギ

全要素の歪エネルギを足し合わせて，そこから外力による仕事を差し引くと全ポテンシャルエネルギになる．

$$\Pi = \sum_{all\ elements}\left(U_{ea} + U_{eb}\right) - \sum_{k=all\ external\ forces}\begin{pmatrix}\bar{P}_{xk}\\ \bar{P}_{yk}\\ \bar{M}_{zk}\end{pmatrix}^T\begin{pmatrix}u_k\\ v_k\\ \theta_k\end{pmatrix} \tag{7-134}$$

ここで，$\bar{P}_{xk}, \bar{P}_{yk}, \bar{M}_{zk}$：節点 k に作用する x 方向の力，y 方向の力，z 軸まわりのモーメント

7.5.2.5.　全ポテンシャルエネルギの停留化

MS-Excel のソルバーを使って節点変位を変数として前項の式で計算した全ポテンシャルエネルギを停留化することにより，変位の解を求めることが

第 7 章　梁

できる．

7.5.2.6.　節点力の計算式

　節点力の定義を図 7-36 に示す．節点に働く力の向きを有限要素法と同じように定義しているので，節点に働く力の向きは図 7-8 とは異なっていることに注意されたい．また，以下の式は<u>変形後の要素座標系の向きの力</u>を表しているので，基準座標系における節点力を知りたい場合には式(7-125)に示す方向余弦を使って座標変換をしなければならない．
節点に働く軸力は，

$$P_{e1} = -E_e A_e \varepsilon_{x0} = -E_e A_e \left(\frac{L'_e}{L_e} - 1 \right), \quad P_{e2} = E_e A_e \left(\frac{L'_e}{L_e} - 1 \right) \tag{7-135}$$

梁の曲げモーメントの式(7-16)より，

$$M_{ze} = E_e I_e \frac{d^2 v_e}{dx^2} = E_e I_e (6ax_e + 2b)$$

だから，節点の曲げモーメントは，

$$M_{ze1} = -2E_e I_e b, \quad M_{ze2} = E_e I_e (6aL_e + 2b) \tag{7-136}$$

節点 2 まわりのモーメントの釣り合いより，

$$M_{ze1} + M_{ze2} - P_{ye1} L_e = 0$$

だから，節点 1 のせん断力は

$$P_{ye1} = \frac{M_{ze1} + M_{ze2}}{L_e} = \frac{-2E_e I_e b + E_e I_e (6aL_e + 2b)}{L_e} = 6E_e I_e a \tag{7-137}$$

節点 2 のせん断力は，

$$P_{ye2} = -P_{ye1} = -6E_e I_e a \tag{7-138}$$

7.5 2次元梁のエネルギ法による直接解法

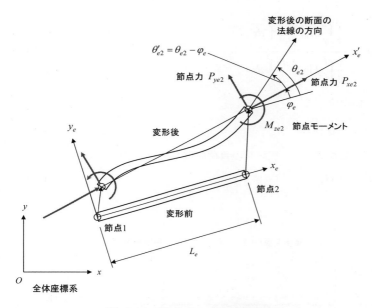

図 7-36 節点力の方向の定義

ここでは，2次元梁の大変形問題を解く方法を示したが，これを3次元梁に拡張することが可能である．興味のある読者は滝の論文[22]を参照されたい．

7.5.3. レイリー商を使った直線梁の座屈荷重計算法

図 7-37 に示す座屈問題を考える．この図において，負荷荷重は基準荷重であり，すべての負荷荷重が比例して増加，または減少していくとして，座屈荷重は負荷荷重の何倍であるかで表すものとする．基準荷重によって梁に発生する軸力の分布を $f(x)$ で表す（図 7-37 の下の図）．

この問題を解くには 7.4.3 項で説明したレイリー商を用いるのが便利である．レイリー商の式(7-103)を図 7-37 にあわせて書き直すと，座屈時の軸力分布 N_{xcr} は次の式で表されるレイリー商 λ

第 7 章　梁

$$\lambda = -\frac{\dfrac{1}{2}\int_0^L EI_0 \left(\dfrac{d^2 v}{dx^2}\right)^2 dx}{\dfrac{1}{2}\int_0^L f(x)\left(\dfrac{dv}{dx}\right)^2 dx} \tag{7-139}$$

の最小値を使って

$$N_{xcr} = \lambda f(x) \tag{7-140}$$

となる．したがって，座屈時の負荷荷重も次の式で表される．

$$P_{xcr,i} = \lambda P_{xi} \tag{7-141}$$

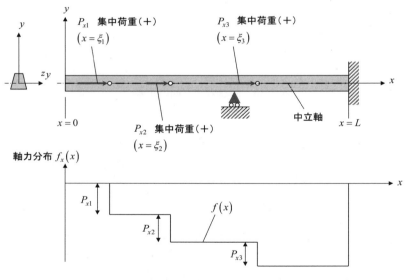

図 7-37　直線梁の座屈問題

7.5.1 項で採用した梁要素を使い，y 方向の節点変位 v と節点の回転角 θ を仮定すると，レイリー商の分子の曲げの歪エネルギを計算することができる．y 方向の節点変位 v からはレイリー商の分母も計算することができる．レイリー商（式(7-139)）を要素で離散化して表示すると次のようになる．

7.5　2次元梁のエネルギ法による直接解法

$$\lambda = -\frac{\sum_{k=all\ elements} U_k}{\sum_{k=all\ elements} \frac{1}{2} f(x_k) \frac{(v_{k2} - v_{k1})^2}{L_k}} \qquad (7\text{-}142)$$

ここで，

$$a = \frac{\theta_{k1} + \theta_{k2}}{L_k^2} - \frac{2(v_{k2} - v_{k1})}{L_k^3}$$

$$b = -\frac{2\theta_{k1} + \theta_{k2}}{L_k} + \frac{3(v_{k2} - v_{k1})}{L_k^2} \qquad (7\text{-}143)$$

$$c = \theta_{k1}, \ d = v_{k1}$$

$$U_k = E_k I_k L_k \left[6a^2 L_k^2 + 6abL_k + 2b^2 \right] \qquad (7\text{-}144)$$

MS-Excel のソルバーを使って節点変位を変数として上の式で計算したレイリー商を停留化することにより，座屈荷重と座屈変形モードの解を求めることができる．

7.6. エネルギ法による直接解法による2次元梁解析ツール

7.5 項で説明したエネルギ法による直接解法を用いた MS-Excel による2次元梁解析ツールを作成した．

- 2次元梁解析ツール（微小変形理論）
- 2次元梁解析ツール（有限変形理論）
- 直線梁座屈解析ツール

以下に簡単な例題を使って各ツールの使用法を説明するとともに，ツールの妥当性を示す．

7.6.1.　2次元梁解析ツール（微小変形理論）

図 7-38 に示す両端固定梁の問題を解く．この問題は不静定で，計算式が得られている．y 方向変位分布は次の式で表される．

第7章　梁

$$v = \frac{Px^2}{48EI}(3L - 4x) \ : \ 0 \leq x \leq \frac{L}{2} \tag{7-145}$$

ここで，EI：曲げ剛性，P：荷重，L：梁のスパン，v：梁のたわみである．

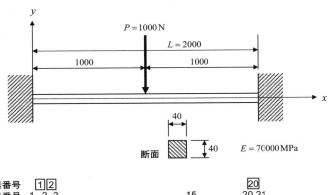

図 7-38　中央に集中荷重を負荷される両端固定梁

以下の手順で２次元梁解析ツール（微小変形理論）を使ってこの問題を解く．

① 図 7-38 の下の図のように２０等分に要素分割し，節点座標と要素データを表 7-2 のように入力する．水色のセルがデータを入力するセルである．
② 変位境界条件が与えられている節点１と節点２１に変位の値ゼロを入力して，そのセルを水色にする，その他の節点変位の値にはゼロを入力して，そのセルの色を黄色にする．
③ 外力が与えられている節点に外力の値を入力する．
④ 要素数に応じて要素データの計算行を「コピー・貼り付け」して追加するか，削除する．
⑤ 「ソルバー」を開き，「変更セルの変更」の欄に節点変位の黄色のセルを指定する．

7.6 エネルギ法による直接解法による2次元梁解析ツール

⑥ 「ソルバー」の「解決」ボタンを押す．最適化計算が実行される．「ソルバーによって解が見つかりました」と表示され，計算が止まる．<u>1回の実行では解が完全には収束していないことがあるので，解が収束するまで「ソルバー」を実行する．</u>

注意：「ソルバー」のウィンドーの「オプション」ボタンを押すと，「オプション」ウィンドーが開くので，そこの「収束の微分係数」を「中央」にセットしておく必要がある．

図7-38の問題を解いた結果を表7-2に示す．変位は式(7-145)と一致している．曲げモーメントの分布も計算式と一致している．この解析例では梁を20要素に分割したが，荷重負荷点の変位と梁の断面力の分布だけを求めるのなら，7.5.1.7項で説明したように，2分割で正解を得ることができる．

第7章 梁

表7-2 (1/2) 2次元梁解析ツール（微小変形理論）の使い方

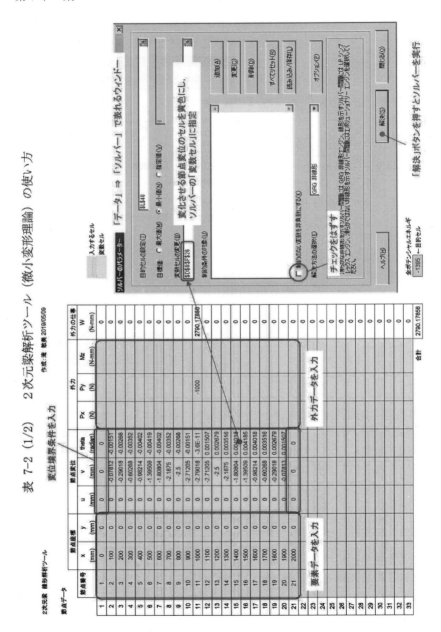

294

7.6 エネルギ法による直接解法による2次元梁解析ツール

表 7-2 (2/2) 2次元梁解析ツール（微小変形理論）の使い方

要素データ

要素番号	節点1	節点2	E (MPa)	A (mm^2)	I (mm^4)	節点座標1 x1 (mm)	節点座標1 y1 (mm)	節点座標2 x2 (mm)	節点座標2 y2 (mm)	Pxe1 (N)	Pxe2 (N)	Pye1 (N)	Pye2 (N)	Mze1 (N·m)	Mze2 (N·m)	Px1 (N)	Py1 (N)	Px2 (N)	Py2 (N)
1	1	2	70000	1600	213333.3	0	0	100	0	0.0	0.0	500.0	-500.0	250.0	-200.0	0.0	500.0	0.0	-500.0
2	2	3	70000	1600	213333.3	100	0	200	0	0.0	0.0	500.0	-500.0	200.0	-150.0	0.0	500.0	0.0	-500.0
3	3	4	70000	1600	213333.3	200	0	300	0	0.0	0.0	500.0	-500.0	150.0	-100.0	0.0	500.0	0.0	-500.0
4	4	5	70000	1600	213333.3	300	0	400	0	0.0	0.0	500.0	-500.0	100.0	-50.0	0.0	500.0	0.0	-500.0
5	5	6	70000	1600	213333.3	400	0	500	0	0.0	0.0	500.0	-500.0	50.0	50.0	0.0	500.0	0.0	-500.0
6	6	7	70000	1600	213333.3	500	0	600	0	0.0	0.0	500.0	-500.0	-50.0	100.0	0.0	500.0	0.0	-500.0
7	7	8	70000	1600	213333.3	600	0	700	0	0.0	0.0	500.0	-500.0	-100.0	150.0	0.0	500.0	0.0	-500.0
8	8	9	70000	1600	213333.3	700	0	800	0	0.0	0.0	500.0	-500.0	-150.0	200.0	0.0	500.0	0.0	-500.0
9	9	10	70000	1600	213333.3	800	0	900	0	0.0	0.0	500.0	-500.0	-200.0	250.0	0.0	-500.0	0.0	500.0
10	10	11	70000	1600	213333.3	900	0	1000	0	0.0	0.0	-500.0	500.0	-250.0	200.0	0.0	-500.0	0.0	500.0
11	11	12	70000	1600	213333.3	1000	0	1100	0	0.0	0.0	-500.0	500.0	-150.0	100.0	0.0	-500.0	0.0	500.0
12	12	13	70000	1600	213333.3	1100	0	1200	0	0.0	0.0	-500.0	500.0	-100.0	50.0	0.0	-500.0	0.0	500.0
13	13	14	70000	1600	213333.3	1200	0	1300	0	0.0	0.0	-500.0	500.0	-50.0	0.0	0.0	-500.0	0.0	500.0
14	14	15	70000	1600	213333.3	1300	0	1400	0	0.0	0.0	-500.0	500.0	0.0	-50.0	0.0	-500.0	0.0	500.0
15	15	16	70000	1600	213333.3	1400	0	1500	0	0.0	0.0	-500.0	500.0	50.0	-100.0	0.0	-500.0	0.0	500.0
16	16	17	70000	1600	213333.3	1500	0	1600	0	0.0	0.0	-500.0	500.0	100.0	-150.0	0.0	-500.0	0.0	500.0
17	17	18	70000	1600	213333.3	1600	0	1700	0	0.0	0.0	-500.0	500.0	150.0	-200.0	0.0	-500.0	0.0	500.0
18	18	19	70000	1600	213333.3	1700	0	1800	0	0.0	0.0	-500.0	500.0	150.0	-250.0	0.0	-500.0	0.0	500.0
19	19	20	70000	1600	213333.3	1800	0	1900	0	0.0	0.0	-500.0	500.0	200.0	-250.0	0.0	-500.0	0.0	500.0
20	20	21	70000	1600	213333.3	1900	0	2000	0	0.0	0.0	-500.0	500.0			0.0	-500.0	0.0	500.0

第 7 章　梁

7.6.2.　2次元梁解析ツール（有限変形理論）

　図 7-39 に示すように，単純支持された直線梁に圧縮軸荷重を負荷する問題を考える．この問題は，座屈する前は単純な軸圧縮問題であるが，座屈した後は大きな曲げ変形を生じて幾何学的非線形問題となる．梁の座屈後の変形の理論をエラスティカ（elastica）の理論といい，厳密解が求められている．エラスティカの変形を見るには，ピアノ線や薄い定規に力を加えてみるとよい（図 7-40）．

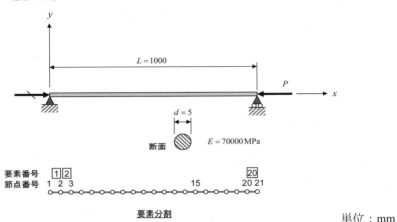

図 7-39　エラスティカ

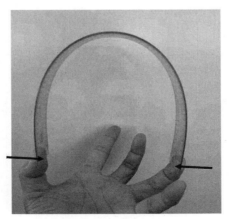

図 7-40　エラスティカの例 – 定規の変形

7.6 エネルギ法による直接解法による２次元梁解析ツール

２次元梁有限変形解析ツールの使い方は２次元梁微小変形解析ツールと全く同じである．ただし，有限変形理論では複数の解が存在する可能性があるので，変化させる節点変位の初期値の与え方によって計算結果が異なることがあることに注意する必要がある．エラスティカの問題の場合，y 方向変位 v の初期値をゼロとして解析すると，負荷荷重が座屈荷重より大きくても座屈後変形は出てこない．適切な初期変位を与えて計算することが重要である．

図 7-39 の下の図に示すように梁を等間隔に２０分割したモデルを使って２次元梁有限変形解析ツールで解析した結果を表 7-3 に示す．荷重を変化させたときの変形の状態を図 7-41 に示す．図中の荷重はオイラー座屈荷重 P_{cr} で正規化してある．

オイラー座屈荷重は，

$$P_{cr} = \frac{\pi^2 EI}{L^2} \tag{7-146}$$

ここで，E：ヤング率，I：断面２次モーメント，L：梁の長さ

断面２次モーメントは $I = \frac{\pi d^4}{64} = \frac{\pi \times 5^4}{64} = 30.68 \text{mm}^4$ だから，

$$P_{cr} = \frac{\pi^2 EI}{L^2} = \frac{\pi^2 \times 70000 \times 30.68}{1000^2} = 21.20 \text{N}$$

有限変形理論解析ツールの解析結果の荷重-y 方向変位曲線によると，座屈荷重は

$$P_{cr} = 21.24 \text{N}$$

と読み取ることができ，オイラー座屈荷重とよく一致している．

有限変形理論解析ツールで計算した座屈後の y 方向変位を厳密解と比較したのが図 7-42 である．解析結果は，非常に大きな変形まで厳密解とよく一致していることがわかる．厳密解については，ティモシェンコの本[10] を参照されたい．

節点 10 の節点力を変形図に描いたのが図 7-44 である．節点 10 で切断したとすると，節点 10 に右向きの力が働いていて，荷重負荷点の荷重と釣り合っている．節点 10 と荷重負荷点の高さの差（y 方向変位 v）で節点 10 に曲げモーメント（$M_z = Pv$）が発生している．

第7章 梁

表7-3（1/2）　2次元梁解析ツール（有限変形理論）の使い方

使い方は，表7-2の2次元梁解析ツール（微小変形理論）と同じ．

2次元梁　非線形解析ツール　　　　　　　　　　　　　　　　　作成：滝　敏美 2019/05/09

節点データ

節点番号	節点座標		節点変位			外力			外力の仕事
	x (mm)	y (mm)	u (mm)	v (mm)	theta (radian)	Px (N)	Py (N)	Mz (N-mm)	W (N-mm)
1	0	0	0	0	2.5916				0
2	50	0	-92.46	26.41	2.5721				0
3	100	0	-183.84	54.48	2.5122				0
4	150	0	-272.80	85.82	2.4083				0
5	200	0	-357.43	121.89	2.2546				0
6	250	0	-434.97	163.62	2.0432				0
7	300	0	-501.63	210.77	1.7661				0
8	350	0	-552.98	260.75	1.4171				0
9	400	0	-585.45	307.57	0.9964				0
10	450	0	-599.21	342.03	0.5156				0
11	500	0	-600.89	354.85	-0.0002				0
12	550	0	-602.57	342.01	-0.5161				0
13	600	0	-616.35	307.54	-0.9969				0
14	650	0	-648.84	260.70	-1.4175				0
15	700	0	-700.21	210.72	-1.7665				0
16	750	0	-766.88	163.58	-2.0435				0
17	800	0	-844.43	121.86	-2.2548				0
18	850	0	-929.07	85.80	-2.4086				0
19	900	0	-1018.04	54.46	-2.5124				0
20	950	0	-1109.43	26.40	-2.5722				0
21	1000	0	-1201.89	0	-2.5918	-63.5871			76424.5008

3.0 P_{cr}

入力するセル
変数セル

合計　76424.5008

全ポテンシャルエネルギ
-35261.3　←目的セル

7.6 エネルギ法による直接解法による2次元梁解析ツール

表 7-3 (2/2)　2次元梁解析ツール（有限変形理論）の使い方

要素データ

要素番号	節点1	節点2	E (MPa)	A (mm^2)	I (mm^4)	節点座標1 x1 (mm)	y1 (mm)	節点座標2 x2 (mm)	y2 (mm)
1	1	2	70000	19.63495	30.67962	0	0	50	0
2	2	3	70000	19.63495	30.67962	50	0	100	0
3	3	4	70000	19.63495	30.67962	100	0	150	0
4	4	5	70000	19.63495	30.67962	150	0	200	0
5	5	6	70000	19.63495	30.67962	200	0	250	0
6	6	7	70000	19.63495	30.67962	250	0	300	0
7	7	8	70000	19.63495	30.67962	300	0	350	0
8	8	9	70000	19.63495	30.67962	350	0	400	0
9	9	10	70000	19.63495	30.67962	400	0	450	0
10	10	11	70000	19.63495	30.67962	450	0	500	0
11	11	12	70000	19.63495	30.67962	500	0	550	0
12	12	13	70000	19.63495	30.67962	550	0	600	0
13	13	14	70000	19.63495	30.67962	600	0	650	0
14	14	15	70000	19.63495	30.67962	650	0	700	0
15	15	16	70000	19.63495	30.67962	700	0	750	0
16	16	17	70000	19.63495	30.67962	750	0	800	0
17	17	18	70000	19.63495	30.67962	800	0	850	0
18	18	19	70000	19.63495	30.67962	850	0	900	0
19	19	20	70000	19.63495	30.67962	900	0	950	0
20	20	21	70000	19.63495	30.67962	950	0	1000	0

LOOKUP関数でデータ作成

…省略…

Ub (-mm)	Pxe1 (N)	Pxe2 (N)	Pye1 (N)	Pye2 (N)	Mze1 (N-m)	Mze2 (N-m)	Px1 (N)	Py1 (N)	Px2 (N)	Py2 (N)
0.944	-54.00	54.00	-33.59	33.59	0.000	-1.679	63.59	0.00	-63.59	0.00
0.081	-52.65	52.65	-35.69	35.69	1.679	-3.464	63.61	-0.02	-63.61	0.02
35.46	-49.58	49.58	-39.86	39.86	3.464	-5.457	63.62	-0.03	-63.62	0.03
12.73	-44.03	44.03	-45.87	45.87	5.457	-7.750	63.58	0.01	-63.58	-0.01
55.98	-34.98	34.98	-53.08	53.08	7.750	-10.404	63.56	0.04	-63.56	-0.04
1658	-21.18	21.18	-59.95	59.95	10.404	-13.402	63.58	-0.01	-63.58	0.01
325.8	-1.74	1.74	-63.56	63.56	13.402	-16.580	63.56	-0.03	-63.56	0.03
909.1	22.32	-22.32	-59.55	59.55	16.580	-19.557	63.60	0.02	-63.60	-0.02
1970	46.05	-46.05	-43.82	43.82	19.557	-21.748	63.57	-0.02	-63.57	0.02
5715	61.46	-61.46	-16.30	16.30	21.748	-22.563	63.58	0.00	-63.58	0.00
714.9	61.46	-61.46	16.33	-16.33	22.564	-21.747	63.59	0.00	-63.59	0.00
969.4	46.06	-46.06	43.84	-43.84	21.747	-19.556	63.58	0.00	-63.58	0.00
908.3	22.27	-22.27	59.56	-59.56	19.556	-16.578	63.59	0.00	-63.59	0.00
3625	-1.74	1.74	63.56	-63.56	16.578	-13.399	63.59	0.00	-63.59	0.00
357.4	-21.21	21.21	59.95	-59.95	13.400	-10.402	63.59	0.00	-63.59	0.01
55.63	-35.03	35.03	53.07	-53.07	10.402	-7.749	63.59	-0.01	-63.58	0.01
12.54	-44.04	44.04	45.86	-45.86	7.749	-5.456	63.58	-0.01	-63.58	0.01
35.37	-49.55	49.55	39.85	-39.85	5.456	-3.463	63.58	-0.01	-63.58	0.01
10.05	-52.64	52.64	35.69	-35.69	3.463	-1.679	63.60	0.00	-63.60	0.00
0.94	-53.98	53.98	33.58	-33.58	1.679	0.000	63.57	-0.01	-63.57	0.01

節点力（要素座標系） / 節点力（全体座標系）

曲げモーメントは要素座標系と全体座標系で同じ値

1163

第7章 梁

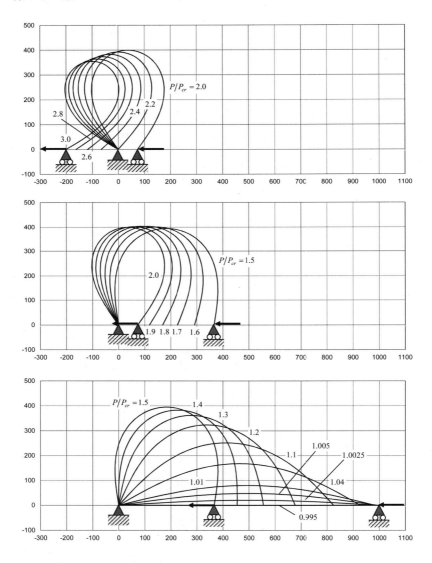

図 7-41 エラスティカの変形 – 2次元梁解析ツール（有限変形理論）による

7.6 エネルギ法による直接解法による2次元梁解析ツール

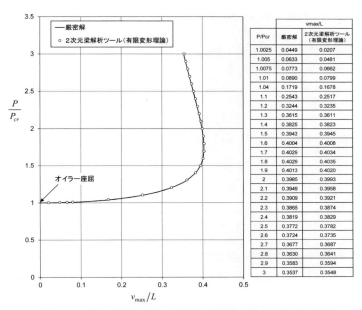

図 7-42 荷重と y 方向最大変位の関係 – 厳密解と2次元梁解析ツール

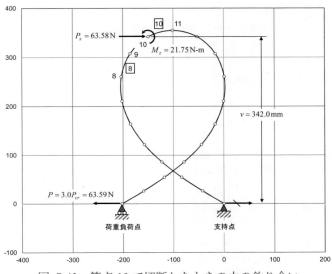

図 7-43 節点 10 で切断したときの力の釣り合い

第 7 章　梁

7.6.3.　直線梁座屈解析ツール

図 7-44 に示す片端単純支持，片端固定の梁に端末荷重が負荷される場合の座屈荷重を計算する．倉西の本[5] によると，この問題の座屈荷重と座屈変形モードは次の式で与えられる．

$$P_{cr} = \frac{2.046\pi^2 EI}{L^2} \tag{7-147}$$

$$v = B\left[\sin\left(4.4934\frac{x}{L}\right) + 0.97612\frac{x}{L}\right] \tag{7-148}$$

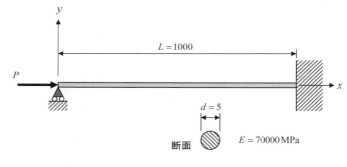

図 7-44　端末圧縮荷重を受ける片端単純支持，片端固定の梁の座屈

以下の手順で直線梁の座屈解析ツールを使ってこの問題を解く（表 7-4）．

① 　この解析ツールでは軸荷重を支持する端末を必ず右端に置く．節点番号と要素番号は左端を 1 とし，右方向へ連番となっている．節点 1 を $x = 0$ に置くこと．節点数は 33 まで，要素数は 32 までとする．（適切にワークシートを拡大すればモデルの分割をもっと大きくできる．）

② 　図 7-44 の下の図のように２０等分に要素分割し，節点座標と要素データを表 6-4 のように入力する．水色のセルがデータを入力するセルである．

7.6 エネルギ法による直接解法による2次元梁解析ツール

③ 変位境界条件が与えられている節点1と節点21に変位の値ゼロを入力して,そのセルを水色にする,その他の節点変位の値には適切な初期値を入力して,そのセルの色を黄色にする.節点変位の初期値は座屈変形モードに似たものを入れること.この初期値の大きさは梁の全長の1%以内にすること.

④ 外力が与えられている節点に外力の値を入力する.

⑤ 節点数,要素数に応じて節点データと要素データの計算行を「コピー・貼り付け」して追加するか,削除する.

⑥ 「ソルバー」を開き,「変更セルの変更」の欄に節点変位の黄色のセルを指定する.

⑦ 「ソルバー」の「解決」ボタンを押す.最適化計算が実行される.「ソルバーによって解が見つかりました」と表示され,計算が止まる.1回の実行では解が完全には収束していないことがあるので,解が収束するまで「ソルバー」を実行する.

⑧ 計算された座屈変形が適切かどうかを判断し,適切でなければ初期値を変えて計算し直す.

注意:「ソルバー」のウィンドーの「オプション」ボタンを押すと,「オプション」ウィンドーが開くので,そこの「収束の微分係数」を「中央」にセットしておく必要がある.

第7章　梁

直線梁の座屈解析ツールを使って解析した結果を表 7-5 と図 7-45 に示す.

$E = 70000 \text{MPa},\ I = 30.67962 \text{mm}^4,\ L = 1000 \text{mm}$
$P_{cr} = 43.5437 \text{N}$

より,

$$P_{cr} = \frac{2.054\pi^2 EI}{L^2}$$

が得られた．この結果は倉西の解（式(7-147)）とほとんど一致している．座屈変形モードも倉西の解と一致している．

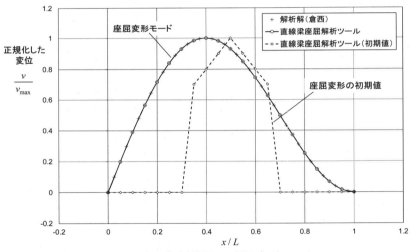

図 7-45　座屈解析結果 – 座屈変形モード

7.6 エネルギ法による直接解法による2次元梁解析ツール

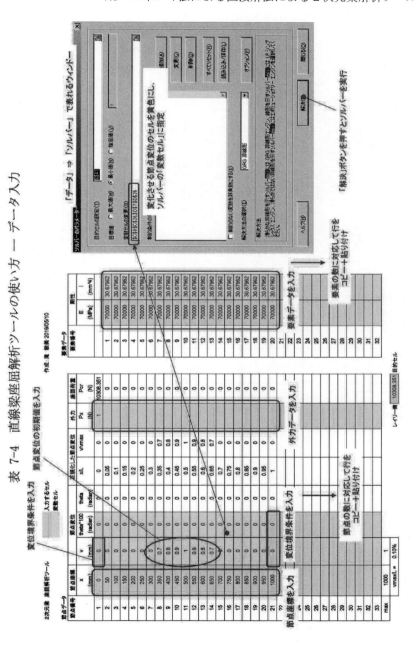

表 7-4 直線梁座屈解析ツールの使い方 ― データ入力

第7章 梁

表7-5（1/2） 直線梁座屈解析ツール – 解析結果

2次元梁 座屈解析ツール　　入力するセル　　　　　　　　　作成：滝 敏美 2019/05/10
　　　　　　　　　　　　　　変数セル

節点データ

節点番号	節点座標	節点変位			正規化した節点変位		外力	座屈荷重
	x (mm)	v (mm)	theta*100 (radian)	theta (radian)	x/L	v/vmax	Px (N)	Pcr (N)
1	0	0	0.463681	0.004637	0	0	1	43.543703
2	50	0.2302447	0.454107	0.004541	0.05	0.1989836		0
3	100	0.450996	0.425867	0.004259	0.1	0.3897627		0
4	150	0.6532375	0.380381	0.003804	0.15	0.5645452		0
5	200	0.8288834	0.319934	0.003199	0.2	0.7163431		0
6	250	0.9711847	0.247566	0.002476	0.25	0.8393236		0
7	300	1.0750684	0.166913	0.001669	0.3	0.9291027		0
8	350	1.1373925	0.08203	0.00082	0.35	0.9829648		0
9	400	1.157104	-0.00282	-2.82E-05	0.4	1		0
10	450	1.1352919	-0.08336	-0.000834	0.45	0.9811494		0
11	500	1.0751324	-0.15556	-0.001556	0.5	0.929158		0
12	550	0.9817291	-0.21578	-0.002158	0.55	0.8484364		0
13	600	0.8618566	-0.26099	-0.00261	0.6	0.7448394		0
14	650	0.7236201	-0.28892	-0.002889	0.65	0.6253717		0
15	700	0.5760477	-0.29817	-0.002982	0.7	0.4978357		0
16	750	0.4286369	-0.28828	-0.002883	0.75	0.3704394		0
17	800	0.290877	-0.25973	-0.002597	0.8	0.2513836		0
18	850	0.1717722	-0.21397	-0.00214	0.85	0.1484501		0
19	900	0.079389	-0.1533	-0.001533	0.9	0.0686101		0
20	950	0.0204509	-0.08076	-0.000808	0.95	0.0176742		0
21	1000	0	0	0	1	0		0
22								
23								
24								
25								
26								
27								
28								
29								
30								
31								
32								
33								
max	1000	1.157104						

vmax/L = 0.12%　　1%を超えていたら　レイリー商 43.543703 目的セル
　　　　　　　　初期値を変えて再計算

要素データ

要素番号	剛性		fx (N)	x (m
	E (MPa)	I (mm^4)		
1	70000	30.67962	-1	
2	70000	30.67962	-1	
3	70000	30.67962	-1	1:
4	70000	30.67962	-1	1!
5	70000	30.67962	-1	2(
6	70000	30.67962	-1	2!
7	70000	30.67962	-1	3(
8	70000	30.67962	-1	3!
9	70000	30.67962	-1	4(
10	70000	30.67962	-1	4!
11	70000	30.67962	-1	5(
12	70000	30.67962	-1	5!
13	70000	30.67962	-1	6(
14	70000	30.67962	-1	6!
15	70000	30.67962	-1	7(
16	70000	30.67962	-1	7!
17	70000	30.67962	-1	8(
18	70000	30.67962	-1	8!
19	70000	30.67962	-1	9(
20	70000	30.67962	-1	9!
21				
22				
23				
24				
25				
26				
27				
28				
29				
30				
31				
32				

7.6 エネルギ法による直接解法による2次元梁解析ツール

表 7-5（2/2） 直線梁座屈解析ツール – 解析結果

要素データ

要素番号	剛性 E (MPa)	I (mm^4)	fx (N)	x1 (mm)	x2 (mm)	v1 (mm)	theta1 (radian)	v2 (mn		Ub (N-mm)	(dv/dx)^2	0.5*fx*(dvdx)^2*dx (N-mm)
1	70000	30.67962	-1	0	50	0	0.004637	0.23		0.000262	2.1205E-05	-0.000530126
2	70000	30.67962	-1	50	100	0.230245	0.004541	0.45	245	0.001772	1.9492E-05	-0.000487311
3	70000	30.67962	-1	100	150	0.450996	0.004259	0.65	996	0.004491	1.6361E-05	-0.000409016
4	70000	30.67962	-1	150	200	0.653237	0.003804	0.82	237	0.00788	1.2341E-05	-0.000308515
5	70000	30.67962	-1	200	250	0.828883	0.003199	0.97	883	0.011266	8.0999E-06	-0.000202497
6	70000	30.67962	-1	250	300	0.971185	0.002476	1.07	185	0.013977	4.3167E-06	-0.000107918
7	70000	30.67962	-1	300	350	1.075068	0.001669	1.13	068	0.015474	1.5537E-06	-3.88429E-05
8	70000	30.67962	-1	350	400	1.137392	0.00082	1.15	392	0.015461	1.5542E-07	-3.88545E-06
9	70000	30.67962	-1	400	450	1.157104	-2.8E-05	1.13	104	0.01394	1.9031E-07	-4.75766E-06
10	70000	30.67962	-1	450	500	1.135292	-0.00083	1.07	292	0.011213	1.4477E-06	-3.61917E-05
11	70000	30.67962	-1	500	550	1.075132	-0.00156	0.98	132	0.007821	3.4897E-06	-8.72418E-05
12	70000	30.67962	-1	550	600	0.981729	-0.00216	0.86	729	0.004438	5.7478E-06	-0.000143694
13	70000	30.67962	-1	600	650	0.861857	-0.00261	0.72	857	0.001735	7.6437E-06	-0.000191093
14	70000	30.67962	-1	650	700	0.72362	-0.00289	0.57	362	0.000249	8.711E-06	-0.000217776
15	70000	30.67962	-1	700	750	0.576048	-0.00298	0.42	048	0.000276	8.692E-06	-0.000217299
16	70000	30.67962	-1	750	800	0.428637	-0.00288	0.29	637	0.001809	7.5911E-06	-0.000189778
17	70000	30.67962	-1	800	850	0.290877	-0.0026	0.17	877	0.004544	5.6744E-06	-0.00014186
18	70000	30.67962	-1	850	900	0.171772	-0.00214	0.07	772	0.007939	3.4139E-06	-8.53465E-05
19	70000	30.67962	-1	900	950	0.079389	-0.00153	0.02	389	0.011319	1.3895E-06	-3.4737E-05
20	70000	30.67962	-1	950	1000	0.020451	-0.00081	0	451	0.014013	1.673E-07	-4.18238E-06
21												
22												
23												
24												
25												
26												
27												
28												
29												
30												
31												
32												
									合計	0.14988	合計	0.003442069

第7章 梁

7.7. 梁の例題

本項では梁に関する実用的な問題をエネルギ法による直接解法の解析ツールで解いてみよう．連続梁，ビームカラム，フレーム構造，円弧アーチの問題と座屈問題2例である．これらの問題はティモシェンコの本[9]とMcCombsの本[14]の例題を参考にした．従来の解析方法では解析が面倒であるが，エネルギ法による直接解法なら簡単に解くことができる．

7.7.1. 例題1 – 連続梁

図 7-46 に示す問題は連続梁なので不静定構造である．

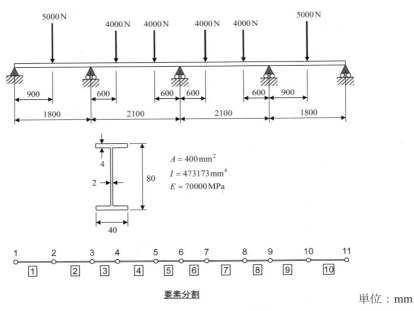

図 7-46 例題1 連続梁

例題1の解析に使った要素分割を図 7-46 の下の図に示す．この例題は変形が小さいので，微小変形理論による解析だけを行う．微小変形理論を用いた解析では，せん断力と曲げモーメントが変化する位置に節点をとればよい．2次元梁解析ツール（微小変形理論）による解析結果を表 7-6 に示す．得ら

7.7 梁の例題

れた変形と反力を図 7-47 に，曲げモーメントの分布を図 7-48 に示す．

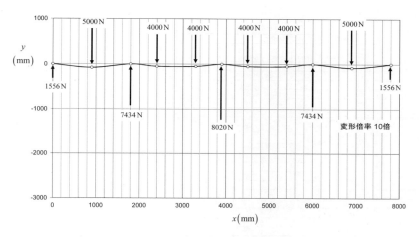

図 7-47　変形と反力 – 例題 1

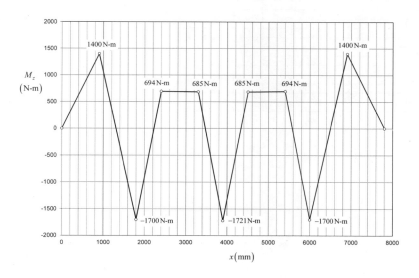

図 7-48　曲げモーメント分布 – 例題 1

第 7 章　梁

表 7-6（1/2）　例題 1　連続梁 − 2 次元梁解析ツール（微小変形理論）による解

2次元梁　線形解析ツール　　　　　　　　　　　　　作成：滝　敏美　2019/05/09

節点データ

節点番号	節点座標		節点変位			外力			ｸﾞ-力の仕事
	x (mm)	y (mm)	u (mm)	v (mm)	theta (radian)	Px (N)	Py (N)	Mz (N-mm)	W (N-mm)
1	0	0	0	0	-0.01517	0		0	0
2	900	0	0	-7.94786	0.003849	0	-5000	0	39739.3096
3	1800	0	0	0	-0.00023	0		0	0
4	2400	0	0	-5.03794	-0.00934	0	-4000	0	20151.7775
5	3300	0	0	-4.99636	0.00939	0	-4000	0	19985.4214
6	3900	0	0	0	1.37E-08	0		0	0
7	4500	0	0	-4.99635	-0.00939	0	-4000	0	19985.3857
8	5400	0	0	-5.03794	0.009339	0	-4000	0	20151.7511
9	6000	0	0	0	0.000226	0		0	0
10	6900	0	8.3E-10	-7.94785	-0.00385	0	-5000	0	39739.264
11	7800	0	0	0	0.015171	0		0	0
12									0
13									0
14									0
15									0
16									0
17									0
18									0
19									0
20									0
21									0
22									0
23									0
24									0
25									0
26									0
27									0
28									0
29									0
30									0
31									0
32									0
33									0
								合計	159752.909

入力するセル
変数セル

全ポテンシャルエネルギ
-79876.5　←目的セル

7.7 梁の例題

表 7-6 (2/2)　例題 1　連続梁 - ２次元梁解析ツール（微小変形理論）による解

要素データ

要素番号	節点1	節点2	E (MPa)	A (mm^2)	I (mm^4)	歪エネルギ Ua (N-mm)	Ub (N-mm)	節点力(要素座標系) Pxe1 (N)	Pxe2 (N)	Pye1 (N)	Pye2 (N)	Mze1 (N-m)	Mze2 (N-m)	節点力(全体座標系) Px1 (N)	Py1 (N)	Py2 (N)
1	1	2	70000	400	473173.3	0	8876.24	0.0	0.0	1555.6	-1555.6	0.0	1400.0	0.0	1555.6	-1555.6
2	2	3	70000	400	473173.3	0	11185.9	0.0	0.0	-3444.4	3444.4	-1400.0	-1700.0	0.0	-3444.4	3444.4
3	3	4	70000	400	473173.3	0	6617.56	0.0	0.0	3989.8	-3989.8	1700.0	693.9	0.0	3989.8	-3989.8
4	4	5	70000	400	473173.3	0	6455.04	0.0	0.0	-10.2	10.2	-693.9	684.7	0.0	-10.2	10.2
5	5	6	70000	400	473173.3	0	6803.52	0.0	0.0	-4010.2	4010.2	-684.7	-1721.4	0.0	-4010.2	4010.2
6	6	7	70000	400	473173.3	0	6803.52	0.0	0.0	4010.2	-4010.2	1721.4	684.7	0.0	4010.2	-4010.2
7	7	8	70000	400	473173.3	0	6455.05	0.0	0.0	10.2	-10.2	-684.7	693.9	0.0	10.2	-10.2
8	8	9	70000	400	473173.3	0	6617.54	0.0	0.0	-3989.8	3989.8	-693.9	-1700.0	0.0	-3989.8	3989.8
9	9	10	70000	400	473173.3	1.07E-14	11185.9	0.0	0.0	3444.4	-3444.4	1700.0	1400.0	0.0	3444.4	-3444.4
10	10	11	70000	400	473173.3	1.07E-14	8876.24	0.0	0.0	-1555.6	1555.6	-1400.0	0.0	0.0	-1555.6	1555.6
						2.14E-14	79876.5									

311

7.7.2. 例題2 – ビームカラム

両端単純支持の梁の中間をばねで支持し，端末に圧縮荷重，支持点間に上向き荷重を負荷するビームカラムの問題を考える（図 7-49）．ビームカラム（beam column）とは軸荷重と横荷重が負荷される梁のことである．ビームカラムでは，曲げ変形によって軸荷重が曲げモーメントを発生するので，変形が大きくなると曲げモーメントが増幅されることになって非線形挙動を示すようになる．

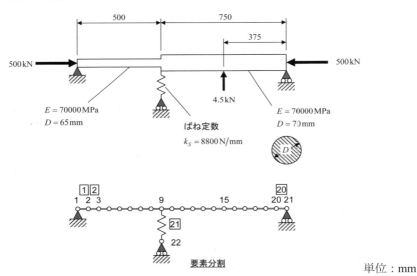

図 7-49 例題2 ビームカラム

この問題は変形が大きいので，幾何学的非線形の影響が出てくる．そこで，以下の2種類の解析を行って結果を比較し，非線形の程度を見てみよう．
（1） 2次元梁解析ツール（微小変形理論）
（2） 2次元梁解析ツール（有限変形理論）

解析に使った要素分割を図 7-49 の下の図に示す．梁の中間にあるばねの歪エネルギを次の式で計算して，ポテンシャルエネルギに加える必要がある．

$$U_{spring} = \frac{1}{2} k_S \delta^2 \tag{7-149}$$

ここで，k_S：ばね定数，δ：ばねの伸び

7.7 梁の例題

微小変形理論による結果を表 7-7 に，有限変形理論による解析結果を表 7-8 に示す．変位分布を図 7-50 に，曲げモーメントの分布を図 7-51 に示す．非線形挙動がはっきり表れており，有限変形理論による解析のほうが変形と曲げモーメントが大きくなっている．

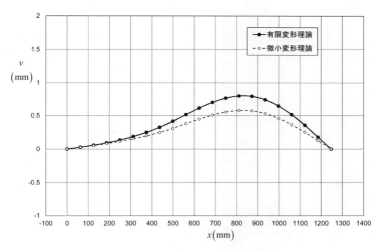

図 7-50　y 方向変位の分布 – 例題 2

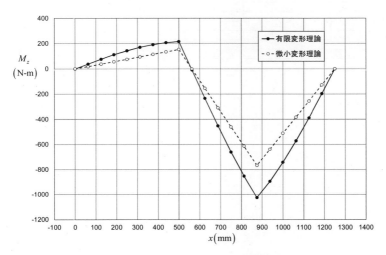

図 7-51　曲げモーメントの分布 – 例題 2

第7章 梁

表7-7(1/2) 例題2 ビームカラム – 2次元梁解析ツール(微小変形理論)による解

2次元梁 線形解析ツール　　　　　　　　　　　　　　　　　作成：滝 敏美 2019/05/09

節点データ

	節点番号	節点座標		節点変位			外力			外力の仕事
		x (mm)	y (mm)	u (mm)	v (mm)	theta (radian)	Px (N)	Py (N)	Mz (N-mm)	W (N-mm)
1	1	0	0	0.0000	0.0000	0.0004	0		0	0
2	2	62.5	0	-0.1345	0.0266	0.0004	0		0	0
3	3	125	0	-0.2691	0.0544	0.0005	0		0	0
4	4	187.5	0	-0.4036	0.0846	0.0005	0		0	0
5	5	250	0	-0.5381	0.1184	0.0006	0		0	0
6	6	312.5	0	-0.6727	0.1570	0.0007	0		0	0
7	7	375	0	-0.8072	0.2016	0.0008	0		0	0
8	8	437.5	0	-0.9417	0.2534	0.0009	0		0	0
9	9	500	0	-1.0763	0.3137	0.0010	0		0	0
10	10	562.5	0	-1.1923	0.3810	0.0011	0		0	0
11	11	625	0	-1.3083	0.4483	0.0010	0		0	0
12	12	687.5	0	-1.4243	0.5082	0.0009	0		0	0
13	13	750	0	-1.5403	0.5535	0.0006	0		0	0
14	14	812.5	0	-1.6563	0.5770	0.0002	0		0	0
15	15	875	0	-1.7323	0.5714	-0.0004	0	4500	0	2571.27526
16	16	937.5	0	-1.8883	0.5317	-0.0009	0		0	0
17	17	1000	0	-2.0043	0.4617	-0.0013	0		0	0
18	18	1062.5	0	-2.1203	0.3674	-0.0017	0		0	0
19	19	1125	0	-2.2363	0.2551	-0.0019	0		0	0
20	20	1187.5	0	-2.3523	0.1306	-0.0021	0		0	0
21	21	1250	0	-2.4683	0.0000	-0.0021	-500000		0	1234152.98
22	22	500	-10	-1.0763	0.0000		0		0	0
23										0
24										0
25										0
26										0
27										0
28										0
29										0
30										0
31										0
32										0
33										0
									合計	1236724.25

入力するセル
変数セル

全ポテンシャルエネルギ
-618362 ←目的セル

7.7 梁の例題

表 7-7 (2/2)　例題 1　ビームカラム - 2次元解析ツール（微小変形理論）による解

要素データ

要素番号	節点1	節点2	E (MPa)	A (mm^2)	I (mm^4)	p	q	a	b	c	d	Ua (N·mm)	Ub (N·mm)	Pye1 (N)	Pye2 (N)	Pye1 (N)	Pye2 (N)	Mze1 (N·m)	Mze2 (N·m)	Px1 (N)	Px2 (N)	Py1 (N)	Py2 (N)
1	1	2	70000	3318.307	8762240.5	-0.002153	0	8E-10	9E-09	0.0004	0	33633.75	0.06906	500000.0	-500000.0	295.3	-295.3	-1.1	19.6	500000.0	-500000.0	295.3	-295.3
2	2	3	70000	3318.307	8762240.5	-0.002153	-0.135	8E-10	1E-07	0.0004	0.02561	33633.75	0.40422	500000.0	-500000.0	300.5	-300.5	-18.2	37.0	500000.0	-500000.0	300.5	-300.5
3	3	4	70000	3318.307	8762240.5	-0.002153	-0.269	8E-10	3E-07	0.0005	0.05444	33633.76	1.14168	500000.0	-500000.0	303.4	-303.4	-37.5	56.5	500000.0	-500000.0	303.4	-303.4
4	4	5	70000	3318.307	8762240.5	-0.002153	-0.404	8E-10	5E-07	0.0005	0.08464	33633.76	2.22897	500000.0	-500000.0	304.4	-304.4	-56.4	75.4	500000.0	-500000.0	304.4	-304.4
5	5	6	70000	3318.307	8762240.5	-0.002153	-0.538	8E-10	6E-07	0.0006	0.11843	33633.76	3.63789	500000.0	-500000.0	305.4	-305.4	-74.8	93.9	500000.0	-500000.0	305.4	-305.4
6	6	7	70000	3318.307	8762240.5	-0.002153	-0.673	8E-10	8E-07	0.0007	0.15701	33633.76	5.49725	500000.0	-500000.0	306.1	-306.1	-94.2	113.3	500000.0	-500000.0	306.1	-306.1
7	7	8	70000	3318.307	8762240.5	-0.002153	-0.807	8E-10	8E-07	0.0008	0.20158	33633.76	7.79407	500000.0	-500000.0	306.1	-306.1	-113.9	133.0	500000.0	-500000.0	306.1	-306.1
8	8	9	70000	3318.307	8762240.5	-0.002153	-0.942	8E-10	1E-06	0.0009	0.25538	33633.76	10.4088	500000.0	-500000.0	305.9	-305.9	-133.3	152.4	500000.0	-500000.0	305.9	-305.9
9	9	10	70000	3848.451	1178658	-0.001856	-1.076	-5E-09	9E-07	0.001	0.31366	29000.54	2.90543	500000.0	-500000.0	2454.4	-2454.4	-152.3	-1.1	500000.0	-500000.0	2454.4	-2454.4
10	10	11	70000	3848.451	1178658	-0.001856	-1.192	-8E-09	-8E-09	0.0011	0.38099	29000.54	3.05101	500000.0	-500000.0	2454.5	-2454.5	1.4	-154.8	500000.0	-500000.0	2454.5	-2454.5
11	11	12	70000	3848.451	1178658	-0.001856	-1.308	-5E-09	-9E-07	0.001	0.44825	29000.53	21.0718	500000.0	-500000.0	2454.4	-2454.4	155.0	-308.4	500000.0	-500000.0	2454.4	-2454.4
12	12	13	70000	3848.451	1178658	-0.001856	-1.424	-5E-09	0.0009	0.50818	29000.54	56.9099	500000.0	-500000.0	2454.3	-2454.3	308.4	-461.8	500000.0	-500000.0	2454.3	-2454.3		
13	13	14	70000	3848.451	1178658	-0.001856	-1.54	-5E-09	-3E-06	0.0006	0.55352	29000.54	110.257	500000.0	-500000.0	2454.3	-2454.3	461.0	-614.4	500000.0	-500000.0	2454.3	-2454.3
14	14	15	70000	3848.451	1178658	-0.001856	-1.656	-5E-09	-4E-06	0.0002	0.577	29000.53	181.774	500000.0	-500000.0	2454.3	-2454.3	614.6	-768.0	500000.0	-500000.0	2454.3	-2454.3
15	15	16	70000	3848.451	1178658	-0.001856	-1.772	4E-09	-4E-06	-4E-04	0.57139	29000.54	187.836	500000.0	-500000.0	2045.7	-2045.7	767.2	-639.3	500000.0	-500000.0	2045.7	-2045.7
16	16	17	70000	3848.451	1178658	-0.001856	-1.888	4E-09	-4E-06	-9E-04	0.53166	29000.54	125.919	500000.0	-500000.0	2045.7	-2045.7	639.3	-511.5	500000.0	-500000.0	2045.7	-2045.7
17	17	18	70000	3848.451	1178658	-0.001856	-2.004	4E-09	-4E-06	-0.001	0.46166	29000.53	76.3936	500000.0	-500000.0	2045.7	-2045.7	511.5	-383.7	500000.0	-500000.0	2045.7	-2045.7
18	18	19	70000	3848.451	1178658	-0.001856	-2.12	4E-09	-2E-06	-0.002	0.36744	29000.54	39.2393	500000.0	-500000.0	2045.8	-2045.8	383.7	-255.8	500000.0	-500000.0	2045.8	-2045.8
19	19	20	70000	3848.451	1178658	-0.001856	-2.236	4E-09	-2E-06	-0.002	0.25505	29000.54	14.461	500000.0	-500000.0	2045.9	-2045.9	255.8	-127.9	500000.0	-500000.0	2045.9	-2045.9
20	20	21	70000	3848.451	1178658	-0.001856	-2.352	4E-09	-8E-07	-0.002	0.13055	29000.53	2.06654	500000.0	-500000.0	2046.3	-2046.3	127.9	0.0	500000.0	-500000.0	2046.3	-2046.3
21						ue2 - ue1																	
22	21	9	ks			0.31366								-2760.21	2760.2					0.0	0.0	2760.2	-2760.2
23			8800									432.8835											

合計　617509.4　853.057

ばね要素のデータ　ばね定数 k_s　ばねの伸び δ　ばねの歪エネルギ $1/2k_s\delta^2$　ばねの力 $k_s\delta$

第7章 梁

表7-8(1/2) 例題2 ビームカラム − 2次元梁解析ツール(有限変形理論)による解

2次元梁 非線形解析ツール　　　　　　　　　　　　　　　　　作成：滝 敏美 2019/05/09

節点データ

節点番号		節点座標		節点変位			外力			外力の仕事	
		x (mm)	y (mm)	u (mm)	v (mm)	theta (radian)	Px (N)	Py (N)	Mz (N-mm)	W (N-mm)	
1	1	0	0	0.0000	0.0000	0.0005	0	0	0	0	入力するセル
2	2	62.5	0	-0.1345	0.0288	0.0005	0	0	0	0	変数セル
3	3	125	0	-0.2691	0.0600	0.0005	0	0	0	0	
4	4	187.5	0	-0.4036	0.0960	0.0006	0	0	0	0	
5	5	250	0	-0.5382	0.1390	0.0008	0	0	0	0	
6	6	312.5	0	-0.6727	0.1910	0.0009	0	0	0	0	
7	7	375	0	-0.8073	0.2537	0.0011	0	0	0	0	
8	8	437.5	0	-0.9419	0.3285	0.0013	0	0	0	0	
9	9	500	0	-1.0765	0.4163	0.0015	0	0	0	0	
10	10	562.5	0	-1.1926	0.5141	0.0016	0	0	0	0	
11	11	625	0	-1.3086	0.6115	0.0015	0	0	0	0	
12	12	687.5	0	-1.4247	0.6979	0.0012	0	0	0	0	
13	13	750	0	-1.5407	0.7630	0.0008	0	0	0	0	
14	14	812.5	0	-1.6567	0.7969	0.0002	0	0	0	0	
15	15	875	0	-1.7727	0.7907	-0.0005	0	4500	0	3558.107347	
16	16	937.5	0	-1.8888	0.7384	-0.0012	0	0	0	0	
17	17	1000	0	-2.0048	0.6440	-0.0018	0	0	0	0	
18	18	1062.5	0	-2.1210	0.5147	-0.0023	0	0	0	0	
19	19	1125	0	-2.2372	0.3585	-0.0027	0	0	0	0	
20	20	1187.5	0	-2.3534	0.1839	-0.0029	0	0	0	0	
21	21	1250	0	-2.4697	0.0000	-0.0030	-500000	0	0	1234844.799	
22	22	500	-10	-1.0765	0.0000	0.0000	0	0	0		
23				等しいとする							
24											
25											
26											
27											
28											
29											
30											
31											
32											
33											
									合計	1238402.907	

全ポテンシャルエネルギ　-618856　←目的セル

7.7 梁の例題

表 7-8 (2/2)　例題 1　ビームカラム - 2次元梁解析ツール（有限変形理論）による解

要素データ

要素番号	節点1	節点2	E (MPa)	A (mm^2)	I (mm^4)	変位関数の係数					歪エネルギ			節点力（要素座標系）						節点力（全体座標系）				
						a	b	c	d		Ua (N-mm)	Ub (N-mm)		Pxe1 (N)	Pxe2 (N)	Pye1 (N)	Pye2 (N)	Mze1 (N-m)	Mze2 (N-m)	Px1 (N)	Px2 (N)	Py1 (N)	Py2 (N)	
1	1	2	70000	3318.307	876240.5	1.67E-09	-5E-09	-6E-06	0		33634	0.2376		500000.3	-500000.3	613.6	-613.6	0.636	37.714	499999.9	-499999.9	844.6	-844.6
2	2	3	70000	3318.307	876240.5	1.63E-09	3E-07	-3E-05	0		33634	1.6975		500000.3	-500000.3	598.4	-598.4	-38.005	75.402	499999.9	-500000.0	848.5	-848.5
3	3	4	70000	3318.307	876240.5	1.52E-09	6E-07	-4E-05	0		33634	4.5064		500000.3	-500000.3	558.8	-558.8	-76.043	110.970	499999.9	-499999.9	847.4	-847.4
4	4	5	70000	3318.307	876240.5	1.36E-09	9E-07	-6E-05	0		33634	8.2575		500000.3	-500000.3	501.2	-501.2	-111.326	142.649	499999.9	-499999.9	846.0	-846.0
5	5	6	70000	3318.307	876240.5	1.17E-09	1E-06	-8E-05	0		33634	12.343		500000.5	-500000.5	428.8	-428.8	-142.056	168.857	499999.9	-499999.9	845.8	-845.8
6	6	7	70000	3318.307	876240.5	9.33E-10	1E-06	-9E-05	0		33634	16.523		500000.5	-500000.5	343.2	-343.2	-169.254	190.706	499999.9	-499999.9	845.9	-845.9
7	7	8	70000	3318.307	876240.5	6.7E-10	2E-06	-1E-04	0		33634	20.067		500000.5	-500000.5	246.5	-246.5	-190.708	206.115	499999.9	-499999.9	845.8	-845.8
8	8	9	70000	3318.307	876240.5	3.86E-10	-2E-06	-1E-04	0		33634	22.601		500000.6	-500000.6	142.1	-142.1	-206.164	215.046	499999.9	-499999.9	845.9	-845.9
9	9	10	70000	3848.451	1178588	-7.3E-09	-7E-09	-5E-05	0		29000	5.5768		499995.0	-499995.0	-3594.8	3594.8	-214.886	-9.788	500000.0	-500000.0	-2810.4	2810.4
10	10	11	70000	3848.451	1178588	-7.3E-09	-6E-08	3E-05	0		29000	7.2011		499995.0	-499995.0	-3591.2	3591.2	9.464	-233.933	500000.0	-500000.0	-2810.5	2810.5
11	11	12	70000	3848.451	1178588	-7.1E-09	-1E-06	0.0001	0		29000	46.247		499995.7	-499995.7	-3503.1	3503.1	234.184	-453.131	500000.0	-500000.0	-2810.8	2810.8
12	12	13	70000	3848.451	1178588	-6.7E-09	-3E-06	0.0002	0		29000	118.87		499996.8	-499996.8	-3332.6	3332.6	452.822	-661.107	500000.0	-500000.0	-2811.1	2811.1
13	13	14	70000	3848.451	1178588	-6.2E-09	-4E-06	0.0003	0		29000	218.79		499998.4	-499998.4	-3083.6	3083.6	661.601	-854.324	500000.0	-500000.0	-2811.6	2811.6
14	14	15	70000	3848.451	1178588	-5.6E-09	-5E-06	0.0003	0		29001	334.67		499998.5	-499998.5	-2762.2	2762.2	852.331	-1024.970	500000.0	-500000.0	-2812.2	2812.2
15	15	16	70000	3848.451	1178588	4.24E-09	-6E-06	0.0004	0		29000	349.5		499998.8	-499998.8	2097.8	-2097.8	1025.375	-894.261	500000.0	-500000.0	1678.7	-1678.7
16	16	17	70000	3848.451	1178588	4.92E-09	-5E-06	0.0003	0		29000	254.1		499996.9	-499996.9	2434.5	-2434.5	893.949	-741.796	500000.0	-500000.0	1678.8	-1678.8
17	17	18	70000	3848.451	1178588	5.48E-09	-4E-06	0.0003	0		29000	164.48		499995.4	-499995.4	2713.8	-2713.8	741.953	-572.339	500000.0	-500000.0	1677.4	-1677.4
18	18	19	70000	3848.451	1178588	5.92E-09	-3E-06	0.0002	0		29000	88.674		499994.2	-499994.2	2929.4	-2929.4	572.489	-389.402	499999.9	-499999.9	1677.0	-1677.2
19	19	20	70000	3848.451	1178588	6.21E-09	-2E-06	0.0001	0		29000	33.753		499993.4	-499993.4	3076.5	-3076.5	389.444	-197.166	500000.0	-500000.0	1677.2	-1677.2
20	20	21	70000	3848.451	1178588	6.37E-09	-1E-06	5E-05	0		29000	4.9082		499992.8	-499992.8	3152.0	-3152.0	197.110	-0.108	499999.9	-499999.9	1678.4	-1678.4

ばね要素のデータ：Le' - Le = ばねの伸び δ、Pxe1 = ばねの力 $k_s \delta$、Ua = ばねの歪エネルギ $1/2 k_s \delta^2$、ks = ばね定数 k_s

21	9	22																						
22						0.416274					762.45			-3663.2	3663.2					-0.1	0.1	3663.2	-3663.2
23			8800																					

合計 617834 1713

第 7 章　梁

7.7.3.　例題 3 – フレーム構造

図 7-52 に示すフレーム構造を考える．この問題は変形が大きいので，幾何学的非線形の影響が出てくる．そこで，以下の 2 種類の解析を行って結果を比較する．
（1）2 次元梁解析ツール（微小変形理論）
（2）2 次元梁解析ツール（有限変形理論）
幾何学的非線形の影響を考慮するには，変形を模擬できる数の節点を配置しなければならない．解析に使った要素分割を図 7-52 の下の図に示す．

微小変形理論による解析結果を表 7-9 に，有限変形理論による解析結果を表 7-10 に示す．変形図を図 7-53 に，曲げモーメント分布を図 7-54 に示す．

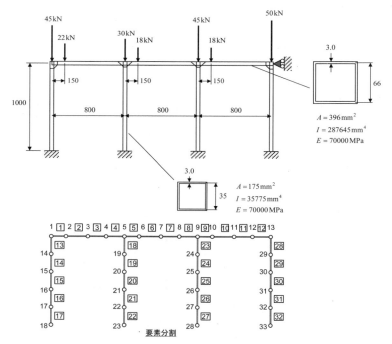

図 7-52　例題 3　フレーム構造

7.7 梁の例題

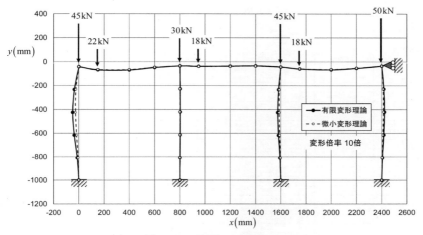

図 7-53　変形 − 例題3

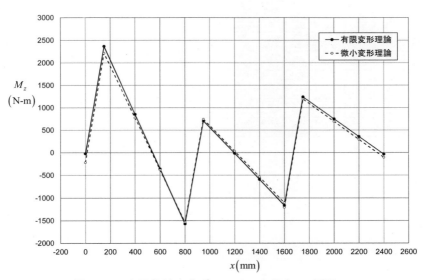

図 7-54　水平部材の曲げモーメント分布 − 例題3

第 7 章 梁

表 7-9 (1/2) 例題 3 フレーム構造 − 2 次元梁解析ツール (微小変形理論)

2次元梁 線形解析ツール　　　　　　　　　　　　　　　作成：滝 敏美 2019/05/09

節点データ

節点番号	節点座標		節点変位			外力			外力の仕事
	x (mm)	y (mm)	u (mm)	v (mm)	theta (radian)	Px (N)	Py (N)	Mz (N-mm)	W (N-mm)
1	0	0	0.0284	-4.1652	-0.0182	0	-45000	0	187435.738
2	150	0	0.0266	-6.5699	-0.0108	0	-22000	0	144536.862
3	400	0	0.0238	-6.5779	0.0078	0	0	0	0
4	600	0	0.0216	-4.6424	0.0097	0	0	0	0
5	800	0	0.0194	-3.4646	0.0002	0	-30000	0	103936.7
6	950	0	0.0179	-3.8708	-0.0028	0	-18000	0	69674.9491
7	1200	0	0.0152	-3.7784	0.0020	0	0	0	0
8	1400	0	0.0132	-3.5279	-0.0005	0	0	0	0
9	1600	0	0.0113	-4.3431	-0.0086	0	-45000	0	195440.528
10	1750	0	0.0092	-5.8640	-0.0087	0	-18000	0	105552.758
11	2000	0	0.0056	-6.4415	0.0030	0	0	0	0
12	2200	0	0.0028	-5.2806	0.0079	0	0	0	0
13	2400	0	0.0000	-3.5373	0.0088	0	-50000	0	176864.291
14	0	-200	-2.3091	-3.3322	-0.0059	0	0	0	0
15	0	-400	-2.6077	-2.4991	0.0022	0	0	0	0
16	0	-600	-1.7402	-1.6661	0.0058	0	0	0	0
17	0	-800	-0.5802	-0.8330	0.0051	0	0	0	0
18	0	-1000	0.0000	0.0000	0.0000	0	0	0	0
19	800	-200	0.0368	-2.7716	0.0000	0	0	0	0
20	800	-400	0.0315	-2.0787	-0.0001	0	0	0	0
21	800	-600	0.0163	-1.3858	-0.0001	0	0	0	0
22	800	-800	0.0047	-0.6929	0.0000	0	0	0	0
23	800	-1000	0.0000	0.0000	0.0000	0	0	0	0
24	1600	-200	-1.0934	-3.4745	-0.0028	0	0	0	0
25	1600	-400	-1.2345	-2.6059	0.0010	0	0	0	0
26	1600	-600	-0.8241	-1.7372	0.0027	0	0	0	0
27	1600	-800	-0.2748	-0.8686	0.0024	0	0	0	0
28	1600	-1000	0.0000	0.0000	0.0000	0	0	0	0
29	2400	-200	1.1330	-2.8298	0.0028	0	0	0	0
30	2400	-400	1.2754	-2.1224	-0.0011	0	0	0	0
31	2400	-600	0.8510	-1.4149	-0.0028	0	0	0	0
32	2400	-800	0.2838	-0.7075	-0.0025	0	0	0	0
33	2400	-1000	0.0000	0.0000	0.0000	0	0	0	0
							合計		983441.825

入力するセル
変数セル

全ポテンシャルエネルギ
-491721 ←目的セル

7.7 梁の例題

表 7-9 (2/2) 例題 3 フレーム構造 - 2次元梁解析ツール (微小変形理論) による解

要素データ

要素番号	節点1	節点2	E (MPa)	A (mm²)	I (mm⁴)	歪エネルギ Ua (N-mm)	Ub (N-mm)	節点力 (要素座標系) Pxe1 (N)	Pye1 (N)	Pye2 (N)	Mze1 (N-m)	Mze2 (N-m)	節点力 (全体座標系) Px1 (N)	Py1 (N)	Px2 (N)	Py2 (N)
1	1	2	70000	396	287644.5	0.289895	5551.98	327.3	-327.3	16229.0	-16229.0	218.8	2215.5	327.3	16229.0	-327.3	-16229.0
2	2	3	70000	396	287644.5	0.448154	14936.2	315.3	-315.3	-5771.0	5771.0	-2215.5	772.8	315.3	-5771.0	-315.3	5771.0
3	3	4	70000	396	287644.5	0.331831	741.5	303.3	-303.3	-5771.0	5771.0	-772.8	-381.4	303.3	-5771.0	-303.3	5771.0
4	4	5	70000	396	287644.5	0.322245	5114.39	298.9	-298.9	-5771.0	5771.0	381.4	1531.6	298.9	-5771.0	-298.9	5771.0
5	5	6	70000	396	287644.5	0.225188	2185.01	288.5	-288.5	-15158.0	15158.0	1531.6	742.1	288.5	15158.0	-288.5	-15158.0
6	6	7	70000	396	287644.5	0.385729	1190.35	292.5	-292.5	-2842.0	2842.0	-742.1	31.6	292.5	-2842.0	-292.5	2842.0
7	7	8	70000	396	287644.5	0.289553	450.564	283.3	-283.3	-2842.0	2842.0	-31.6	-536.8	283.3	-2842.0	-283.3	2842.0
8	8	9	70000	396	287644.5	0.233251	3475.46	254.3	-254.3	-2842.0	2842.0	536.1	-1104.5	254.3	-2842.0	-254.3	2842.0
9	9	10	70000	396	287644.5	0.438267	1788.57	402.5	-402.5	16001.9	-16001.9	1207.9	1192.4	402.5	16001.9	-402.5	-16001.9
10	10	11	70000	396	287644.5	0.708941	5644.83	396.5	-396.5	-1998.1	1998.1	-1192.4	692.8	396.5	-1998.1	-396.5	1998.1
11	11	12	70000	396	287644.5	0.548392	1273.28	389.9	-389.9	-1998.1	1998.1	-692.8	293.2	389.9	-1998.1	-389.9	1998.1
12	12	13	70000	396	287644.5	0.535584	109.418	385.3	-385.3	-1998.1	1998.1	-293.2	-106.4	385.3	-1998.1	-385.3	1998.1
13	1	14	70000	210	42953.75	25503.34	1163.03	327.9	-327.9	-61229.0	61229.0	-218.8	153.2	-327.9	-61229.0	327.9	61229.0
14	14	15	70000	210	42953.75	25503.34	494.678	327.9	-327.9	-61229.0	61229.0	-153.2	87.7	-327.9	-61229.0	327.9	61229.0
15	15	16	70000	210	42953.75	25503.34	111.844	327.9	-327.9	-61229.0	61229.0	-87.6	22.0	-327.9	-61229.0	327.9	61229.0
16	16	17	70000	210	42953.75	25503.34	15.817	327.9	-327.9	-61229.0	61229.0	-22.0	-43.6	-327.9	-61229.0	327.9	61229.0
17	17	18	70000	210	42953.75	25503.34	205.601	327.4	-327.4	-61229.0	61229.0	43.6	-109.1	-327.4	-61229.0	327.4	61229.0
18	5	19	70000	210	42953.75	17644.63	0.18654	8.2	-8.2	-50929.0	50929.0	3.1	-1.5	8.2	-50929.0	-8.2	50929.0
19	19	20	70000	210	42953.75	17644.64	0.05622	2.1	-2.1	-50929.0	50929.0	1.5	-1.1	2.1	-50929.0	-2.1	50929.0
20	20	21	70000	210	42953.75	17644.64	0.00674	7.8	-7.8	-50929.0	50929.0	0.8	0.8	7.8	-50929.0	-7.8	50929.0
21	21	22	70000	210	42953.75	17644.63	0.00503	2.1	-2.1	-50929.0	50929.0	-0.2	0.6	2.1	-50929.0	-2.1	50929.0
22	22	23	70000	210	42953.75	17644.63	0.01443	1.7	-1.7	-50929.0	50929.0	-0.5	0.8	1.7	-50929.0	-1.7	50929.0
23	9	24	70000	210	42953.75	27728.19	259.846	63843.9	-63843.9	-155.1	155.1	-103.4	72.4	-155.1	-63843.9	155.1	63843.9
24	24	25	70000	210	42953.75	27728.19	110.506	63843.9	-63843.9	-155.1	155.1	-72.5	41.4	-155.1	-63843.9	155.1	63843.9
25	25	26	70000	210	42953.75	27728.19	25.0928	63843.9	-63843.9	-155.2	155.2	-41.5	10.5	-155.2	-63843.9	155.2	63843.9
26	26	27	70000	210	42953.75	27728.19	3.5327	63843.9	-63843.9	-155.2	155.2	-10.4	-20.6	-155.2	-63843.9	155.2	63843.9
27	27	28	70000	210	42953.75	27728.19	46.1271	63843.9	-63843.9	-154.7	154.7	20.7	-51.6	-154.7	-63843.9	154.7	63843.9
28	13	29	70000	210	42953.75	18393.22	274.831	51998.1	-51998.1	-159.8	159.8	106.4	-74.5	159.8	-51998.1	-159.8	51998.1
29	29	30	70000	210	42953.75	18393.22	116.608	51998.1	-51998.1	-159.8	159.8	74.5	-42.5	159.8	-51998.1	-159.8	51998.1
30	30	31	70000	210	42953.75	18393.21	26.5904	51998.1	-51998.1	-159.8	159.8	42.7	-10.7	159.8	-51998.1	-159.8	51998.1
31	31	32	70000	210	42953.75	18393.21	3.76108	51998.1	-51998.1	-159.9	159.9	10.7	21.3	159.9	-51998.1	-159.9	51998.1
32	32	33	70000	210	42953.75	18393.21	49.1872	51998.1	-51998.1	-160.0	160.0	-21.3	53.3	160.0	-51998.1	-160.0	51998.1
						446351.7	45368.9										

321

第7章 梁

表 7-10（1/2） 例題3 フレーム構造 − 2次元梁解析ツール（有限変形理論）による解

2次元梁 非線形解析ツール　　　　　　　　　　　　　　　　　作成：滝 敏美 2019/05/09

節点データ

	節点番号	節点座標		節点変位			外力			外力の仕事
		x (mm)	y (mm)	u (mm)	v (mm)	theta (radian)	Px (N)	Py (N)	Mz (N-mm)	W (N-mm)
1	1	0	0	0.0851	-4.2035	-0.0206	0	-45000	0	189158.7546
2	2	150	0	0.0618	-6.8563	-0.0118	0	-22000	0	150838.6456
3	3	400	0	0.0595	-6.9242	0.0082	0	0	0	0
4	4	600	0	0.0474	-4.8466	0.0106	0	0	0	0
5	5	800	0	0.0413	-3.4822	0.0010	0	-30000	0	104466.2671
6	6	950	0	0.0399	-3.7810	-0.0022	0	-18000	0	68057.42151
7	7	1200	0	0.0378	-3.6097	0.0021	0	0	0	0
8	8	1400	0	0.0360	-3.3999	-0.0009	0	0	0	0
9	9	1600	0	0.0319	-4.3613	-0.0096	0	-45000	0	196260.525
10	10	1750	0	0.0220	-6.0105	-0.0094	0	-18000	0	108188.7489
11	11	2000	0	0.0179	-6.6812	0.0030	0	0	0	0
12	12	2200	0	0.0118	-5.4690	0.0085	0	0	0	0
13	13	2400	0	0.0000	-3.5465	0.0101	0	-50000	0	177323.8667
14	14	0	-200	-3.4839	-3.3425	-0.0134	0	0	0	0
15	15	0	-400	-4.8222	-2.5088	0.0003	0	0	0	0
16	16	0	-600	-3.5678	-1.6758	0.0109	0	0	0	0
17	17	0	-800	-1.2040	-0.8327	0.0107	0	0	0	0
18	18	0	-1000	0.0000	0.0000	0.0000	0	0	0	0
19	19	800	-200	0.2032	-2.7857	0.0005	0	0	0	0
20	20	800	-400	0.2447	-2.0893	-0.0001	0	0	0	0
21	21	800	-600	0.1703	-1.3929	-0.0006	0	0	0	0
22	22	800	-800	0.0555	-0.6964	-0.0005	0	0	0	0
23	23	800	-1000	0.0000	0.0000	0.0000	0	0	0	0
24	24	1600	-200	-1.6763	-3.4845	-0.0066	0	0	0	0
25	25	1600	-400	-2.3509	-2.6138	0.0000	0	0	0	0
26	26	1600	-600	-1.7548	-1.7433	0.0053	0	0	0	0
27	27	1600	-800	-0.5940	-0.8704	0.0053	0	0	0	0
28	28	1600	-1000	0.0000	0.0000	0.0000	0	0	0	0
29	29	2400	-200	1.6475	-2.8327	0.0058	0	0	0	0
30	30	2400	-400	2.1739	-2.1251	-0.0005	0	0	0	0
31	31	2400	-600	1.5703	-1.4173	-0.0049	0	0	0	0
32	32	2400	-800	0.5261	-0.7076	-0.0047	0	0	0	0
33	33	2400	-1000	0.0000	0.0000	0.0000	0	0	0	0
								合計		994294.2293

入力するセル
変数セル

全ポテンシャルエネルギ　-494635　←目的セル

7.7 梁の例題

表 7-10 (2/2) 例題 3 フレーム構造 - 2次元梁解析ツール (有限変形理論) による解

要素データ

要素番号	節点1	節点2	E (MPa)	A (mm^2)	I (mm^4)	歪エネルギ Ua (N-mm)	Ub (N-mm)	節点力(要素座標系) Pxe1 (N)	Pxe2 (N)	Pye1 (N)	Pye2 (N)	Mze1 (N-m)	Mze2 (N-m)	節点力(全体座標系) Px1 (N)	Px2 (N)	Py1 (N)	Py2 (N)
1	1	2	70000	396	287644.5	0.0026	6891	-30.8	30.8	15943.4	-15943.4	23.8	2367.7	251.2	-251.2	15941.5	-15941.5
2	2	3	70000	396	287644.5	0.2829	17286	250.5	-250.5	-6058.4	6058.4	-2367.7	853.1	248.8	-248.8	-6058.5	6058.5
3	3	4	70000	396	287644.5	0.1223	911.09	184.1	-184.1	-6060.8	6060.8	-853.1	359.1	247.1	-247.1	-6058.5	6058.5
4	4	5	70000	396	287644.5	0.1504	5233.6	204.2	-204.2	-6060.0	6060.0	-359.1	-1571.1	245.5	-245.5	-6058.5	6058.5
5	5	6	70000	396	287644.5	0.1092	2293.2	200.9	-200.9	-15128.4	-15128.4	1566.5	702.7	231.0	-231.0	15128.0	-15128.0
6	6	7	70000	396	287644.5	0.2379	1000.1	229.7	-229.7	-2872.0	2872.0	702.7	-15.3	231.7	-231.7	-2871.9	2871.9
7	7	8	70000	396	287644.5	0.1894	591.05	229.1	-229.1	-2872.1	-2872.1	15.3	-589.7	232.1	-232.1	-2871.9	2871.9
8	8	9	70000	396	287644.5	0.2162	3952.9	244.8	-244.8	-2870.7	2870.7	589.5	-1163.7	231.0	-231.0	-2871.9	2871.9
9	9	10	70000	396	287644.5	0.0773	1802.5	169.0	-169.0	-16043.1	-16043.1	1166.8	1239.6	345.4	-345.4	16040.3	-16040.3
10	10	11	70000	396	287644.5	0.5455	6267.4	347.8	-347.8	-1958.7	1958.7	-1239.6	749.9	342.5	-342.5	-1959.6	1959.6
11	11	12	70000	396	287644.5	0.427	1586.7	344.0	-344.0	-1961.7	1961.7	-749.9	357.6	355.9	-355.9	-1959.6	1959.6
12	12	13	70000	396	287644.5	0.4402	192.98	349.3	-349.3	-1963.1	1963.1	-357.6	-35.0	368.2	-368.2	-1959.6	1959.6
13	13	14	70000	210	42953.75	25260	461.43	60936.2	-60936.2	836.1	-836.1	-23.8	191.1	-256.0	256.0	-60941.4	60941.4
14	14	15	70000	210	42953.75	25265	1423.5	60941.8	-60941.8	156.3	-156.3	-191.1	222.3	-253.1	253.1	-60941.4	60941.4
15	15	16	70000	210	42953.75	25262	878.74	60938.6	-60938.6	633.6	-633.6	-221.7	95.0	-249.8	249.8	-60941.4	60941.4
16	16	17	70000	210	42953.75	25258	104.83	60934.2	-60934.2	971.7	-971.7	-95.0	-99.3	-248.4	248.4	-60941.4	60941.4
17	17	18	70000	210	42953.75	25262	906.12	60938.8	-60938.8	618.3	-618.3	99.3	-223.0	-249.9	249.9	-60941.4	60941.4
18	18	5	70000	210	42953.75	17824	1.8669	51186.6	-51186.6	27.3	27.3	4.6	-10.1	14.3	-14.3	-51186.6	51186.6
19	19	20	70000	210	42953.75	17824	3.2124	51186.6	-51186.6	3.0	-3.0	10.1	-9.5	13.7	-13.7	-51186.6	51186.6
20	20	21	70000	210	42953.75	17824	1.6062	51186.6	-51186.6	32.4	-32.4	9.9	-3.5	13.2	-13.2	-51186.6	51186.6
21	21	22	70000	210	42953.75	17824	0.223	51186.6	-51186.6	41.9	-41.9	3.3	5.1	12.4	-12.4	-51186.6	51186.6
22	22	23	70000	210	42953.75	17824	1.9466	51186.6	-51186.6	25.9	-25.9	-4.9	10.1	11.6	-11.6	-51186.6	51186.6
23	23	24	70000	210	42953.75	27786	91.151	63910.9	-63910.9	429.5	-429.5	-3.2	89.1	-118.8	118.8	-63912.3	63912.3
24	24	25	70000	210	42953.75	27788	326.85	63912.3	-63912.3	99.1	-99.1	-89.1	108.9	-117.4	117.4	-63912.3	63912.3
25	25	26	70000	210	42953.75	27787	219.88	63911.6	-63911.6	-306.9	306.9	-110.0	48.7	-115.6	115.6	-63912.3	63912.3
26	26	27	70000	210	42953.75	27786	26.341	63910.5	-63910.5	-487.4	487.4	-48.7	-48.8	-114.9	114.9	-63912.2	63912.2
27	27	28	70000	210	42953.75	27787	220.47	63911.6	-63911.6	-306.3	306.3	48.8	-110.1	-115.7	115.7	-63912.3	63912.3
28	28	29	70000	210	42953.75	18366	148.75	51959.9	-51959.9	-296.3	296.3	35.0	-94.3	-133.3	133.3	-51959.6	51959.6
29	29	30	70000	210	42953.75	18366	298.79	51959.8	-51959.8	-5.0	5.0	94.3	-95.3	-132.3	132.3	-51959.7	51959.6
30	30	31	70000	210	42953.75	18366	153.74	51958.7	-51958.7	288.6	-288.6	94.8	-37.1	-131.2	131.2	-51959.7	51959.7
31	31	32	70000	210	42953.75	18365	18.365	51958.2	-51958.2	403.1	-403.1	37.1	43.6	-130.8	130.8	-51959.6	51959.6
32	32	33	70000	210	42953.75	18366	172.95	51959.1	-51959.1	268.5	-268.5	-43.6	97.3	-131.4	131.4	-51959.6	51959.6
						446190	53470										

7.7.4. 例題4 – 円弧アーチ

図 7-55 に示すように，支持点で固定された頂角 72 度の円弧アーチに単位スパンあたり 80 N/mm の下向き荷重が負荷されている問題を考える．

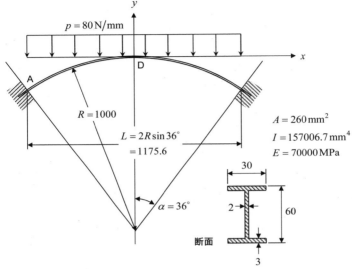

図 7-55　例題 4　円弧アーチ

この問題の解はティモシェンコの本[9] に載っており，アーチの中央の荷重（図 7-56）は次のように表されている．

$$d = \frac{R}{\alpha}(\alpha - \sin\alpha), \ L = 2R\sin\alpha, \ k^2 = \frac{I_0}{A_0}$$

$$H_0 = \frac{pL}{12\sin\alpha} \frac{\sin\alpha\left(3\alpha - 3\sin\alpha\cos\alpha - 2\alpha\sin^2\alpha\right) - 4\dfrac{k^2}{R^2}\alpha\sin^3\alpha}{\alpha^2 + \alpha\sin\alpha\cos\alpha - 2\sin^2\alpha + \dfrac{k^2}{R^2}\left(\alpha^2 + \alpha\sin\alpha\cos\alpha\right)}$$

$$M_0 = \frac{pL^2}{16\alpha\sin^2\alpha}(\alpha - \sin\alpha\cos\alpha) \quad\quad (7\text{-}150)$$

$$N_D = H_0$$

$$M_D = M_0 - H_0 d$$

ここで，α：円弧アーチの半頂角（ラジアン），

7.7 梁の例題

R：円弧アーチの半径，A_0：アーチの断面積，I_0：アーチの断面2次モーメント，L：アーチのスパン，p：単位スパンあたりの荷重，N_D：中央の軸力，M_D：中央の曲げモーメント

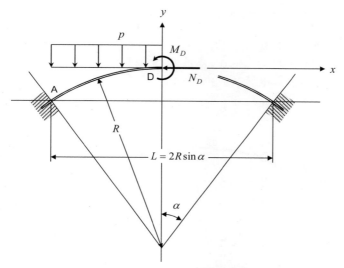

図 7-56　アーチの中央の荷重

この問題は変形が大きいので，幾何学的非線形の影響が出てくる．そこで，以下の2種類の解析を行って結果を比較する．
（1）　2次元梁解析ツール（微小変形理論）
（2）　2次元梁解析ツール（有限変形理論）

要素分割を図 7-57 に示す．荷重は各節点に集中荷重として負荷する（図 7-58 参照）．微小変形理論を使って解析した結果を表 7-11 に，有限変形理論を使って解析した結果を表 7-12 に示す．中央点の軸力と曲げモーメントの比較を下の表に示すが，微小変形理論の結果とティモシェンコの式の値はほとんど一致している．有限変形理論による値は微小変形理論による値よりも大きいことがわかる．

第7章 梁

	微小変形理論	有限変形理論	ティモシェンコ
N_D (kN) 圧縮	61.80	64.12	61.82
M_D (N-m)	879.2	972.5	875.5

図 7-60～図 7-63 に,変形,軸力,全体座標系基準の断面力(定義を図 7-59 に示す),曲げモーメントを示す.微小変形理論と有限変形理論で変形の差は小さいが,梁の断面力には差が出ている.

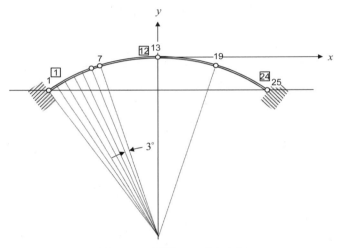

図 7-57 例題4の要素分割

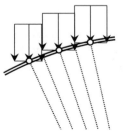

図 7-58 例題4の荷重の負荷方法

7.7 梁の例題

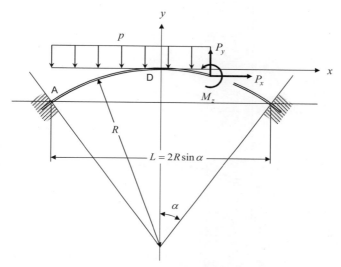

図 7-59 全体座標系基準の断面力の定義 – 例題 4

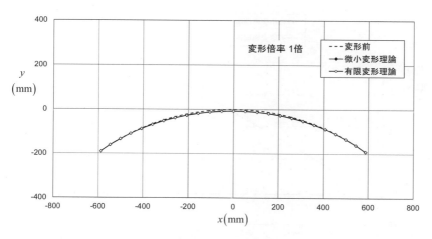

図 7-60 変形 – 例題 4

第7章　梁

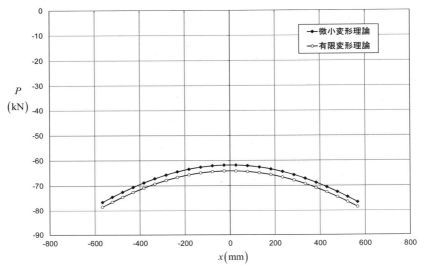

図 7-61　軸力の分布 – 例題 4

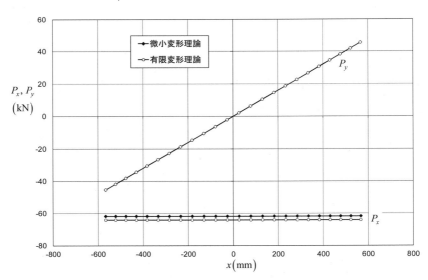

図 7-62　全体座標系基準の断面力の分布 – 例題 4

7.7 梁の例題

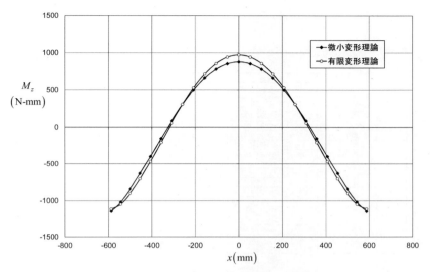

図 7-63 曲げモーメントの分布 – 例題 4

第7章 梁

表 7-11（1/2） 例題4 円弧アーチ － 2次元梁解析ツール（微小変形理論）による解

2次元梁 線形解析ツール　　　　　　　　　　　　　作成：滝 敏美 2019/05/09

節点データ

	節点番号	節点座標		節点変位			外力			外力の仕事
		x (mm)	y (mm)	u (mm)	v (mm)	theta (radian)	Px (N)	Py (N)	Mz (N-mm)	W (N-mm)
1	1	-587.785	-190.983	0	0	0	0	0	0	0
2	2	-544.639	-161.329	-0.10365	-0.23803	-0.00515	0	-3511.41	0	835.822438
3	3	-500	-133.975	-0.08271	-0.68236	-0.0096	0	-3625.94	0	2474.18286
4	4	-453.99	-108.993	0.019842	-1.30827	-0.01312	0	-3730.53	0	4880.54454
5	5	-406.737	-86.4545	0.161989	-2.07785	-0.01557	0	-3824.9	0	7947.59057
6	6	-358.368	-66.4196	0.306272	-2.9432	-0.01689	0	-3908.79	0	11504.3218
7	7	-309.017	-48.9435	0.422497	-3.84997	-0.01706	0	-3981.96	0	15330.4193
8	8	-258.819	-34.0742	0.48946	-4.74123	-0.01614	0	-4044.21	0	19174.5493
9	9	-207.912	-21.8524	0.495723	-5.56114	-0.01422	0	-4095.38	0	22775.0197
10	10	-156.434	-12.3117	0.439518	-6.25853	-0.01146	0	-4135.33	0	25881.0921
11	11	-104.528	-5.4781	0.32785	-6.79002	-0.00802	0	-4163.94	0	28273.2473
12	12	-52.336	-1.37047	0.174921	-7.12266	-0.00413	0	-4181.14	0	29780.8201
13	13	0	0	3.94E-05	-7.23586	2.67E-07	0	-4186.88	0	30295.6499
14	14	52.33596	-1.37047	-0.17484	-7.12263	0.004129	0	-4181.14	0	29780.7055
15	15	104.5285	-5.4781	-0.32778	-6.78997	0.008023	0	-4163.94	0	28273.032
16	16	156.4345	-12.3117	-0.43945	-6.25846	0.011456	0	-4135.33	0	25380.8014
17	17	207.9117	-21.8524	-0.49565	-5.56106	0.014221	0	-4095.38	0	22774.6857
18	18	258.819	-34.0742	-0.48939	-4.74121	0.016137	0	-4044.21	0	19174.2066
19	19	309.017	-48.9435	-0.42243	-3.84989	0.017059	0	-3981.96	0	15330.1004
20	20	358.3679	-66.4196	-0.30622	-2.94313	0.016887	0	-3908.79	0	11504.0534
21	21	406.7366	-86.4545	-0.16194	-2.0778	0.01557	0	-3824.9	0	7947.38997
22	22	453.9905	-108.993	-0.01981	-1.30824	0.013116	0	-3730.53	0	4830.41779
23	23	500	-133.975	0.082731	-0.68234	0.009597	0	-3625.94	0	2474.12297
24	24	544.639	-161.329	0.103655	-0.23803	0.005154	0	-3511.41	0	835.80902
25	25	587.7853	-190.983	0	0	0	0	0	0	0
26										
27										
28										
29										
30										
31										
32										
33										
									合計	368008.585

入力するセル
変数セル

全ポテンシャルエネルギ　-184004　←目的セル

7.7 梁の例題

表 7-11 (2/2) 例題 4 円弧アーチ － 2次元梁解析ツール（微小変形理論）による解

要素データ

要素番号	節点1	節点2	E (MPa)	A (mm^2)	I (mm^4)	歪エネルギー Ua (N-mm)	Ub (N-mm)	節点力（要素座標系） Pxe1 (N)	Pxe2 (N)	Pye1 (N)	Pye2 (N)	Mze1 (N-m)	Mze2 (N-m)	節点力（全体座標系） Px1 (N)	Py1 (N)	Px2 (N)	Py2 (N)
1	1	2	70000	260	157006.7	8431.186	2790.99	76563.3	-76563.3	2343.0	-2343.0	1143.3	-1020.6	61770.7	45296.9	-61770.7	-45296.9
2	2	3	70000	260	157006.7	7983.116	2078.64	74501.1	-74501.1	3352.8	-3352.8	1020.6	-845.1	61770.8	41785.4	-61770.8	-41785.4
3	3	4	70000	260	157006.7	7558.664	1308.87	72493.4	-72493.4	4060.7	-4060.7	845.1	-632.5	61770.9	38159.5	-61770.9	-38159.5
4	4	5	70000	260	157006.7	7163.889	642.963	70575.0	-70575.0	4482.3	-4482.3	632.5	-397.8	61770.2	34428.9	-61770.2	-34428.9
5	5	6	70000	260	157006.7	6804.115	193.711	68780.0	-68780.0	4636.0	-4636.0	397.8	-155.1	61770.3	30604.0	-61770.3	-30604.0
6	6	7	70000	260	157006.7	6483.179	14.3442	67138.3	-67138.3	4544.7	-4544.7	155.1	82.8	61770.3	26695.3	-61770.3	-26695.3
7	7	8	70000	260	157006.7	6204.122	99.1042	65677.5	-65677.5	4234.3	-4234.3	-82.8	304.5	61770.3	22713.3	-61770.3	-22713.3
8	8	9	70000	260	157006.7	5969.15	392.97	64421.7	-64421.7	3733.3	-3733.3	-304.5	500.0	61770.2	18669.1	-61770.2	-18669.1
9	9	10	70000	260	157006.7	5779.803	807.522	63391.7	-63391.7	3072.9	-3072.9	-500.0	660.9	61770.7	14573.7	-61770.7	-14573.7
10	10	11	70000	260	157006.7	5637.1	1239.99	62604.3	-62604.3	2286.4	-2286.4	-660.9	780.6	61770.3	10438.4	-61770.3	-10438.4
11	11	12	70000	260	157006.7	5541.678	1592.59	62072.2	-62072.2	1408.6	-1408.6	-780.6	854.3	61770.4	6274.4	-61770.4	-6274.4
12	12	13	70000	260	157006.7	5493.891	1789.49	61803.9	-61803.9	475.6	-475.6	-854.3	879.2	61770.3	2093.3	-61770.3	-2093.3
13	13	14	70000	260	157006.7	5494.109	1789.46	61805.2	-61805.2	-475.9	475.9	-879.2	854.3	61771.5	-2093.6	-61771.5	2093.6
14	14	15	70000	260	157006.7	5541.9	1592.52	62073.4	-62073.4	-1408.8	1408.8	-854.3	780.5	61771.5	-6274.7	-61771.5	6274.7
15	15	16	70000	260	157006.7	5637.326	1239.9	62605.5	-62605.5	-2286.6	2286.6	-780.5	660.8	61771.5	-10438.7	-61771.5	10438.7
16	16	17	70000	260	157006.7	5780.033	807.433	63393.0	-63393.0	-3073.0	3073.0	-660.8	499.9	61771.5	-14574.0	-61771.5	14574.0
17	17	18	70000	260	157006.7	5969.384	392.904	64423.0	-64423.0	-3733.3	3733.3	-499.9	304.5	61771.5	-18669.4	-61771.5	18669.4
18	18	19	70000	260	157006.7	6204.36	99.0742	65678.7	-65678.7	-4234.2	4234.2	-304.5	82.8	61771.5	-22713.6	-61771.5	22713.6
19	19	20	70000	260	157006.7	6483.422	14.3481	67139.5	-67139.5	-4544.6	4544.6	-82.8	-155.1	61771.5	-26695.5	-61771.5	26695.5
20	20	21	70000	260	157006.7	6804.362	193.734	68781.2	-68781.2	-4635.8	4635.8	155.1	-397.8	61771.5	-30604.3	-61771.5	30604.3
21	21	22	70000	260	157006.7	7164.14	642.977	70576.2	-70576.2	-4482.0	4482.0	397.8	-632.5	61771.5	-34429.2	-61771.5	34429.2
22	22	23	70000	260	157006.7	7558.922	1308.84	72494.7	-72494.7	-4060.3	4060.3	632.5	-845.0	61772.1	-38159.8	-61772.1	38159.8
23	23	24	70000	260	157006.7	7983.379	2078.64	74502.3	-74502.3	-3352.4	3352.4	845.0	-1020.5	61772.0	-41785.7	-61772.0	41785.7
24	24	25	70000	260	157006.7	8431.448	2790.72	76564.5	-76564.5	-2342.5	2342.5	1020.5	-1143.2	61772.0	-45297.1	-61772.0	45297.1
25																	
26																	
27																	
28																	
29																	
30																	
31						158102.7	25901.6										
32																	

331

第7章 梁

表 7-12 (1/2)　例題 4　円弧アーチ – 2次元梁解析ツール（有限変形理論）による解

2次元梁 非線形解析ツール　　　　　　　　　　　　　　　　　作成：滝 敏美 2019/05/09

節点データ

	節点番号	節点座標		節点変位			外力			ｹﾞｰﾌｫｰｽの仕事
		x (mm)	y (mm)	u (mm)	v (mm)	theta (radian)	Px (N)	Py (N)	Mz (N-mm)	W (N-mm)
1	1	-587.785	-190.983	0	0	0	0	0	0	0
2	2	-544.639	-161.329	-0.10949	-0.23956	-0.00514	0	-3511.41	0	841.2020527
3	3	-500	-133.975	-0.09323	-0.68989	-0.0098	0	-3625.94	0	2501.508004
4	4	-453.99	-108.993	0.008804	-1.33453	-0.01364	0	-3730.53	0	4978.494873
5	5	-406.737	-86.4545	0.15463	-2.13929	-0.01644	0	-3824.9	0	8182.56104
6	6	-358.368	-66.4196	0.305237	-3.05595	-0.01805	0	-3908.79	0	11945.04711
7	7	-309.017	-48.9435	0.428375	-4.02666	-0.01841	0	-3981.96	0	16033.9893
8	8	-258.819	-34.0742	0.500976	-4.98876	-0.01755	0	-4044.21	0	20175.59248
9	9	-207.912	-21.8524	0.510331	-5.87956	-0.01556	0	-4095.38	0	24079.05206
10	10	-156.434	-12.3117	0.454118	-6.64091	-0.0126	0	-4135.33	0	27462.34488
11	11	-104.528	-5.4781	0.339468	-7.22314	-0.00885	0	-4163.94	0	30076.72666
12	12	-52.336	-1.37047	0.181264	-7.58835	-0.00456	0	-4181.14	0	31727.95381
13	13	0	0	-0.00013	-7.71282	-9.6E-07	0	-4186.88	0	32292.6089
14	14	52.33596	-1.37047	-0.18152	-7.58845	0.004562	0	-4181.14	0	31728.36709
15	15	104.5285	-5.4781	-0.33972	-7.22333	0.008848	0	-4163.94	0	30077.50317
16	16	156.4345	-12.3117	-0.45437	-6.64116	0.012595	0	-4135.33	0	27463.39577
17	17	207.9117	-21.8524	-0.51057	-5.87986	0.015564	0	-4095.38	0	24080.26452
18	18	258.819	-34.0742	-0.50121	-4.98907	0.017554	0	-4044.21	0	20176.84227
19	19	309.017	-48.9435	-0.42859	-4.02695	0.018412	0	-3981.96	0	16035.15749
20	20	358.3679	-66.4196	-0.30543	-3.0562	0.018048	0	-3908.79	0	11946.03519
21	21	406.7366	-86.4545	-0.15479	-2.13948	0.016439	0	-3824.9	0	8183.302349
22	22	453.9905	-108.993	-0.00892	-1.33465	0.013643	0	-3730.53	0	4978.964516
23	23	500	-133.975	0.093164	-0.68995	0.009801	0	-3625.94	0	2501.729873
24	24	544.639	-161.329	0.109463	-0.23958	0.005145	0	-3511.41	0	841.2502375
25	25	587.7853	-190.983	0	0	0	0	0	0	0
26										
27										
28										
29										
30										
31										
32										
33										

合計　383309.8936

全ポテンシャルエネルギー　-190575　←目的セル

入力するセル
変数セル

7.7 梁の例題

表 7-12 (2/2)　例題 4　円弧アーチ - 2次元梁解析ツール（有限変形理論）による解

要素データ

要素番号	節点1	節点2	E (MPa)	A (mm^2)	I (mm^4)	歪エネルギ Ua (N-mm)	Ub (N-mm)	節点力/要素座標系 Pxe1 (N)	Pye2 (N)	Pye1 (N)	Pye2 (N)	Mze1 (N-m)	Mze2 (N-m)	節点力(全体座標系) Px1 (N)	Py1 (N)	Px2 (N)	Py2 (N)
1	1	2	70000	260	157006.7	8857.8	2778.8	78476.5	-78476.5	1226.2	-1226.2	1112.1	-1047.9	64097.8	45293.8	64097.8	-45293.8
2	2	3	70000	260	157006.7	8409.5	2278.1	76464.9	-76464.9	2703.2	-2703.2	1047.9	-906.4	64100.9	41776.3	64100.9	-41776.3
3	3	4	70000	260	157006.7	7982	1557.1	74495.9	-74495.9	3815.9	-3815.9	906.4	-706.6	64102.0	38146.2	64102.0	-38146.2
4	4	5	70000	260	157006.7	7582.8	832.34	72609.3	-72609.3	4564.6	-4564.6	706.6	-467.6	64099.1	34412.9	64099.1	-34412.9
5	5	6	70000	260	157006.7	7219.6	285.2	70848.8	-70848.8	4958.5	-4958.5	467.6	-208.0	64098.4	30586.6	64098.4	-30586.6
6	6	7	70000	260	157006.7	6896.6	27.686	69245.7	-69245.7	5021.6	-5021.6	208.0	54.9	64097.5	26677.6	64097.5	-26677.6
7	7	8	70000	260	157006.7	6617	89.728	67827.5	-67827.5	4784.8	-4784.8	-54.9	305.4	64096.3	22696.6	64096.3	-22696.6
8	8	9	70000	260	157006.7	6382.8	425.28	66616.6	-66616.6	4285.8	-4285.8	-305.4	529.8	64094.9	18654.3	64094.9	-18654.3
9	9	10	70000	260	157006.7	6195.2	931.73	65630.2	-65630.2	3566.9	-3566.9	-529.8	716.5	64093.7	14561.6	64093.7	-14561.6
10	10	11	70000	260	157006.7	6054.5	1477.2	64880.6	-64880.6	2673.9	-2673.9	-716.5	856.5	64092.7	10429.5	64092.7	-10429.5
11	11	12	70000	260	157006.7	5960.8	1929.9	64376.6	-64376.6	1655.2	-1655.2	-856.5	943.1	64092.0	6269.2	64092.0	-6269.2
12	12	13	70000	260	157006.7	5913.9	2185.2	64123.1	-64123.1	560.6	-560.6	-943.1	972.5	64091.4	2091.9	64091.4	-2091.9
13	13	14	70000	260	157006.7	5913.2	2185.3	64119.2	-64119.2	-559.7	559.7	-972.5	943.2	64087.5	-2091.0	64087.5	2091.0
14	14	15	70000	260	157006.7	5960	1930.2	64372.6	-64372.6	-1654.5	1654.5	-943.2	856.6	64088.0	-6268.3	64088.0	6268.3
15	15	16	70000	260	157006.7	6053.7	1477.5	64876.6	-64876.6	-2673.4	2673.4	-856.6	716.6	64088.8	-10428.6	64088.8	10428.6
16	16	17	70000	260	157006.7	6194.4	932.07	65626.2	-65626.2	-3566.6	3566.6	-716.6	529.9	64089.8	-14560.7	64089.8	14560.7
17	17	18	70000	260	157006.7	6382.1	425.52	66612.6	-66612.6	-4285.8	4285.8	-529.9	305.5	64091.0	-18653.4	64091.0	18653.4
18	18	19	70000	260	157006.7	6616.2	89.83	67823.5	-67823.5	-4785.1	4785.1	-305.5	55.0	64092.4	-22695.7	64092.4	22695.7
19	19	20	70000	260	157006.7	6895.8	27.653	69241.8	-69241.8	-5022.0	5022.0	-55.0	-207.9	64093.7	-26676.8	64093.7	26676.8
20	20	21	70000	260	157006.7	7218.8	285.1	70845.0	-70845.0	-4959.2	4959.2	207.9	-467.6	64094.6	-30585.7	64094.6	30585.7
21	21	22	70000	260	157006.7	7582	832.27	72605.2	-72605.2	-4565.6	4565.6	467.6	-706.6	64095.1	-34412.0	64095.1	34412.0
22	22	23	70000	260	157006.7	7981.1	1557.2	74491.7	-74491.7	-3817.3	3817.3	706.6	-906.4	64097.7	-38145.3	64097.7	38145.3
23	23	24	70000	260	157006.7	8408.6	2278.6	76460.9	-76460.9	-2704.6	2704.6	906.4	-1048.0	64096.8	-41775.3	64096.8	41775.3
24	24	25	70000	260	157006.7	8856.9	2779.8	78472.4	-78472.4	-1226.9	1226.9	1048.0	-1112.3	64094.1	-45292.0	64094.1	45292.0
25																	
26						168136	29599										
27																	
28																	
29																	
30																	
31																	
32																	

第 7 章 梁

7.7.5. 例題 5 – 単純支持梁の座屈

端と中央に軸荷重が負荷される単純支持梁の座屈問題を考える（図 7-64）．

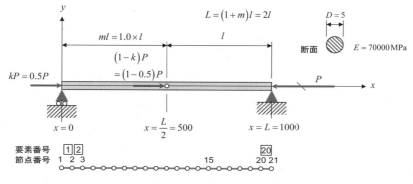

図 7-64 例題 5 – 端と中央に軸荷重が負荷される単純支持梁の座屈

この問題の解は倉西の本[5] に載っており，座屈荷重は次の式で表される．

$$P_{cr} = \frac{\theta^2}{\pi^2}(1+m)^2 \frac{\pi^2 EI}{L^2} \tag{7-151}$$

$$\text{ここで，} \quad \theta\left[\cot\theta + \frac{\cot(m\sqrt{k}\theta)}{\sqrt{k}}\right] = \frac{(1-k)^2}{k(m+k)} \tag{7-152}$$

例題 5 では，$k = 0.5, m = 1$ であるから，

$$\theta = 1.80776$$

$$P_{cr} = 1.3245 \frac{\pi^2 EI}{L^2} \tag{7-153}$$

直線梁の座屈解析ツールによる解析結果は，図 7-64 の下の図の要素分割を使って，表 7-13 のようになる．座屈変形モードを図 7-65 に示す．座屈荷重は，

7.7 梁の例題

$$P_{cr} = 1.3273 \frac{\pi^2 EI}{L^2}$$

となり，倉西の解とほとんど一致している．

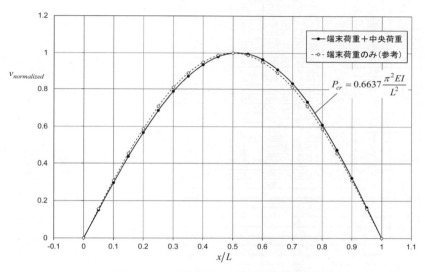

図 7-65　座屈変形モード － 例題5

第7章 梁

表 7-13　例題 5　単純支持梁の座屈 – 直線梁座屈解析ツール

2次元梁 座屈解析ツール　　　入力するセル　　　作成:滝 敏美 2019/05/10
変数セル

節点データ

節点番号	節点座標		節点変位		正規化した節点変位		外力	座屈荷重
	x (mm)	v (mm)	theta*100 (radian)	theta (radian)	x/L	v/vmax	Px (N)	Pcr (N)
1	0	0	0.515058	0.005151	0	0	0.5	14.066842
2	50	0.2565946	0.509453	0.005095	0.05	0.1497518	0	
3	100	0.5075998	0.49273	0.004927	0.1	0.2962414	0	
4	150	0.7475173	0.465163	0.004652	0.15	0.4362602	0	
5	200	0.97103	0.4272	0.004272	0.2	0.5667049	0	
6	250	1.1730886	0.379464	0.003795	0.25	0.6846288	0	
7	300	1.3489944	0.322732	0.003227	0.3	0.7872896	0	
8	350	1.4944755	0.257931	0.002579	0.35	0.8721941	0	
9	400	1.605757	0.18612	0.001861	0.4	0.9371394	0	
10	450	1.6796225	0.108471	0.001085	0.45	0.9802482	0	
11	500	1.7134666	0.026253	0.000263	0.5	1	0.5	14.066842
12	550	1.7053596	-0.05906	-0.000591	0.55	0.9952687	0	
13	600	1.6542621	-0.14524	-0.001452	0.6	0.9654475	0	
14	650	1.5604432	-0.22948	-0.002295	0.65	0.9106937	0	
15	700	1.4255635	-0.30903	-0.00309	0.7	0.8319762	0	
16	750	1.2526211	-0.38131	-0.003813	0.75	0.731045	0	
17	800	1.045854	-0.44396	-0.00444	0.8	0.6103731	0	
18	850	0.8106017	-0.49494	-0.004949	0.85	0.4730771	0	
19	900	0.5531319	-0.53259	-0.005326	0.9	0.3228145	0	
20	950	0.2804059	-0.55568	-0.005557	0.95	0.1636656	0	
21	1000	0	-0.56346	-0.005635	1	0	0	
22								
23								
24								
25								
26								
27								
28								
29								
30								
31								
32								
33								
max	1000	1.7134666						
	vmax/L =	0.17%						

要素データ

要素番号	剛性	
	E (MPa)	I (mm^4)
1	70000	30.67962
2	70000	30.67962
3	70000	30.67962
4	70000	30.67962
5	70000	30.67962
6	70000	30.67962
7	70000	30.67962
8	70000	30.67962
9	70000	30.67962
10	70000	30.67962
11	70000	30.67962
12	70000	30.67962
13	70000	30.67962
14	70000	30.67962
15	70000	30.67962
16	70000	30.67962
17	70000	30.67962
18	70000	30.67962
19	70000	30.67962
20	70000	30.67962
21		
22		
23		
24		
25		
26		
27		
28		
29		
30		
31		
32		

レイリー商　28.133685　目的セル
オイラー座屈荷重 Pcr,E =　21.195697
Pcr,1/Pcr,E =　1.32733

7.7 梁の例題

7.7.6. 例題6 – ばねで支持された変断面梁の座屈

図 7-66 に示す例題6は，例題2で上向き荷重をなくしたものである．モデル化は例題2と同じで，ばねの歪エネルギを付加する必要がある．表 7-14 に座屈解析ツールによる解析結果を示す．座屈荷重は 1690.9 kN である．図 7-67 に座屈変形モードを示す．この図には，ばねが無い場合の座屈変形モードも示した．

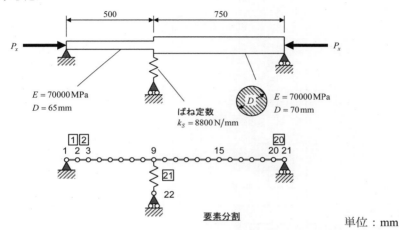

図 7-66 例題6 – ばねで支持された変断面梁の座屈

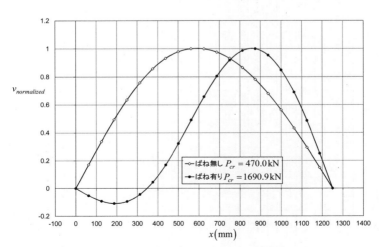

図 7-67 座屈変形モード – 例題6

第7章 梁

表 7-14 (1/2) 例題6 ばねで支持された変断面梁の座屈 - 直線梁座屈解析ツール

2次元梁 座屈解析ツール

作成：滝 敏美 2019/05/10

入力するセル / 変数セル / 目的セル

節点データ

節点番号	節点座標 x (mm)	v (mm)	節点変位 theta*100 (radian)	theta (radian)	正規化した節点変位 x/L	v/vmax	外力 Px (N)	座屈荷重 Pcr (N)
1	0	0	-0.12604	-0.00126	0	0	1	1690904.4
2	62.5	-0.075777	-0.11166	-0.001117	0.05	-0.052378	0	0
3	125	-0.133904	-0.07006	-0.000701	0.1	-0.092555	0	0
4	187.5	-0.158596	-0.00563	-5.63E-05	0.15	-0.109622	0	0
5	250	-0.137607	0.074809	0.000748	0.2	-0.095115	0	0
6	312.5	-0.063522	0.16275	0.001628	0.25	-0.043907	0	0
7	375	0.0654553	0.24889	0.002489	0.3	0.0452431	0	0
8	437.5	0.2453162	0.324116	0.003241	0.35	0.169564	0	0
9	500	0.466668	0.380469	0.003805	0.4	0.3225636	0	0
10	562.5	0.7108777	0.394492	0.003945	0.45	0.4913627	0	0
11	625	0.9516908	0.369672	0.003697	0.5	0.6578141	0	0
12	687.5	1.1652845	0.307971	0.00308	0.55	0.8054513	0	0
13	750	1.3299866	0.214263	0.002143	0.6	0.9192943	0	0
14	812.5	1.4279874	0.095951	0.00096	0.65	0.987033	0	0
15	875	1.4467474	-0.03762	-0.000376	0.7	1	0	0
16	937.5	1.3799873	-0.17569	-0.001759	0.75	0.9538551	0	0
17	1000	1.2281847	-0.30794	-0.003079	0.8	0.8489282	0	0
18	1062.5	0.9985357	-0.42333	-0.004233	0.85	0.69901935	0	0
19	1125	0.704387	-0.51296	-0.005130	0.9	0.4868763	0	0
20	1187.5	0.3641813	-0.56973	-0.005697	0.95	0.2517242	0	0
21	1250	0	-0.58917	-0.005892	1	0	0	0
22								
23								
24								
25								
26								
27								
28								
29								
30								
31								
32								
33								
max	1250	1.4467474						

vmax/L = 0.12%

要素データ

要素番号	剛性 E (MPa)	I (mm^4)	外力 fx (N)	x1 (mm)	x2 (mm)	v1	v2	theta1 (radian)	theta2 (radian)	dx = Le (mm)
1	70000	876240.5	-1	0	62.5	0	-0.076	-0.00126	-0.00112	62.5
2	70000	876240.5	-1	62.5	125	-0.07578	-0.134	-0.00112	-0.0007	62.5
3	70000	876240.5	-1	125	187.5	-0.1339	-0.159	-0.0007	-5.6E-05	62.5
4	70000	876240.5	-1	187.5	250	-0.1586	-0.138	-5.6E-05	0.000748	62.5
5	70000	876240.5	-1	250	312.5	-0.13761	-0.064	0.000748	0.001628	62.5
6	70000	876240.5	-1	312.5	375	-0.06352	0.0655	0.001628	0.002489	62.5
7	70000	876240.5	-1	375	437.5	0.065455	0.2453	0.002489	0.003241	62.5
8	70000	876240.5	-1	437.5	500	0.245316	0.4667	0.003241	0.003805	62.5
9	70000	1178588	-1	500	562.5	0.466668	0.7109	0.003805	0.003945	62.5
10	70000	1178588	-1	562.5	625	0.710878	0.9517	0.003945	0.003697	62.5
11	70000	1178588	-1	625	687.5	0.951691	1.1653	0.003697	0.00308	62.5
12	70000	1178588	-1	687.5	750	1.165284	1.33	0.00308	0.002143	62.5
13	70000	1178588	-1	750	812.5	1.329987	1.428	0.002143	0.00096	62.5
14	70000	1178588	-1	812.5	875	1.427987	1.4467	0.00096	-0.00038	62.5
15	70000	1178588	-1	875	937.5	1.446747	1.38	-0.00038	-0.00176	62.5
16	70000	1178588	-1	937.5	1000	1.379987	1.2282	-0.00176	-0.00308	62.5
17	70000	1178588	-1	1000	1062.5	1.228185	0.9985	-0.00308	-0.00423	62.5
18	70000	1178588	-1	1062.5	1125	0.998536	0.7044	-0.00423	-0.00513	62.5
19	70000	1178588	-1	1125	1187.5	0.704387	0.3642	-0.00513	-0.0057	62.5
20	70000	1178588	-1	1187.5	1250	0.364181	0	-0.0057	-0.00589	62.5
21	ks									
22	8800									
23										
24										
25										
26										
27										
28										
29										
30										
31										
32										

レイリー商 1690904.4 目的セル

7.7 梁の例題

表 7-14 (2/2)　例題 6　ばねで支持された変断面梁の座屈 - 直線梁座屈解析ツール

要素データ

要素番号	剛性 E (MPa)	I (mm^4)	theta1+theta2 (radian)	2*theta1+theta2 (radian)	v2-v1 (mm)	a	b	c	d	Ub (N-mm)	(dv/dx)^2	0.5*k*(dv/dx)^2*dx (N-mm)
1	70000	876240.5	-0.002376965	-0.00363732	-0.0758	1.23E-08	1.85E-11	-0.00126	0	13.51837	1.47E-06	-4.59378E-05
2	70000	876240.5	-0.001817203	-0.002933814	-0.0581	1.1E-08	2.3E-06	-0.00112	-0.07578	87.62763	8.6494E-07	-2.70295E-05
3	70000	876240.5	-0.000756901	-0.001457493	-0.0247	8.51E-09	4.36E-06	-0.0007	-0.1339	205.3145	1.5608E-07	-4.87757E-06
4	70000	876240.5	0.000691777	0.000635468	0.02099	5.15E-09	5.95E-06	-5.6E-05	-0.1586	318.1006	1.1278E-07	-3.52433E-06
5	70000	876240.5	0.002375586	0.003123672	0.07408	1.25E-09	6.92E-06	0.000748	-0.13761	379.5239	1.4051E-06	-4.39082E-05
6	70000	876240.5	0.004116399	0.005743899	0.12898	-2.8E-09	7.15E-06	0.001628	-0.06352	364.2727	4.2586E-06	-0.000133082
7	70000	876240.5	0.005730054	0.008218952	0.17986	-6.5E-09	6.63E-06	0.002489	0.065455	278.6371	8.2816E-06	-0.0002588
8	70000	876240.5	0.007045847	0.010287003	0.22135	-9.6E-09	5.41E-06	0.003241	0.245316	157.8909	1.2543E-05	-0.000391973
9	70000	876240.5	0.00774961	0.011554301	0.24421	-1.7E-08	2.68E-06	0.003805	0.466668	21.36986	1.5267E-05	-0.000477107
10	70000	1178588	0.007641643	0.011586562	0.24081	-1.6E-08	-4.4E-07	0.003945	0.710878	48.86287	1.4846E-05	-0.000463927
11	70000	1178588	0.006776435	0.010473158	0.21359	-1.5E-08	-3.5E-06	0.003697	0.951691	258.059	1.1679E-05	-0.000364978
12	70000	1178588	0.00522234	0.008302052	0.1647	-1.2E-08	-6.3E-06	0.00308	1.165284	584.1559	6.9445E-06	-0.000217014
13	70000	1178588	0.003102141	0.005242477	0.098	-8.7E-09	-8.7E-06	0.002143	1.329987	926.1308	2.4587E-06	-7.68333E-05
14	70000	1178588	0.000583351	0.001542863	0.01876	-4.3E-09	-1E-05	0.00096	1.427987	1178.044	9.0096E-08	-2.81549E-06
15	70000	1178588	-0.002135031	-0.002511193	-0.0668	3.3E-10	-1.1E-05	-0.00038	1.446747	1261.861	1.141E-06	-3.56552E-05
16	70000	1178588	-0.004838238	-0.006597107	-0.1518	4.98E-09	-1.1E-05	-0.00176	1.379987	1151.621	5.8993E-06	-0.000184352
17	70000	1178588	-0.007312702	-0.010392071	-0.2296	9.23E-09	-1E-05	-0.00308	1.228185	881.4654	1.3501E-05	-0.000421909
18	70000	1178588	-0.009362921	-0.01359625...	-0.2941	1.28E-08	-8.4E-06	-0.00423	0.998536	535.0858	2.215E-05	-0.000692188
19	70000	1178588	-0.010826913	-0.015956501	-0.3402	1.53E-08	-6E-06	-0.00513	0.704387	219.787	2.9629E-05	-0.000925919
20	70000	1178588	-0.011589013	-0.017286337	-0.3642	1.66E-08	-3.1E-06	-0.0057	0.364181	33.24446	3.3953E-05	-0.001061024
21	ks				v_9							
22	8800				0.46667					958.2278		
23												
24												
25												
26												
27												
28												
29												
30												
31												
32												
									合計	9862.801	合計	0.005832855

339

第7章　梁

7.8. 有限要素法とポテンシャルエネルギ最小の原理による直接解法との関係

　梁要素の歪エネルギの式を行列で表示すると，有限要素法の梁要素の要素剛性マトリックスを含む式となり，有限要素法はエネルギ法による直接解法と同等であることを示そう．

7.8.1.　梁要素のエネルギの行列表示
　梁要素の軸歪を表す式(7-111)を行列で表示すると，

$$\varepsilon_{x0} = \frac{u_{e2}-u_{e1}}{L_e} = \frac{1}{L_e}\begin{pmatrix}-1\\1\end{pmatrix}^T\begin{pmatrix}u_{e1}\\u_{e2}\end{pmatrix} \tag{7-154}$$

梁要素の曲げの歪エネルギの計算式の係数 a, b, c, d の計算式(7-113)を行列で表示すると，

$$a = \frac{\theta_{e1}+\theta_{e2}}{L_e^2} - \frac{2(v_{e2}-v_{e1})}{L_e^3} = \frac{1}{L_e^3}\begin{pmatrix}2\\L_e\\-2\\L_e\end{pmatrix}^T\begin{pmatrix}v_{e1}\\\theta_{e1}\\v_{e2}\\\theta_{e2}\end{pmatrix}$$

$$b = -\frac{2\theta_{e1}+\theta_{e2}}{L_e} + \frac{3(v_{e2}-v_{e1})}{L_e^2} = \frac{1}{L_e^2}\begin{pmatrix}-3\\-2L_e\\3\\-L_e\end{pmatrix}^T\begin{pmatrix}v_{e1}\\\theta_{e1}\\v_{e2}\\\theta_{e2}\end{pmatrix} \tag{7-155}$$

$$c = \begin{pmatrix}0\\1\\0\\0\end{pmatrix}^T\begin{pmatrix}v_{e1}\\\theta_{e1}\\v_{e2}\\\theta_{e2}\end{pmatrix},\quad d = 0$$

軸力による歪エネルギの式(7-115)に軸歪の式(7-154)を使って節点変位で表すと，

7.8 有限要素法とポテンシャルエネルギ最小の原理による直接解法との関係

$$U_{ea} = \frac{E_e A_e L_e}{2}\varepsilon_{x0}{}^2 = \frac{E_e A_e L_e}{2}\left[\frac{1}{L_e}\begin{pmatrix}-1\\1\end{pmatrix}^T\begin{pmatrix}u_{e1}\\u_{e2}\end{pmatrix}\right]^2$$

$$= \frac{E_e A_e}{2L_e}\begin{pmatrix}u_{e1}\\u_{e2}\end{pmatrix}^T\begin{pmatrix}-1\\1\end{pmatrix}\begin{pmatrix}-1\\1\end{pmatrix}^T\begin{pmatrix}u_{e1}\\u_{e2}\end{pmatrix}$$

$$= \frac{1}{2}\begin{pmatrix}u_{e1}\\u_{e2}\end{pmatrix}^T\frac{E_e A_e}{L_e}\begin{bmatrix}1 & -1\\-1 & 1\end{bmatrix}\begin{pmatrix}u_{e1}\\u_{e2}\end{pmatrix}$$

$$= \frac{1}{2}\begin{pmatrix}u_{e1}\\u_{e2}\end{pmatrix}^T[\mathbf{K}_e]_a\begin{pmatrix}u_{e1}\\u_{e2}\end{pmatrix}$$

(7-156)

ここで,
$$[\mathbf{K}_e]_a = \frac{E_e A_e}{L_e}\begin{bmatrix}1 & -1\\-1 & 1\end{bmatrix} \tag{7-157}$$

は要素剛性マトリックスの軸力成分である.

曲げの歪エネルギの式(7-116)に式(7-155)を代入して節点変位で表すと,

$$U_{eb} = E_e I_e L_e\left[6a^2 L_e{}^2 + 6abL_e + 2b^2\right]$$

$$= E_e I_e \left[\begin{array}{l}\dfrac{6}{L_e{}^3}\begin{pmatrix}v_{e1}\\\theta_{e1}\\v_{e2}\\\theta_{e2}\end{pmatrix}^T\begin{pmatrix}2\\L_e\\-2\\L_e\end{pmatrix}\begin{pmatrix}2\\L_e\\-2\\L_e\end{pmatrix}^T\begin{pmatrix}v_{e1}\\\theta_{e1}\\v_{e2}\\\theta_{e2}\end{pmatrix} + \dfrac{3}{L_e{}^3}\begin{pmatrix}v_{e1}\\\theta_{e1}\\v_{e2}\\\theta_{e2}\end{pmatrix}^T\begin{pmatrix}2\\L_e\\-2\\L_e\end{pmatrix}\begin{pmatrix}-3\\-2L_e\\3\\-L_e\end{pmatrix}^T\begin{pmatrix}v_{e1}\\\theta_{e1}\\v_{e2}\\\theta_{e2}\end{pmatrix} \\ + \dfrac{3}{L_e{}^3}\begin{pmatrix}v_{e1}\\\theta_{e1}\\v_{e2}\\\theta_{e2}\end{pmatrix}^T\begin{pmatrix}-3\\-2L_e\\3\\-L_e\end{pmatrix}\begin{pmatrix}2\\L_e\\-2\\L_e\end{pmatrix}^T\begin{pmatrix}v_{e1}\\\theta_{e1}\\v_{e2}\\\theta_{e2}\end{pmatrix} \\ + \dfrac{2}{L_e{}^3}\begin{pmatrix}v_{e1}\\\theta_{e1}\\v_{e2}\\\theta_{e2}\end{pmatrix}^T\begin{pmatrix}-3\\-2L_e\\3\\-L_e\end{pmatrix}\begin{pmatrix}-3\\-2L_e\\3\\-L_e\end{pmatrix}^T\begin{pmatrix}v_{e1}\\\theta_{e1}\\v_{e2}\\\theta_{e2}\end{pmatrix}\end{array}\right]$$

第 7 章　梁

$$= \frac{1}{2}\begin{pmatrix} v_{e1} \\ \theta_{e1} \\ v_{e2} \\ \theta_{e2} \end{pmatrix}^T \frac{2E_e I_e}{L_e^3} \begin{bmatrix} 6 & 3L_e & -6 & 3L_e \\ 3L_e & 2L_e^2 & -3L_e & L_e^2 \\ -6 & -3L_e & 6 & -3L_e \\ 3L_e & L_e^2 & -3L_e & 2L_e^2 \end{bmatrix} \begin{pmatrix} v_{e1} \\ \theta_{e1} \\ v_{e2} \\ \theta_{e2} \end{pmatrix} \quad (7\text{-}158)$$

$$= \frac{1}{2}\begin{pmatrix} v_{e1} \\ \theta_{e1} \\ v_{e2} \\ \theta_{e2} \end{pmatrix}^T \begin{bmatrix} \mathbf{K}_e \end{bmatrix} \begin{pmatrix} v_{e1} \\ \theta_{e1} \\ v_{e2} \\ \theta_{e2} \end{pmatrix}$$

ここで，$$\begin{bmatrix} \mathbf{K}_e \end{bmatrix}_b = \frac{2E_e I_e}{L_e^3} \begin{bmatrix} 6 & 3L_e & -6 & 3L_e \\ 3L_e & 2L_e^2 & -3L_e & L_e^2 \\ -6 & -3L_e & 6 & -3L_e \\ 3L_e & L_e^2 & -3L_e & 2L_e^2 \end{bmatrix} \quad (7\text{-}159)$$

は曲げによる要素剛性マトリックスである．

式(7-157)，(7-159)が要素座標系における要素剛性マトリックスである．これらの式は有限要素法ハンドブック[25]に載っている梁の要素剛性マトリックスの式と一致している．軸力による要素剛性マトリックスと曲げによる歪エネルギをまとめて表すと，

$$U_e = U_{ea} + U_{eb}$$

$$= \frac{1}{2}\begin{pmatrix} u_{e1} \\ u_{e2} \end{pmatrix}^T \frac{E_e A_e}{L_e} \begin{bmatrix} 1 & -1 \\ -1 & 1 \end{bmatrix} \begin{pmatrix} u_{e1} \\ u_{e2} \end{pmatrix}$$

$$+ \frac{1}{2}\begin{pmatrix} v_{e1} \\ \theta_{e1} \\ v_{e2} \\ \theta_{e2} \end{pmatrix}^T \frac{2E_e I_e}{L_e^3} \begin{bmatrix} 6 & 3L_e & -6 & 3L_e \\ 3L_e & 2L_e^2 & -3L_e & L_e^2 \\ -6 & -3L_e & 6 & -3L_e \\ 3L_e & L_e^2 & -3L_e & 2L_e^2 \end{bmatrix} \begin{pmatrix} v_{e1} \\ \theta_{e1} \\ v_{e2} \\ \theta_{e2} \end{pmatrix}$$

7.8 有限要素法とポテンシャルエネルギ最小の原理による直接解法との関係

$$= \frac{1}{2} \begin{pmatrix} u_{e1} \\ v_{e1} \\ \theta_{e1} \\ u_{e2} \\ v_{e2} \\ \theta_{e2} \end{pmatrix}^T \begin{bmatrix} \frac{E_e A_e}{L_e} & 0 & 0 & -\frac{E_e A_e}{L_e} & 0 & 0 \\ 0 & \frac{12 E_e I_e}{L_e^3} & \frac{6 E_e I_e}{L_e^2} & 0 & -\frac{12 E_e I_e}{L_e^3} & \frac{6 E_e I_e}{L_e^2} \\ 0 & \frac{6 E_e I_e}{L_e^2} & \frac{4 E_e I_e}{L_e} & 0 & -\frac{6 E_e I_e}{L_e^2} & \frac{2 E_e I_e}{L_e} \\ -\frac{E_e A_e}{L_e} & 0 & 0 & \frac{E_e A_e}{L_e} & 0 & 0 \\ 0 & -\frac{12 E_e I_e}{L_e^3} & -\frac{6 E_e I_e}{L_e^2} & 0 & \frac{12 E_e I_e}{L_e^3} & -\frac{6 E_e I_e}{L_e^2} \\ 0 & \frac{6 E_e I_e}{L_e^2} & \frac{2 E_e I_e}{L_e} & 0 & -\frac{6 E_e I_e}{L_e^2} & \frac{4 E_e I_e}{L_e} \end{bmatrix} \begin{pmatrix} u_{e1} \\ v_{e1} \\ \theta_{e1} \\ u_{e2} \\ v_{e2} \\ \theta_{e2} \end{pmatrix}$$

$$= \frac{1}{2} (\mathbf{u}_e)^T [\mathbf{K}_e] (\mathbf{u}_e) \tag{7-160}$$

全体座標系における要素剛性マトリックスに変換するには,式(7-160)の要素座標系における変位ベクトル($\mathbf{u}_e$)を全体座標系における変位ベクトル($\mathbf{u}$)で表せばよい.

$$\begin{pmatrix} u_{e1} \\ v_{e1} \\ \theta_{e1} \\ u_{e2} \\ v_{e2} \\ \theta_{e2} \end{pmatrix} = \begin{bmatrix} l & m & 0 & 0 & 0 & 0 \\ -m & l & 0 & 0 & 0 & 0 \\ 0 & 0 & 1 & 0 & 0 & 0 \\ 0 & 0 & 0 & l & m & 0 \\ 0 & 0 & 0 & -m & l & 0 \\ 0 & 0 & 0 & 0 & 0 & 1 \end{bmatrix} \begin{pmatrix} u_1 \\ v_1 \\ \theta_1 \\ u_2 \\ v_2 \\ \theta_2 \end{pmatrix} \tag{7-161}$$

$$(\mathbf{u}_e) = [\mathbf{T}](\mathbf{u})$$

ここで,l, m は図 7-31 に示す変形前の要素の方向余弦である.式(7-160)に(7-161)を代入すると,

$$\begin{aligned} U_e &= \frac{1}{2} (\mathbf{u}_e)^T [\mathbf{K}_e] (\mathbf{u}_e) = \frac{1}{2} ([\mathbf{T}](\mathbf{u}))^T [\mathbf{K}_e] ([\mathbf{T}](\mathbf{u})) \\ &= \frac{1}{2} (\mathbf{u})^T [\mathbf{T}]^T [\mathbf{K}_e] [\mathbf{T}] (\mathbf{u}) \\ &= \frac{1}{2} (\mathbf{u})^T [\mathbf{K}_e^{xy}] (\mathbf{u}) \end{aligned} \tag{7-162}$$

ここで，$\left[\mathbf{K}_e^{xy}\right]$ は全体座標系で表した要素剛性マトリックスである．

全体座標系における変位ベクトルで表した要素剛性マトリックス $\left[\mathbf{K}_e^{xy}\right]$ を使って全体剛性マトリックスを次のように定義すると，

$$\left[\mathbf{K}\right] = \sum_{all\ elements} \left[\mathbf{K}_e^{xy}\right] \tag{7-163}$$

ここで，この式の要素剛性マトリックスは式(7-162)の要素剛性マトリックスを拡大して，全構造の節点変位の成分に関して表示したものである．

全ポテンシャルエネルギは，

$$\Pi = \frac{1}{2}(\mathbf{u})^T \left[\mathbf{K}\right](\mathbf{u}) - (\mathbf{u})^T (\mathbf{F}) \tag{7-164}$$

ここで，$(\mathbf{F})$ は外力ベクトルで，$(\mathbf{F}) = \begin{pmatrix} F_{1x} \\ F_{1y} \\ M_{1z} \\ F_{2x} \\ F_{2y} \\ M_{2z} \\ \vdots \\ \vdots \end{pmatrix}$ \quad (7-165)

となる．この式の変位ベクトル $(\mathbf{u})$ はすべての節点変位を並べたベクトルである．

ポテンシャルエネルギ最小の原理を適用し，全ポテンシャルエネルギを節点変位で微分すると，

$$\frac{\partial \Pi}{\partial \mathbf{u}} \Pi = \left[\mathbf{K}\right](\mathbf{u}) - (\mathbf{F}) = (\mathbf{0}) \tag{7-166}$$

この式が2次元梁の有限要素法の方程式であり，1次の多元連立方程式となっている．外力と変位境界条件を与えると，この方程式を解いて，節点変位の解を求めることができる．

エネルギ法の直接解法（7.5.1項）では，式(7-160)を使って全ポテンシャルエネルギを次の式で計算し，数値的に最小化して節点変位を求めている．

7.8 有限要素法とポテンシャルエネルギ最小の原理による直接解法との関係

$$\Pi = \sum_{all elements} \frac{1}{2}(\mathbf{u}_e)^T [\mathbf{K}_e](\mathbf{u}_e) - (\mathbf{u})^T (\mathbf{F}) \tag{7-167}$$

式(7-160)は，要素の歪エネルギは要素剛性マトリックスを使って表すことができることを示している．有限要素法もエネルギ法の直接解法も同じ歪エネルギの式(7-160)を使っているのである．

7.8.2. 有限要素法による梁の解析の例

7.6.1 項で用いた図 7-38 の例題を有限要素法で解いてみよう．図 7-68 に示すように，梁を 2 つの要素に分割する．

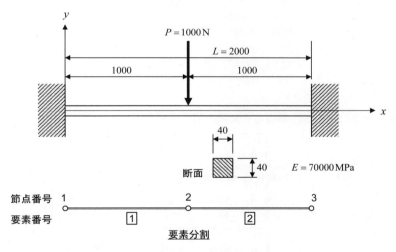

図 7-68　有限要素法のための例題

$A_e = 40 \times 40 = 1600\,\text{mm}^2$, $I_e = \dfrac{40 \times 40^3}{12} = 213333\,\text{mm}^4$ だから，要素 1 と要素 2 の要素剛性マトリックスは式(7-160)より，

第7章　梁

$$[\mathbf{K}_e]_1 = [\mathbf{K}_e]_2$$

$$= 70000 \begin{bmatrix} \dfrac{1600}{1000} & 0 & 0 & -\dfrac{1600}{1000} & 0 & 0 \\ 0 & \dfrac{12 \times 213333}{1000^3} & \dfrac{6 \times 213333}{1000^2} & 0 & -\dfrac{12 \times 213333}{1000^3} & \dfrac{6 \times 21333}{1000^2} \\ 0 & \dfrac{6 \times 213333}{1000^2} & \dfrac{4 \times 213333}{1000} & 0 & -\dfrac{6 \times 213333}{1000^2} & \dfrac{2 \times 213333}{1000} \\ -\dfrac{1600}{1000} & 0 & 0 & \dfrac{1600}{1000} & 0 & 0 \\ 0 & -\dfrac{12 \times 213333}{1000^3} & -\dfrac{6 \times 213333}{1000^2} & 0 & \dfrac{12 \times 213333}{1000^3} & -\dfrac{6 \times 213333}{1000^2} \\ 0 & \dfrac{6 \times 213333}{1000^2} & \dfrac{2 \times 213333}{1000} & 0 & -\dfrac{6 \times 213333}{1000^2} & \dfrac{4 \times 213333}{1000} \end{bmatrix}$$

$$= 1000 \begin{bmatrix} 112 & 0 & 0 & -112 & 0 & 0 \\ 0 & 0.1792 & 89.60 & 0 & -0.1792 & 89.60 \\ 0 & 89.60 & 59733 & 0 & -89.60 & 29867 \\ -112 & 0 & 0 & 112 & 0 & 0 \\ 0 & -0.1792 & -89.60 & 0 & 0.1792 & -89.60 \\ 0 & 89.60 & 29867 & 0 & -89.60 & 59733 \end{bmatrix}$$

要素1と2に関して，断面力と変位の関係式を書くと，

$$\begin{pmatrix} F_{1x} \\ F_{1y} \\ M_{1z} \\ F_{2x} \\ F_{2y} \\ M_{2z} \end{pmatrix} = [\mathbf{K}_e]_1 \begin{pmatrix} u_1 \\ v_1 \\ \theta_1 \\ u_2 \\ v_2 \\ \theta_2 \end{pmatrix} = 1000 \begin{bmatrix} 112 & 0 & 0 & -112 & 0 & 0 \\ 0 & 0.1792 & 89.60 & 0 & -0.1792 & 89.60 \\ 0 & 89.60 & 59733 & 0 & -89.60 & 29867 \\ -112 & 0 & 0 & 112 & 0 & 0 \\ 0 & -0.1792 & -89.60 & 0 & 0.1792 & -89.60 \\ 0 & 89.60 & 29867 & 0 & -89.60 & 59733 \end{bmatrix} \begin{pmatrix} u_1 \\ v_1 \\ \theta_1 \\ u_2 \\ v_2 \\ \theta_2 \end{pmatrix}$$

$$\begin{pmatrix} F_{2x} \\ F_{2y} \\ M_{2z} \\ F_{3x} \\ F_{3y} \\ M_{3z} \end{pmatrix} = [\mathbf{K}_e]_2 \begin{pmatrix} u_2 \\ v_2 \\ \theta_2 \\ u_3 \\ v_3 \\ \theta_3 \end{pmatrix} = 1000 \begin{bmatrix} 112 & 0 & 0 & -112 & 0 & 0 \\ 0 & 0.1792 & 89.60 & 0 & -0.1792 & 89.60 \\ 0 & 89.60 & 59733 & 0 & -89.60 & 29867 \\ -112 & 0 & 0 & 112 & 0 & 0 \\ 0 & -0.1792 & -89.60 & 0 & 0.1792 & -89.60 \\ 0 & 89.60 & 29867 & 0 & -89.60 & 59733 \end{bmatrix} \begin{pmatrix} u_2 \\ v_2 \\ \theta_2 \\ u_3 \\ v_3 \\ \theta_3 \end{pmatrix}$$

梁全体の断面力と変位の関係式(7-166)は，上の2式を足し合わせて，

7.8 有限要素法とポテンシャルエネルギ最小の原理による直接解法との関係

$$\begin{Bmatrix} F_{1x} \\ F_{1y} \\ M_{1z} \\ F_{2x} \\ F_{2y} \\ M_{2z} \\ F_{3x} \\ F_{3y} \\ M_{3z} \end{Bmatrix} = 1000 \begin{bmatrix} 112 & 0 & 0 & -112 & 0 & 0 & 0 & 0 & 0 \\ 0 & 0.1792 & 89.60 & 0 & -0.1792 & 89.60 & 0 & 0 & 0 \\ 0 & 89.60 & 59733 & 0 & -89.60 & 29867 & 0 & 0 & 0 \\ -112 & 0 & 0 & 224 & 0 & 0 & -112 & 0 & 0 \\ 0 & -0.1792 & -89.60 & 0 & 0.3584 & 0 & 0 & -0.1792 & 89.60 \\ 0 & 89.60 & 29867 & 0 & 0 & 119446 & 0 & -89.60 & 29867 \\ 0 & 0 & 0 & -112 & 0 & 0 & 112 & 0 & 0 \\ 0 & 0 & 0 & 0 & -0.1792 & -89.60 & 0 & 0.1792 & -89.60 \\ 0 & 0 & 0 & 0 & 89.60 & 29867 & 0 & -89.60 & 59733 \end{bmatrix} \begin{Bmatrix} u_1 \\ v_1 \\ \theta_1 \\ u_2 \\ v_2 \\ \theta_2 \\ u_3 \\ v_3 \\ \theta_3 \end{Bmatrix}$$

(7-168)

この式に変位境界条件と力学的境界条件を入れると,

$$\begin{Bmatrix} F_{1x} \\ F_{1y} \\ M_{1z} \\ 0 \\ -P \\ 0 \\ F_{3x} \\ F_{3y} \\ M_{3z} \end{Bmatrix} = 1000 \begin{bmatrix} 112 & 0 & 0 & -112 & 0 & 0 & 0 & 0 & 0 \\ 0 & 0.1792 & 89.60 & 0 & -0.1792 & 89.60 & 0 & 0 & 0 \\ 0 & 89.60 & 59733 & 0 & -89.60 & 29867 & 0 & 0 & 0 \\ -112 & 0 & 0 & 224 & 0 & 0 & -112 & 0 & 0 \\ 0 & -0.1792 & -89.60 & 0 & 0.3584 & 0 & 0 & -0.1792 & 89.60 \\ 0 & 89.60 & 29867 & 0 & 0 & 119446 & 0 & -89.60 & 29867 \\ 0 & 0 & 0 & -112 & 0 & 0 & 112 & 0 & 0 \\ 0 & 0 & 0 & 0 & -0.1792 & -89.60 & 0 & 0.1792 & -89.60 \\ 0 & 0 & 0 & 0 & 89.60 & 29867 & 0 & -89.60 & 59733 \end{bmatrix} \begin{Bmatrix} 0 \\ 0 \\ 0 \\ u_2 \\ v_2 \\ \theta_2 \\ 0 \\ 0 \\ 0 \end{Bmatrix}$$

意味のある部分を取り出すと,

$$\begin{Bmatrix} 0 \\ -P \\ 0 \end{Bmatrix} = 1000 \begin{bmatrix} 224 & 0 & 0 \\ 0 & 0.3584 & 0 \\ 0 & 0 & 119446 \end{bmatrix} \begin{Bmatrix} u_2 \\ v_2 \\ \theta_2 \end{Bmatrix}$$

この式を解くと,

$$\begin{Bmatrix} u_2 \\ v_2 \\ \theta_2 \end{Bmatrix} = \frac{1}{1000} \begin{bmatrix} 224 & 0 & 0 \\ 0 & 0.3584 & 0 \\ 0 & 0 & 119446 \end{bmatrix}^{-1}$$

$$= \begin{bmatrix} 4.464 \times 10^{-6} & 0 & 0 \\ 0 & 0.002790 & 0 \\ 0 & 0 & 8.372 \times 10^{-9} \end{bmatrix} \begin{Bmatrix} 0 \\ -P \\ 0 \end{Bmatrix}$$

$P = 1000\mathrm{N}$ のとき,

第7章　梁

$$\begin{pmatrix} u_2 \\ v_2 \\ \theta_2 \end{pmatrix} = \begin{pmatrix} 0\,\mathrm{mm} \\ -2.790\,\mathrm{mm} \\ 0\,\mathrm{radian} \end{pmatrix}$$

となり，7.6.1 項の結果と一致する．

節点 1 の断面力を求めると，

$$\begin{pmatrix} F_{1x} \\ F_{1y} \\ M_{1z} \end{pmatrix} = 1000 \begin{bmatrix} -112 & 0 & 0 \\ 0 & -0.1792 & 89.60 \\ 0 & -89.60 & 29867 \end{bmatrix} \begin{pmatrix} u_2 \\ v_2 \\ \theta_2 \end{pmatrix}$$

$$= 1000 \begin{bmatrix} -112 & 0 & 0 \\ 0 & -0.1792 & 89.60 \\ 0 & -89.60 & 29867 \end{bmatrix} \begin{pmatrix} 0 \\ -2.790 \\ 0 \end{pmatrix}$$

$$= \begin{pmatrix} 0\,\mathrm{N} \\ 500\,\mathrm{N} \\ 250000\,\mathrm{N\text{-}mm} \end{pmatrix}$$

となり，7.6.1 項の結果と一致する．

7.8.3.　共回転座標系を用いた梁の有限要素法

6.6.3 項のトラスの大変形解析で説明したように，梁でも共回転座標系を用いた有限要素法を適用することによって大変形解析をおこなうことができる．7.5.2 項の考え方を用いて変形後の剛性マトリックスを計算し，繰り返し計算を行って解く．

第8章 ねじり荷重を受ける薄肉チューブ

　中実棒のねじりの問題は3次元問題である．しかし，薄肉チューブのねじりは，純せん断を受ける帯板が合体したものと考えると2次元問題を拡張して扱うことができることを示そう．実際の構造物には薄肉チューブでできたものが多い．

8.1. ねじり荷重を受ける薄肉チューブの変形

　長方形の薄板の各辺に一様せん断荷重を負荷するとしよう．図 8-1 の左図に示すように，変形前の長方形に方眼を描いておく．一様せん断荷重を負荷すると，図 8-1 の右図に示すように平行四辺形に変形する．この変形した状態の板をぐるりと巻いて2つの側辺をつなぐと，図 8-2 の左図に示すような円筒になる．この円筒は表面の方眼を見ればわかるようにねじれている．断面を見ると，円形のままである．同じように，せん断変形した板に折り目を付けて巻いて2つの側辺をつなぐと，図 8-2 の真ん中と右の図のようにねじれた角チューブになる．断面を見ると正方形または長方形断面が軸方向にねじれている．せん断変形した板を巻けば，どのような断面の形状のチューブでも作ることができる．

8.2. せん断流とねじりモーメント

　板厚が一様でなく変化していても，展開した長方形の外周に釣り合ったせん断力を負荷していれば，ねじり荷重を負荷したチューブにすることができる．そのためには，長方形の外周に負荷するせん断荷重の「せん断応力×板厚」を一定にする必要がある．この「せん断応力×板厚」をせん断流 q と呼ぶ．

$$q = \tau t \tag{8-1}$$

　　　ここで，q：せん断流，τ：せん断応力，t：板厚

第8章　ねじり荷重を受ける薄肉チューブ

板厚が厚い場所ではせん断応力が小さく，薄い場所ではせん断応力が大きくなくてはならない．したがって，長方形は変形後にきれいな平行四辺形にならないが，それでも2つの側辺の長さは等しいので，巻いてチューブにすることができる．

　チューブの端に作用しているせん断流によるモーメントを計算する．図8-3の長さΔsに作用するせん断流qが座標系の原点まわりに作るねじりモーメントΔTは次の式で表すことができる．

$$\Delta T = q \Delta s \times h = 2 \Delta A q$$

　　　ここで，ΔAはΔsと原点で作る三角形の面積
ねじりモーメントの合計Tは，

$$T = \sum_{\text{全周}} 2 \Delta A q = 2 A q \tag{8-2}$$

　　　ここで，Aはチューブの板厚中心が囲む断面積

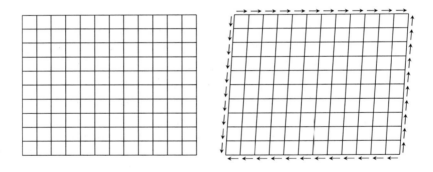

変形前の板　　　　　　一様せん断荷重を負荷した板の変形

図 8-1　一様せん断荷重を負荷した長方形板の変形

8.2 せん断流とねじりモーメント

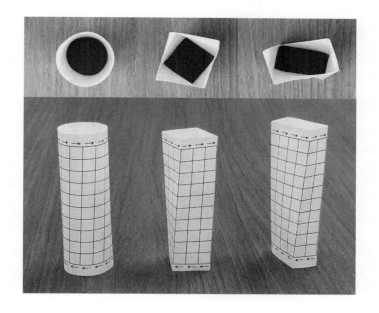

図 8-2　せん断変形した長方形板で作ったねじれたチューブ

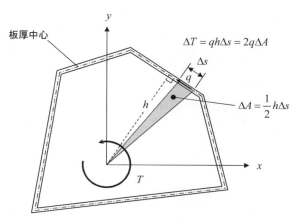

図 8-3　薄肉チューブの断面に作用するせん断流

第 8 章　ねじり荷重を受ける薄肉チューブ

8.3.　薄肉チューブのねじり剛性

　長さ L の薄肉チューブにねじりモーメント T を負荷したときのねじれ角を計算する．ねじりモーメント T によって発生するせん断流は式(8-2)より

$$q = \frac{T}{2A} \tag{8-3}$$

せん断流 q によって変形した辺長 $a \times b$ の長方形の板の補歪エネルギ U_c は，式(4-58)より，

$$U_c = \frac{abq^2}{2Gt}$$

　　　　　ここで，G：せん断弾性係数

板厚が変化している場合には，

$$U_c = \frac{Lq^2}{2G} \sum_{全周} \frac{\Delta s}{t} = \frac{Lq^2}{2G} \int \frac{1}{t} ds \tag{8-4}$$

式(8-4)に式(8-3)を代入してせん断流 q の代わりにねじりモーメント T で表すと，

$$U_c = \frac{LT^2}{8GA^2} \int \frac{1}{t} ds \tag{8-5}$$

カスティリアーノの第 2 定理（式(4-41)）を使ってねじれ角 φ を求めることができる（注＊）．

$$\varphi = \frac{\partial U_c}{\partial T} = \frac{LT}{4GA^2} \int \frac{1}{t} ds = \left[\frac{\int \frac{1}{t} ds}{4GA^2} \right] TL = \frac{T}{GJ} L \tag{8-6}$$

この式で，$T/(GJ)$ は単位長さあたりのねじれ角を表し，GJ をサンブナン（St. Venant）のねじり剛性という．

$$GJ = \frac{4GA^2}{\int \frac{1}{t} ds} \tag{8-7}$$

サンブナンのねじり剛性を使って補歪エネルギを表すと次の式になる．

$$U_c = \frac{T^2 L}{2GJ} \tag{8-8}$$

ねじれ角を使って歪エネルギを表すと，

8.3 薄肉チューブのねじり剛性

$$U = \frac{GJ}{2L}\varphi^2 \qquad (8\text{-}9)$$

注＊：カスティリアーノの第2定理の式(4-41)では，微分する荷重として力しか考えていなかった．モーメントで微分すると，変形として角度が得られることを示そう．

チューブの端の断面にねじりモーメントを負荷するために，アーム長 d のレバーをつけてその両端に力 P を負荷すると考える．そうすると，ねじりモーメントは，

$T = Pd$ であり，回転角が φ であるとすると，荷重 P による仕事は，

$$W = P \times \frac{\varphi d}{2} \times 2 = P\varphi d = T\varphi$$

である．
力 P でカスティリアーノの第2定理を書くと，

$$\varphi d = \frac{\partial U_c}{\partial P} = \frac{dU_c}{dP} = \frac{dU_c}{dT}\frac{dT}{dP} = \frac{dU_c}{dT}d$$

したがって，

$$\varphi = \frac{dU_c}{dT} = \frac{\partial U_c}{\partial T}$$

となる．これが式(8-6)である．

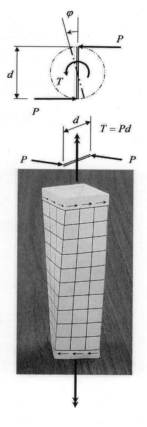

第 8 章 ねじり荷重を受ける薄肉チューブ

8.4. 内部に壁がある薄肉チューブ

内部に壁がある角チューブ（図 8-4）のサンブナンのねじり剛性を計算するのにエネルギ原理が使えることを示す．

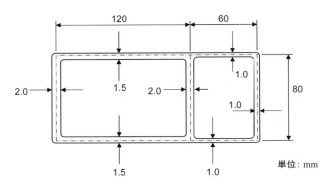

図 8-4 内部に壁がある角チューブの断面形状と寸法

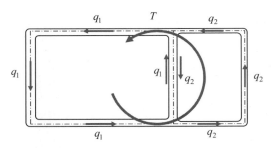

図 8-5 内部に壁がある角チューブのせん断流

図 8-4 に示すように，ねじりモーメント T を負荷したときに薄肉断面の左の区画に q_1，右の区画に q_2 のせん断流が発生すると仮定する．中の壁のせん断流は q_1 と q_2 の差になる．仮定したせん断流は釣り合っているので，コンプリメンタリエネルギ最小の原理に使用できる．ねじりモーメント T とせん断流の関係は，

8.4 内部に壁がある薄肉チューブ

$$T = 2A_1q_1 + 2A_2q_2 = 2\times120\times80q_1 + 2\times60\times80q_2$$
$$= 19200q_1 + 9600q_2 \qquad (8\text{-}10)$$

角チューブのせん断弾性係数を G, 長さを L とすると, 補歪エネルギは式(4-58)より,

$$\begin{aligned}
U_c &= \frac{120Lq_1^2}{2G\times1.5} + \frac{80Lq_1^2}{2G\times2.0} + \frac{120Lq_1^2}{2G\times1.5} + \frac{80L(q_1-q_2)^2}{2G\times2.0} \\
&\quad + \frac{60Lq_2^2}{2G\times1.0} + \frac{60Lq_2^2}{2G\times1.0} + \frac{80Lq_2^2}{2G\times1.0} \\
&= \frac{40Lq_1^2}{G} + \frac{20Lq_1^2}{G} + \frac{40Lq_1^2}{G} + \frac{20L(q_1-q_2)^2}{G} \\
&\quad + \frac{30Lq_2^2}{G} + \frac{30Lq_2^2}{G} + \frac{40Lq_2^2}{G} \\
&= \left[5q_1^2 + (q_1-q_2)^2 + 5q_2^2\right]\frac{20L}{G}
\end{aligned}$$

全コンプリメンタリエネルギは,

$$\Pi_c = U_c = \left[5q_1^2 + (q_1-q_2)^2 + 5q_2^2\right]\frac{20L}{G}$$

である. この式に式(8-10)を代入して q_2 を消去すると,

$$\Pi_c = \left[5q_1^2 + \left(q_1 - \frac{T}{9600} + 2q_1\right)^2 + 5\left(\frac{T}{9600} - 2q_1\right)^2\right]\frac{20L}{G}$$

コンプリメンタリエネルギ最小の原理（式(4-34)）を適用すると,

$$\frac{d\Pi_c}{dq_1} = \left[10q_1 + 6\left(3q_1 - \frac{T}{9600}\right) - 20\left(\frac{T}{9600} - 2q_1\right)\right]\frac{20L}{G} = 0$$

この式のかっこ内がゼロであるので,

$$q_1 = \frac{13}{326400}T$$

が得られる. もうひとつのせん断流 q_2 を式(8-10)から計算すると,

$$q_2 = \frac{1}{9600}T - 2q_1 = \frac{1}{9600}T - \frac{2\times13}{326400}T = \frac{1}{40800}T$$

補歪エネルギをねじりモーメント T で表すと,

第8章 ねじり荷重を受ける薄肉チューブ

$$U_c = \left[\frac{238}{32640^2}\right]\frac{L}{G}T^2$$

ねじりモーメント T を負荷したときのねじれ角 φ をカスティリアーノの第2定理（式(4-41)）を使って求めると，

$$\varphi = \frac{dU_c}{dT} = \left[\frac{119}{16320^2}\right]\frac{L}{G}T$$

したがって，サンブナンのねじり剛性は，

$$GJ = \frac{16320^2}{119}G = 2.238\times 10^6 \left(\text{mm}^4\right)G$$

である．

式(8-7)を使って，内部の壁がない場合のねじり剛性を計算してみると，

$$GJ = \frac{4GA^2}{\int \frac{1}{t}ds} = \frac{4G\times(180\times 80)^2}{\frac{120}{1.5}+\frac{80}{2.0}+\frac{120}{1.5}+\frac{60}{1.0}+\frac{80}{1.0}+\frac{60}{1.0}} = \frac{829440000}{400}G$$
$$= 2.074\times 10^6 \left(\text{mm}^4\right)G$$

となり，内部の壁はねじり剛性の増加に8%しか寄与しないことがわかる．

第3部　構造力学のための数学

本書で使う数学の基本的な事項と数学の公式をまとめて示す．

第9章 三角関数

三角関数は弾性力学,構造力学を学ぶ人にとって必須項目である.必要な基本的な公式を載せておく.

9.1. 三角関数の定義

三角関数のうち,sin 関数と cos 関数の定義を図 9-1 に示す.半径 1 の円周上の点の x 座標と y 座標で定義されており,半径 r の x 軸からの角度を表す変数 θ の単位はラジアンである.

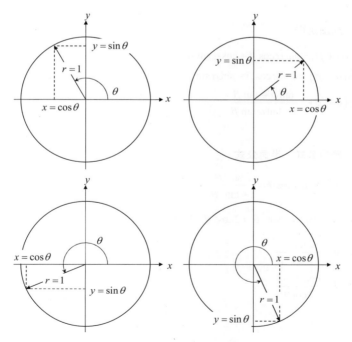

図 9-1 三角関数の定義

第9章 三角関数

その他の三角関数は sin 関数と cos 関数を使って次のように定義される．

$$\begin{aligned}\tan\theta &= \frac{\sin\theta}{\cos\theta} \\ \cot\theta &= \frac{1}{\tan\theta} = \frac{\cos\theta}{\sin\theta}, \qquad 0 \le \theta \le 2\pi \\ \sec\theta &= \frac{1}{\cos\theta}\end{aligned} \qquad (9\text{-}1)$$

9.2. 三角関数の公式

三角関数の公式を以下に示す．

9.2.1. ピタゴラスの基本三角関数公式

$$\sin^2\theta + \cos^2\theta = 1 \qquad (9\text{-}2)$$

9.2.2. 加法定理

$$\begin{aligned}\sin(\alpha+\beta) &= \sin\alpha\cos\beta + \cos\alpha\sin\beta \\ \cos(\alpha+\beta) &= \cos\alpha\cos\beta - \sin\alpha\sin\beta \\ \tan(\alpha+\beta) &= \frac{\tan\alpha + \tan\beta}{1 - \tan\alpha\tan\beta}\end{aligned} \qquad (9\text{-}3)$$

9.2.3. 倍角公式，半角公式

$$\begin{aligned}\sin 2\theta &= 2\sin\theta\cos\theta = \frac{2\tan^2\theta}{1+\tan^2\theta} \\ \cos 2\theta &= \cos^2\theta - \sin^2\theta = 2\cos^2\theta - 1 = 1 - 2\sin^2\theta = \frac{1-\tan^2\theta}{1+\tan^2\theta} \\ \tan 2\theta &= \frac{2\tan\theta}{1-\tan^2\theta} \\ \cot 2\theta &= \frac{\cot^2\theta - 1}{2\cot\theta}\end{aligned} \qquad (9\text{-}4)$$

9.2 三角関数の公式

$$\sin^2\frac{\theta}{2} = \frac{1-\cos\theta}{2}$$
$$\cos^2\frac{\theta}{2} = \frac{1+\cos\theta}{2}$$
$$\tan^2\frac{\theta}{2} = \frac{1-\cos\theta}{1+\cos\theta}$$
$$\tan\frac{\theta}{2} = \frac{\sin\theta}{1+\cos\theta} = \frac{1-\cos\theta}{\sin\theta}$$

(9-5)

第10章 静力学のためのベクトル

力とモーメントを表すのにベクトルの概念は必須である．ベクトルの式の表現方法と演算に慣れておくことが大事である．

10.1. 力とモーメントはベクトル

物体に作用する力を定義するには，作用点の位置と大きさと方向を与えなければならない．力の方向が異なれば別物である．大きさと方向を持つ物理量をベクトルと呼ぶ．力はベクトルであり，矢印で表示する（図 10-1）．

モーメントは，力がその作用点から離れた点におよぼす回転させようとする働きである．モーメントも作用点の位置と大きさと方向を持ち，回転軸の方向を向いた矢印で表す（図 10-2）．回転軸の定義は右ねじの進む向きを正とする．力 P が作るモーメントの大きさは，力 P の線上にモーメントの基準点からおろした垂線の長さ d を使って次の式で表される．

$$M = Pd \tag{10-1}$$

ある点をはさんで対称の2つの点に作用する大きさが等しく向きが反対の力（これを偶力と呼ぶ）があると，この力はモーメントを発生する（図 10-3）．

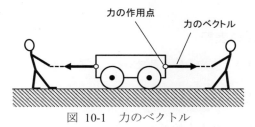

図 10-1　力のベクトル

第 10 章　静力学のためのベクトル

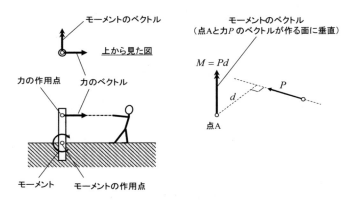

図 10-2　モーメントのベクトル

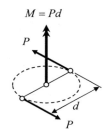

図 10-3　偶力によるモーメントのベクトル

10.2. ベクトルの表記

　ベクトルは大きさと方向を持つ量である．本書で使うベクトルの表記は次の2種類である．

　　表記1： **P**

　　表記2： $\overrightarrow{AB}$　　点Aを始点とし，点Bを終点とするベクトル

ベクトルの大きさを　P，$|\mathbf{P}|$，$|\overrightarrow{AB}|$　のように表す．

10.2 ベクトルの表記

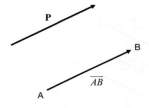

図 10-4　ベクトルの表記

参考：大きさだけを持ち，方向を持たない量をスカラーと呼ぶ．

10.3. ベクトルの足し算，引き算

2つのベクトルの足し算と引き算は図 10-5 のように定義される．2つのベクトルの始点と終点はどこにあってもよいので，向きと大きさを変えなければ移動してもよい．

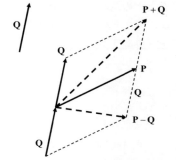

図 10-5　ベクトルの足し算，引き算

10.4. ベクトルの拡大，縮小

ベクトルの方向を変えないで長さを変えるには，ベクトルに数(スカラー)をかければよい．

第 10 章　静力学のためのベクトル

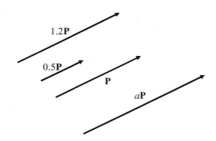

図 10-6　ベクトルの長さの拡大，縮小

10.5. ベクトルを成分に分解すること

　ベクトルの足し算を使えば，ベクトルを 2 つの方向に分解することができる．分解の基準とする 2 つの方向のベクトルを基底ベクトルと呼ぶ．図 10-7 の左の 2 つの図に示すように，単位長さの直交する基底ベクトルに分解するのが便利である．右の図に示すように，任意の基底ベクトルを使って分解することもできる．分解したときの基底ベクトルの係数をベクトルの成分と呼び，図 10-7 に示すように，ベクトルを成分の並び（2 行 1 列の行列）で表すことがある．<u>基底ベクトルは必ずしも互いに直交していなくてもよい</u>．

$$\mathbf{P} = P_1 \mathbf{i}_1 + P_2 \mathbf{i}_2 = \begin{pmatrix} P_1 \\ P_2 \end{pmatrix} \tag{10-2}$$

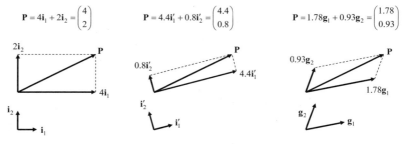

図 10-7　ベクトルの分解 − 2 次元の場合

10.5　ベクトルを成分に分解すること

3次元の場合も同様に独立な3方向の基底ベクトルに分解できる．

$$\mathbf{P} = P_1\mathbf{i}_1 + P_2\mathbf{i}_2 + P_3\mathbf{i}_3 = \begin{pmatrix} P_1 \\ P_2 \\ P_3 \end{pmatrix} \tag{10-3}$$

10.6．ベクトルの大きさ（長さ）

<u>ベクトルが直交する単位基底ベクトルで分解されていれば</u>，その大きさは次の式で計算できる．2次元の場合には，

$$\mathbf{P} = P_1\mathbf{i}_1 + P_2\mathbf{i}_2 = \begin{pmatrix} P_1 \\ P_2 \end{pmatrix} \tag{10-4}$$

$$|\mathbf{P}| = \sqrt{P_1^2 + P_2^2}$$

3次元の場合には，

$$\mathbf{P} = P_1\mathbf{i}_1 + P_2\mathbf{i}_2 + P_3\mathbf{i}_3 = \begin{pmatrix} P_1 \\ P_2 \\ P_3 \end{pmatrix} \tag{10-5}$$

$$|\mathbf{P}| = \sqrt{P_1^2 + P_2^2 + P_3^2}$$

10.7．2つのベクトル間の角度とベクトルの内積

2つのベクトルが作る角度はベクトルの内積（スカラー積ともいう）を使って表すことができる．内積の定義は次の式で表されるスカラーである．「・」が内積を表す記号である．最後の式は行列で表示しており，記号「T」は行列の行と列の入れ替え（transverse）を表す．

2次元の場合には，

第10章 静力学のためのベクトル

$$\mathbf{P} \cdot \mathbf{Q} = |\mathbf{P}||\mathbf{Q}|\cos\theta$$
$$= (P_1\mathbf{i}_1 + P_2\mathbf{i}_2) \cdot (Q_1\mathbf{i}_1 + Q_2\mathbf{i}_2) = \begin{pmatrix} P_1 \\ P_2 \end{pmatrix} \cdot \begin{pmatrix} Q_1 \\ Q_2 \end{pmatrix} = P_1Q_1 + P_2Q_2 \quad (10\text{-}6)$$
$$= \begin{pmatrix} P_1 \\ P_2 \end{pmatrix}^T \begin{pmatrix} Q_1 \\ Q_2 \end{pmatrix}$$

ここで，$\mathbf{i}_1$, $\mathbf{i}_2$ は直交する単位基底ベクトルである．右肩の添字 T はベクトルの転置を表す（11.1.3 項参照）．

2つのベクトルの内積を使って，ベクトル間の角度 θ を表すと，

$$\cos\theta = \frac{\mathbf{P} \cdot \mathbf{Q}}{|\mathbf{P}||\mathbf{Q}|} = \frac{P_1Q_1 + P_2Q_2}{\sqrt{P_1^2 + P_2^2}\sqrt{Q_1^2 + Q_2^2}} \quad (10\text{-}7)$$

2つの直交するベクトルの内積はゼロである．
1つのベクトル自身の内積はベクトルの長さの2乗である．

$$\mathbf{P} \cdot \mathbf{P} = |\mathbf{P}||\mathbf{P}|\cos 0 = |\mathbf{P}|^2$$
$$= (P_1\mathbf{i}_1 + P_2\mathbf{i}_2) \cdot (P_1\mathbf{i}_1 + P_2\mathbf{i}_2) = \begin{pmatrix} P_1 \\ P_2 \end{pmatrix} \cdot \begin{pmatrix} P_1 \\ P_2 \end{pmatrix} = P_1^2 + P_2^2 \quad (10\text{-}8)$$

ここで，$\mathbf{i}_1$, $\mathbf{i}_2$, $\mathbf{i}_3$ は直交する単位基底ベクトルである．

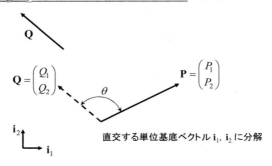

図 10-8　ベクトルの内積 – 2次元の場合

3次元の場合には，

10.7　2つのベクトル間の角度とベクトルの内積

$$\begin{aligned}
\mathbf{P} \cdot \mathbf{Q} &= |\mathbf{P}||\mathbf{Q}|\cos\theta \\
&= (P_1\mathbf{i}_1 + P_2\mathbf{i}_2 + P_3\mathbf{i}_3) \cdot (Q_1\mathbf{i}_1 + Q_2\mathbf{i}_2 + Q_3\mathbf{i}_3) \\
&= \begin{pmatrix} P_1 \\ P_2 \\ P_3 \end{pmatrix} \cdot \begin{pmatrix} Q_1 \\ Q_2 \\ Q_3 \end{pmatrix} = P_1Q_1 + P_2Q_2 + P_3Q_3 \\
&= \begin{pmatrix} P_1 \\ P_2 \\ P_3 \end{pmatrix}^T \begin{pmatrix} Q_1 \\ Q_2 \\ Q_3 \end{pmatrix}
\end{aligned} \qquad (10\text{-}9)$$

2つのベクトルの内積を使って，ベクトル間の角度θを表すと，

$$\cos\theta = \frac{\mathbf{P} \cdot \mathbf{Q}}{|\mathbf{P}||\mathbf{Q}|} = \frac{P_1Q_1 + P_2Q_2 + P_3Q_3}{\sqrt{P_1^2 + P_2^2 + P_3^2}\sqrt{Q_1^2 + Q_2^2 + Q_3^2}} \qquad (10\text{-}10)$$

2つの直交するベクトルの内積はゼロである．
1つのベクトル自身の内積はベクトルの長さの2乗である．

$$\begin{aligned}
\mathbf{P} \cdot \mathbf{P} &= |\mathbf{P}||\mathbf{P}|\cos 0 = |\mathbf{P}|^2 \\
&= (P_1\mathbf{i}_1 + P_2\mathbf{i}_2 + P_3\mathbf{i}_3) \cdot (P_1\mathbf{i}_1 + P_2\mathbf{i}_2 + P_3\mathbf{i}_3) \\
&= \begin{pmatrix} P_1 \\ P_2 \\ P_3 \end{pmatrix} \cdot \begin{pmatrix} P_1 \\ P_2 \\ P_3 \end{pmatrix} = P_1^2 + P_2^2 + P_3^2
\end{aligned} \qquad (10\text{-}11)$$

10.8. 単位ベクトルの作り方

任意のベクトル $\mathbf{P}$ の方向の単位ベクトル $\mathbf{i}$ を作るには次の式を使う．
2次元の場合は，

$$\mathbf{i} = \frac{\mathbf{P}}{|\mathbf{P}|} = \frac{P_1\mathbf{i}_1 + P_2\mathbf{i}_2}{\sqrt{P_1^2 + P_2^2}} = \frac{P_1}{\sqrt{P_1^2 + P_2^2}}\mathbf{i}_1 + \frac{P_2}{\sqrt{P_1^2 + P_2^2}}\mathbf{i}_2 = l\mathbf{i}_1 + m\mathbf{i}_2 \qquad (10\text{-}12)$$

ここで，<u>$\mathbf{i}_1$, $\mathbf{i}_2$ は直交する単位基底ベクトル</u>である．

$$l = \frac{P_1}{\sqrt{P_1^2 + P_2^2}}, \quad m = \frac{P_2}{\sqrt{P_1^2 + P_2^2}} \qquad (10\text{-}13)$$

l, m をベクトル $\mathbf{P}$ の方向余弦という．

第10章 静力学のためのベクトル

3次元の場合は,

$$\mathbf{i} = \frac{\mathbf{P}}{|\mathbf{P}|} = \frac{P_1\mathbf{i}_1 + P_2\mathbf{i}_2 + P_3\mathbf{i}_3}{\sqrt{P_1^2 + P_2^2 + P_3^2}}$$

$$= \frac{P_1}{\sqrt{P_1^2 + P_2^2 + P_3^2}}\mathbf{i}_1 + \frac{P_2}{\sqrt{P_1^2 + P_2^2 + P_3^2}}\mathbf{i}_2 \quad (10\text{-}14)$$

$$+ \frac{P_3}{\sqrt{P_1^2 + P_2^2 + P_3^2}}\mathbf{i}_3$$

$$= l\mathbf{i}_1 + m\mathbf{i}_2 + n\mathbf{i}_3$$

ここで, $\mathbf{P} = P_1\mathbf{i}_1 + P_2\mathbf{i}_2 + P_3\mathbf{i}_3 = \begin{pmatrix} P_1 \\ P_2 \\ P_3 \end{pmatrix}$

<u>$\mathbf{i}_1$, $\mathbf{i}_2$, $\mathbf{i}_3$ は直交する単位基底ベクトル</u>である.

$$l = \frac{P_1}{\sqrt{P_1^2 + P_2^2 + P_3^2}}, \quad m = \frac{P_2}{\sqrt{P_1^2 + P_2^2 + P_3^2}}, \quad n = \frac{P_3}{\sqrt{P_1^2 + P_2^2 + P_3^2}} \quad (10\text{-}15)$$

l, m, n をベクトル $\mathbf{P}$ の方向余弦という.

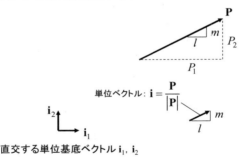

図 10-9 単位ベクトルの作り方 − 2次元の場合

10.9. 直交する単位ベクトルの作り方 − 2次元の場合

任意のベクトル $\mathbf{P}$ に直交する単位ベクトル $\mathbf{j}$ を作るには次の式を使う.

10.9 直交する単位ベクトルの作り方 – 2次元の場合

$$\mathbf{j} = \frac{-P_2\mathbf{i}_1 + P_1\mathbf{i}_2}{|\mathbf{P}|} = \frac{-P_2\mathbf{i}_1 + P_1\mathbf{i}_2}{\sqrt{P_1^2 + P_2^2}} \tag{10-16}$$

ここで，$\mathbf{P} = P_1\mathbf{i}_1 + P_2\mathbf{i}_2 = \begin{pmatrix} P_1 \\ P_2 \end{pmatrix}$

$\mathbf{i}_1$, $\mathbf{i}_2$, $\mathbf{i}_3$ は直交する単位基底ベクトルである．
前項の単位ベクトル $\mathbf{i}$ と本項の単位ベクトル $\mathbf{j}$ の内積を計算してみるとゼロになっているのでこの2つのベクトルが直交していることがわかる．

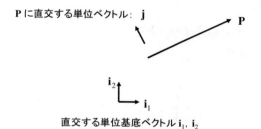

図 10-10　直交する単位ベクトルの作り方 – 2次元の場合

10.10. ベクトルの外積

2つのベクトルの外積（ベクトル積）は次の式で定義されるベクトルである．

$$\begin{aligned}
\mathbf{C} = \mathbf{A} \times \mathbf{B} &= (A_1\mathbf{i}_1 + A_2\mathbf{i}_2 + A_3\mathbf{i}_3) \times (B_1\mathbf{i}_1 + B_2\mathbf{i}_2 + B_3\mathbf{i}_3) \\
&= (A_2B_3 - A_3B_2)\mathbf{i}_1 + (A_3B_1 - A_1B_3)\mathbf{i}_2 + (A_2B_1 - A_2B_1)\mathbf{i}_3 \\
C_1 &= A_2B_3 - A_3B_2,\ C_2 = A_3B_1 - A_1B_3,\ C_3 = A_2B_1 - A_2B_1 \\
|\mathbf{C}| &= |\mathbf{A} \times \mathbf{B}| = |\mathbf{A}||\mathbf{B}|\sin\theta
\end{aligned} \tag{10-17}$$

ここで，$\mathbf{i}_1$, $\mathbf{i}_2$, $\mathbf{i}_3$ は直交する単位基底ベクトルである．
　　　　θ はベクトル $\mathbf{A}$ とベクトル $\mathbf{B}$ の間の角度である．
外積 $\mathbf{A} \times \mathbf{B}$ の大きさはベクトル $\mathbf{A}$ とベクトル $\mathbf{B}$ が作る平行四辺形の面積で，外積 $\mathbf{A} \times \mathbf{B}$ の方向はベクトル $\mathbf{A}$ とベクトル $\mathbf{B}$ が作る平面に垂直で，ベクトル $\mathbf{A}$ から $\mathbf{B}$ への回転で右ねじの進む方向である．したがって，外積 $\mathbf{B} \times \mathbf{A}$ の向きは外積 $\mathbf{A} \times \mathbf{B}$ の向きと逆になる．

第 10 章　静力学のためのベクトル

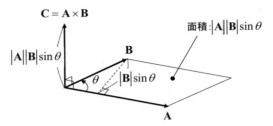

図 10-11　外積（ベクトル積）の定義 − 3 次元の場合

2 次元の場合には，

$$\mathbf{C} = \mathbf{A} \times \mathbf{B} = \left(A_1 \mathbf{i}_1 + A_2 \mathbf{i}_2\right) \times \left(B_1 \mathbf{i}_1 + B_2 \mathbf{i}_2\right) \\ = \left(A_2 B_1 - A_2 B_1\right) \mathbf{i}_3 \tag{10-18}$$

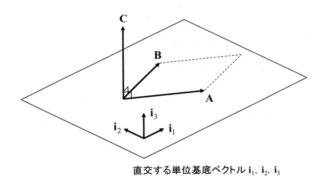

直交する単位基底ベクトル $\mathbf{i}_1$, $\mathbf{i}_2$, $\mathbf{i}_3$

図 10-12　外積（ベクトル積） − 2 次元の場合

したがって，2 つのベクトルに垂直なベクトルを作るには，2 つのベクトルの外積を使えばよい．

点 A のまわりに力のベクトル P が作るモーメントベクトル M は，点 A から力のベクトルの始点へのベクトル R と P の外積であることが図 10-13 からわかる．

10.10 ベクトルの外積

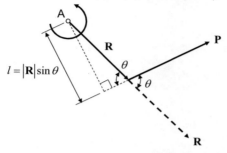

力 P が点 A まわりに作るモーメント
$$M = |P|l = |P||R|\sin\theta = |\mathbf{P} \times \mathbf{R}|$$

図 10-13　力がある点まわりに作るモーメント

第11章 座標変換

ある座標系で定義された点の位置や力のベクトルを別の座標系で表す場合がよくある．これには行列を使った表記をするのが便利である．

11.1. 行列の演算

数字や記号を四角に配置したものを行列という．横の並びを「行」と呼び，縦の並びを「列」と呼ぶ．m 行×1 列の行列は列ベクトルであり，1 行×n 列の行列は行ベクトルである．

11.1.1. 行列の和と差

m 行×n 列の2つの行列の和と差は次のように定義される．

$$\begin{bmatrix} a_{11} & a_{12} & \cdots & a_{1n} \\ a_{21} & a_{22} & \cdots & a_{2n} \\ \vdots & \vdots & \ddots & \vdots \\ a_{m1} & a_{m2} & \cdots & a_{mn} \end{bmatrix} + \begin{bmatrix} b_{11} & b_{12} & \cdots & b_{1n} \\ b_{21} & b_{22} & \cdots & b_{2n} \\ \vdots & \vdots & \ddots & \vdots \\ b_{m1} & b_{m2} & \cdots & b_{mn} \end{bmatrix}$$

$$= \begin{bmatrix} a_{11}+b_{11} & a_{12}+b_{21} & \cdots & a_{1n}+b_{1n} \\ a_{21}+b_{21} & a_{22}+b_{22} & \cdots & a_{2n}+b_{2n} \\ \vdots & \vdots & \ddots & \vdots \\ a_{m1}+b_{m1} & a_{m2}+b_{m2} & \cdots & a_{mn}+b_{mn} \end{bmatrix} \quad (11\text{-}1)$$

$$\begin{bmatrix} a_{11} & a_{12} & \cdots & a_{1n} \\ a_{21} & a_{22} & \cdots & a_{2n} \\ \vdots & \vdots & \ddots & \vdots \\ a_{m1} & a_{m2} & \cdots & a_{mn} \end{bmatrix} - \begin{bmatrix} b_{11} & b_{12} & \cdots & b_{1n} \\ b_{21} & b_{22} & \cdots & b_{2n} \\ \vdots & \vdots & \ddots & \vdots \\ b_{m1} & b_{m2} & \cdots & b_{mn} \end{bmatrix}$$

$$= \begin{bmatrix} a_{11}-b_{11} & a_{12}-b_{12} & \cdots & a_{1n}-b_{1n} \\ a_{21}-b_{21} & a_{22}-b_{22} & \cdots & a_{2n}-b_{2n} \\ \vdots & \vdots & \ddots & \vdots \\ a_{m1}-b_{m1} & a_{m2}-b_{m2} & \cdots & a_{mn}-b_{mn} \end{bmatrix}$$

第 11 章　座標変換

11.1.2. 行列の積

l 行×m 列の行列に m 行×n 列の行列を掛ける演算を行列の積といい，行列の積によって l 行×n 列の行列ができ，次のように定義される．

$$\begin{bmatrix} c_{11} & c_{12} & \cdots & c_{1n} \\ c_{21} & c_{22} & \cdots & c_{2n} \\ \vdots & \vdots & \ddots & \vdots \\ c_{l1} & c_{l2} & \cdots & c_{ln} \end{bmatrix} = \begin{bmatrix} a_{11} & a_{12} & \cdots & a_{1m} \\ a_{21} & a_{22} & \cdots & a_{2m} \\ \vdots & \vdots & \ddots & \vdots \\ a_{l1} & a_{l2} & \cdots & a_{lm} \end{bmatrix} \begin{bmatrix} b_{11} & b_{12} & \cdots & b_{1n} \\ b_{21} & b_{22} & \cdots & b_{2n} \\ \vdots & \vdots & \ddots & \vdots \\ b_{m1} & b_{m2} & \cdots & b_{mn} \end{bmatrix}$$

$$c_{ij} = \sum_{i=1}^{l} \sum_{j=1}^{n} \sum_{k=1}^{m} a_{ik} b_{kj} \tag{11-2}$$

行列の積の計算の例を示すと，

$$\begin{bmatrix} 1 & 3 & 2 \\ 2 & 2 & 5 \end{bmatrix} \begin{bmatrix} 2 & 1 & 1 \\ 3 & 4 & 2 \\ 5 & 2 & 1 \end{bmatrix} = \begin{bmatrix} 1\times2+3\times3+2\times5 & 1\times1+3\times4+2\times2 & 1\times1+3\times2+2\times1 \\ 2\times2+2\times3+5\times5 & 2\times1+2\times4+5\times2 & 2\times1+2\times2+5\times1 \end{bmatrix}$$

$$= \begin{bmatrix} 21 & 17 & 9 \\ 35 & 20 & 11 \end{bmatrix}$$

11.1.3. 転置行列

行列の転置は，行列の行と列を入れ替える操作をいい，添字 T を右肩につける．

$$[\mathbf{a}] = \begin{bmatrix} a_{11} & a_{12} & \cdots & a_{1m} \\ a_{21} & a_{22} & \cdots & a_{2m} \\ \vdots & \vdots & \ddots & \vdots \\ a_{l1} & a_{l2} & \cdots & a_{lm} \end{bmatrix}$$

のとき，行列 $[\mathbf{a}]$ の転置行列 $[\mathbf{a}]^T$ は，

$$[\mathbf{a}]^T = \begin{bmatrix} a_{11} & a_{12} & \cdots & a_{1m} \\ a_{21} & a_{22} & \cdots & a_{2m} \\ \vdots & \vdots & \ddots & \vdots \\ a_{l1} & a_{l2} & \cdots & a_{lm} \end{bmatrix}^T = \begin{bmatrix} a_{11} & a_{21} & \cdots & a_{l1} \\ a_{12} & a_{22} & \cdots & a_{l2} \\ \vdots & \vdots & \ddots & \vdots \\ a_{1m} & a_{2m} & \cdots & a_{lm} \end{bmatrix} \tag{11-3}$$

11.1 行列の演算

ベクトル $(\mathbf{x}) = \begin{pmatrix} x \\ y \\ z \end{pmatrix}$ を転置すると,

$$(\mathbf{x})^T = \begin{pmatrix} x \\ y \\ z \end{pmatrix}^T = \begin{pmatrix} x & y & z \end{pmatrix} \tag{11-4}$$

である.

11.1.4. 逆行列

n 行×n 列の行列 $[\mathbf{a}]$ に関して,

$$[a][\mathbf{x}] = [\mathbf{I}] \tag{11-5}$$

ここで,$[\mathbf{I}]$ は単位行列で,対角成分がすべて 1 で,その他の成分が 0 である行列である.

となる n 行×n 列の行列 $[\mathbf{x}]$ が存在するとき,$[\mathbf{x}]$ を $[\mathbf{a}]$ の逆行列といい,

$$[\mathbf{x}] = [\mathbf{a}]^{-1} \tag{11-6}$$

と表す.

11.2. 2次元の直交座標系

図 11-1 に示すような 2 次元の直交座標系を考えると,x 軸と y 軸の向きに単位基底ベクトル $\mathbf{i}_x$ と $\mathbf{i}_y$ をとることができる.

第 11 章　座標変換

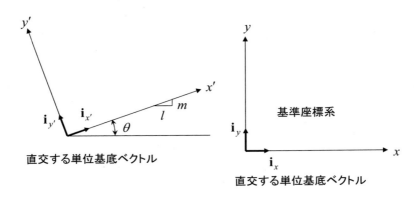

図 11-1　2つの2次元直交座標系と単位基底ベクトル

11.2.1. 基準座標系と別の座標系の単位基底ベクトルの関係

図 11-1 に示すひとつの直交座標系 x-y 座標系を基準座標系にとり，別の直交座標系 x'-y' 座標系を考え，x' 軸方向と y' 軸方向に単位基底ベクトル $\mathbf{i}_{x'}$ と $\mathbf{i}_{y'}$ をとる．この単位基底ベクトルを基準座標系の単位基底ベクトルで表すと，

$$\begin{aligned}\mathbf{i}_{x'} &= \mathbf{i}_x \cos\theta + \mathbf{i}_y \sin\theta = l\mathbf{i}_x + m\mathbf{i}_y \\ \mathbf{i}_{y'} &= -\mathbf{i}_x \sin\theta + \mathbf{i}_y \cos\theta = -m\mathbf{i}_x + l\mathbf{i}_y\end{aligned} \tag{11-7}$$

行列で表記すると，

$$\begin{pmatrix}\mathbf{i}_{x'} \\ \mathbf{i}_{y'}\end{pmatrix} = \begin{bmatrix}\cos\theta & \sin\theta \\ -\sin\theta & \cos\theta\end{bmatrix}\begin{pmatrix}\mathbf{i}_x \\ \mathbf{i}_y\end{pmatrix} = \begin{bmatrix}l & m \\ -m & l\end{bmatrix}\begin{pmatrix}\mathbf{i}_x \\ \mathbf{i}_y\end{pmatrix} \tag{11-8}$$

逆に，

$$\begin{pmatrix}\mathbf{i}_x \\ \mathbf{i}_y\end{pmatrix} = \begin{bmatrix}\cos\theta & -\sin\theta \\ \sin\theta & \cos\theta\end{bmatrix}\begin{pmatrix}\mathbf{i}_{x'} \\ \mathbf{i}_{y'}\end{pmatrix} = \begin{bmatrix}l & -m \\ m & l\end{bmatrix}\begin{pmatrix}\mathbf{i}_{x'} \\ \mathbf{i}_{y'}\end{pmatrix} \tag{11-9}$$

したがって，x'-y' 座標系の基準座標系からの回転を x' 軸の方向余弦 $\begin{pmatrix}l \\ m\end{pmatrix} = \begin{pmatrix}\cos\theta \\ \sin\theta\end{pmatrix}$ で表すことができる．

11.2　2次元の直交座標系

11.2.2.　点の位置（座標）と位置ベクトル表示

点 A の位置を基準座標系における x 座標と y 座標で表すと，(x_A, y_A) であるとする．点 A の位置ベクトル表示を次のように定義する．

$$\overrightarrow{OA} = x_A \mathbf{i}_x + y_A \mathbf{i}_y = \begin{pmatrix} x_A \\ y_A \end{pmatrix} = \begin{pmatrix} x_A \\ y_A \end{pmatrix}^T \begin{pmatrix} \mathbf{i}_x \\ \mathbf{i}_y \end{pmatrix} \tag{11-10}$$

ここで，2行×1列の行列 $\begin{pmatrix} x_A \\ y_A \end{pmatrix}$ は単位基底ベクトル $\mathbf{i}_x$ と $\mathbf{i}_y$ を基底としたベクトルを表す．

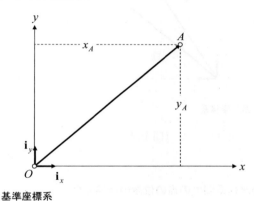

基準座標系

図 11-2　点の位置の位置ベクトル表示

11.2.3.　2点間を結ぶ線のベクトル表示

点 A と点 B を結ぶ線は，点 A から点 B への矢印としてベクトルで表すことができる（図 11-3）ので，点の位置ベクトルを使えば次のように表すことができる．

$$\begin{aligned}\overrightarrow{AB} &= \overrightarrow{OB} - \overrightarrow{OA} \\ &= (x_B - x_A)\mathbf{i}_x + (y_B - y_A)\mathbf{i}_y = \begin{pmatrix} x_B - x_A \\ y_B - y_A \end{pmatrix} = \begin{pmatrix} x_B - x_A \\ y_B - y_A \end{pmatrix}^T \begin{pmatrix} \mathbf{i}_x \\ \mathbf{i}_y \end{pmatrix}\end{aligned} \tag{11-11}$$

第 11 章　座標変換

ここで，
$$\overrightarrow{OA} = x_A \mathbf{i}_x + y_A \mathbf{i}_y = \begin{pmatrix} x_A \\ y_A \end{pmatrix} = \begin{pmatrix} x_A \\ y_A \end{pmatrix}^T \begin{pmatrix} \mathbf{i}_x \\ \mathbf{i}_y \end{pmatrix}$$

$$\overrightarrow{OB} = x_B \mathbf{i}_x + y_B \mathbf{i}_y = \begin{pmatrix} x_B \\ y_B \end{pmatrix} = \begin{pmatrix} x_B \\ y_B \end{pmatrix}^T \begin{pmatrix} \mathbf{i}_x \\ \mathbf{i}_y \end{pmatrix}$$

基準座標系

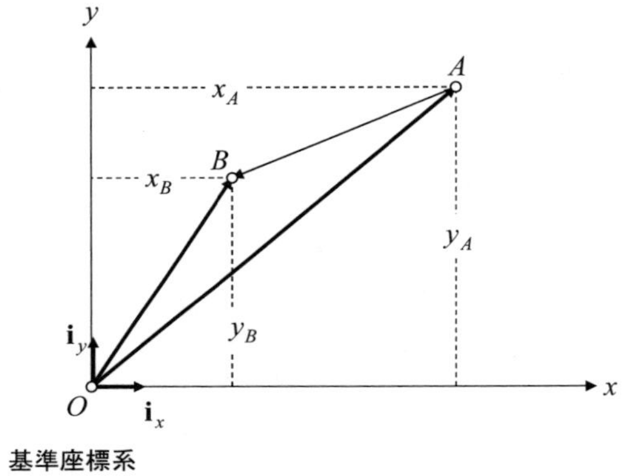

図 11-3　2 点間を結ぶ線のベクトル表示

11.2.4.　2 つの座標系間での点の位置の座標変換

図 11-4 を参照して，

$$\overrightarrow{OO'} = \overrightarrow{OA} - \overrightarrow{O'A} \quad \Rightarrow \quad \overrightarrow{O'A} = \overrightarrow{OA} - \overrightarrow{OO'} = \begin{pmatrix} x_A \\ y_A \end{pmatrix} - \begin{pmatrix} a \\ b \end{pmatrix} = \begin{pmatrix} x_A - a \\ y_A - b \end{pmatrix}^T \begin{pmatrix} \mathbf{i}_x \\ \mathbf{i}_y \end{pmatrix}$$

同じベクトルを x'-y' 座標で表すと，

$$\overrightarrow{O'A} = \begin{pmatrix} x'_A \\ y'_A \end{pmatrix}^T \begin{pmatrix} \mathbf{i}_{x'} \\ \mathbf{i}_{y'} \end{pmatrix}$$

これに式(11-8) を代入すると，

$$\overrightarrow{O'A} = \begin{pmatrix} x'_A \\ y'_A \end{pmatrix}^T \begin{bmatrix} l & m \\ -m & l \end{bmatrix} \begin{pmatrix} \mathbf{i}_x \\ \mathbf{i}_y \end{pmatrix}$$

上の 2 つの式を等置して次の座標変換式が得られる．

380

11.2 2次元の直交座標系

$$\begin{pmatrix} x_A - a \\ y_A - b \end{pmatrix}^T = \begin{pmatrix} x'_A \\ y'_A \end{pmatrix}^T \begin{bmatrix} l & m \\ -m & l \end{bmatrix}$$

$$\Rightarrow \quad \begin{pmatrix} x_A \\ y_A \end{pmatrix} = \begin{bmatrix} l & -m \\ m & l \end{bmatrix} \begin{pmatrix} x'_A \\ y'_A \end{pmatrix} + \begin{pmatrix} a \\ b \end{pmatrix}$$

$$\begin{pmatrix} x'_A \\ y'_A \end{pmatrix} = \begin{bmatrix} l & m \\ -m & l \end{bmatrix} \begin{pmatrix} x_A - a \\ y_A - b \end{pmatrix} \tag{11-12}$$

ここで, $\begin{pmatrix} l \\ m \end{pmatrix} = \begin{pmatrix} \cos\theta \\ \sin\theta \end{pmatrix}$: x' 軸の方向余弦

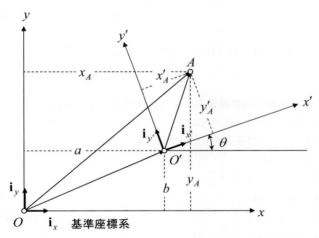

図 11-4 点の位置の座標変換 – 2次元の場合

11.3. 3次元の直交座標系

　図 11-5 に示すような2次元の直交座標系を考えると, x 軸, y 軸, z 軸の向きに単位基底ベクトル $\mathbf{i}_x$, $\mathbf{i}_y$, $\mathbf{i}_z$ をとることができる.

第 11 章　座標変換

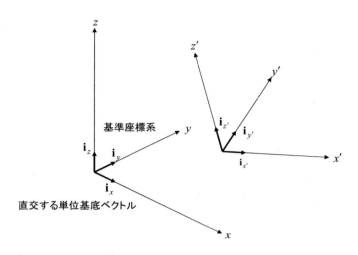

図 11-5　2 つの 3 次元直交座標系と単位基底ベクトル

11.3.1. 基準座標系と別の座標系の単位基底ベクトルの関係

図 11-5 に示すひとつの直交座標系 x-y-z 座標系を基準座標系にとり，別の直交座標系 x'-y'-z' 座標系を考え，x' 軸方向，y' 軸，z' 軸方向に単位基底ベクトル $\mathbf{i}_{x'}$, $\mathbf{i}_{y'}$, $\mathbf{i}_{z'}$ をとる．この単位基底ベクトルを基準座標系の単位基底ベクトルで次のように表すとする．

$$\begin{aligned}
\mathbf{i}_{x'} &= l_1\mathbf{i}_x + m_1\mathbf{i}_y + n_1\mathbf{i}_z \\
\mathbf{i}_{y'} &= l_2\mathbf{i}_x + m_2\mathbf{i}_y + n_2\mathbf{i}_z \\
\mathbf{i}_{z'} &= l_3\mathbf{i}_x + m_3\mathbf{i}_y + n_3\mathbf{i}_z
\end{aligned} \quad (11\text{-}13)$$

行列で表記すると，

$$\begin{pmatrix} \mathbf{i}_{x'} \\ \mathbf{i}_{y'} \\ \mathbf{i}_{z'} \end{pmatrix} = \begin{bmatrix} l_1 & m_1 & n_1 \\ l_2 & m_2 & n_2 \\ l_3 & m_3 & n_3 \end{bmatrix} \begin{pmatrix} \mathbf{i}_x \\ \mathbf{i}_y \\ \mathbf{i}_z \end{pmatrix} \quad (11\text{-}14)$$

逆に，

11.3　3次元の直交座標系

$$\begin{pmatrix} \mathbf{i}_x \\ \mathbf{i}_y \\ \mathbf{i}_z \end{pmatrix} = \begin{bmatrix} l_1 & l_2 & l_3 \\ m_1 & m_2 & m_3 \\ n_1 & n_2 & n_3 \end{bmatrix} \begin{pmatrix} \mathbf{i}_{x'} \\ \mathbf{i}_{y'} \\ \mathbf{i}_{z'} \end{pmatrix} \tag{11-15}$$

ここで，$\begin{pmatrix} l_1 \\ m_1 \\ n_1 \end{pmatrix}$：$x'$ 軸の方向余弦，$\begin{pmatrix} l_2 \\ m_2 \\ n_2 \end{pmatrix}$：$y'$ 軸の方向余弦，

$\begin{pmatrix} l_3 \\ m_3 \\ n_3 \end{pmatrix}$：$z'$ 軸の方向余弦

11.3.2.　2つの座標系での点の位置の座標変換

図 11-6 を参照して，

$$\overrightarrow{OO'} = \overrightarrow{OA} - \overrightarrow{O'A} \Rightarrow \overrightarrow{O'A} = \overrightarrow{OA} - \overrightarrow{OO'} = \begin{pmatrix} x_A \\ y_A \\ z_A \end{pmatrix} - \begin{pmatrix} a \\ b \\ c \end{pmatrix} = \begin{pmatrix} x_A - a \\ y_A - b \\ z_A - c \end{pmatrix}^T \begin{pmatrix} \mathbf{i}_x \\ \mathbf{i}_y \\ \mathbf{i}_z \end{pmatrix}$$

同じベクトルを x'-y' 座標で表すと，

$$\overrightarrow{O'A} = \begin{pmatrix} x'_A \\ y'_A \\ z'_A \end{pmatrix}^T \begin{pmatrix} \mathbf{i}_{x'} \\ \mathbf{i}_{y'} \\ \mathbf{i}_{z'} \end{pmatrix}$$

これに式(11-14) を代入すると，

$$\overrightarrow{O'A} = \begin{pmatrix} x'_A \\ y'_A \\ z'_A \end{pmatrix}^T \begin{bmatrix} l_1 & m_1 & n_1 \\ l_2 & m_2 & n_2 \\ l_3 & m_3 & n_3 \end{bmatrix} \begin{pmatrix} \mathbf{i}_x \\ \mathbf{i}_y \\ \mathbf{i}_z \end{pmatrix}$$

上の2つの式を等置して次の座標変換式が得られる．

$$\begin{pmatrix} x_A - a \\ y_A - b \\ z_A - c \end{pmatrix}^T \begin{pmatrix} \mathbf{i}_x \\ \mathbf{i}_y \\ \mathbf{i}_z \end{pmatrix} = \begin{pmatrix} x'_A \\ y'_A \\ z'_A \end{pmatrix}^T \begin{bmatrix} l_1 & m_1 & n_1 \\ l_2 & m_2 & n_2 \\ l_3 & m_3 & n_3 \end{bmatrix} \begin{pmatrix} \mathbf{i}_x \\ \mathbf{i}_y \\ \mathbf{i}_z \end{pmatrix}$$

第 11 章　座標変換

$$\Rightarrow \begin{pmatrix} x_A \\ y_A \\ z_A \end{pmatrix} = \begin{bmatrix} l_1 & l_2 & l_3 \\ m_1 & m_2 & m_3 \\ n_1 & n_2 & n_3 \end{bmatrix} \begin{pmatrix} x'_A \\ y'_A \\ z'_A \end{pmatrix} + \begin{pmatrix} a \\ b \\ c \end{pmatrix}$$

$$\begin{pmatrix} x'_A \\ y'_A \\ z'_A \end{pmatrix} = \begin{bmatrix} l_1 & m_1 & n_1 \\ l_2 & m_2 & n_2 \\ l_3 & m_3 & n_3 \end{bmatrix} \begin{pmatrix} x_A - a \\ y_A - b \\ z_A - c \end{pmatrix}$$
(11-16)

ここで，$\begin{pmatrix} l_1 \\ m_1 \\ n_1 \end{pmatrix}$: x' 軸の方向余弦，$\begin{pmatrix} l_2 \\ m_2 \\ n_2 \end{pmatrix}$: y' 軸の方向余弦，

$\begin{pmatrix} l_3 \\ m_3 \\ n_3 \end{pmatrix}$: z' 軸の方向余弦

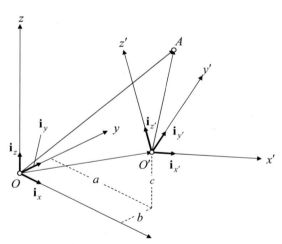

図 11-6　点の位置の座標変換 − 3次元の場合

第12章 関数

弾性力学と構造力学には微分，積分の概念は必須である．基本的な関数の微分と積分の公式を載せておく．

弾性力学に必要な，数値積分の方法，テイラー展開，ガウスの発散定理について説明した．

エネルギ原理に出てくる仮想変位は理解するのが難しいので詳しい説明を加えた．ポテンシャルエネルギの停留と最小の意味についても説明をした．

12.1. 1変数の関数

変数の数がひとつの関数は，変数 x の値に対してある決まった規則で値が決まるもののことを言い，図 12-1 に示すようにグラフで表すことができる．1変数の関数を $f(x)$ のように表す．図 12-1 の左の図の関数はひとつの x の値に関して3つの値をとることがある多価関数で，連続である．中央の図の関数はひとつの x の値に関してひとつの値をとる一価関数で，連続である．右の図の関数はひとつの x の値に関してひとつの値をとる一価関数で，不連続である．

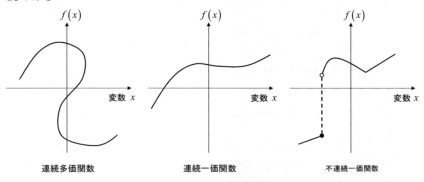

図 12-1　1変数の関数のグラフ

第12章　関数

12.1.1. 関数の微分

関数 $f(x)$ の微分 $\dfrac{d}{dx}f(x)$ は次の式で定義される.

$$\frac{d}{dx}f(x) = \lim_{\Delta x \to 0} \frac{f(x+\Delta x)-f(x)}{\Delta x} \tag{12-1}$$

$\dfrac{d}{dx}$ がひとつの記号として微分を意味しており，d を dx で割ることを意味しているのではない．関数 $f(x)$ の微分を $\dfrac{df}{dx}$ と表すこともあり，この表記も厳密には df を dx で割ることを意味しているのではない．

しかし，$\Delta f = f(x+\Delta x)-f(x)$ と表記すると，微分の定義は

$$\frac{df}{dx} = \lim_{\Delta x \to 0} \frac{\Delta f}{\Delta x} \tag{12-2}$$

と表すこともできるので，非常に小さい Δf （すなわち df）を非常に小さい Δx （すなわち dx）で割ったものを想定した表現であると言える．

例として次の2次関数の微分を求める．

$$f(x) = x^2 + x + 1$$

定義式にしたがってこの関数の微分を求めると

$$\begin{aligned}
\frac{d}{dx}f(x) &= \frac{d}{dx}(x^2+x+1) = \lim_{\Delta x \to 0} \frac{(x+\Delta x)^2+(x+\Delta x)+1-\{x^2+x+1\}}{\Delta x} \\
&= \lim_{\Delta x \to 0} \frac{x^2+2x\Delta x+(\Delta x)^2+x+\Delta x+1-x^2-x-1}{\Delta x} \\
&= \lim_{\Delta x \to 0} \frac{2x\Delta x+(\Delta x)^2+\Delta x}{\Delta x} \\
&= \lim_{\Delta x \to 0} (2x+1+\Delta x) \\
&= 2x+1
\end{aligned}$$

となる．このように，関数の微分もやはり x の関数であるので，微分のことを導関数という．

微分の定義式の意味を図示したのが図 12-2 である．ある値における微分の値を微係数と呼び，その点での関数の傾きを表す．

12.1　1変数の関数

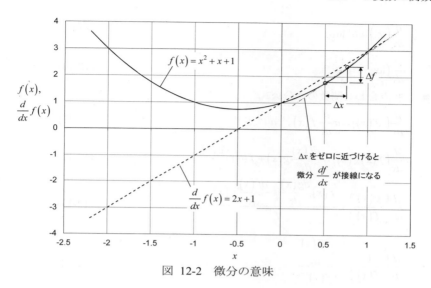

図 12-2　微分の意味

12.1.2.　微分の公式

いちいち微分の定義式を使って計算するのは面倒なので，基本的な関数については微分の公式がある．

● 基本的な関数の微分公式

$$\frac{d}{dx}(a) = 0 , \quad a \text{ は定数} \tag{12-3}$$

$$\frac{d}{dx}(x^a) = ax^{a-1} , \quad a \text{ はゼロ以外の定数} \tag{12-4}$$

$$\frac{d}{dx}(\sin x) = \cos x , \quad x \text{ はラジアンで表した角度} \tag{12-5}$$

$$\frac{d}{dx}(\cos x) = -\sin x , \quad x \text{ はラジアンで表した角度} \tag{12-6}$$

$$\frac{d}{dx}(\tan x) = \frac{1}{\cos^2 x} , \quad x \text{ はラジアンで表した角度} \tag{12-7}$$

$$\frac{d}{dx}(e^x) = e^x \tag{12-8}$$

第12章 関数

$$\frac{d}{dx}(a^x) = a^x \ln a \tag{12-9}$$

$$\frac{d}{dx}(\log x) = \frac{1}{x} \tag{12-10}$$

● 組み合わせ関数の微分公式

$$\frac{d}{dx}(af(x)) = a\frac{d}{dx}f(x), \quad a\text{ は定数} \tag{12-11}$$

$$\frac{d}{dx}(f(x)g(x)) = \frac{df(x)}{dx}g(x) + f(x)\frac{dg(x)}{dx} \tag{12-12}$$

$$\frac{d}{dx}\left(\frac{g(x)}{f(x)}\right) = \frac{f(x)\frac{dg(x)}{dx} - \frac{df(x)}{dx}g(x)}{f^2} \tag{12-13}$$

$$\frac{d}{dx}\left(\frac{1}{f(x)}\right) = \frac{-\frac{df(x)}{dx}}{\{f(x)\}^2} \tag{12-14}$$

$$\frac{d}{dx}(f(g(x))) = \frac{df(g(x))}{dg(x)}\frac{dg(x)}{dx} \tag{12-15}$$

12.1.3. 不定積分の公式

関数 $F(x)$ を微分したものが関数 $f(x)$ であるときに，$F(x)$ を関数 $f(x)$ の不定積分といい，

$$F(x) = \int f(x)dx \tag{12-16}$$

と表す．すなわち，

$$\frac{d}{dx}F(x) = f(x) \tag{12-17}$$

である．

不定積分の公式を以下に示す．

12.1　1変数の関数

$$\int dx = x + C$$

$$\int x\,dx = \frac{1}{2}x^2 + C$$

$$\int x^3\,dx = \frac{1}{3}x^3 + C$$

$$\int x^n\,dx = \frac{1}{n+1}x^{n+1} + C \tag{12-18}$$

$$\int \sqrt{x}\,dx = \frac{2}{3}x^{\frac{3}{2}} + C$$

$$\int \frac{1}{\sqrt{x}}\,dx = 2\sqrt{x} + C$$

$$\int e^x\,dx = e^x + C$$

$$\int a^x\,dx = \frac{a^x}{\ln a} + C \tag{12-19}$$

$$\int \frac{1}{x}\,dx = \ln|x| + C$$

$$\int \sin\theta\,d\theta = -\cos\theta + C \tag{12-20}$$

$$\int \cos\theta\,d\theta = \sin\theta + C \tag{12-21}$$

$$\int \tan\theta\,d\theta = -\ln|\cos\theta| + C \tag{12-22}$$

$$\int \frac{1}{\sin^2\theta}\,d\theta = -\frac{1}{\tan\theta} + C \tag{12-23}$$

$$\int \frac{1}{\cos^2\theta}\,d\theta = \tan\theta + C \tag{12-24}$$

$$\int \cos^2\theta\,d\theta = \frac{1}{2}\left(\theta + \frac{1}{2}\sin 2\theta\right) + C \tag{12-25}$$

$$\int \sin^2\theta\,d\theta = \frac{1}{2}\left(\theta - \frac{1}{2}\sin 2\theta\right) + C \tag{12-26}$$

$$\int \cos^3\theta\,d\theta = \sin\theta - \frac{1}{3}\sin^3\theta + C \tag{12-27}$$

第 12 章　関数

$$\int \sin^3 \theta d\theta = -\cos\theta + \frac{1}{3}\cos^3\theta + C \tag{12-28}$$

● 部分積分の公式

$$\int \frac{du}{dx}vdx = uv - \int u\frac{dv}{dx}dx \tag{12-29}$$

12.1.4.　定積分

定積分の定義は,

$$\int_a^b f(x)dx = \lim_{n\to\infty}\sum_{i=1}^n f(x_i)\Delta x \tag{12-30}$$

ここで, $\Delta x = \dfrac{b-a}{n}$

であるので, 図 12-3 に示すように, 曲線 $y=f(x)$ の下の面積を表す. $f(x)$ が負の領域では面積も負であることに注意すること.

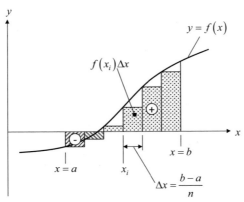

図 12-3　定積分の定義

また, 不定積分を使って定積分を表すと,

$$\int_a^b f(x)dx = F(b)-F(a) \tag{12-31}$$

ここで, $F(x) = \int f(x)dx$

12.1　1変数の関数

12.1.5.　数値積分の方法 – 台形則

定積分を数値的に求めるもっとも簡単な方法は台形則（図 12-4）である．式で表すと，

$$\int_a^b f(x)dx = \sum_{i=1}^n \frac{f(x_i)+f(x_{i+1})}{2}(x_{i+1}-x_i) \tag{12-32}$$

積分区間の分割は等分である必要はない．

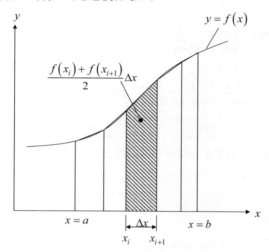

図 12-4　数値積分の方法 – 台形則

12.1.6.　テイラー展開による関数の近似

テイラー展開は，関数を $(x-a)$ の級数で近似する方法であり，次の式で表される．

$$\begin{aligned}f(x) &= \sum_{n=0}^\infty \frac{f^{(n)}(a)}{n!}(x-a)^n \\ &= f(a)+f'(a)(x-a)+\frac{f''(a)}{2!}(x-a)^2+\frac{f'''(a)}{3!}(x-a)^3+\cdots\end{aligned} \tag{12-33}$$

ここで，$f^{(n)}(a)$: $x=a$ における関数，

　　　　$f(x)$: n 階の微係数，

第 12 章　関数

$$n! = 1 \times 2 \times 3 \times \cdots \times n \ : \ n \text{ の階乗, } \ 0! = 1$$

例として次の関数をテイラー展開しよう．

$$f(x) = \tan x + \frac{3}{2\sin x}$$

1 回微分すると，

$$f'(x) = \frac{1}{\cos^2 x} - \frac{3\cos x}{2\sin^2 x}$$

2 回微分すると，

$$f''(x) = \frac{2\sin x}{\cos^3 x} + \frac{3\cos x}{\sin^2 x} + \frac{3}{2\sin x}$$

テイラー展開した結果は，

$$f(x) = \tan a + \frac{3}{2\sin a} + \left[\frac{1}{\cos^2 a} - \frac{3\cos a}{2\sin^2 a}\right](x-a)$$
$$+ \left[\frac{\sin a}{\cos^3 a} + \frac{3\cos a}{2\sin^2 a} + \frac{3}{4\sin a}\right](x-a)^2 + \ldots$$

$x = 0.4$ の近傍で 1 次の項まで使った近似式と 2 次の項まで使った近似式を図 12-5 で比較した．

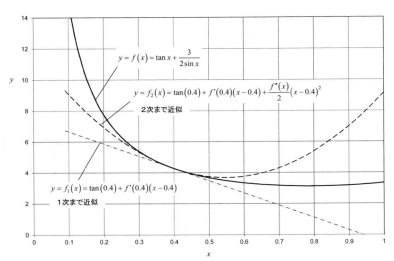

図 12-5　テイラー展開による関数の近似の例

12.2. 2変数の関数

2変数 x, y の関数 $f(x,y)$ は，等高線のグラフとして表すことができる．例として，

$$f(x,y) = \frac{3}{2}x^2 - 2x - 2y$$

のグラフを図 12-6 に示す．

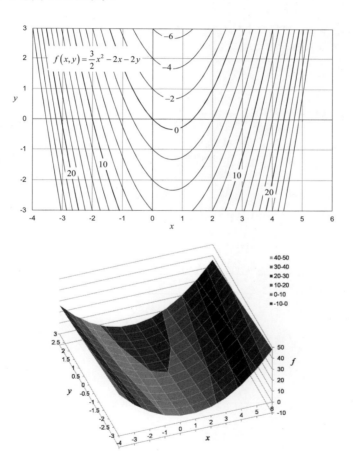

図 12-6　2変数の関数のグラフの等高線表示

第 12 章 関数

12.2.1. 偏微分

2 変数 x, y の関数 $f(x,y)$ の偏微分 $\dfrac{\partial}{\partial x}f(x,y), \dfrac{\partial}{\partial y}f(x,y)$ は次の式のように定義される.

$$\frac{\partial}{\partial x}f(x,y)=\frac{\partial f}{\partial x}=\lim_{\Delta x\to 0}\frac{f(x+\Delta x,y)-f(x,y)}{\Delta x}$$
$$\frac{\partial}{\partial y}f(x,y)=\frac{\partial f}{\partial y}=\lim_{\Delta y\to 0}\frac{f(x,y+\Delta y)-f(x,y)}{\Delta y}$$
(12-34)

この式の意味は,変数の片方,たとえば y を定数とみなして f を x だけの関数と考えて x で微分したものである.図で示すと,図 12-7 のように考えるのである.

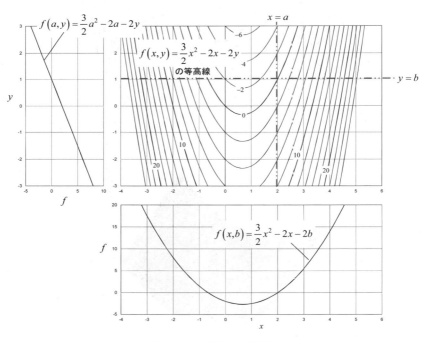

図 12-7 偏微分の説明

12.2　2変数の関数

12.2.2.　ガウスの発散定理

平面内のある領域のすべての点に，大きさと方向の情報を持つベクトルが分布していると想像してみよう．そのベクトルの大きさと方向は場所によって変化すると考える．たとえば，図 12-8 の矢印で示すようなベクトルの分布である．流れの速度を表す矢印であると想像すればよい．この例では，x方向の速度成分 u と y 方向の速度成分 v が次のような x と y の関数である．

$$u(x,y) = \frac{1}{2}x^3 - x^2 + y^2$$
$$v(x,y) = -y^2 + 2x$$

連続体力学ではベクトル成分の偏微分を足した値である $\frac{\partial u}{\partial x}+\frac{\partial v}{\partial y}$ の値が重要になる（ここでは物理的意味は必要がないので説明しない）．図中には $\frac{\partial u}{\partial x}+\frac{\partial v}{\partial y}$ の値の等高線も表示してある．

さて，弾性力学や流体力学のような連続体力学では $\iint_A \left(\frac{\partial u}{\partial x}+\frac{\partial v}{\partial y}\right)dA$ の形の積分がよく出てくる．ここで，A は積分領域である．この積分に関して次の重要な公式が成り立つ．この公式をガウスの発散定理という．

$$\iint_A \left(\frac{\partial u}{\partial x}+\frac{\partial v}{\partial y}\right)dA = \int_C \begin{pmatrix}u\\v\end{pmatrix}^T \begin{pmatrix}l\\m\end{pmatrix}ds \qquad (12\text{-}35)$$

ここで，$\begin{pmatrix}u\\v\end{pmatrix}$ は x と y の関数で表されるベクトル，

$\begin{pmatrix}l\\m\end{pmatrix}$ は積分領域 A を囲む線 C の一部を成す微小線分 ds に関する外向き法線ベクトルである．線積分の経路は反時計回りとする．

この式は，ある領域 A で $\frac{\partial u}{\partial x}+\frac{\partial v}{\partial y}$ を積分することは，ベクトル $\mathbf{u} = \begin{pmatrix}u(x,y)\\v(x,y)\end{pmatrix}$ と

第 12 章 関数

領域の外周の法線ベクトル $\mathbf{v} = \begin{pmatrix} l \\ m \end{pmatrix}$ の内積を外周 C 上で積分することと同じであることを示している.

ベクトルを使ってこの式の右辺を表示すると,

$$\iint_A \left(\frac{\partial u}{\partial x} + \frac{\partial v}{\partial y} \right) dA = \int_C \mathbf{u} \cdot \mathbf{v} \, ds$$

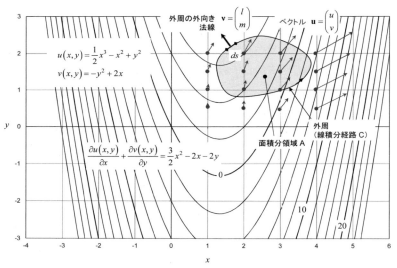

図 12-8 ガウスの発散定理の説明図（1）

この式の簡単な証明を以下に示そう．図 12-9 と図 12-10 に示すように，積分領域を小さい正方形の区画に分割し，その区画の一つの中心を点 B とする．左辺の積分の中の偏微分は次のように書きかえることができる．

$$\frac{\partial u(x_B, y_B)}{\partial x} + \frac{\partial v(x_B, y_B)}{\partial y}$$

$$= \frac{u\left(x_B + \frac{\Delta x_B}{2}\right) - u\left(x_B - \frac{\Delta x_B}{2}\right)}{\Delta x_B} + \frac{v\left(x_B + \frac{\Delta x_B}{2}\right) - v\left(x_B - \frac{\Delta x_B}{2}\right)}{\Delta y_B}$$

12.2　2 変数の関数

点 B の区画の左辺の積分は，

$$\left[\frac{\partial u(x_B, y_B)}{\partial x} + \frac{\partial v(x_B, y_B)}{\partial y}\right]\Delta x_B \Delta y_B$$

$$= \frac{u\left(x_B + \frac{\Delta x_B}{2}\right) - u\left(x_B - \frac{\Delta x_B}{2}\right)}{\Delta x_B}\Delta x_B \Delta y_B + \frac{v\left(x_B + \frac{\Delta x_B}{2}\right) - v\left(x_B - \frac{\Delta x_B}{2}\right)}{\Delta y_B}\Delta x_B \Delta y_B$$

$$= \left[u\left(x_B + \frac{\Delta x_B}{2}\right) - u\left(x_B - \frac{\Delta x_B}{2}\right)\right]\Delta y_B + \left[v\left(x_B + \frac{\Delta x_B}{2}\right) - v\left(x_B - \frac{\Delta x_B}{2}\right)\right]\Delta x_B$$

この式は，図 12-11 の上の図に示すように，点 B の区画の境界の辺におけるベクトル成分の値に辺の長さをかけた値の和と差である．和の辺を実線で，差の辺を破線で示した．次に，右隣の区画（中心点 D）を考え，同じように境界の辺の値を記入してみると，実は点 B の区画と点 D の区画の境界の辺の値は向きが反対の同じ値になっていることがわかる．したがって，2 つの区画の積分を足し合わせると図 12-11 の下図のように，合体した区画の積分は，外周の境界の値の和と差になっている．この操作を全区画に対して行うと，図 12-12 のようになり，積分領域の外周 C の折れ線近似をしたことになっている．外周の微小線分 ds の外向き法線を考えると，折れ線近似による積分は外周 C 上の外向き法線とベクトルの内積の積分と同じであるといえる．

第 12 章　関数

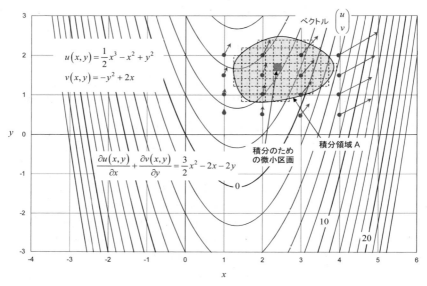

図 12-9　ガウスの発散定理の説明図（2）

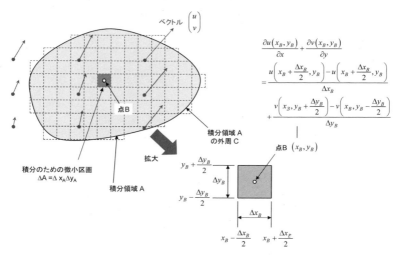

図 12-10　ガウスの発散定理の説明図（3）

12.2　2変数の関数

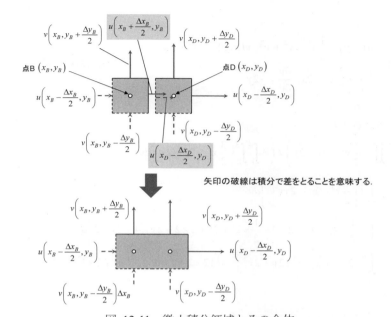

図 12-11　微小積分領域とその合体

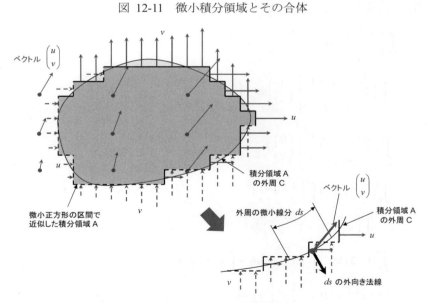

図 12-12　積分領域の折れ線近似

第 12 章　関数

例：$u(x,y) = \dfrac{1}{2}x^3 - x^2 + y^2,\ v(x,y) = -y^2 + 2x$ の場合（図 12-13）について
$\dfrac{\partial u}{\partial x} = \dfrac{3}{2}x^2 - 2x,\ \dfrac{\partial v}{\partial y} = -2y$

確認してみよう．
左辺を計算すると，

$$\iint_A \left(\dfrac{3}{2}x^2 - 2x - 2y\right) dA = \int_1^2 \int_2^4 \left(\dfrac{3}{2}x^2 - 2x - 2y\right) dxdy$$

$$= \int_1^2 \left(\left[\dfrac{1}{2}x^3 - x^2 - 2yx\right]_2^4\right) dy$$

$$= \int_1^2 \left[\dfrac{1}{2} \times 4^3 - 4^2 - 2 \times 4 - \dfrac{1}{2} \times 2^3 + 2^2 + 2 \times 2 - 2y \times 4 + 2y \times 2\right] dy$$

$$= \int_1^2 [12 - 4y] dy = \left[12y - 2y^2\right]_1^2 = \left[12 \times 2 - 2 \times 2^2 - 12 \times 1 + 2 \times 1^2\right] = 24 - 4 - 12 + 2$$
$$= 10$$

右辺を計算すると，

$$\int_C \begin{pmatrix} u \\ v \end{pmatrix}^T \begin{pmatrix} l \\ m \end{pmatrix} ds$$

$$= \int_2^4 \begin{pmatrix} \dfrac{1}{2}x^3 - x^2 + 1^2 \\ -1^2 + 2x \end{pmatrix}^T \begin{pmatrix} 0 \\ -1 \end{pmatrix} dx + \int_1^2 \begin{pmatrix} \dfrac{1}{2} \times 4^3 - 4^2 + y^2 \\ -y^2 + 2 \times 4 \end{pmatrix}^T \begin{pmatrix} 1 \\ 0 \end{pmatrix} dy$$

$$+ \int_4^2 \begin{pmatrix} \dfrac{1}{2}x^3 - x^2 + 2^2 \\ -2^2 + 2x \end{pmatrix}^T \begin{pmatrix} 0 \\ 1 \end{pmatrix} dx + \int_2^1 \begin{pmatrix} \dfrac{1}{2} \times 2^3 - 2^2 + y^2 \\ -y^2 + 2 \times 2 \end{pmatrix}^T \begin{pmatrix} -1 \\ 0 \end{pmatrix} dy$$

$$= \int_2^4 (1 - 2x) dx + \int_1^2 \left(\dfrac{1}{2} \times 4^3 - 4^2 + y^2\right) dy + \int_4^2 \left(-2^2 + 2x\right) dx$$

$$+ \int_2^1 \left(-\dfrac{1}{2} \times 2^3 + 2^2 - y^2\right) dy$$

$$= \int_2^4 (1 - 2x) dx + \int_1^2 (16 + y^2) dy + \int_4^2 (-4 + 2x) dx + \int_2^1 (-y^2) dy$$

$$= \left[x - x^2\right]_2^4 + \left[16y + \dfrac{1}{3}y^3\right]_1^2 + \left[-4x + x^2\right]_4^2 + \left[-\dfrac{1}{3}y^3\right]_2^1$$

$$= \left[4 - 4^2 - 2 + 2^2\right] + \left[16 \times 2 + \frac{1}{3} \times 2^3 - 16 \times 1 - \frac{1}{3} \times 1^3\right]$$
$$+ \left[-4 \times 4 + 4^2 + 4 \times 2 - 2^2\right] + \left[-\frac{1}{3} \times 2^3 + \frac{1}{3} \times 1^3\right]$$
$$= 10$$

このように，ガウスの発散定理が成り立っていることがわかる．

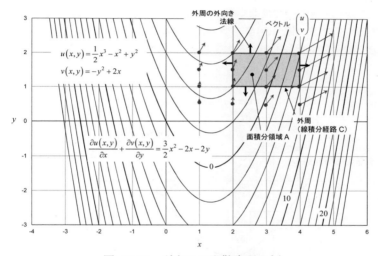

図 12-13 ガウスの発散定理の例

12.3. 関数の変化

エネルギ原理の導出では，関数の変化分を表す δ という記号を使う．この関数の変化分について説明する．

12.3.1. 微小変形理論の仮想仕事の原理

微小変形理論の仮想仕事の原理では，変位-歪関係式と変位境界条件を満足する仮想変位（大きさは任意，微小である必要はなく，大きくてもよい）を想定し，その仮想変位を正解に付加するとどうなるかを考える．このとき，変数 x を変化させるのではなくて，別の任意の大きさの関数 δv を持ってきて付加するのである（図 12-14）．微分とは異なっていることに注意されたい．（微分では変数 x をわずかに変化させて，正解である関数 v の変化を見ている．）

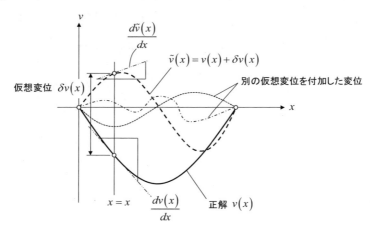

図 12-14　変位の正解と任意の大きさの仮想変位

数式で書くと，

$$\tilde{v}(x) = v(x) + \delta v(x) \Rightarrow \delta v(x) = \tilde{v}(x) - v(x) \tag{12-36}$$

ここで，$v(x)$：正解の変位，$\delta v(x)$：仮想変位，$\tilde{v}(x)$：正解の変位に仮想変位を付加した関数

微分をとると，

$$\frac{d}{dx}[\tilde{v}(x)] = \frac{d}{dx}[v(x)+\delta v(x)] = \frac{d}{dx}[v(x)] + \frac{d}{dx}[\delta v(x)]$$

したがって，

$$\frac{d}{dx}[\delta v(x)] = \frac{d}{dx}[\tilde{v}(x)] - \frac{d}{dx}[v(x)] = \delta\left(\frac{dv}{dx}\right) \qquad (12\text{-}37)$$

となる．<u>記号 δ を微分の外に出すことができる</u>．2階以上の微分でも同様である．

12.3.2. 有限変形理論の仮想仕事の原理と微小変形理論のポテンシャルエネルギ最小の原理

<u>有限変形理論の仮想仕事の原理と微小変形理論のテンシャルエネルギ最小の原理を考える場合には，仮想変位は微小であるとしなければならない</u>．その理由を説明しよう．関数の2乗の項の変化を考えると，

$$\begin{aligned}\delta[v(x)]^2 &= [v'(x)]^2 - [v(x)]^2 = [v(x)+\delta v(x)]^2 - [v(x)]^2 \\ &= [v(x)]^2 + 2v(x)\delta v(x) + [\delta v(x)]^2 - [v(x)]^2 \\ &= 2v(x)\delta v(x) + [\delta v(x)]^2\end{aligned}$$

より，

$$v(x)\delta v(x) = \frac{1}{2}\delta[v(x)]^2 - \frac{1}{2}[\delta v(x)]^2$$

となる．有限変形理論のグリーンの歪の式には関数の2乗の項が含まれている．同じように，微小変形理論のポテンシャルエネルギの式には歪を2乗した項があるので関数の2乗の項が含まれている．このため，上の式の右辺第2項が出てくる．

<u>$\delta v(x)$ が微小量であると，$\delta v(x)$ の2乗の項を省略することができるので</u>，

$$v(x)\delta v(x) = \frac{1}{2}\delta[v(x)]^2$$

となる．この式を使わないと有限変形理論の仮想仕事の原理と微小変形理論のポテンシャルエネルギ最小の原理を導けないので仮想変位は微小でなければならない．

第 12 章　関数

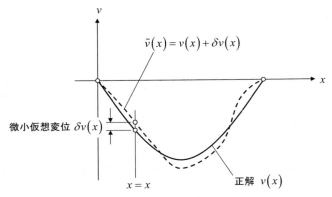

図 12-15　変位の正解と微小仮想変位

12.3.3. 停留と最小の意味

ポテンシャルエネルギ停留の原理で，「停留」の意味について 7.4 項で使った図 7-20 の簡単な座屈モデル例を使って説明しよう．図を下に再掲する．

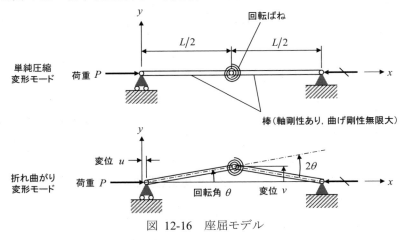

図 12-16　座屈モデル

2 つの変形モードが可能であるので，それぞれの変形モードに関して全ポテンシャルエネルギを計算する．

第 1 の変形モードは単純圧縮変形モードで，負荷荷重 P と端末軸変位 u，

12.3 関数の変化

ヒンジ点の上向き変位 v との関係は次のようになる．

$$u = \frac{PL}{EA}, \quad v = 0 \tag{12-38}$$

ここで，E は棒のヤング率，A は棒の断面積，L は棒の長さの合計 歪エネルギ U_1 は式(7-75)を参考にして，

$$U_1 = \frac{EAu^2}{2L} \tag{12-39}$$

全ポテンシャルエネルギ Π_1 は，

$$\Pi_1 = U_1 - Pu = \frac{EAu^2}{2L} - Pu \tag{12-40}$$

第2の変形モードは折れ曲がり変形モードで，負荷荷重 P と端末軸変位 u，ヒンジ点の上向き変位 v との関係は次のようになる（式(7-71)より）．

$$u = L - L\left(1 - \frac{P\cos\theta}{EA}\right)\cos\theta, \quad v = \frac{L}{2}\left(1 - \frac{P\cos\theta}{EA}\right)\sin\theta \tag{12-41}$$

ここで，θ は棒の角度
歪エネルギ U_2 は式(7-77)で，

$$U_2 = \frac{1}{2}EAL\left(\sqrt{\left(1 - \frac{u}{L}\right)^2 + \frac{4v^2}{L^2}} - 1\right)^2 + 2k\theta^2 \tag{12-42}$$

ここで，k は回転ばねのばね定数
全ポテンシャルエネルギ Π_2 は，式(7-78)で

$$\Pi_2 = \frac{1}{2}EAL\left(\sqrt{\left(1 - \frac{u}{L}\right)^2 + \frac{4v^2}{L^2}} - 1\right)^2 + 2k\theta^2 - Pu \tag{12-43}$$

である．

数値例として，$L = 1000$ mm，$EA = 1.0 \times 10^6$ N，$k = 1.0 \times 10^5$ N-mm/radian としたときの，変位-歪関係式と変位境界条件を満足する端末軸変位 u と全ポテンシャルエネルギの関係を図 12-17 と図 12-18 に示した．座屈直前の $P = 395$ N の場合には単純圧縮変形モードの全ポテンシャルエネルギが下に凸グラフとなっており，最小値をとっている．座屈直後の $P = 405$ N の場合には，単純圧縮変形モードの全ポテンシャルエネルギが下に凸のグラフで極小値が存在するが，折れ曲がり変形の全ポテンシャルエネルギの極小値も存在し，そちらのほうが全ポテンシャルエネルギの値が小さい．したがって，座屈荷重

第 12 章　関数

より大きい荷重では折れ曲がり変形のほうが安定な変形で，そちらの変形が発生する．

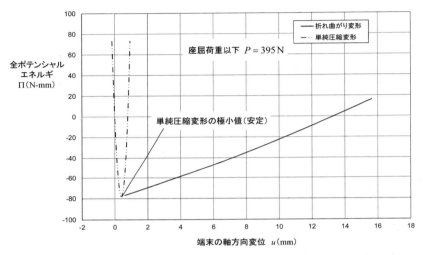

図 12-17　端末軸方向変位と全ポテンシャルエネルギの関係 – 座屈前

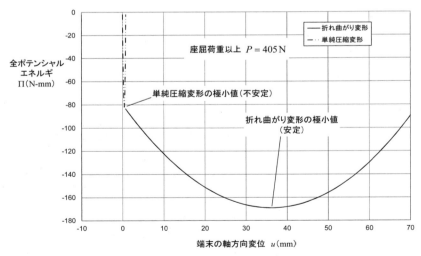

図 12-18　端末軸方向変位と全ポテンシャルエネルギの関係 – 座屈後

12.3 関数の変化

　この例のように，一般的に有限変形理論では複数の変形モードの可能性があり，それぞれの変形モードに全ポテンシャルエネルギの極小値が存在する場合がある．したがって，全ポテンシャルエネルギの式 $\delta\Pi=0$ となる変位場が全ポテンシャルエネルギを最小とする変位場であるとは限らず局所的な最小値（極小値）にすぎないので，「停留」という言葉を使うのである．

第13章 非線形方程式の解き方

　工学においては非線形方程式を数値的に解くことが多い．本項では主に非線形方程式の数値的な解き方について説明する．

13.1. 2次方程式の根の公式

　2次方程式

$$ax^2 + bx + c = 0, \quad a \neq 0 \tag{13-1}$$

の根は，

$b^2 - 4ac \geq 0$ のとき，実根 $\quad x = \dfrac{-b \pm \sqrt{b^2 - 4ac}}{2a} \tag{13-2}$

$b^2 - 4ac < 0$ のとき，実根は存在せず，

$\quad\quad\quad\quad$虚根 $\quad x = \dfrac{-b \pm i\sqrt{-b^2 + 4ac}}{2a} \tag{13-2}$

である．

13.2. ニュートン法

　次の非線形方程式の根を求めたいとする．

$$f(x) = 0$$

$f(x)$ が連続で微分可能な関数である場合には，根を求めるにはニュートン法を使うのが効率がよい．

第13章　非線形方程式の解き方

$$y = f(x)$$

とおき，この関数の導関数（微分）を

$$\frac{dy}{dx} = \frac{df(x)}{d} = f'(x)$$

と表す．

ひとつの根の近似値 $x = a_i$ がわかれば，その値における関数の値は

$$y_i = f(a_i)$$

であり，図 13-1 から次の近似値 $x = a_{i+1}$ は

$$a_{i+1} = a_i - \frac{f(a_i)}{f'(a_i)} \tag{13-3}$$

となるので，収束するまで計算を繰り返せば根を求めることができる．

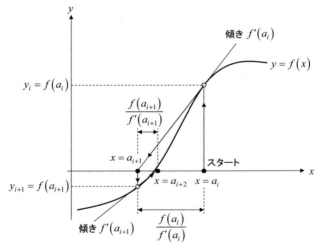

図 13-1　ニュートン法の説明

13.3. MS-Excel のソルバーを使った解き方

7.7.5 項の例題 5 の式(7-152) を考える．$k = 0.5$, $m = 1$ の場合の，この式の左辺と右辺のグラフを図 13-2 に示す．

$$\theta\left[\cot\theta + \frac{\cot\left(m\sqrt{k}\theta\right)}{\sqrt{k}}\right] = \frac{(1-k)^2}{k(m+k)} \tag{7-152}$$

$k = 0.5$, $m = 1$ のときにこの式が成立する θ の値を求めたい．MS-Excel のソルバーを使って解く方法を図 13-3 に示す．

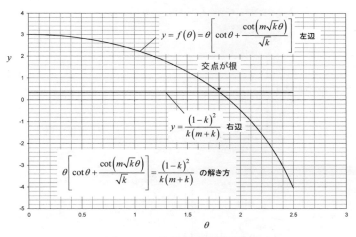

図 13-2　非線形方程式の例

第 13 章　非線形方程式の解き方

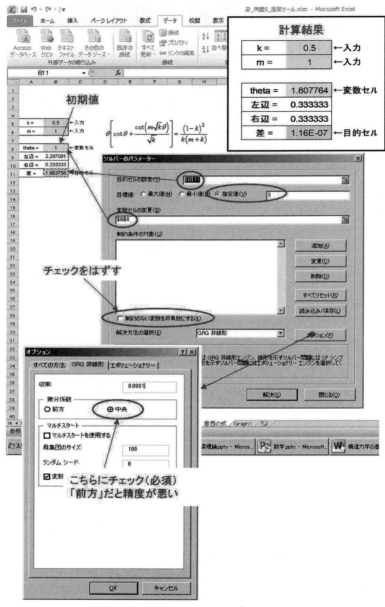

図 13-3　非線形方程式の解き方 – MS-Excel のソルバーを使う方法

参考文献

- 弾性力学
  [1] 小林繁夫，近藤恭平，「弾性力学」，工学基礎講座7，培風館，1987．
  [2] K. Washizu, "Variational Methods in Elasticity and Plasticity," Pergamon Press, 1968.
  [3] 鷲津久一郎「弾性学の変分原理概論」，コンピュータによる構造工学講座Ⅱ-3-A，日本鋼構造協会編，培風館，1972．
  [4] C. L. ディム，I. H. シャームス，(砂川惠監訳)，「材料力学と変分法」，ブレイン図書出版（株），1977．
  [5] 倉西正嗣，「弾性学」，(株) 国際理工研究社，1949年．
  [6] S. P. Timoshenko and J. N. Goodier, "Theory of Elasticity, Third Edition," McGraw-Hill Kogakusha, Ltd., 1970.
- 連続体力学
  [7] 京谷孝史，「よくわかる連続体力学ノート」，森北出版，2008年．
  [8] 清水昭比古，「学力低下時代の教え方」，日本機械学会誌 連続講座，2009年9月～2011年5月．
  単行本：清水昭比古，「連続体力学の話法-流体力学，材料力学の前に」，森北出版，2012年．
- 構造力学
  [9] S. Timoshenko and D. H. Young, "Theory of Structures," McGraw-Hill Book Co., Inc., 1945.
  [10] S. P. Timoshenko and J. M. Gere, "Theory of Elastic Stability, Second Edition," Dover Publications, Inc., 1961.
  [11] 林毅編，「軽構造の理論とその応用（上下）」，日本科学技術連盟，1966．
  [12] 滝敏美，「表計算ソフトの最適化機能を用いた構造問題へのエネルギ法の直接解法の適用」，第50回構造強度に関する講演会講演集，2008年．
  [13] 滝敏美，「航空機構造解析の基礎と実際」，プレアデス出版，2012．
  [14] W. F. McComb, "Engineering Column Analysis, The Analysis of Compression Members," Datatec, Dallas, Texas, 2004.
  [15] D. J. Peery, "Aircraft Structures," MacGraw-Hill Book Co., Inc., 1950.
  訳書：デイビッド J. ピアリー（滝敏美訳），「航空機構造 – 軽量構造の基礎理論」，プレアデス出版，2017年．
  [16] M. サルバドリー，R. ヘラー（望月重訳），「建築の構造」，鹿島出版会，

参考文献

　　　1968 年.
- [17] M. サルバドリー（望月重訳），「建物はどうして建っているか，構造 – 重力とのたたかい」，鹿島出版会，1980 年.
● 　梁理論
- [18] 近藤恭平,「伸張エラスティカの変分原理」, 日本航空宇宙学会論文集, 第 54 巻, pp.210-220, 2006 年.
- [19] 近藤恭平,「伸張剪断エラスティカの変分原理（第 2 報 Engesser の方法）」第 50 回構造強度に関する講演会講演集，pp.58-60, 2008 年.
- [20] 近藤恭平,「伸張剪断エラスティカの座屈」，第 50 回構造強度に関する講演会講演集，pp.61-63, 2008 年.
- [21] T. Taki and K. Kondo, "Variational Principles of Extensible Shearable Elastica – Engesser's Approach," Trans. Japan Soc. Aero. Space Sci. Vol. 60, No. 5, pp. 284 – 294, 2017.
- [22] 滝　敏美,「エネルギ法による 3 次元梁の幾何学的非線形解析」，第 61 回構造強度に関する講演会講演集，2019 年.
● 　その他
- [23] "Metallic Materials Properties Development and Standardization (MMPDS)," Department of Transportation Report DOT/FAA/AR-MMPDS-01, January 2003.
- [24] 一石賢,「道具としての物理数学」，日本実業出版社，2002 年.
- [25] 鷲津久一郎他編,「有限要素法ハンドブック I 基礎編」，培風館, 1981 年.

写真と図の出典

本文中に出典を示さなかった写真と図について出典を示す．それ以外の写真と図は著者による．

図 2-1 　　「水売り」：Wikimedia Commons
図 6-2（上）　　「近鉄京都線澱川橋梁」略図：月岡，小西，和田，「澱川橋梁の設計について – 現代トラス橋との比較の試み」，土木史研究，第 12 号，1992 年 6 月，pp.197-201.
図 6-2（下）　　「近鉄京都線澱川橋梁」写真：Wikipedia
図 6-6 　　「トラスの結合部の仮定」：ティモシェンコ [9]
図 6-7 　　「結合部近傍の曲げ」：ティモシェンコ [9]
図 7-1 　　「インターナショナルスクール・オブ・アジア軽井沢第 2 校舎棟」：（株）エヌ・シー・エヌ　ウェブサイト
図 7-2 　　「水売り」：Wikimedia Commons
図 7-3 　　「新旅足橋（しんたびそこばし）岐阜県加茂郡八百津町」：Wikipedia
図 7-4 　　「東京スカイツリー」：Wikipedia

付録　ギリシャ文字とその読み方

　構造力学の数式にはギリシャ文字が出てくることが多い．なじみがないので，ギリシャ文字を見るだけでもいやという人もいると思う．著者は子供の時から天文が好きだったので（明るい恒星の名前にはギリシャ文字が使われる），ギリシャ文字には親しみを感じている．読み方を知るだけでも，数式から受ける疎外感が緩和されるので，よく使う文字だけでも読み方を覚えて慣れてほしい．

付録

表 ギリシャ文字とその読み方

ギリシャ文字 大文字	ギリシャ文字 小文字	英語表記	慣用読み方	一般的な使用例
A	α	alpha	アルファ	α：角度，線膨張係数
B	β	beta	ベータ	β：角度
Γ	γ	gamma	ガンマ	γ：角度
Δ	δ	delta	デルタ	δ：角度，変位，記号の前に置いて変化を表す Δ：記号の前に置いて変化を表す
E	ε	epsilon	イプシロン	ε：歪
Z	ζ	zeta	ゼータ	ζ：角度，座標軸
H	η	eta	エータ	η：角度，座標軸
Θ	θ	theta	シータ	θ：角度
I	ι	iota	イオタ	
K	κ	kappa	カッパ	
Λ	λ	lambda	ラムダ	
M	μ	mu	ミュー	
N	ν	nu	ニュー	ν：ポアソン比
Ξ	ξ	xi	クシー グザイ	ξ：座標軸
O	o	omicron	オミクロン	
Π	π	pi	パイ	π：円周率 Π：エネルギ
P	ρ	rho	ロー	ρ：密度
Σ	σ	sigma	シグマ	σ：応力 Σ：総和を表す
T	τ	tau	タウ	τ：せん断応力
Y	υ	upsilon	ウプシロン	
Φ	ϕ, φ	phi	ファイ	ϕ, φ：角度
X	χ	chi	カイ	
Ψ	ψ	psi	プサイ	
Ω	ω	omega	オメガ	

索　引

2次方程式の根の公式　*409*
Engesser の式，理論　*127, 202*
MS-Excel　*113, 116, 123, 127, 157, 160, 168,*
　　　　　175, 181, 281, 287, 291, 411

■ア行

アーチ　*324*
位置ベクトル　*20, 228, 252, 379*
薄肉チューブ　*349*
　　ねじり剛性　*352*
　　歪エネルギ　*352*
　　補歪エネルギ　*352*
エアリーの応力関数　*97*
エネルギ原理　*61, 77*
　　2次元梁　*244, 255*
　　薄肉チューブ　*354*
　　座屈　*263*
　　トラス　*150, 153*
　　微小変形理論　*85*
　　有限変形理論　*64*
エネルギ法による直接解法
　　2次元弾性問題　*113*
　　トラス　*168, 179*
　　梁　*277, 291*
エラスティカ　*296*
オイラー座屈荷重　*127, 202, 275, 297*
応力　*5, 33, 36*
応力の記号の規則　*37*
応力－歪関係式＝構成方程式　*58, 61, 77, 83,*
　　　　　150, 153, 236, 272
応力－歪曲線　*5*

■カ行

解析ツール
　　トラス　*181*
　　梁　*291, 296*
　　梁の座屈　*302*
ガウスの発散定理　*66, 86, 89*
　　導出　*395*
カスティリアーノの第1定理　*77, 93*
カスティリアーノの第2定理　*77, 95, 352,*
　　　　　356
仮想応力　*89, 91, 95*
仮想仕事の原理
　　2次元弾性論　*61, 64, 77, 85, 402*
　　トラス　*150, 153, 155, 162*
　　梁　*238, 244, 255, 268*
仮想歪　*69, 256, 270, 271*
仮想変位　*64, 85, 147, 151, 153, 162, 166,*
　　　　　241, 244, 256, 270, 402, 403
関数の変化　*402*
幾何学的非線形　*26, 196, 296, 312, 318, 325*
基礎方程式
　　2次元微小変形弾性論　*77, 83*
　　2次元有限変形弾性論　*61*
　　初等梁理論　*244*
　　トラス　*146, 152, 156*
基底ベクトル　*366*
境界条件　*61, 71, 77, 98, 234*
　　変位　*62, 84, 99, 150*

力学的　63, 84, 150, 241
共回転座標系を用いた有限要素法　121, 218, 285, 348
共役　46, 61, 68, 77, 148, 238, 256,
共役勾配法　213
行列　17, 41, 58, 80, 134, 136, 211, 340, 366, 367, 375
　　逆行列　377
　　積　376
　　転置行列　376
　　和，差　375
キルヒホッフの応力　45
　　コーシーの公式　48
　　座標変換　55
　　釣り合い式　50
　　定義　46
グリーンの歪　12, 72, 78, 147, 254, 403
　　座標変換　16
　　定義　12
　　変形　20, 62
工学歪　5, 9, 25, 77, 118, 146, 148, 157, 181, 229, 256
　　工学軸歪　5, 11, 12, 15, 45, 78
　　工学せん断歪　9, 11, 78
　　座標変換　79
　　定義　78
格子ベクトル　12, 20, 29, 46, 50, 55
　　梁理論　228, 252
公称応力　5, 45, 74, 146, 148, 157, 181, 255
　　コーシーの公式　82
　　座標変換　82
　　定義　77, 81
構成方程式　58, 61, 77, 83, 146, 257
構造要素　3
コーシーの公式
　　キルヒホッフの応力　48, 61
　　公称応力　77, 82

真応力　38
固定支持　234
コンプリメンタリエネルギ　92, 154, 246, 355
コンプリメンタリエネルギ最小の原理
　　2次元弾性論　77, 91
　　薄肉チューブ　354
　　トラス　154, 175
　　梁　246

■サ行

最小主応力　43
最小主歪　29
最大主応力　43
最大主歪　29
最大せん断応力　43, 56
最大せん断歪　31
座屈
　　片持ちトラス　202
　　せん断剛性の影響　127, 202
　　長方形板　127
　　柱，梁　251, 258, 289, 296, 302, 334, 337, 404
座屈後変形
　　エラスティカ　297
　　片持ちトラス　203
　　簡単なモデル　259
　　長方形板　128
座屈変形モード　264, 276, 291, 302, 304, 334, 337
座屈方程式　262, 266, 268, 272, 275
座標変換
　　2次元　380
　　3次元　383
　　位置　122
　　応力　40, 55, 82
　　歪　9, 12, 16, 25, 27, 79

変位　*122*
三角関数
　　加法定理　*360*
　　公式　*360*
　　定義　*359*
　　倍角公式　*360*
　　半角公式　*360*
　　ピタゴラスの基本三角関数公式　*360*
サンブナンのねじり剛性
　　薄肉チューブ　*352*
軸線　*229, 244, 251, 284*
軸力　*4, 25, 103, 141, 144, 146, 149, 229, 230, 235, 251, 256, 258, 263, 268, 274, 280, 286, 289, 340*
軸力部材　*141, 146, 212*
仕事
　　外力による，外部仕事　*45, 68, 87, 91, 116, 123, 151, 153, 154, 181, 238, 245, 256, 267, 274, 277, 281, 287, 353*
　　内力による，内部仕事　*68, 87, 91, 147, 151, 153, 154, 255*
　　モーメントによる　*238, 353*
重心
　　断面　*235, 236*
重調和関数　*98, 105*
主応力　*43, 56, 82*
主歪　*27, 79*
純せん断変形　*9, 102*
初等梁理論　*224, 230, 242, 244, 247*
真応力　*36, 38, 40, 43*
図心
　　断面　*235, 236*
静定　*146*
静定トラス　*146*
積分
　　数値積分　*391*
　　定積分　*390*

不定積分　*388*
節点　*114, 181, 210, 277*
節点座標　*117, 278*
節点変位　*115, 136, 183, 278, 284, 297, 344*
節点力　*214, 281, 288*
全体剛性マトリックス　*136, 212, 344*
せん断弾性係数　*58, 62, 84, 127, 352*
せん断流　*101, 349, 352, 354*
せん断力　*4, 37, 106, 229, 231, 242, 288, 308*
せん断力線図　*232, 248, 277, 282*
ソルバー
　　MS-Excel　*113, 116, 127, 137, 157, 160, 164, 168, 175, 181, 183, 277, 281, 287, 291, 292, 303, 411*

■夕行

大変形　*1, 61, 91, 120, 179, 218, 251, 255, 268, 277, 284, 289, 348*
単純支持　*105, 113, 123, 227, 234, 247, 258, 275, 296, 302, 312, 334*
断面２次モーメント　*127, 192, 203, 236, 247, 297*
断面特性　*236*
断面力　*40, 229, 230, 232, 238, 253, 256, 257, 268, 282, 293, 326, 346*
力の釣り合い　*25, 33, 38, 49, 51, 196, 231, 242, 283, 301*
中立軸　*236, 238, 244, 251, 277, 280, 286*
長方形要素　*116, 120, 133, 136*
直交するベクトル　*253, 366, 367, 368, 370*
釣り合い方程式　*54, 61, 62, 83, 97, 146, 149, 152, 164, 177, 179, 230, 232, 238, 241, 244, 277*
定積分
　　数値積分　*391*
　　台形則　*391*
　　定義　*390*

ティモシェンコ梁　*250*
テイラー展開　*52, 391*
適合条件式　*97*
導関数　*386*
同次多項式　*98, 105*
等方性材料　*58, 62, 69, 71, 83, 87*
トラス　*141*
トラス梁　*196, 202*

■ナ行

ニュートン法　*260, 409*
ねじり　*349*
ねじり剛性　*352, 354*
ねじりモーメント　*4, 350, 352*

■ハ行

柱　*4, 127, 202, 221*
梁　*4, 103, 221*
梁要素　*192, 277, 279, 285, 340*
反力　*34, 94, 123, 181, 187, 232, 277*
ビームカラム　*251, 312*
微係数　*25, 386, 391*
微小歪　*120, 179*
微小変形　*25, 77, 78, 120, 227, 230, 239*
微小変形理論　*25, 85, 116*
  限界　*25*
  トラス　*152, 181*
  梁　*225, 277, 291*
歪　*3, 5*
  グリーンの歪　*12, 45, 61*
  工学歪　*5, 9, 11, 25, 77, 78, 148, 229, 256*
歪エネルギ　*45, 93, 137, 202*
  座屈　*263, 405*
  軸力部材　*73, 146, 180, 211*
  長方形要素　*116, 118, 120, 133*
  ねじり　*352*
  ばね　*263, 312, 337*

梁　*244*
梁要素　*277, 280, 286, 340*
歪エネルギ関数　*70, 88*
微分　*27, 45, 55, 64, 79, 212, 231, 253, 260, 344, 353, 386, 409*
  関数の微分公式　*386, 387*
微分係数
  MS-Excel ソルバー　*183, 293, 303*
微分公式
  基本関数　*387*
  組み合わせ関数　*388*
ピン結合　*141, 144, 192*
フォン・ミーゼス応力　*43, 56*
不静定
  トラス　*146, 155, 179, 182, 187*
  梁　*232, 277, 291, 308*
フックの法則　*58, 62, 69, 73, 87, 99, 146*
不定積分
  公式　*388*
部分積分　*390*
フリーボディダイヤグラム　*34, 156, 159, 232, 259*
フレーム構造　*251, 318*
平衡方程式　*54, 61, 77, 83*
ベクトル
  大きさ　*367*
  外積　*371*
  拡大　*365*
  縮小　*365*
  成分　*366*
  足し算　*365*
  単位ベクトル　*369*
  力　*363*
  直交するベクトル　*370, 372*
  内積　*367*
  引き算　*365*
  モーメント　*363*

ベクトル積　*371*
ベルヌーイ・オイラーの仮説　*104, 225, 229, 242, 244, 251, 253*
変位境界条件　*61, 71, 77, 84, 99, 217, 234, 347*
変位 - 歪関係式　*24, 25, 61, 77, 83, 97, 149, 152, 229, 251*
変形モード　*261, 264, 275, 291, 302, 304, 334, 337, 404*
偏微分　*22, 24, 94, 96, 97, 168, 170, 394, 395*
ポアソン比　*58, 59, 62, 84*
方向余弦　*18, 38, 40, 48, 55, 79, 82, 122, 153, 211, 278, 284, 343, 369, 378, 381, 383, 384*
棒と回転ばねの座屈モデル　*258*
補仮想仕事の原理
　2次元弾性論　*77, 89*
　トラス　*154, 172*
　梁　*245*
ポテンシャルエネルギ　*70, 88, 136, 151, 154, 168, 170, 181, 202, 212, 245, 257, 263, 267, 272, 281, 287, 312, 344, 404*
ポテンシャルエネルギ停留（最小）の原理
　2次元弾性論　*61, 69, 77, 87, 113, 136, 403*
　トラス　*151, 153, 168, 179, 210*
　梁　*244, 257, 277, 283, 340, 344*
補歪エネルギ　*96, 101, 102, 352*
補歪エネルギ関数　*92, 95*
ボルチモアトラス　*143, 191*

■マ行
曲げ　*3, 4, 103, 145*
曲げ応力　*35, 99, 107, 111, 236*
曲げ剛性　*236*

曲げ歪　*271*
曲げモーメント　*4, 35, 105, 144, 229, 231, 235, 236, 244, 256, 282*
曲げモーメント線図　*232, 248*
モーメント　*34, 54, 103, 230, 239, 258, 281, 287, 350, 353, 363, 372*

■ヤ行
ヤング率　*58, 62, 84*
有限変形理論　*1, 25, 61, 403*
　2次元弾性論　*25, 61, 120, 123, 127, 137*
　トラス　*146, 148, 156, 162, 168, 181, 196, 202, 218*
　梁　*251, 283, 296, 312, 318, 325*
有限要素法
　2次元弾性問題　*114, 133*
　トラス　*210*
　梁　*340*
要素剛性マトリックス
　軸力要素　*212*
　長方形要素　*136*
　梁要素　*341, 342*
要素座標系
　軸力要素　*218*
　長方形要素　*117, 121*
　梁要素　*278, 284*
要素内変位
　長方形要素　*116, 121*
　梁要素　*279, 285*

■ラ行
力学的境界条件　*61, 63, 77, 84, 150, 153, 217, 234, 241, 347*
レイリー商　*267, 272, 289*

● 訳者略歴

滝　敏美（たき としみ）

1955年生まれ．
1980年　東京大学工学系大学院航空学修士課程修了．
1980年　川崎重工業(株)入社．
国内外の航空機開発に参加．専門分野は航空機構造解析，
航空機構造試験，航空機複合材構造．
2017年　博士（工学）（東京大学）
所属学会：日本航空宇宙学会，日本機械学会
著書『航空機構造解析の基礎と実際』（プレアデス出版）
訳書『航空機構造』『技術者のための心得帳』（プレアデス出版）

構造力学の基礎
―弾性論からトラスと梁の実用的な解析法まで―

2019年11月1日　第1版第1刷発行

著　者	滝　敏美
発行者	麻畑　仁
発行所	(有)プレアデス出版 〒399-8301　長野県安曇野市穂高有明7345-187 TEL 0263-31-5023　FAX 0263-31-5024 http://www.pleiades-publishing.co.jp
装　丁	松岡　徹
印刷所	亜細亜印刷株式会社
製本所	株式会社渋谷文泉閣

落丁・乱丁本はお取り替えいたします．定価はカバーに表示してあります．
ISBN978-4-903814-95-7　C3053
Printed in Japan